U0336263

国家科学技术学术著作出版基金资助出版

纳米科学与技术

纳米材料的安全性评价

唐 萌 张智勇 王大勇 吴添舒 等 编著

科学出版社

北 京

内 容 简 介

本书介绍了纳米材料安全性评价的相关背景、纳米材料的表征、前处理方法以及整体动物试验、体外细胞培养及模式动物检测等方面的内容;此外,本书还以纳米药物为例,详细地介绍了其安全性评价的具体程序和各种切合实际的实验方法,对该领域的广大科技工作者有很好的参考价值。

本书主要读者对象是从事纳米材料研究方面的科研院所、大专院校的专家学者、硕士/博士研究生、相关生产企业的管理者以及卫生行政监管部门的相关人员。

图书在版编目(CIP)数据

纳米材料的安全性评价/唐萌等编著. —北京:科学出版社,2018.6
(纳米科学与技术 / 白春礼主编)
ISBN 978-7-03-056788-8

Ⅰ.①纳… Ⅱ.①唐… Ⅲ.①纳米材料－安全评价 Ⅳ.①TB383

中国版本图书馆 CIP 数据核字(2018)第 048296 号

丛书策划:杨 震 / 责任编辑:杨 震 刘 冉
责任校对:韩 杨 / 责任印制:肖 兴 / 封面设计:铭轩堂

科 学 出 版 社 出版
北京东黄城根北街 16 号
邮政编码:100717
http://www.sciencep.com
中国科学院印刷厂 印刷
科学出版社发行 各地新华书店经销
*
2018 年 6 月第 一 版 开本:720×1000 1/16
2018 年 6 月第一次印刷 印张:19 1/2
字数:393 000
定价:128.00 元
(如有印装质量问题,我社负责调换)

《纳米科学与技术》丛书序

在新兴前沿领域的快速发展过程中,及时整理、归纳、出版前沿科学的系统性专著,一直是发达国家在国家层面上推动科学与技术发展的重要手段,是一个国家保持科学技术的领先权和引领作用的重要策略之一。

科学技术的发展和应用,离不开知识的传播:我们从事科学研究,得到了"数据"(论文),这只是"信息"。将相关的大量信息进行整理、分析,使之形成体系并付诸实践,才变成"知识"。信息和知识如果不能交流,就没有用处,所以需要"传播"(出版),这样才能被更多的人"应用",被更有效地应用,被更准确地应用,知识才能产生更大的社会效益,国家才能在越来越高的水平上发展。所以,数据→信息→知识→传播→应用→效益→发展,这是科学技术推动社会发展的基本流程。其中,知识的传播,无疑具有桥梁的作用。

整个20世纪,我国在及时地编辑、归纳、出版各个领域的科学技术前沿的系列专著方面,已经大大地落后于科技发达国家,其中的原因有许多,我认为更主要的是缘于科学文化的习惯不同:中国科学家不习惯去花时间整理和梳理自己所从事的研究领域的知识,将其变成具有系统性的知识结构。所以,很多学科领域的第一本原创性"教科书",大都来自欧美国家。当然,真正优秀的著作不仅需要花费时间和精力,更重要的是要有自己的学术思想以及对这个学科领域充分把握和高度概括的学术能力。

纳米科技已经成为21世纪前沿科学技术的代表领域之一,其对经济和社会发展所产生的潜在影响,已经成为全球关注的焦点。国际纯粹与应用化学联合会(IUPAC)会刊在2006年12月评论:"现在的发达国家如果不发展纳米科技,今后必将沦为第三世界发展中国家。"因此,世界各国,尤其是科技强国,都将发展纳米科技作为国家战略。

兴起于20世纪后期的纳米科技,给我国提供了与科技发达国家同步发展的良好机遇。目前,各国政府都在加大力度出版纳米科技领域的教材、专著以及科普读物。在我国,纳米科技领域尚没有一套能够系统、科学地展现纳米科学技术各个方面前沿进展的系统性专著。因此,国家纳米科学中心与科学出版社共同发起并组织出版《纳米科学与技术》,力求体现本领域出版读物的科学性、准确性和系统性,全面科学地阐述纳米科学技术前沿、基础和应用。本套丛书的出版以高质量、科学性、准确性、系统性、实用性为目标,将涵盖纳米科学技术的所有领域,全面介绍国内外纳米科学技术发展的前沿知识;并长期组织专家撰写、编辑出版下去,为我国纳米科技各个相关基础学科和技术领域的科技工作者和研究生、本科生等,提供一套重要的参考资料。

这是我们努力实践"科学发展观"思想的一次创新,也是一件利国利民、对国家科学技术发展具有重要意义的大事。感谢科学出版社给我们提供的这个平台,这不仅有助于我国在科研一线工作的高水平科学家逐渐增强归纳、整理和传播知识的主动性(这也是科学研究回馈和服务社会的重要内涵之一),而且有助于培养我国各个领域的人士对前沿科学技术发展的敏感性和兴趣爱好,从而为提高全民科学素养作出贡献。

我谨代表《纳米科学与技术》编委会,感谢为此付出辛勤劳动的作者、编委会委员和出版社的同仁们。

同时希望您,尊贵的读者,如获此书,开卷有益!

中国科学院院长
国家纳米科技指导协调委员会首席科学家
2011 年 3 月于北京

序

我们知道,在过去,以欧盟、美国以及经济合作与发展组织(OECD)成员国为代表的发达国家或地区,对待新的化学物质一直坚持这样的政策:任何新的材料和化学品,在没有毒理学研究数据之前,(在工业或日用产品中使用时)一概按无毒物对待。最近,欧盟、美国以及 OECD 成员国宣布:任何新的材料和化学品,在没有毒理学研究数据之前,一概按有毒物对待。一字之差,天壤之别! 换言之,缺乏毒理学研究数据的纳米材料,将不能在新技术和新产品的研发中使用。至少在中国出口的产品中,不能使用,除非有相关的毒理学研究数据。这对中国这样的新兴科技大国的发展,非常不利。

尽管"纳米技术"这个词早已被大家熟知,尤其是"纳米材料""纳米生物技术""纳米医药"等被大家广泛关注,但是对非科学技术研究者而言,真正理解纳米技术的,其实不多。在欧盟、美国以及 OECD 颁布新的法规之前,纳米材料已经应用到诸多工业和日用产品,在研究、生产、运输、保管和使用的全过程中,人们会接触到不同形式的纳米材料,这些纳米材料对接触人群会产生什么样的生物效应? 这些问题值得我们认真研究! 我很高兴地看到《纳米材料的安全性评价》一书出版在即,在此书出版之际,我欣然接受东南大学唐萌教授之邀,为此书作序,通读了全书之后,有几点感想:

一是,此书的编写者是近年来国内在纳米毒理学、纳米安全性领域做了多年研究的专家和学者。他们基于传统毒理学的研究方法,但是又不拘泥于传统的毒理学研究的理论和方法,跳出传统毒理学研究的框框,打破固有的思维方式,针对纳米材料不同于常规材料的物理、化学及生物学特性,大胆探索新的可以用于纳米材料毒理学研究的方法学及纳米安全性评价的程序。

二是,全书的章节内容安排体现了针对纳米材料特性所进行的毒理学研究的新思路。对纳米材料进行毒性测试之前,不同于常规材料的是,要对纳米材料进行诸多的纳米参数表征,这也是最后可否得出正确的实验结果的关键。

三是,针对纳米材料毒理学研究的实验数据的分析方法,考虑了纳米材料的诸多特殊性对毒性实验结果产生的影响。此外,书中对更深层次的毒性作用机理的探讨,使用秀丽线虫作为模式生物进行替代实验,用于某些毒性指标的高通量筛选,符合目前国际上毒理学研究"3R"的发展趋势。

四是,此书向提出"纳米材料安全性评价程序"迈出了可喜的一大步。尽管这是一个复杂的系统工程,纳米材料安全性评价程序和纳米药物的毒理学实验方法也还有待进一步深入研究,有继续探讨的空间和余地,但是,这是一个良好的开端,勇敢的尝试,值得肯定。

　　作为与大家一路同行,历经近二十年的纳米材料毒理学及安全性研究的研究者,我也愿意将此书推荐给纳米材料、纳米生物医学、纳米毒理学、纳米技术研究领域的科研院所、高等院校、企事业单位,供广大相关领域的博士/硕士研究生以及政府相关职能部门、管理机构人员阅读参考,希望通过大家的携手努力,在对纳米材料毒理学与纳米技术安全性深入研究的基础上,迎来我国纳米技术研究、开发以及应用的新时代,为早日建成创新型国家,实现中华民族科技强国的梦想,做出更大的贡献。

中国科学院院士

2018 年 2 月于北京

前　　言

纳米科技是 20 世纪 80 年代以来发展最为迅速的一个多学科交叉领域,给人们带来了无数惊喜。纳米技术也逐渐开始从实验室走向实际应用。纳米材料在各行各业得到越来越广泛的应用,尤其在医学领域的应用更加广泛;正是由于近年来医学、生物学领域对纳米材料的广泛应用,学术界和社会开始高度关注直接使用或者间接接触纳米材料会不会对人体健康造成不利的影响。

本书试图针对人们关注的焦点问题,对纳米材料的毒理学特性和安全性问题进行系统性探讨。本书由东南大学、国家纳米科学中心、中国科学院高能物理研究所在该领域有丰富研究经验的研究人员共同编写完成。我们收集了国内外纳米材料生物效应尤其是纳米毒理学与安全性的相关研究结果,同时将我们承担的国家重大科学研究计划纳米材料毒理学研究的近期结果进行了系统的梳理和分析,一起奉献给大家,供广大读者参考。

全书共分 6 章和两部分附录材料。第 1 章由东南大学唐萌教授撰写,介绍纳米材料安全性评价的相关背景;第 2 章由中国科学院高能物理研究所马宇辉副研究员和张智勇研究员撰写,介绍纳米材料的特性、标准参考物质以及纳米材料的表征;第 3 章由马宇辉副研究员和张智勇研究员撰写,介绍纳米材料的前处理方法,其中主要介绍碳纳米材料的表面修饰与分散、量子点的表面修饰与生物毒性以及纳米金属和金属氧化物的分散与离子释放;第 4 章由中国科学院高能物理研究所何潇副研究员和张智勇研究员撰写,主要介绍急性毒性、长期毒性等动物试验的研究方法;第 5 章由中国科学院高能物理研究所李媛媛博士后和张智勇研究员撰写,介绍细胞毒性的检测、细胞凋亡的检测、细胞氧化应激的测定、炎症细胞因子的测定、纳米材料的细胞内摄分析、纳米材料生物效应的高通量筛选方法及纳米颗粒的物理化学特性对体外细胞实验的影响等细胞毒理学研究方法;第 6 章由东南大学赵云利副教授和王大勇教授撰写,介绍秀丽隐杆线虫在纳米材料安全性评价中的应用,着重从线虫生长与发育终点、神经发育与功能终点、免疫、生殖、寿命、衰老及DNA 损伤几个方面进行阐述;附录 1 和附录 2 由东南大学吴添舒博士撰写,分别介绍纳米药物安全性评价程序及方法,以及重大科学研究计划课题组近年来在纳米材料毒理学研究方面的部分代表性论文。

我们由衷地感谢国家重大科学研究计划项目首席科学家赵宇亮院士在本书的编写和出版过程中给予的指导和帮助,感谢国家科学技术学术著作出版基金(2017-C-040)、国家重大科学研究计划(2011CB933404)和国家自然科学基金

(31671034、81473003)的经费资助,感谢支持和帮助我们的各位朋友,感谢参与本书编写的各位老师和同学! 是他们的辛勤劳动和不懈努力,才使得本书得以按期奉献给广大读者。对书中被引用和参考的文献作者,在此一并致谢!

　　由于水平有限,加之时间较紧,挂一漏万之处在所难免,敬请相关专家及广大读者批评指正。

　　希望本书能够给从事纳米材料研究方面的科研院所、大专院校的专家学者、大学生、硕士/博士研究生、相关生产企业的管理者、卫生行政监管部门人员和消费者在其研究、生产、管理和使用方面提供有价值的参考。

编著者

2018 年 1 月于南京

目　　录

第 1 章　纳米材料安全性评价的相关背景

1.1　纳米材料安全性

进入 21 世纪,纳米技术与纳米材料已发展成为推动世界各国经济发展最具潜力的主要驱动力之一,并逐渐具有开创全新产业和迅速改变其他领域国际竞争基础的潜力。纳米科学技术的飞速发展可能会导致生产方式与生活方式的革命,因而成为当前发达国家投入最多、发展最快的科学研究和技术开发领域之一。有关数据显示:2005 年,全球纳米材料的产品销售额已超过 320 亿美元;2006 年全球纳米技术相关产业的年产值规模已达 500 亿美元,预计 2020 年全球纳米技术创造的年产值将超过 2 万亿美元。

就在人们逐渐认识到纳米技术与纳米材料的优点及其蕴涵的巨大市场潜力的同时,美国和欧洲的科学家发表了一项长达 20 年的流行病学研究成果,表明:城市居民的发病率和死亡率与他们所生活环境空气中大气颗粒物浓度和颗粒物尺寸密切相关。因此,2003 年 4 月以来,*Science*、*Nature* 杂志多次发表编者文章[1-4],与各个领域的科学家们探讨纳米材料与纳米技术的生物环境安全性问题,即纳米颗粒对人体健康、生存环境和社会安全等方面是否存在潜在的负面影响?

从纳米颗粒大小与较大蛋白质的尺寸相当这一事实,人们推测,纳米颗粒可能容易侵入人体和其他物种的自然防御系统,进入细胞并影响细胞的功能。人造纳米材料进入生命体后,是否会导致特殊的生物效应? 这些效应对生命过程和人体健康是有益还是有害? 纳米量级的微小颗粒,是否会穿越脑屏障,进入大脑而影响大脑功能? 很多纳米结构的分子和分子集合体具有自我组装的能力,这些纳米粒子进入人体后,是否会干扰生命过程本来的分子组装过程的正常进行? 人们对此产生了种种疑问。

中国科学院院长白春礼院士在他的一篇文章中说,纳米安全性是纳米科技的重要组成部分,它能使纳米科技成为人类第一个正在进行的"绿色科技",使科学技术能够更有效地造福人类。此前有应用远景的材料,如汞和石棉,都是在其被大面积地应用之后,才发现它们是有毒的,科学家希望这种事不会重现。石棉,在发现它可导致肺部疾病之前,曾一度被认为是服装、建筑物,甚至是玩具的理想材料,但仅在今天的美国,每年约 10000 人死于石棉。美国政府研究机构的研究员在提交的一份风险报告中指出:单壁碳纳米管能导致动物肺部炎症和肉芽肿,一些比表面积大的纳米粒子毒性效应似乎更大。纳米安全性一方面是保障纳米科技顺利发展的重要前提；另一方面，它也事关国家利益，因为纳米产品和纳米技术的安全性，将成为影响纳米产业国际竞争力的关键因素之一。纳米产品的安全性问题可能成为发达国家限制"市场准入"的策略。

　　近年来，纳米材料已经在全世界范围内被广泛应用，在各行各业的应用被普遍看好的同时，其安全性问题也受到各国政府及广大民众的高度关注。截至目前，对纳米材料进行安全性评价的资料还很缺乏，因此还不能对它进行比较全面的安全性评价。国内外许多科学家希望既要进一步发展纳米科技，同时也要研究能鉴别潜在危害的可用于预防的数据库，其目的是按照科学方法对纳米颗粒进行安全性评价，大家试图在纳米的正面效应和负面效应之间寻找一种平衡。

　　2005 年以来，国际上召开了若干次与纳米安全性相关的会议，各国政府、科学界、企业界等纷纷发表关于人造纳米材料安全性的调研报告。2005 年后半年，欧美各国除了急剧增加研究经费以外，在国家层面上，在 2005~2006 年的一年时间之内对"纳米安全性问题"采取了 16 次紧急行动。此问题的紧迫性可见一斑。美国国会举行了纳米安全听证会，建议政府建立国家纳米技术毒理学计划，美国、英国、日本等纷纷发表政府调研报告或白皮书，表明立场。2007 年 1 月 9 日，美国国家自然科学基金会支持国际纳米联合会与美国国家健康研究院（NIH）共同组织召开了纳米安全性会议，讨论并确定未来安全性的研究重点方向和重点领域。同时，美国、日本等政府相继组织力量，投入经费，在国家层面上启动了系统的纳米安全性研究计划，研究纳米材料与生命过程的相互作用以及对健康的影响。

　　中国可能发展成为纳米产品的生产大国，能否抢先制定、提出各种纳米材料的安全指标，率先获得国际认可，事关巨大国家利益。要实现这一点，就必须率先获取充分的基础研究数据，迅速与国际接轨，培养和建立我国在纳米安全领域的专业队伍。国家纳米科学中心在这方面起了很好的带头作用，其研究成果已经受到国内外的密切关注，根据 Science Direct 公布的世界毒理学领域的论文排行榜，从 2005 年第 4 季度至 2013 年，32 个季度发表的纳米毒理学论文进入世界"Top 25 hottest papers"，在国际上产生了较大影响。

　　纳米安全性和生物效应与生物医学应用是交叉学科的代表，对相关科学问题和技术问题的深入研究，可以推动相关基础学科的交叉发展，也对建立具有自主知识产权的纳米安全预防体系、保护纳米科学和纳米产业、维护国家安全、促进纳米技术的发展具有重要作用。进行人工纳米材料的安全性研究是国际大趋势，因此，我国开展此项工作对保护人体健康和保护环境有非常深远的意义。

　　Oberdorster 认为，我们学习一些关于哺乳动物的知识和纳米颗粒生态毒理学的概念是必要的，这胜过我们在科普文献中评价纳米的危险性。我们已经确定对纳米颗粒的资料进行危险度评价，因此，有限的资源就能被有效地用于发展有用的和计划好的研究。基于这种观点,政府的管理部门是不可能将管理的依据置于缺乏相关信息的基础之上的,然而,学术界、企业和政府管理部门必须认真考虑这样一个观点,即纳米粒子有新的独特的生物学特性,纳米粒子不同于有着相同化学性质的大多数其他物质,它有一种潜在的危险。对人类健康的评估包括纳米颗粒物如何进入人体,呼吸道吸入是否为主要的暴露途径,在什么样的情况之下纳米颗粒(如纳米管)可以被吸入,被吸入的纳米管如何从肺部迅速清除,这些纳米颗粒的尺寸是多少,长期存留肺部的纳米管的组织反应是什么,肺部的纳米管是否通过淋巴、血液循环转运至全身各器官,并是否能引起各器官组织损伤,纳米管的形状(如不同的长度)如何,以及金属杂质如镍、铁等是如何影响其毒性的,纳米颗粒的毒性分子机制如何,是否有关键信号分子存在,等等,这一系列的问题都需要我们做进一步的研究[5-7]。

1.2　纳米材料安全性评价框架

　　尽管目前尚缺乏纳米材料安全性评价的资料,但毒理学家对纳米尺度物质和值得关注的空气污染超细颗粒物(UFP)[8]、金属烟雾[9,10]、矿物纤维[11,12]和纳米级化妆品的相关研究,为评价提供了一些基础资料,借助这些资料和对一般物质进行安全性毒理学评价的思路,为纳米颗粒的危险度估计提供了一个基本框架(图1.1)。这个危险度估计的框架主要分为四个方面:危害鉴定、接触评定、毒性评定和危险度特征分析。首先是进行危害鉴定,这方面的研究包括纳米颗粒的化学组

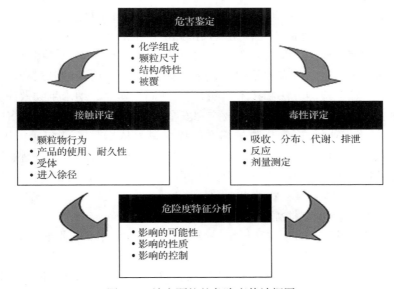

图 1.1　纳米颗粒的危险度估计框图

成、颗粒尺寸、颗粒物的结构、颗粒物性质、颗粒的修饰和包覆材料等的研究；其次是毒性评定，主要包括纳米颗粒的吸收、分布、代谢、排泄、机体的反应和剂量测定等；再者是进行接触评定，主要包括定量评定暴露水平、颗粒物行为、产品的使用、在环境存留的时间、受体、进入机体的途径等；最后是对纳米颗粒进行危险度特征分析，包括对纳米产生毒作用的可能性、毒作用的性质、对照的有效性等方面进行研究。通过这些信息对纳米材料进行安全性评价，同时也可为有效和安全地进行纳米材料的设计提供有价值的参考。

1.3　纳米材料安全性研究的主要方向

　　2004 年在北京香山召开了以"纳米尺度物质的生物效应(纳米安全性)"为主题的 243 次科学会议。会议就纳米物质与细胞及生物分子的相互作用及其对生命过程的影响、纳米物质的一般生物效应与异常生物效应、纳米生物效应实验技术，纳米物质生物负效应消除与纳米生物效应的应用、纳米尺寸效应对生物效应的影响、大气纳米颗粒的来源、浓度、尺寸分布、纳米物质的生态环境效应、纳米物质安全性评估与纳米标准等议题展开讨论[13]。中国科学院院长白春礼院士作了题为"纳米科技：发展趋势与安全性"的主题评述报告。他指出，在发展纳米技术的同时，同步开展其安全性的研究，使纳米技术成为第一个在其可能产生负面效应之前就已经过认真研究，引起广泛重视，并最终能安全造福人类的新技术。国家纳米科学中心和高能物理研究所的柴之芳院士和赵宇亮研究员建议具体的研究方向主要集中在以下几个方面[14]：纳米颗粒与生物体的相互作用以及由此所产生的整体生物效应；纳米颗粒与细胞的相互作用以及由此所产生的细胞生物学效应；纳米颗粒与生物分子的相互作用以及由此所产生的分子生物学效应；纳米颗粒与微米颗粒在以上不同层次的生物效应的差别；纳米颗粒转化、迁移、团聚的方式和速率；生物环境下的纳米颗粒检测方法和技术。同时，必须同步建立起纳米生物效应数据库，为我国纳米技术应用中的生物环境效应和安全问题的评价以及相关政策法规的制定，如各种纳米工业标准、安全防护标准等提供科学依据。2004 年美国国家自然科学基金会和美国环境保护局资助的一个研究小组指出，对工业纳米颗粒或纳米材料进行风险评价需要解决以下几个关键问题[15]：

　　(1) 研究工业纳米颗粒物的毒理学；

　　(2) 建立工业纳米颗粒物的安全暴露评价体系；

　　(3) 研究使用现有的颗粒和纤维暴露毒理学数据库外推工业纳米颗粒物毒性的可能性；

　　(4) 工业纳米颗粒在环境和生物链中的迁移过程(transportation)、持续时间(persistence)及形态转化(transformation)；

（5）工业纳米颗粒在生态环境系统中的再循环能力（recyclability）和总的持续性（overall sustainability）。

按照美国国家自然科学基金会和美国环境保护局资助的研究小组提出的需要解决的以上五个关键问题，我国的一些高校、研究机构以及许多从事纳米安全性研究的科学家目前在国家科技部相关基金的支持下，主要在前三个方面进行了一些有益的探讨和研究，并且有为数不少的被 SCI 收录的论文发表，取得了一些很好的结果，我们应该继续努力在后两个方面进行进一步的研究，以期在充分进行科学研究的基础上，可以回答纳米颗粒对生物体、空气、水体以及土壤等各方面影响的问题。

为了制定未来纳米材料生产、应用和治理的相关计划，研究者总结过去十年纳米科技的发展经验，提出了 2020 年之前纳米科技的四大发展方向：

（1）设计、合成与工业化生产纳米科技的方法与工具；

（2）纳米科技安全与可持续发展的管理，包括环境和人体健康两方面；

（3）纳米科技在生物系统、医学、信息技术、光学和高科技材料等领域的应用；

（4）纳米材料的社会效益，包括教育和基础设施投资。

1.4　纳米材料安全性评价程序

纳米材料生物效应与安全性事关纳米科技应用前景的关键问题。国际上普遍认为，纳米技术的未来发展取决于两大主要瓶颈能否取得突破：一是纳米尺度上的可控加工与大规模生产技术；二是纳米安全性知识体系与评价方法。针对后者，欧洲与美国都提出了"没有（安全）数据，就没有市场（No Data，No Market）"的方针。为了保障科技和市场的优先权，"科技要领先，产品要安全"已成为发达国家的国家战略。为此，在短短 5 年内国际上已经形成纳米毒理学这个新兴学科，制定了相关的纳米材料毒理学评价体系，阐明在纳米尺度上物质的毒理学效应。

关于是否需要制定"纳米材料的安全性毒理学评价程序"的问题，我国科学家有两种不同的看法：一种看法认为，纳米材料也可以看做是一般的物质，同样可以用我国现行已有的各种不同物质的"安全性毒理学评价程序"对纳米材料进行安全性评价，不需要建立一套新的专门用于纳米材料的"纳米材料的安全性毒理学评价程序"，目前的试验方法已经足够用，也完全可以很好地检测纳米材料的急性毒性、亚急性毒性、慢性毒性、致突变性、致畸性和致癌性。持这一类观点的主要是上海、浙江和广东的科学家，他们曾经于 2006 年 7 月 30 日至 31 日在上海科学会堂思南楼举行"纳米材料的生物安全性评估研讨会"。北京、南京、武汉等地的科学家对纳米材料的安全性问题持另外一种观点，认为需要全世界的共同参与，首先制定出我国的"纳米材料的安全性毒理学评价程序"，现有的某些安全性评价程序的方法不能适应纳米材料安全性评价的需要,他们认为纳米材料和通常的物质形态不一样,有一些纳米材料的粒径可以小到几分之一纳米,1～2 nm 的粒径与 DNA 大沟的宽度相当,它们可以自由地进出细胞,因此认为常规的毒理学评价程序不能完全适用于新的纳米材料的毒性、毒理学安全性评价的检测。他们在国家"973"项目的经费支持下,成立了我国《纳米材料的安全性毒理学评价程序》起草小组",于 2007年 6 月 29 日在国家纳米科学中心召开了"纳米安全性评价程序讨论会",参考现有相关安全评价程序,增加与纳米特性相关的安全评价内容。

其后,全国的研究工作者在纳米材料毒理学评价领域展开了积极和深入的研究,目前有不少有价值的已出版著作和发表的文章阐述了纳米毒理学的基本理论、研究概况和发展前景。中国科学院纳米生物效应与安全性重点实验室和中国科学院高能物理研究所更是已经在纳米安全性中的纳米尺寸效应和纳米结构效应这两个重要的科学问题上获得了初步的研究结果,讨论了剂量-效应关系这个传统毒理学的中心法则在纳米毒理学中的变化情况。

2012 年,在赵宇亮研究员的带领和努力下,经过中国科协和民政部批准,中国毒理学会"纳米毒理学专业委员会"建立,纳米毒理学这个新兴分支学科也终于在我国完成了起步、发展与形成的过程。2013 年 11 月 1 日至 2 日,中国毒理学会纳米毒理学专业委员会理事会议暨第三届全国纳米生物效应与毒理学会议在北京召开。重点讨论了以委员会为平台,跨机构合作,制定纳米材料安全性评价程序草案的可行性。理事们倡议在纳米毒理学专业委员会框架下建立工作组,推进我国纳米药物和纳米材料的安全性评价程序与规范的形成。

近期,中国科学院纳米生物效应与安全性重点实验室和东南大学公共卫生学院根据纳米材料在不同领域的应用,正在进行更加细致的纳米材料毒理学及安全性评价。针对目前越来越多纳米材料应用于药品、食品和化妆品的具体情况,研究人员总结分析了各国、各地区对药品、食品和化妆品的纳米材料安全性评价指南和已出台的具体监管措施,为我国建立有针对性和适应国情的纳米材料安全性评价体系和监管政策提供有价值的参考依据。

相信在各国科学家的共同努力下,纳米材料的生物效应、安全性和毒理学研究必将取得更多的、更加可喜的成果,届时对纳米材料进行安全性评价将会有一个统一的评价程序,各种纳米材料在经过安全性认证后必将真正造福于人类。

纳米生物效应和纳米毒理学研究与国际上其他国家的研究基本处于同一起跑线上,目前这方面的研究都在起步阶段,这方面的研究是需要进行多个学科交叉的一个综合研究领域。我国在这个研究领域有众多的研究人才,国家科技部及相关的各个科技主管部门对纳米正负效应的研究都给予了高度重视,尤其是对纳米生物效应和纳米毒性、毒理学的研究方面,我国的政府主管部门和科学家已经达成了共识,国家重点基础研究发展计划("973"计划)专门为这方面的研究进行了科研立项,由国家纳米科学中心赵宇亮研究员担任首席科学家的"人造纳米材料的生物安全性研究及解决方案探索"的"973"项目已于 2006 年 9 月正式启动,这个项目关注了纳米材料的安全性毒理学评价程序的研究工作,并与美国 Rice 大学商谈了有关纳米材料生物安全性与毒理学数据库的共享问题,这将为我国的纳米毒理学研究提供极大的方便。2011 年 1 月,由赵宇亮研究员担任首席科学家的"重要纳米材料的生物效应机制与安全性评价研究"的国家重大科学研究计划项目也已正式启动,在已有研究成果的基础上,展开进一步深入的研究,通过研究可以向国家提出科学客观的纳米产品安全性评价方法,从而保障纳米科技在我国的顺利发展。

参 考 文 献

[1] Service R F. American Chemical Society meeting. Nanomaterials show signs of toxicity. Science, 2003, 300(5617):243

[2] Goho A. Tiny trouble: Nanoscale materials damage fish brains. Science News, 2004, 165(14):211

[3] Sayes C M, Fortner J D, Guo W, et al. The differential cytotoxicity of water-soluble fullerenes. Nano Letters, 2004, 4(10):1881-1887

[4] Service R F. Nanotoxicology. Nanotechnology grows up. Science, 2004,304(5678):1732-1734

[5] Hassellöv M, Readman J W, Ranville J F, et al. Nanoparticle analysis and characterization methodologies in environmental risk assessment of engineered nanoparticles. Ecotoxicology, 2008,17(5):344-361

[6] Wahl B, Daum N, Ohrem H-L, et al. Novel luminescence assay offers new possibilities for the risk assessment of silica nanoparticles. Nanotoxicology, 2008,2(4):243-251

[7] Tsuji J S, Maynard A D, Howard P C, et al. Research strategies for safety evaluation of nanomaterials, part IV: Risk assessment of nanoparticles. Toxicological Sciences, 2006,89(1):42-50

[8] Shi H, Magaye R, Castranova V, et al. Titanium dioxide nanoparticles: A review of current toxicological data. Particle and Fibre Toxicology, 2013,10:15

[9] Chalupka C S. Health update: Metal fume fever. AAOHN Journal, 2008,56(5):224

[10] El-Zein M, Infante-Rivard C, Malo J L, et al. Is metal fume fever a determinant of welding related respiratory symptoms and/or increased bronchial responsiveness? A longitudinal study. Journal of Occupational and Environmental Medicine, 2005,62(10):688-694

[11] Christensen B C, Houseman E A, Godleski J J, et al. Epigenetic profiles distinguish pleural mesothelioma from normal pleura and predict lung asbestos burden and clinical outcome. Cancer Research, 2009, 69(1):227-234

[12] Hasanoglu H C, Bayram E, Hasanoglu A, et al. Orally ingested chrysotile asbestos affects rat lungs and pleura. International Archives of Occupational and Environmental Health, 2008,63(2):71-75

[13] 唐萌,浦跃朴,赵宇亮. 人造纳米材料的生物效应及安全性毒理学研究//香山科学会议编. 科学前沿与未来(第十一集). 北京:科学出版社,2009:58-72

[14] 赵宇亮,柴之芳. 纳米生物效应研究进展. 中国科学院院刊,2005,20(3):194-199

[15] Dreher K L. Health and environmental impact of nanotechnology: Toxicological assessment of manufactured nanoparticles. Toxicological Sciences, 2004,77(1):3-5

第 2 章　纳米材料的表征

2.1　纳米材料的特性

纳米(nanometer,nm)为 1×10^{-9}m。纳米材料是指由极细晶粒组成,特征维度尺寸在纳米量级(1～100 nm)的固态材料。纳米尺度空间所涉及的物理层次是既非宏观又非微观的相对独立的介观(mesoscopy)领域。由于极细的晶粒,大量处于晶界和晶粒内缺陷的中心原子以及其本身具有的量子尺寸效应、小尺寸效应、表面效应和宏观量子隧道效应等,纳米材料与同组成的微米晶体(体相)材料相比,在催化、光学、磁性、力学等方面具有许多奇异的性能,因而成为材料科学和凝聚态物理领域中的研究热点。

在这一范围内(1～100 nm)对电子、原子、分子进行操纵和加工改造的技术称为纳米技术(nanotechnology)。纳米材料是指材料的几何尺寸达到纳米级尺度水平,并且具有特殊性能的材料。其结构的特殊性,如大的比表面以及一系列新的效应(小尺寸效应、接口效应、量子效应和量子隧道效应),决定了其具有许多不同于传统材料的独特性能,进一步优化了材料的电学、热学及光学性能。

纳米材料在结构上与常规晶态和非晶态材料有很大差别,突出地表现为小尺寸颗粒和庞大体积分数的界面,以及界面原子排列和键的组态的较大无规则性,这就使纳米材料的光学性质出现了一些不同于常规材料的新现象。

2.2　标准参考物质

在进行纳米材料的安全性评价时,必须有一套标准参考物质。参考物质用于检验方法,检验市售产品。目前还存在一系列值得探索的问题,如参考物质预处理、参考物质储存和处理的标准程序、标准的分散方法、实验室之间的比对等。

2.3　纳米材料的表征

纳米材料的表征主要包括结构分析和性能测量两大类。采用不同的显微技术和光谱技术可以进行结构分析,而性能表征具有相当的挑战性。需要注意的是仅给出纳米粒子的平均粒径是不够的,要给出纳米粒子的历史,在保障研究人员健康的同时应尽可能用放射性标记进行表征。由于化学键合的兼容性,碳原子间的共价键也有利于分子器件,因此,纳米科学的一个主要任务是对具有完整原子结构的单个纳米结构的性能进行表征。

纳米材料的表征方法有很多种,主要包括 X 射线衍射、透射电子显微镜、扫描电子显微镜、扫描探针显微镜、原子力显微镜,光学、电学和电化学表征技术等。如果不能对纳米材料进行很好的表征,其得到的研究结果也是不可信的。

纳米材料的生物效应往往受纳米尺寸、结构和表面性质等在传统毒理学研究中并不需要考虑的因素的影响。因此,为了更好地了解纳米材料的生物效应及其作用机制,需要对纳米材料的物理化学特性进行详尽的表征。目前相关学者一致认为毒理学家应该与熟知纳米材料特性的物理学家、化学家联合起来,制定一系列关于纳米材料特性表征的指导方针和操作规程。很多情况下,纳米材料分析中遇到的问题来源于尺寸与结构的不均匀性以及对单个小尺寸材料可控操作上的困难。针对不同的体系,需要选择适用的结构分析与性能研究方法。本章对纳米材料已有的一些分析和表征技术进行了归纳和总结,主要从纳米材料的粒度分析、形貌分析、成分分析、结构分析以及表面界面分析等方面进行系统的介绍。

2.3.1　纳米材料的粒度分析

纳米材料的粒度分布与小尺寸效应密切相关,同时也是表征纳米材料特性的最重要的指标之一。由于纳米颗粒形状的复杂性,很难直接用单一尺度来描述颗粒大小,因此常用等效粒度的概念来描述。纳米颗粒一般指一次颗粒,它的结构可以为晶态、非晶态和准晶态。在晶态的情况下,纳米颗粒可以为多晶体,当粒径小到一定值后则为单晶体。只有纳米微粒为单晶体时,粒径才与晶粒尺寸相同。对于球形颗粒的粒径即指其直径,对不规则颗粒尺寸的定义常为等当直径,如体积等当直径、投影面积直径等。由于粉体材料的颗粒大小分布较广,可以从纳米级到毫米级,因此在描述材料粒度大小时,可以把颗粒按大小分为纳米颗粒、超微颗粒、微粒、细粒、粗粒等种类[1],如图 2.1 所示。在纳米材料的分析和研究中,经常遇到的是纳米尺度(1～100 nm)的超细微粒。纳米材料的特性和重要性促进了粒度分析和表征的方法和技术的发展,纳米材料的粒度分析已经发展成为现代粒度分析的一个重要领域。

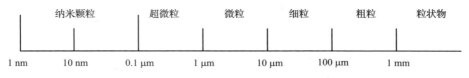

图 2.1　固体材料颗粒度的划分和尺度范围[1]

目前,纳米材料粒度分析的方法和仪器种类有很多,我们将各种方法汇总于表2.1中[2],并给出了各种方法的优缺点以及在毒理学研究暴露介质(气溶胶和生物体液)中的适用性。由于各种分析方法和仪器的设计对被分析体系有一定的针对性,采用的分析原理和方法各异,因此,选择合适的分析方法和分析仪器十分重要。分析纳米材料粒度的困难在于纳米颗粒之间具有很强的自吸附特征,极易团聚,单分散体系非常少见,两者差异较大。对于纳米材料体系的粒度分析,首先需要分清分析的是颗粒的一次粒度还是二次粒度。一次粒度的分析主要采用电镜直观观测,根据需要和样品的粒度范围,可依次采用扫描电子显微镜(SEM)、透射电子显微镜(TEM)、扫描隧道显微镜(STM)、原子力显微镜(AFM)等,直观得到单个颗粒的原始粒径及形貌。二次粒度的分析按原理有三种典型的方法:离心沉降法、激光粒度分析法和电超声法。激光粒度分析法按其分析粒度的范围不同,划分为光衍射法和动态光散射法。衍射法主要针对微米、亚微米级颗粒;散射法则主要针对纳米、亚微米级颗粒。对纳米颗粒的二次粒度分析一般利用激光粒度分析法的动态光散射法。最近发展起来的纳米颗粒跟踪分析(NTA)是一种新型的在液体中观察和分析颗粒的技术,与布朗运动速度相关,而速度仅仅和液体的黏性相关,颗粒的温度和分布不受颗粒的浓度和折射率影响。电超声粒度分析法是新出现的粒度分析方法,主要针对高浓度体系的粒度分析。另外,也可以通过一些其他的手段,比如测量比表面积、X射线衍射、扩展X射线吸收谱等方法间接得到纳米材料的粒度大小。纳米材料粒度分析的特点是分析方法多,获得的是等效粒径,相互之间不能横向比较。每种分析方法均具有一定的适用范围以及样品条件,应该根据实际情况选用合适的分析方法。下面详细介绍几种常用的纳米材料粒度分布的分析方法。

表 2.1　常用颗粒粒度测量方法及特点[2]

测量方法	测量范围	优点	缺点	是否可用于暴露介质	
				生物体液	气溶胶
离心沉降法	5 nm～10 μm	利于研究尺寸分布较宽的颗粒	繁琐,费时	是	否
激光衍射/静态光散射法	40 nm～3 mm	动态范围宽,湿法或干法测量	假设为球形,颗粒形状影响未知	是	否
动态光散射法(DLS)	4 nm～6 μm	宏观方法,可测表面电位	粒径分布宽时可信度低	是	不一定
静电低压撞击器法(ELPI)	20 nm～10 μm	测量空气动力学直径	低压干法,适用于少量样品	否	是
扫描电子显微镜(SEM)	50 nm～1 cm	应用广,成像范围大	高真空制样复杂	不一定	否

续表

测量方法	测量范围	优点	缺点	是否可用于暴露介质	
				生物体液	气溶胶
透射电子显微镜(TEM)	5 nm～500 μm	分辨率高,成像质量好	高真空,对样品有破坏性	不一定	否
原子力显微镜(AFM)	1 nm～8 mm	高分辨力和三维成像能力	只能观察表面,针尖可能引起假象	否	否
尺寸排阻色谱法(SEC)	1 nm～2 μm	高分辨率,样品体积小	分析速度慢,需要标准物	是	否
时间飞行质谱法(TOF)	1 nm～3 μm (100～100 MDa 以上)	与激光烧蚀联用可分析颗粒的化学组成	制样复杂,昂贵,需要多种测量手段	否	是
电超声法	0.3 nm～5 μm	高浓度体系适用	样品浓度高,分辨率低	是	否
非对称流分离法	2 nm～200 μm	对尺寸分布的分辨率高	需要与其他技术(如光散射)联用	是	否
比表面积法(BET,滴定)	5 nm～10 μm	直观且大多数体系适用	假设粒子为单分散且无孔的球形	仅滴定法是	是
X射线小角散射(SAXS)	300 nm～1 mm	操作简单,可真实反映粒度分布	假设粒子为单一材质且无孔的球形	是	是

1. 电镜观察法

电镜法观察纳米材料的粒度及分布是目前比较成熟的方法,也是纳米材料研究最常用的方法。电子与物质相互作用会产生透射电子、弹性散射电子、能量损失电子、二次电子、背反射电子、吸收电子、X射线、俄歇电子、阴极发光和电动力等。电子显微镜就是利用这些信息来对试样进行形貌观察、成分分析和结构测定的。使用 TEM 不仅能分析纳米颗粒的大小和粒度分布,还可以提供纳米晶及其表面上原子分布的真实空间图像[3]。现在的 TEM 是一种多功能仪器,分辨率高达 0.3 nm,晶格分辨率达到 0.1～0.2 nm,应用也更加广泛,例如:①利用吸收衬度像,对样品进行一般形貌观察;②利用电子衍射、微区电子衍射、会聚束电子衍射物等技术对样品进行物相分析,从而确定材料的物相、晶系,甚至空间群;③利用高分辨电子显微术可以直接"看"到晶体中原子或原子团在特定方向上的结构投影这一特点,确定晶体结构;④利用衍衬像和高分辨电子显微像技术,观察晶体中存在的结构缺陷,确定缺陷的种类,估算缺陷密度;⑤利用 TEM 所附加的能量色散X射线谱仪或电子能量损失谱仪对样品的微区化学成分进行分析;⑥利用带有扫描附件和能量色散 X 射线谱仪的 TEM,或者利用带有图像过滤器的 TEM,对样品中的元素分布进行分析,确定样品中是否有成分偏析。

　　用电镜测量粒径首先应尽量多地拍摄有代表性的纳米微粒形貌像,然后由这些电镜照片来测量粒径。近年来采用综合图像分析系统可以快速而准确地完成显微镜法中的测量和分析。显微镜对被测颗粒进行成像,然后通过计算机图像处理技术完成颗粒粒度的测定。用这种方法可以观察到纳米颗粒的平均直径或粒径分布,是颗粒度观察测定的绝对方法,具有高可靠性和直观性。电镜观察法的缺点是分析的颗粒少,测量结果缺乏统计性,难以代表实际样品颗粒的分布状态。对一些在强电子束轰击下不稳定甚至分解的微纳颗粒、制样困难的生物颗粒、微乳等样品则很难得到准确的结果。在自然状态下,因为纳米颗粒的比表面积大,颗粒之间普遍存在范德华力和库仑力,极易团聚,难以得到纳米一次颗粒。制样是电镜分析的关键因素之一,纳米颗粒的分散状况直接影响测量结果的准确性,样品是否具有代表性在很大程度上取决于颗粒尺寸分布是否均匀、杂质颗粒是否干扰等。因此,需要选用合适的分散剂和适当的操作方法对颗粒进行分散。

2. 离心沉降法

　　沉降法粒度分析是通过颗粒在液体中沉降速度来测量粒度分布的方法。其中适合纳米颗粒度分析的主要是离心沉降法,这也是早期实验室中的常用方法。颗粒处于悬浮体系时,本身重力(或所受离心力)、所受浮力和黏滞阻力三者平衡,此时颗粒在悬浮体系中以恒定速度沉降,颗粒大的沉降速度快,颗粒小的沉降速度慢,而且沉降速度与粒度大小的平方成正比,服从斯托克斯(Stokes)定律。值得注意的是,只有满足下述条件才能采用沉降法测定颗粒粒度:颗粒形状应当接近于球形,并且完全被液体润湿;颗粒在悬浮体系的沉降速度是缓慢而恒定的,而且达到恒定速度所需时间很短;颗粒在悬浮体系中的布朗运动不会干扰其沉降速度;颗粒间的相互作用不影响沉降过程。测定颗粒粒度的沉降法分为重力沉降法和离心沉降法两种,重力沉降法适于粒度为 2~100 μm 的颗粒,而离心沉降法适于粒度为10 ~20 μm 的颗粒。由于离心式粒度分析仪采用 Stokes 原理,所以分析得到的是一种等效粒度,粒度分布为等效粒度分布。一般高速离心沉降适合于纳米材料的粒度分析。目前较通行的方法就是消光沉降法,由于不同粒度的颗粒在悬浮体系中沉降速度不同,同一时间颗粒沉降的深度也就不同,因此在不同深度处悬浮液的密度将表现出不同变化,根据测量光束通过悬浮体系的光密度变化便可计算出颗粒粒度分布。其优点是测量质量分布、代表性强、测试结果与仪器的对比性好、价格比较便宜。缺点是对于小粒子的测试速度慢、重复性差、对非球形粒子的误差大,不适合于混合物料,动态范围比激光衍射法窄。

　　纳米颗粒极易团聚,市售的纳米颗粒粒度的分布往往范围较宽。采用不同的离心力沉降,剔除用超声无法散开的和较大的颗粒,可筛选出粒径分布范围较窄的纳米颗粒,这也是区别不同粒径纳米颗粒常用的方法。例如采用系列分步离心方法可获得四种不同粒径的纳米二氧化铈(CeO₂)[4],第 I 部分直径为 20~50 nm,是将产物在 45 g,173 g,1110 g,3500 g,128000 g,10000 g(Sigma 3K30)分别离心 5 min 后得到的上清液。第 II 部分(40~80 nm)和第 III 部分(80~150 nm)由 CeO₂ 纳米颗粒在 700℃煅烧 16 h 后再进行分散和超声制得,其中在 4000 g(Sigma 3K30)离心 5 min 后得到的上清液为第 II 部分;在 3000 g 和 2500 g 连续离心后得到的剩余物再分散,经 500 g 离心后得到的上清液为第 III 部分。将 CeO₂ 纳米颗粒在 1000℃煅烧 16 h 后,在球形研磨机中研磨 2 h,加入柠檬酸来稳定超声时的分散液,再用 0.02 mol/L 的柠檬酸溶液清洗除去研磨剂,然后在 50 g 下离心得到第 IV 部分的悬浮液。各部分尺寸和电镜照片如图 2.2 所示。

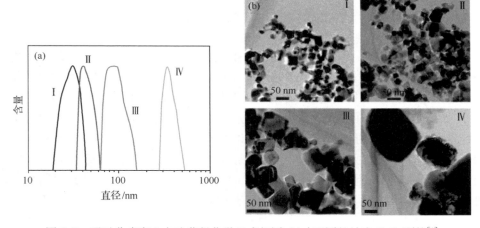

图 2.2 通过分步离心方法获得化学组成相同、尺寸不同的纳米 CeO₂ 颗粒[4]

(a) 各组分粒径分布在 20~500 nm 之间;(b) 各相应尺寸组分的电镜照片

3. 激光粒度分析法

激光粒度分析是近年来发展起来的一种高效快速的测定粒度分布的方法,目前已经成为纳米材料体系粒度分析的最主要方法。这种方法具有测量精度高、样品用量少、测量速度快、重复性好、可测粒径范围广、可进行非接触测量等优点。

当一束波长为 λ 的激光照射在一定粒度的球形颗粒上时,会发生衍射和散射两种现象,通常当颗粒粒径大于 10 λ 时,以衍射现象为主;当粒径小于 10 λ 时,则以散射现象为主。成熟的光散射理论主要有夫琅禾费(Fraunhofer)衍射理论、菲涅耳(Fresnel)衍射理论、米氏(Mie)散射理论和瑞利(Rayleigh)散射理论等。激光法粒度分析的理论模型是建立在颗粒为球形、单分散条件上的,而实际上被测颗粒多为不规则形状并呈多分散性。因此,颗粒的形状、粒径分布特性对最终粒度分析结果影响较大,而且颗粒形状越不规则、粒径分布越宽,分析结果的误差就越大。这种粒度分析方法对样品的浓度有较大限制,不能分析高浓度体系的粒度及粒度分布,分析过程中需要稀释,从而带来一定的误差。在利用激光粒度仪对体系进行粒度分析时,必须对被分析体系的粒度范围事先有所了解。一般激光衍射式粒度仪仅对粒度在 5 μm 以上的样品分析较准确;而动态光散射粒度仪则对粒度在 5 μm 以下的亚微米、纳米颗粒样品分析准确。光散射法(light scattering)的研究分为静态和动态两种,静态光散射法(即时间平均散射)测量散射光的空间分布规律,动态光散射法则研究散射光在某固定空间位置的强度随时间变化的规律。激光光散射法可以测量 20～3500 nm 的粒度分布,获得的是等效球体积分布,测量准确、速度快、代表性强、重复性好,适合混合物料的测量;缺点是对于检测器的要求高,各仪器测量结果对比差。利用光子相关光谱方法可以测量 1～3000 nm 范围的粒度分布,特别适合超细纳米材料的粒度分析研究。

1) 静态光散射法

在静态光散射(static light scattering)粒度分析法中,当颗粒粒度大于光波波长时,可用夫琅禾费衍射测量前向小角区域的散射光强度分布来确定颗粒粒度。当粒子尺寸与光波波长相近时,要用米氏散射理论进行修正,并利用角谱分析法。基于这两种理论原理的激光粒度分析方法已经得到实际应用。较为成熟的激光衍射粒度分析技术是根据夫琅禾费衍射理论而开发的。1976 年,Swithenbank 等发展了基于夫琅禾费衍射理论的激光颗粒测量方法,其原理是激光通过被测颗粒将出现夫琅禾费衍射,不同粒径的颗粒产生的衍射随角度的分布而不同,根据激光通过颗粒后的衍射能量分布及其响应的衍射可以计算出颗粒样品的粒度分布[5]。随后,一些国家相继研制了基于这种原理的激光粒度仪。根据夫琅禾费衍射理论设计的激光粒度仪的测量范围为 3～1000 μm。值得注意的是,只有被测颗粒粒径大于激光光波波长才能处理成夫琅禾费衍射。虽然现在夫琅禾费衍射粒度仪能测定亚微米级颗粒粒度,但是由于存在多重衍射等问题导致测量结果误差较大。

2) 动态光散射法

当颗粒粒度小于光波波长时,由瑞利散射理论,散射光相对强度的角分布与粒子大小无关,不能够通过静态光散射法来确定颗粒粒度,而动态光散射(dynamic light scattering,DLS)正好弥补了在这一粒度范围其他光散射测量手段的不足。当光束通过产生布朗(Brownian)运动的颗粒时,会散射出一定频移的散射光,散射光在空间某点形成干涉,该点光强时间相关函数的衰减与颗粒粒度大小有一一对应的关系。通过检测散射光的光强随时间变化,并进行相关运算可以得出颗粒粒度大小。之所以称为"动态"是因为样品中的颗粒不停地做布朗运动使散射光产生多普勒(Doppler)频移。粒子越小,在溶液中的运动速度越大,那么频移也越明显。光散射技术就是根据这种微小的频率变化来测量溶液中颗粒大小。根据已有的分子半径-分子量模型,也可以算出分子量的大小。当扩散速度一定时,由于实验时溶剂一定,温度是确定的,所以扩散的快慢只与流体动力学半径有关。动态光散射法适于检测亚微米级颗粒,测量范围为 1 nm～5 μm。

3) 纳米颗粒跟踪分析法

纳米颗粒跟踪分析(nanoparticle tracking analysis,NTA)仪是英国 Nano-Sight 公司开发出的一种独特的仪器,可以在粒子基础上跟踪悬浮液中纳米颗粒的布朗运动,然后利用 Stokes-Einstein 方程得到颗粒的尺寸和浓度。这种技术现在被认为是 DLS 技术很好的补充,尤其对多分散体系有独特的优势。这两种技术都是通过测量布朗运动,然后把这个运动与其等效水力直径相关联,小粒子的运动更加明显。NTA 在单个粒子基础上跟踪粒子运动,然后通过图像分析进行测量,这种运动与粒径有关(图 2.3)[6]。而 DLS 观察由样品内粒子的相对布朗运动产生的建设性和破坏性的干扰所造成的散射光强度随时间的波动,利用自相关函数和随后的指数衰减计算,可以根据光强随时间波动计算出颗粒的平均尺寸。DLS 不能对颗粒进行可视化测量;而 NTA 能够通过视频图像直接查看,在单个粒子的基础上获得高精度的粒径分布。NTA 方法与 DLS 方法的主要区别列在表 2.2 中。

图 2.3 NTA 技术获得的典型图像[6]

4. 电超声粒度分析法

电超声分析法是新出现的粒度分析方法,粒度测量范围为 5 nm～100 μm。这种分析方法的原理简单来说就是当声波在样品内部传导时,仪器能在一个宽范围超声波频率内分析声波的衰减值,通过测得的声波衰减谱,可以计算出衰减值与粒度的关系。分析中需要颗粒和液体的密度、液体的黏度、颗粒的质量分数等参数,

表 2.2 NTA 方法与 DLS 方法的区别

特征	NTA	DLS
测量尺寸范围	10~1000 nm	2~3000 nm
尺寸分辨率	1:1.33	1:3（理论值），1:4（实测值）
测量多分散样品	单颗粒检测，可以更好地分辨颗粒尺寸，对较大颗粒没有强度偏向	测量粒子平均尺寸，对样品中的较大颗粒（或污染颗粒）有强度偏向
测量单分散样品	检测的颗粒数目少，因此重复性比 DLS 稍差；尺寸分布结果与 DLS 相当	由更多的颗粒得到平均尺寸，因此重复性稍好
折射率	无须知道溶液折射率；对于具有不同折射率的颗粒混合物，可以计算出相对颗粒强度	需要知道溶液折射率；对于具有不同折射率的颗粒混合物，分析结果偏向于折射率高的颗粒
粒径分布	数量分布；能检测的最高浓度为 10^9 粒子/毫升	强度分布，可转换为体积分布；不能得到颗粒浓度的准确信息

对乳液或胶体中的柔性粒子，还需要颗粒的热膨胀参数（包括粒径、ζ 电位等）。该方法的优点是可测高浓度分散体系和乳液体系的颗粒尺寸，不需要稀释，避免了激光粒度分析法不能分析高浓度分散体系粒度的缺陷，且精度高，粒度分析范围更宽。

5. 比表面积法

比表面积是指单位质量物质的总表面积（m^2/g）。比表面积是超细粉体材料，特别是纳米材料最重要的物理性质之一，常用于评价它们的活性、吸附、催化等多种性能。如研究表明在自由基的产生及活性氧的物种形成以及在纤维症和癌症发展中，晶粒状硅石的表面积是一个关键的特性[7,8]。

比表面积法的原理是气体分子在固体表面的物理吸附作用，从朗缪尔（Langmuir）单分子层吸收理论延伸到多分子层吸收，并作以下假定：① 气体分子在固体中一层层无限地吸附；② 各个吸收层之间无相互作用；③ 单层分子吸收理论对每一个吸收层都适用。在纳米颗粒无空隙的情况下，通过测定单位重量粉体的比表面积 S_ω，可由式（2.1）计算出纳米粉末中粒子直径：

$$D = k/\rho S_\omega \qquad (2.1)$$

式中，D 为粉体的平均粒径；ρ 为粉体的密度；k 为颗粒的形状系数，对于球状粒子，$k=6$，不同的形状有不同的系数。如果有比表面积，也就可计算其纳米颗粒的平均粒径，但要注意这只适用于无孔的球形粒子。对非球状颗粒应该进行形状系数的修正。测定比表面积的方法繁多，如邓锡克隆发射法（Densichron examination）、十六烷基三甲基溴化铵（CTAB）吸附法、电子显微镜测定法（electronic microscopic examination)、着色强度法(tint strength examination)、BET(Brunauer-Emmett-Teller)氮吸附测定法等。Nelson 通过比较各种方法,认为低温氮吸附法是最可靠、最有效、最经典的方法。美国 ASTM、国际 ISO 均已将其列入测试标准(D3037和 ISO4650),我国也把该方法列为国家标准(GB 10517),2003 年又列入了纳米材料的检测标准。

　　许多纳米材料的表面是不光滑的,有的甚至专门设计成多孔的,而且孔的尺寸大小、形状、数量与它的某些性质有密切的关系,例如催化剂与吸附剂。因此,测定纳米材料表面的孔容、孔径分布具有重要的意义[9]。孔径分布是指固体表面孔体积对孔半径的平均变化率随孔半径的变化。根据孔半径的大小,固体表面的细孔可以分成三类:微孔,孔径小于 2 nm,活性炭、沸石、分子筛会有此类孔;中孔,孔径2~50 nm,多数超细粉体属这一范围;大孔,孔径大于 50 nm,Fe_3O_4、硅藻土等含此类孔。目前,常用压汞法测定大孔范围孔径分布,用气体吸附法测定中孔范围的孔径分布。

6. X 射线衍射线宽法

　　X 射线衍射方法具有不损伤样品、无污染、快捷、测量精度高等优点,能得到有关晶体完整性的大量信息。当一束单色 X 射线入射到晶体时,由于晶体是由原子规则排列成的晶胞组成,这些规则排列的原子间距离与入射 X 射线波长有相同数量级,故由不同原子散射的 X 射线相互干涉,在某些特殊方向上产生强 X 射线衍射,衍射线在空间分布的方位和强度与晶体结构密切相关。纯谱线的形状和宽度由试样的平均晶粒尺寸、尺寸分布以及晶体点阵中的主要缺陷决定,故对线形作适当分析,原则上可以得到上述影响因素的性质和尺度等方面的信息。当样品晶粒小于 0.1 μm 或晶格发生畸变时,样品的衍射峰就会发生宽化。

　　由衍射原理可知,物质的 X 射线衍射峰(花样)与物质内部的晶体结构有关。每种结晶物质都有其特定的结构参数(包括晶体结构类型、晶胞大小,晶胞中原子、离子或分子的位置和数目等)。因此,没有两种不同的结晶物质会给出完全相同的衍射峰。通过分析待测试样的 X 射线衍射峰,不仅可以知道物质的化学成分,还能知道它们的存在状态,即能知道某元素是以单质存在还是以化合物、混合物及同素异构体存在。同时根据 X 射线衍射测量还可进行结晶物质的定量分析、晶粒大小测量和晶粒的取向分析[10]。根据谢勒(Scherrer)公式可计算微晶大小 D。

$$D = \frac{K\lambda}{\beta\cos\theta} \qquad (2.2)$$

式中,D 表示沿晶面垂直方向的厚度,也可认为是晶粒大小;K 为常数,一般取0.89;λ 为入射 X 射线波长;β 表示单纯因晶粒度细化引起的宽化度(弧度),又称晶粒加宽,即经双线校正和仪器因子校正得到的完全由于晶粒大小引起的衍射线加宽,通常用衍射峰极大值一半处的宽度表示;θ 为布拉格角(半衍射角)。与电镜观察法相比较,X 射线线宽法是测量颗粒晶粒度的最好方法。当颗粒为单晶时,该法测得的是颗粒度。颗粒为多晶时,该法测得的是组成单个颗粒的单个晶粒的平均晶粒度。该法只适用于晶态的纳米颗粒晶粒度的评估。实验表明,晶粒度小于 50 nm 时,测量值与实际值相近,较大时测量值往往小于实际值。

7. X 射线小角散射法

X 射线小角散射法(SAXS)是一种简单有效并且准确度高的方法,但在早期很少被应用于测量超微粉末的颗粒粒度。随着近年来分形几何理论的发展,SAXS 受到越来越多的重视。当一束极细的 X 射线穿过一层超细粉末时,通过颗粒内电子的散射,就在原光束附近的极小角域内分散开来,这种现象叫做 X 射线小角散射。SAXS 是通过测量准直度高的单色 X 射线,在纳米颗粒样品上的弹性散射光强度随散射角的变化,从中获得有关的微颗粒样品大小、形状和颗粒分布的信息[11]。SAXS 适用于测定颗粒尺寸在 1～300 nm 范围内单一材质的球形超细粉末,也可用于无机、有机溶胶生物大分子粒度的测定。SAXS 不像电镜观察法那样需要特殊的样品制备过程,可分析原始样品。由于样品的测量区域大,其测量数据真实反映了样品的实际情况。但它也存在缺陷,不适用于颗粒形状偏离球形太远或有微孔存在的粉末以及由不同材质的颗粒所组成的混合粉末;另外,由于干涉效应的存在,其在一定程度上影响测量的准确性,测量时要选择适当的角度,减少干涉效应带来的影响。同步辐射光源的出现大大增强了 SAXS 的信号,可以分析高聚物、生物蛋白质、纤维束、聚集体、溶胶、凝胶、超细粉末、催化剂以及多孔性的物质;涉及的分散体系也多种多样,如单分散系、多分散系、稠密颗粒系、电子密度不均匀颗粒系、长周期系和任意系等[12]。

研究溶液中的微粒时,使用 SAXS 方法相当方便,在 SAXS 实验中获得散射强度后,一般由数据分析程序给出颗粒大小和分布的信息。汪冰等[13]应用 SAXS 测量了悬浮在 1% 羧甲基纤维素钠溶液中纳米 ZnO 和 Fe_2O_3 颗粒的粒径和形状,并与透射电镜结果进行比较。结果表明纳米颗粒在分散介质中会发生团聚,团聚后粒径大于单颗粒的粒径,但纳米 ZnO 和 Fe_2O_3 在介质中的粒径未随浓度升高而发生显著变化,表明两种纳米颗粒在 1% 羧甲基纤维素钠中稳定悬浮。王云等[14]研究了纳米 Fe、Fe_2O_3 和 Fe_3O_4 颗粒在磷酸盐缓冲液(PBS)、DMEM 培养基分散体系中的粒度分布,并与 TEM 结果进行比较。结果显示 SAXS 可准确给出纳米 Fe、Fe_2O_3 和 Fe_3O_4 颗粒的粒度分布,且不受分散体系和分散浓度的影响(图 2.4)。SAXS 在 10 s 内就能完成单个样品测试,达到快速准确地评价其尺寸分布的目的,可很好地应用于测试稳定性较差的非均匀分散体系中纳米颗粒的粒度分析。

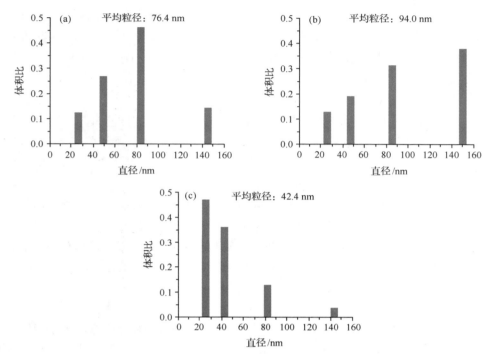

图 2.4　SR-SAXS 测定铁系纳米颗粒的粒度分布

(a) Fe；(b) Fe_2O_3；(c) Fe_3O_4

8. 拉曼散射法

拉曼光谱是一种散射光谱。当一束波长为 λ 的光照射到物质上之后，激发光的光子与作为散射中心的分子发生相互作用，大部分光子仅是改变了方向，发生散射，而光的频率仍与激发光源一致，这种散射称为瑞利散射。但也存在很微量的光子不仅改变了光的传播方向，而且也改变了光波的频率，这种散射称为拉曼散射。其散射光的强度约占总散射光强度的 $10^{-6} \sim 10^{-10}$。拉曼散射的产生原因是光子与分子之间发生了能量交换，改变了光子的能量。拉曼位移取决于分子振动能级的变化，不同的化学键或基态有不同的振动方式，决定了其能级间的能量变化，因此，与之对应的拉曼位移是特征的。利用拉曼光谱不仅可以对分子结构进行定性分析，还可以测量纳米晶晶粒的平均粒径，粒径由下式计算：

$$d = 2\pi \left(\frac{B}{\Delta \omega} \right)^{1/2} \tag{2.3}$$

式中，B 为一常数；$\Delta \omega$ 为纳米晶拉曼谱中某一晶峰峰位相对于同样材料的常规晶粒的对应晶峰峰位的偏移量。Wu 等[15]曾用此方法来计算 nc-Si：H 膜中纳米晶的粒径。他们在 nc-Si:H 膜的拉曼散射谱的谱线中选取了一条晶峰,其峰位为 515 cm^{-1},在 nc-Si 膜(常规材料)中相对应的晶峰峰位为 521.5 cm^{-1},取 $B=2.0$ nm^2/cm,由上式计算出 nc-Si:H 膜中纳米晶的平均粒径为 3.5 nm。

9. 质谱法

颗粒束质谱仪主要用于测量气溶胶中微小颗粒的粒度,目前有几个研究组从事质谱法测定颗粒质量和粒度研究。他们采用的方法和技术路线虽各不相同,但基本原理都是测定颗粒动能和所带电荷的比率 $mU^2/(2Ze)$,颗粒速度 U 和电荷数 Z,从而获得颗粒质量 m,结合颗粒形状和密度则可求得颗粒粒度。气溶胶样品首先在入口处形成颗粒束,再经差动加压系统进入高真空区,在高真空区中用高速电子流将颗粒束离子化,然后用静电能量分子仪检测粒子化颗粒动能和电荷之比,用速度分析仪测定颗粒速度,最后颗粒束进入颗粒检测器,通过分析计算获得气溶胶中微小颗粒的质量和粒度分布。质谱法测定颗粒的粒度范围一般为 1~50 nm。

10. 电泳法

在电场力作用下,带电颗粒在悬浮体系中定向迁移,颗粒迁移率的大小与颗粒粒度有关,通过测量其迁移率可以计算颗粒粒度。电泳法可以测量小于 1 mm 的颗粒粒径,但只能获得平均粒度,难以进行粒度分布的测量。

11. 颗粒测量新技术及其发展

由于数学理论的发展和激光器件、计算机、光电传感器等各种新产品的进步,出现了越来越多与微粒密切相关的新技术和新方法。颗粒测量技术将向测量下限低、范围广、准确度和精确度高、重现性好等方向发展,特别是数字图像处理技术在粒度识别领域的应用,给粒度识别的准确性和快速性带来了巨大的进步。近年来数字图像处理技术逐渐应用于各种粒度分析仪所获取的图像处理中,使得粒度自动化定量测量成为粒度检测方面新的发展方向。将显微镜与电感耦合器件(CCD)直接相连,利用计算机图像处理装置采集数字图像,并进行处理得到样本真实粒度和分布,可测量颗粒范围为 0.1~150 μm。利用数字图像特征分析技术可以准确、快速地同时测定电子图像视域中各个颗粒的几何参数,并按用户所设置的粒度范围进行分类,快速作出定量统计,包括各种当量粒度分布曲线、累积分布曲线及颗粒在每一粒级内的颗粒数分布图,并且以彩色立体直方图表示。如按统计精度的要求,对足够多的视域进行检测,即可获得整个粒度分类定量结果。

在纳米毒理学研究中,尽可能采用两种以上的方法对纳米颗粒的粒度分布进行表征,如 TEM 结合 DLS 等,以获取足够的信息。

2.3.2　纳米材料的形貌分析

形貌是纳米材料分析的重要组成部分,纳米材料很多重要的性质是由其形貌特征决定的,如 CeO_2 纳米管的催化活性远高于颗粒状的 CeO_2[16]。纳米颗粒的形貌与毒性之间的关系目前了解得还很少,有证据表明,由同为碳元素构成但形貌不同的富勒烯、单壁碳纳米管和多壁碳纳米管的细胞毒性差异很大[17],另外纳米颗粒的形状可能会影响其在动物体内的沉积和吸收的动力学[4]。因此,在纳米毒理学研究中需对受试材料的形貌进行表征,包括材料的几何形貌、颗粒度、粒度分布以及形貌微区的成分和物相结构等。

常用的纳米材料形貌分析方法主要有:扫描电子显微镜(SEM)、透射电子显微镜(TEM)、原子力显微镜(AFM)和扫描隧道显微镜(STM)。TEM 具有很高的空间分辨能力,特别适合粉体材料的分析。其特点是样品使用量少,不仅可以获得样品的形貌、颗粒大小和分布,结合能量色散谱(EDS)分析还可以获得特定区域的元素组成及物相结构信息。TEM 比较适合分析纳米粉体样品的形貌,但颗粒尺寸应小于 300 nm,否则电子束不能穿透。对块体样品,TEM 一般需要对样品进行减薄处理。STM 主要针对一些特殊导电固体样品,可以达到原子量级的分辨率,仅适合具有导电性薄膜材料的形貌分析和表面原子结构分布分析,无法分析纳米粉体材料。SEM 可以对纳米薄膜进行形貌分析,分辨率可以达到几十纳米,比STM 差,但适合导体和非导体样品,不适合纳米粉体的形貌分析。总之,这四种形貌分析方法各有特点,下面分别介绍它们在纳米材料形貌表征方面的用途。

1. 扫描电子显微镜

扫描电子显微镜(SEM)是对材料的显微结构进行分析的最主要工具之一,它能提供最可靠的表面形貌、几何尺寸和晶体结构等信息[18]。普通扫描电镜分辨率在 6 nm 左右,成像立体感强,能提供微米或亚微米的形貌信息,满足对纳米量级材料的检测要求。然而,需要检测足够多的粒子保证粒子大小和形状在统计上具代表性,所以很费时,可能需逐一分析数千个粒子,已有多种商业上的自动图像分析系统。此外,扫描电子显微镜提供的只是两维图像,测量时要注意取向效应。样品形状的量化更复杂,所以可以用多个方法联用来表征颗粒特性。

SEM 是通过接收从样品中"激发"出来的信号而成像,它不要求电子透过样品,可以用于块状样品,除了含水量较多的生物软组织样品外,其他的固体材料样品的制备方法都很简便。对于导电材料,不同型号的 SEM 样品室对材料的尺寸和重量有不同的要求,除此之外几乎没有任何其他要求。对于导电性较差或者绝缘的样品,若采用常规的 SEM 来观察,需要对样品表面进行处理,使其具有良好

的导电性。常用的导电方法有喷镀金、银等贵金属或碳真空蒸镀等手段。一般
10 nm 以下的样品不能喷金，因为颗粒大小在 8 nm 左右，会产生干扰，应采取蒸碳
方式。总之，应尽可能使样品的表面结构保存好，没有变形和污染，样品干燥并且
有良好导电性能。

　　SEM 具有以下性能特点：①焦深大，对观察凹凸不平的试样形貌最有效，得到
的图像富有立体感；②成像的放大范围广、分辨率较高；③与透射电镜相比，样品制
备简单；④对样品的电子损伤小、污染小，对于观察高分子样品有利；⑤保真度高，
直接观察试样，把各种表面形态如实反映出来；⑥可以用电学方法来调节亮度和衬
度；⑦可以在微小区域上做成分分析和晶体结构分析。

2. 扫描探针显微镜

　　扫描探针显微镜（scanning probe microscope，SPM）包括扫描隧道显微镜
（STM）、原子力显微镜（AFM）、横向力显微镜（LFM）、磁力显微镜（MFM）、静电
力显微镜以及扫描热显微镜等。这是一类具有相似工作原理的显微镜，基于探针
对被测样品进行扫描成像，统称为扫描探针显微镜。它们通过尖端粗细只有一个
原子大小的探针在非常近的距离上探索物体表面的情况，可以分辨出其他显微镜
无法分辨的极小尺度上的表面细节与特征[19]。

　　与其他表面分析技术相比，SPM 的优点可归纳为以下几条：①原子级高分辨率。
如 STM 在平行和垂直于样品表面方向的分辨率分别可达 0.1 nm 和 0.01 nm，即
可以分辨出单个原子，具有原子级的分辨率。②可实时得到空间表面的三维图像，
可用于具备或不具备周期性的表面结构研究。这种实时观测的性能能够用于表面
扩散等动态过程的研究。③可以观察单个原子层的局部表面结构，而不是体相或
整个表面的平均性质。因而可直接观察到表面缺陷、表面重构、表面吸附体的形态
和位置，以及由吸附体引起的表面重构等。④可在真空、大气、常温等不同环境下
工作，甚至可将样品浸在水或其他溶液中，不需要特别的制样技术，并且探测过程
对样品无损伤。这些特点适用于研究生物样品和在不同试验条件下对样品表面的
评价，例如对于多相催化机理、超导机制、电化学反应过程中电极表面变化的监测
等。⑤配合扫描隧道谱（scanning tunneling spectroscopy，STS）可以得到有关表
面结构的信息，例如表面不同层次的密度、表面电子阱、电荷密度波、表面势垒的变
化和能隙结构等。如果将应用范围较接近于 SPM 的电子显微镜、场离子显微镜
与其作一简略比较（见表 2.3），就可对 SPM 仪器的特点及优越性有更清晰的
认识。

表 2.3　SPM 与其他类型显微镜的比较[19]

显微技术	分辨率	工作环境 样品环境	温度	对样品 破坏程度	检测深度
扫描探针显微镜 (SPM)	原子级(0.1 nm)	真实环境、大 气、溶液、真空	室温或 低温	无	100 μm 量级
透射电子显微镜 (TEM)	点分辨(0.3~0.5 nm) 晶格分辨(0.1~0.2 nm)	高真空	室温	小	接近 SEM,但实际 上为样品厚度所限, 一般小于 100 nm
扫描电子显微镜 (SEM)	6~10 nm	高真空	室温	小	10 mm (10 倍时) 1 μm (10000 倍时)
场离子显微镜 (FIM)	原子级	超高真空	30~80 K	有	原子厚度
扫描隧道显微镜 (STM)	原子级横向 0.13 nm 垂直 0.01 nm(石墨定标)	真实环境、大 气、溶液、真空	室温或 低温	无	1~2 原子层克服光 衍射引起的图像模糊
原子力显微镜 (AFM)	横向 0.1~0.2 nm 垂直 0.1 nm(云母定标)	真实环境、大 气、溶液、真空	室温或 低温	无	较 STM 深

此外,在技术本身,SPM 具有设备相对简单、体积小、价格便宜、对安装环境要求低、对样品无特殊要求、制样容易、检测快捷和操作简便等特点。同时,SPM 的日常维护和运行费用也十分低廉。因此,SPM 技术一经发明,就带动纳米科技快速发展,并很快得到广泛应用。

1) 扫描隧道显微镜

1982 年,国际商业机器公司苏黎世实验室的 Gerd Binnig 和 Heinrich Rohrer 及其同事们共同研制成功了世界第一台新型的表面分析仪器——扫描隧道显微镜(scanning tunneling microscope,STM)。STM 具有惊人的分辨本领,水平分辨率小于 0.1 nm,垂直分辨率小于 0.01 nm。它的出现使人类第一次能够实时地观察单个原子在物质表面的排列状态和与表面电子行为有关的物理、化学性质,在表面科学、材料科学、生命科学等领域的研究中有着重大的意义和广阔的应用前景,被国际科学界公认为 20 世纪 80 年代世界十大科技成就之一。为表彰 STM 的发明者们对科学研究的杰出贡献,1986 年 Binnig 和 Rohrer 被授予诺贝尔物理学奖。

STM 给出的结果是样品最表层的局域信息,它的优越性主要表现在以下几个方面:①具有原子级分辨率,在平行和垂直于样品表面方向的分辨率分别可达 0.1 nm 和 0.0001 nm,即可以分辨出单个原子;②可实时地得到真实表面的高分辨率三维图像,可用于具有周期性或不具备周期性的表面结构研究,这种可实时观测的性能可用于表面扩散等动态过程的研究;③可以观察单个原子层的局部表面结构,因而可直接观察到表面缺陷、表面重构、表面吸附体的形态和位置,以及由吸附体引起的表面重构等;④可在真空、大气、常温等不同环境下工作,甚至可将样品浸在水和其他溶液中,不需要特别的制样技术,并且探测过程对样品无损伤。这些特点适用于研究生物样品和在不同试验条件下对样品表面的评价;⑤应用领域广泛,目前在材料科学、物理、化学、生物、医学及微电子等领域都有应用;⑥STM相对于电子显微镜等大型仪器来说结构简单、成本低廉。

STM 最初是作为具有原子级空间分辨率的显微镜出现的,自 1990 年 IBM 公司成功运用 STM 针尖操纵原子之后,又作为纳米结构加工工具得到人们的重视。借助于 STM 的空间分辨能力,可以测量单个分子、单个纳米颗粒、单根纳米线和纳米管的电学、力学及化学特性,从而催生了单分子科学这个新的研究领域,也有力地促进了新一代纳米电子学器件的研究工作。科学家在实验中发现,STM 的探针不仅能得到原子图像,而且可以将原子在一个位置吸住,再搬运到另一个地方放下。

2) 原子力显微镜

1986 年,IBM 公司的 Binning 和斯坦福大学的 Quate 及 Gerber 合作研制的原子力显微镜(atomic force microscope,AFM)显现了显微观测技术作为人类视觉感官功能的延伸与增强的重要作用,其目的是使非导体也可以采用 SPM 进行观测,它是在扫描隧道显微镜基础上发展起来的分子和原子级显微工具。与其他显微工具相比,原子力显微镜具有高分辨、制样简单、操作易行等特点而备受关注,并已在诸多科学领域中发挥了重大作用。与 SEM 相比,AFM 具有非常高的横向分辨率和纵向分辨率,其横向分辨率可达到 0.1~0.2 nm,纵向分辨率高达 0.01 nm。AFM 与 STM 最大的差别在于并非利用电子隧道效应,而是利用原子之间的范德华力作用来呈现样品的表面特性。AFM 具有很宽的工作范围,可以在诸如真空、大气和各种液体环境中使用,还可以在低温环境进行研究,观测的生物医学样品可以从单个分子到整个细胞。

在原子力显微镜的系统中,利用微小探针与待测物之间的交互作用力,来呈现待测物表面的物理特性[20]。所以在原子力显微镜中也利用斥力与吸引力的方式发展出两种操作模式:①利用原子斥力的变化而产生表面轮廓为接触式原子力显微镜(contact AFM),探针与试片的距离约数埃(Å);②利用原子吸引力的变化而产生表面轮廓为非接触式原子力显微镜(non-contact AFM),探针与试片的距离约数十到数百埃。

AFM 技术可以在大气、高真空、液体等环境中检测导体、半导体、绝缘体样品以及生物样品的形貌、尺寸和力学性能等材料的特性,使用的范围很广。AFM 的样品制备一般要求纳米材料粉体尽量以单层或亚单层形式分散并固定在基片上,并注意以下三点:①选择合适的溶剂和分散剂将粉体材料制成稀溶胶,必要时采用超声分散以减少纳米颗粒的聚集,以便均匀地分散在基片上;②根据纳米颗粒的亲疏水特性、表面化学特性等选择合适的基片,常用的有云母、高序热解石墨、单晶硅片、玻璃、石英等;③样品尽量牢固地固定在基片上,必要时可采用化学键合、化学特定吸附或静电相互作用等方法。生物样品也需要固定到基片上,原则同上所述,只是大多数时候为保持生物样品的活性,多在溶液中进行。

　　TEM 只能在横向尺度上测量纳米颗粒或纳米结构的尺寸,而对纵深方向的尺寸检测无能为力,而 AFM 在三维方向上均可检测纳米颗粒的大小尺寸,纵向分辨率可达到 0.01 nm。在横向尺度由于针尖放大效应常造成检测尺寸偏大,一般可以结合 TEM、SEM 和 STM 对纳米结构进行分析研究。

2.3.3　纳米材料的化学组成分析

　　纳米材料的物理和化学性能与组成纳米材料的化学成分和结构具有密切关系。例如具有核壳结构的 CdSe-CdTe 纳米晶体是一种重要的发光材料,研究人员发现 Cd、Se、Te 三种元素掺杂比例不同的纳米晶体即使粒径完全一致,发光频率也不同,可以通过调节三者的元素比例获得可见区内具有不同发光频率的荧光纳米材料[21]。材料的化学组成也直接影响其生物效应。例如,水溶液中的量子点在紫外光激发下表面被氧化,可释放出有毒重金属离子 Cd^{2+},从而产生生物毒性[22-24]。相似的例子还有合成碳纳米管时残留的金属催化剂可能引起大鼠肺部间质纤维化损伤等[25]。因此,确定纳米材料的元素组成,测定纳米材料中杂质的种类和含量,是纳米材料分析表征的重要内容之一。

　　纳米材料的化学组成分析按照分析对象和要求可以分为微量样品分析和痕量分析两种类型。前者是就样品量而言的,而后者则是就待测成分在纳米材料中的含量而言的。分析方法按照分析目的不同又分为体相元素成分分析、表面成分分析和微区成分分析等方法。体相元素成分分析能够提供形成纳米材料的基本元素组成;表面成分分析则可以确定纳米薄膜乃至纳米颗粒表面的元素分布状态及含量,在自组装形成的多层单分子薄膜上进行表面及剥层分析,对了解自组装膜的性能有重要意义;当研究表面催化中心或发光中间体时,则需要对材料进行微区成分分析。

　　纳米材料化学组成分析可以采用的方法主要有光谱分析、质谱分析和能谱分析。光谱分析包括原子吸收光谱(AAS)、电感耦合等离子体原子发射光谱(ICP-AES)、X 射线荧光光谱(XFS)和 X 射线衍射光谱(XRD)等;质谱分析包括电感耦合等离子体质谱(ICP-MS)和飞行时间二次离子质谱法(TOF-SIMS);能谱分析包括 X 射线光电子能谱(XPS)、俄歇电子能谱(AES)以及能量色散谱(EDS)和电子能量损失谱(EELS)。原子吸收、原子发射和常规 ICP 质谱法需要将样品消解后再进行测定,属于破坏性样品分析方法,而 X 射线荧光与衍射分析方法为非破坏性元素分析方法,可以直接对固体样品进行测定。

1. 原子光谱分析

1) 原子吸收光谱

原子吸收光谱分析法是通过蒸气相中被测元素的基态原子对其原子共振辐射的吸收强度来测定试样中被测元素的含量。原子吸收光谱仪器由光源、原子化器系统、分光系统、光电检测及显示系统组成。在原子吸收光谱分析中,试样中被测元素的原子化是整个分析过程的关键环节。实现原子化的常用方法有两种:火焰原子化法和非火焰原子化法,其中应用最广泛的是石墨炉电热原子化法。原子吸收光谱仪结构较简单,光源为空心阴极灯,分光系统由分辨率一般的单色器组成,无论火焰原子化器或石墨炉原子化器系统的技术都比 ICP-MS 的简单,既经济又易操作。火焰原子吸收光谱法的检出限一般是在 ng/mL,由于石墨炉原子化效率高,它的检出限优于火焰原子化 4~6 个数量级。原子吸收光谱是元素的固有特征,光谱谱线重叠干扰的可能性很小。原子吸收光谱分析是一种高灵敏度和高选择性的分析方法,已得到广泛的应用,与气相色谱或液相色谱等其他方法联用还可进行元素的形态分析。但它的主要缺点在于一次只分析一种元素,分析速度慢。

原子吸收光谱分析是一种相对分析方法,用校正曲线进行定量。常用的定量方法有标准曲线法、标准加入法和浓度直读法。标准样品与被分析样品组成的精确匹配、标样浓度的准确标定、吸光度值的准确测量以及对校正曲线的制作和使用等都要给予足够的重视,这对于获得准确的测定结果十分重要。与被分析样品组成相匹配的标准物质不易得到时,可用标准加入法:在几份等量的被分析试样中分别加入不同量的被测元素的标准溶液,因基体组成相同,可以自动补偿样品基体的物理干扰和化学干扰,提高测定的准确度。

2) 原子发射光谱

每种元素的原子及离子激发以后,都能发射出一组表征该元素特征的光谱线,其中一条或数条辐射的强度最强,常称作最灵敏线。由于待测元素原子的能级结构不同,因此发射谱线的特征不同,据此可对样品进行定性分析;而根据待测元素原子的浓度不同,因而发射强度不同,可实现元素的定量分析。近年来发展起来的电感耦合等离子体原子发射光谱(ICP-AES)利用电感耦合等离子体作为激发源,根据处于激发态的待测元素原子回到基态时发射的特征谱线对待测元素进行定性和定量分析。

前面提到的原子吸收光谱法的主要缺点是一次只能测定一个元素,不适合多组分的成分分析,而原子发射光谱最主要的特点就是可以进行多元素同时分析。当采用半定量扫描方式时,电感耦合等离子体发射光谱法通常可以在几分钟内获得近 70 种元素的含量。但是,和原子吸收光谱分析方法相同,这一方法对某些非金属元素测定的灵敏度还不令人满意,固体纳米颗粒直接进样问题也尚待解决。另外,由于氩气流量大,运行成本比较高。

3) 原子荧光光谱

原子荧光光谱法是以原子在辐射能激发下发射的荧光强度进行定量分析的发射光谱分析法。气态自由原子吸收光源的特征辐射后,原子的外层电子跃迁到较高能级,然后又返回基态或较低能级,同时发射出与原激发波长相同或不同的辐射即为原子荧光。原子荧光是光致发光,也叫二次发光,当激发光源停止辐射之后,再发射过程立即停止。

原子荧光可分为共振荧光、非共振荧光及敏化荧光三种类型,其中共振荧光强度最大,最常用。受激发的原子可能发射共振荧光,也可能发射非共振荧光,还可能无辐射跃迁至低能级,所以量子效率一般小于 1。受激原子和其他原子碰撞,把一部分能量变成热运动或者其他形式的能量,因而发生无辐射的去激发过程,这种现象称为荧光猝灭。荧光猝灭会使荧光的量子效率降低,荧光强度减弱。许多元素在烃类火焰中要比在用氩稀释的氢-氧火焰中荧光猝灭大得多,因此原子荧光光谱法尽量不用烃类火焰,而是用氩稀释的氢-氧火焰代替。

根据荧光强度与待测元素的含量成正比的关系,可以采用标准曲线法进行定量分析,即以荧光强度为纵坐标,浓度为横坐标作图。在测得样品中各元素的荧光强度后,可以根据标准曲线求得其含量。原子荧光的主要干扰就是猝灭效应,这种干扰一般可采用减小溶液中其他干扰粒子的浓度来避免。其他干扰因素有光谱干扰、化学干扰和物理干扰等。

2. X 射线荧光光谱分析

X 射线荧光光谱分析法(XRF)是一种非破坏性的分析方法,可以对固体样品进行直接测定,因此在纳米材料的化学成分分析中具有较大的优势。X 射线荧光的能量或波长是特征性的,与元素的种类有一一对应关系,因此,只要测出特征 X 射线的波长和强度,就可以知道元素的种类和相应元素的含量,这是 X 射线荧光定性和定量分析的基础。X 射线荧光光谱分析具有灵敏度高、不破坏样品,快速、需样品量少和同时多元素分析等特点。

进行 XRF 分析的样品可以是固态的,也可以是溶液。对于粉末状的纳米材料样品,要将团聚的颗粒研磨后压成圆片进行测定,也可以直接放入样品槽中测定。纳米颗粒的悬浮液可以滴在滤纸上,用红外灯蒸干水分后测定,也可以密封在样品槽中测定。纳米薄膜样品可直接测定。X 射线荧光光谱研究纳米材料的组成具有如下特点:①分析的元素范围广,从 ^4Be 到 ^{92}U 均可测定;②荧光 X 射线谱线简单,相互干扰少;③分析样品从不被破坏,分析方法简便;④分析浓度范围较宽,从常量到微量都可以分析,重元素的检测限可达 10^{-6} 量级,轻元素稍差。

3. 电感耦合等离子体质谱分析

电感耦合等离子体质谱(ICP-MS)是利用电感耦合等离子体作为离子源的一种元素质谱分析技术,利用离子源产生的样品离子经质量分析器和检测器后得到质谱[26]。该方法具有灵敏度高(浓度约 10^{-12})、检出限低、分析速度快(每小时可分析 20 多个样品)、可测定元素范围广(包括绝大多数金属元素和部分非金属元素)、线性范围宽、可进行同位素的比值分析等特点。ICP-MS 对多数元素的测定灵敏度都较 ICP-OES 高,而且可以区别同一元素的不同同位素组成,是一种有力的痕量超痕量无机元素分析技术,在地质、环境、化工、医药、生物及毒理学等领域都有广泛应用,而且还可以与高效液相色谱或其他分离技术联用,分析特定蛋白或生物大分子所含的元素。

影响 ICP-MS 测量结果的因素有很多,常见的干扰因素以及相应的解决方法如下:① 同质异位素干扰。当不同元素的同位素的质量相同,而它们的质荷比的差异很小,所用的质谱仪又不能分辨,在质谱中发生重叠时,称同质异位素干扰。改进办法是可选用更高分辨率的质谱仪;简便方法是测定干扰元素的另一个不受干扰同位素,用数学校正公式计算扣除该干扰元素对同质异位素重叠部分的贡献。两个同质异位素互相干扰的程度还与它们同位素的丰度和在样品中的浓度有关,也就涉及样品的基体效应。② 多原子离子干扰。多原子离子(或分子离子)是由两个或更多的原子结合而成的复合离子,是 ICP-MS 中干扰的主要来源。如等离子中含有较多的氩及氢和氧的离子,能互相结合,如 Ar 和 O 能结合形成 ArO^+ 离子,也可与样品中(包括样品制备时所用溶剂和容器)带入的离子结合形成氧化物和氢氧化物的离子。这些干扰与实验条件有关,有些是可以降低的。例如使用高纯(>99.99%)氩气,氩气纯度差时,其所含的杂质气体会对有些同位素产生质谱干扰。由于分析样品的类型不同,要求建立的分析方法也不同。对有机离子分析可加碰撞/反应池,大量消除多原子离子干扰。③ 样品制备时试剂容器带入杂质离子及氧离子与 ICP-MS 采样锥和截取锥作用。出现与分析物无关的离子峰,通过测量空白样品可进行鉴别。④ 基体效应,基体的主要成分提供的等离子体的电子数目太多,抑制了待分析元素的电离,影响分析结果。基体效应的影响可以采用稀释、基体匹配、标准加入或者同位素稀释法降低至最小。

4. 中子活化分析

中子活化分析是一种重要的核分析技术,具有高灵敏度、高准确度、多元素分析等优点。其原理是:利用一定能量和流强的中子轰击待测试样,直接测定核反应过程中产生的瞬发辐射或测定生成的放射性核衰变产生的缓发辐射。利用射线的能量可进行定性分析,射线的强度与样品中元素的含量成正比,由此可进行定量分析。与 AAS、ICP-OES 和 ICP-MS 等常规无机元素分析方法相比，中子活化分析的主要优势在于几乎不需要样品前处理、无须溶样，避免了样品消解过程可能发生的元素丢失或引入外来污染。如在碳纳米管中含有金属杂质时，由于这些杂质往往被包裹在纳米结构中，用常规的溶样方法提取效率很低。利用中子活化分析即可准确测定金属杂质的含量。

作为一种核分析技术，中子活化分析需要反应堆和放射性测量装置，操作过程需要辐射防护，常规的实验室显然难以开展。但可以将中子活化分析的结果作为标准，校正常规研究方法。Ge 等[27]用不同的温度灰化碳纳米管样品，并进一步用不同浓度的酸提取，利用 ICP-MS 分析提取液中重金属的含量。结果发现，测得的金属杂质的含量与所采用的样品前处理方法有很大关系。将样品在 550℃下高温灰化再用浓硝酸提取，得到的结果与中子活化分析最为接近，可作为测定碳纳米管中金属杂质时的标准溶样方法。

5. 微区化学组成分析

1) 能量色散谱

当电子束作用于物质表面后，原子的内层电子被逐出，外层电子向内层电子跃迁的过程中，也可能以 X 射线的形式释放能量，这种 X 射线的能量等于两个能级能量之差，因而具有元素的特征。如果 K 层电子被逐出，外层电子填充产生的特征 X 射线称为 K 系 X 射线；如果 L 层电子被逐出，产生的 X 射线称为 L 系 X 射线。对于每个系列，又由于是不同外层电子跃迁引起的，为区别起见又标以 α、β、γ 等。例如，Fe_{K_α}表示 Fe 的 K 层电子被逐出，L 层电子填充产生的特征 X 射线。不同元素产生的特征 X 射线能量（或波长）不同，根据产生的特征 X 射线的波长和强度，可以进行元素成分分析。SEM 和 TEM 已经广泛应用于纳米材料的形貌分析，当人们对纳米材料成像后所观察到的某一微区的元素成分感兴趣时，可结合特征 X 射线谱对其化学组成进行分析。X 射线谱的测量与分析有两种方法：能量色散光谱仪（EDS）和波长色散光谱仪（WDS）。两者的特点和比较列在表 2.4 中[28]。目前大多数 SEM 配有 EDS，WDS 用得较少；TEM 只能配备 EDS。

表 2.4　波谱仪和能谱仪的比较

项目	波谱仪	能谱仪
探测效率	低立体角，探测效率低，需要大束流	高立体角，探测效率高，可用小束流
能量分辨率	10 eV	150 eV
探测灵敏度	对块状样品，峰背比高，最小探测限度可达 0.001%	对块状样品，峰背比低，最小探测限度可达 0.01%
可分析元素范围	从铍（$Z=4$）到铀（$Z=92$）	一般从钠（$Z=11$）到铀（$Z=92$），好的仪器也可分析到铍（$Z=4$）

项目	波谱仪	能谱仪
机械设计	具有复杂的机械传动系统	基本无可动部件
分析时间	几分钟至几小时	几分钟
定性分析	擅长做"线分布"和"面分布"图,由于成谱扫描速度慢,做未知点分析不太好	获得全谱速度快,做点分析很方便。由于峰背底比较低,做"线分布"和"面分布"不太好
定量分析	分析精度高,可做痕量元素、轻元素和有重叠峰存在元素的分析	对痕量元素、轻元素和有重叠峰存在元素的分析精度不高

　　X射线显微分析对微区、微粒和微量的成分分析具有分析元素范围广,灵敏度高、准确、快速、不损伤样品等优点,可做定性、定量分析。此外,微区分析不必把被分析物从基体中取出,能够直接研究材料中的夹杂物、析出相、晶界偏析等微观现象。在电镜结合能谱进行微区成分分析时,分析的最小区域不仅与电子束直径有关,也与X射线激发和发射范围有关,通常此区域范围约为 1 μm。对特殊样品,如TEM中样品很薄时,微区范围可以小到几十纳米。由于分析体积很小,故绝对灵敏度要求很高。在进行微区分析时,可以采用三种不同的分析方法:点分析、线分析和面分析法。①点分析是将电子束照射在所要分析的点上,检测由此点所得到的 X 射线进行分析的方法,常被用于做材料某点的成分分析手段,如图 2.5 所示。②线分析是将谱仪设置在某一确定的波长测量位置,使试样和电子束沿指定的直线做相对运动,记录 X 射线强度而得到某一元素在某一指定直线上的浓度分布图。图 2.6 显示的是 Cu 纳米颗粒的 EDS 线分布谱[29]。③面分析是把能谱的波长设置在某一固定值,利用仪器的扫描装置在试样的某一选定区域(面)进行扫描,同时,显像管的电子束受同一扫描电路的调制做同步扫描,显像管的亮度由试样给

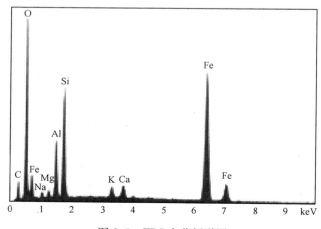

图 2.5　EDS点分析谱图

出的信息调制。因此图像的衬度与试样中相应部位该元素的含量成正相关,越亮表示该元素含量越高[30](图 2.7)。

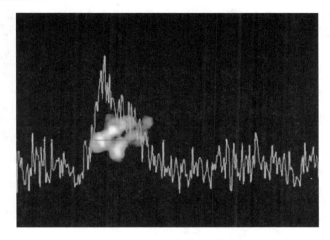

图 2.6 EDS 线分析谱图

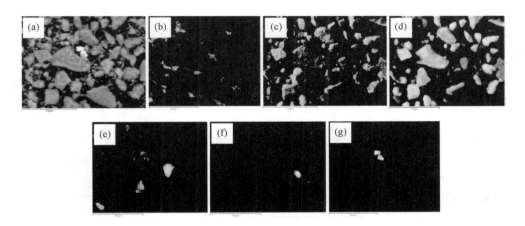

图 2.7 EDS 面分析谱图
(a) 形貌像;(b) 碳;(c) 氧;(d) 硅;(e) 钾;(f) 钛;(g) 银

2) 电子能量损失谱

电子能量损失谱分析(electron energy loss spectroscopy,EELS)是利用入射电子束在试样中发生非弹性散射,电子损失的能量直接反映出发生散射的机制、试样的化学组成以及厚度等信息,因而能够对薄试样微区的元素组成、化学键、近邻配位及电子结构等进行分析。EELS 分析的空间分辨率高,直接分析入射电子与试样非弹性散射相互作用的结果,因而探测效率高。一般来说,WDS 的接收效率为 10 左右,EDS 的接收效率在 10 以下;而 EELS 技术由于非弹性散射电子仅偏转很小的角度,几乎全部被接收。由于低原子序数元素的非弹性散射概率相当大,因此,EELS 技术特别适用于薄试样低原子序数元素,如碳、氮、氧、硼等的分析。由于 EELS 具有电子伏甚至亚电子伏的分辨率,可以用于元素价态分析[31],而这是 EDS 不擅长的。此外,EELS 没有 EDS 分析中的各种假象,无须进行如吸收、荧光等各种校正,其定量分析原则上是无标样的。但是 EELS 分析存在一定的困难,主要是对试样厚度的要求较高,尤其是定量分析的精度有待改善。应用 EELS 进行能量过滤或者能量选择成像,可以得到选定化学元素在试样中的分布图,类似于 X 射线能谱的元素面分布图,有利于识别细小的析出相粒子和某些元素的偏聚,在进行电子衍射分析时,应用能量过滤电子形成衍射花样则具有独到的优势。由于电子通过试样时发生了散射,弹性散射电子干涉形成布拉格衍射束,非弹性散射电子根据其散射机制不同而具有不同的能量损失,同时还以不同的角分布传播。这些非弹性散射电子叠加在由弹性散射电子形成的布拉格衍射斑上,造成衍射谱的背景很强,分布在衍射斑周围而掩盖了由弹性散射电子形成的衍射斑。在角度大于 40～50 mrad 的区域,非弹性散射电子的强度很小,甚至弱到可以忽略的程度,衍射斑基本上是由弹性散射电子形成的。在分析细小析出粒子时,衍射束强度有时很弱,由于被强的非弹性散射电子覆盖而往往难以辨认,如能获得能量过滤的衍射花样则可以清晰显示这些微弱的衍射斑。在进行会聚束衍射(CBED)工作时,能量过滤技术更是具有不可忽视的重要作用,可以呈现出更多的细节,提供更多衍射信息,这是其他技术难以达到的优势。

6. 表面化学组成分析

纳米材料的表面分析方法目前最常用的有 X 射线光电子能谱(XPS)法、俄歇电子能谱(AES)法、电子探针法和二次离子质谱(SIMS)法等。这些方法能够对纳米材料表面的化学成分、分布状态与价态、表面与界面的吸附和扩散反应状况等进行测定,XPS 分析方法将在 2.3.5 小节中详细介绍,本节主要介绍后面两种方法。

电子束与物质相互作用可以产生特征的 X 射线,根据 X 射线的波长和强度进行分析的方法称为电子探针分析法,属于能谱分析方法。电子探针显微分析是一种在材料表面几微米范围内的微区分析方法,它是一种显微结构的分析,能将微区化学成分与显微结构结合起来,进行定性或定量分析。采用该方法分析元素范围广泛、定量准确且不损坏试样。要获得检测信息就需要分析材料表面的体积,根据分析体积的大小,通过一系列成熟的检测手段来测定材料表面的元素成分。以电子探针显微分析(ESMA)为例:用高能电子束照射样品表面,离表面约几微米处的原子将被激发产生特征 X 射线,这种 X 射线既可以用 EDS,也可用 WDS 来分析。通过 X 射线光谱可以很精确地推算出材料中近表面的分析体积的元素主、副以及微量的成分。元素周期表里几乎所有的元素(氢、氦及锂元素除外)都能用这两种方法分析,其中 ED-ESMA 的检测限为 0.1%,WD-ESMA 为 0.01%。

二次离子质谱是一种利用质谱仪进行表面分析的方法,为了获得材料表面成分和结构的信息,二次离子质谱法采用低密度的正离子(一次离子)轰击样品表面,使样品表面的分子以正负离子(二次离子)的形式从表面溅射出来,在质谱仪的真空系统作用下使样品离子引入质谱仪进行分析,从而获得有关表面化学组成和分子结构信息。目前用于分析的质谱多采用飞行时间质谱(TOF),因此又称这一技术为飞行时间二次离子质谱(TOF-SIMS)。

TOF-SIMS 最显著的特点是不仅能分析材料的组成元素,还能分析有机官能团,因此特别适合研究有机聚合物薄膜的分子结构。由于 TOF 具有很宽的分子量扫描范围,因此这一技术也适用于生物膜组成的研究。一次离子轰击样品表面可以得到给定区域的总离子流成像结果,同时获得该区域各种成分的质量分布图。若对成像后的样品某一特定微区的化学成分需要进一步了解,将一次离子流对准所要分析的区域进行测定,从而得到这一区域化合物的质谱图。同样,若想获得该区域某一定质量的物质的分布状态,还可以固定质量/电荷数扫描,从而得到该物质的分布图。

2.3.4　纳米材料的结构和晶形分析

成分和形貌以外,纳米材料的物相结构和晶体结构对材料的性能也有重要的作用。物相结构分析的目的是精确表征以下微观特征:①晶粒的尺寸、分布和形貌;②晶界和相界面的本质;③晶体的完整性和晶格缺陷;④跨晶粒和跨晶界的组成和成分;⑤微晶以及晶界中杂质的剖析。除此之外,分析的目的还在于测定纳米材料的结构特征,为解释材料结构与性能的关系提供实验依据。目前,常用的物相结构分析方法有 X 射线衍射分析、激光拉曼分析等,同步辐射 X 射线吸收精细结构也是结构分析的一种有力手段。

1. X 射线衍射物相结构分析

1895 年,德国物理学家伦琴偶然发现 X 射线,后来伦琴、巴克拉、劳厄、布拉格等人又对 X 射线作了进一步研究。X 射线通常利用 X 射线管获得,当它与物质相遇时,会产生一系列效应。就其能量转换而言:一是被吸收;二是穿透物质继续沿原方向传播;三是被散射。入射的光子与物质相互作用发生散射效应时,如果入射光子波长不变,即没有能量损失,光子只是改变了运动方向,该过程称弹性散射,或称汤姆孙(Thomson)散射,这种发生在光子和束缚电子间的弹性散射相互作用形成 X 射线衍射研究的基础。1912 年德国物理学家劳厄(Laue)提出一个重要的科学预见:晶体可以作为 X 射线的空间衍射光栅,即当一束 X 射线通过晶体时将发生衍射,衍射波叠加的结果使射线的强度在某些方向上加强,在其他方向上减弱。

分析在照相底片上得到的衍射花样，便可确定晶体结构。这一预见随即为实验所验证，这就是最早的 X 射线衍射。

利用 X 射线研究晶体结构中的各类问题，主要是通过 X 射线在晶体中产生的衍射现象进行的。晶体是质点（原子、离子或分子）在空间按一定规律周期性重复排列构成的固体物质，因原子面间距与入射 X 射线波长数量级相当，故可视为衍射光栅。当晶体被 X 射线照射时，各原子中的电子受激而同步振动，振动着的电子作为新的辐射源向四周放射波长与原入射线相同的次生 X 射线，这个过程就是相干散射的过程。因原子核质量比电子质量大很多，所以可假设电子都集中在原子的中心，则相干散射可以看成是以原子为辐射源。按周期排列的原子所产生的次生 X 射线存在恒定的位相关系，所以它们之间会发生叠加。干涉加强就在某些方向上出现衍射线。当一束单色 X 射线入射到晶体时，由于晶体是由原子规则排列成的晶胞组成，这些规则排列的原子间距离与入射 X 射线波长有相同数量级，故由不同原子散射的 X 射线相互干涉，在某些特殊方向上产生强 X 射线衍射，衍射线在空间分布的方位和强度与晶体结构密切相关。以晶体衍射为基础的著名公式布拉格（Bragg）方程如下所示：

$$2d\sin\theta = n\lambda \tag{2.4}$$

式中，λ 为 X 射线的波长；n 为任何正整数。当 X 射线以掠角 θ（入射角的余角）入射到某一点阵晶格间距为 d 的晶面上时，在符合上式的条件下，将在反射方向上得到因叠加而加强的衍射线。布拉格方程简洁直观地表达了衍射所必须满足的条件。当 X 射线波长 λ 已知时（选用固定波长的特征 X 射线），采用细粉末或细粒多晶体的线状样品，可从一堆任意取向的晶体中，从每一 θ 角符合布拉格方程条件的反射面得到反射，测出 θ 后，利用布拉格方程即可确定点阵晶面间距、晶胞大小和类型；根据衍射线的强度，还可进一步确定晶胞内原子的排布。由于 $\sin\theta = n\lambda/2d \leqslant 1$，所以要产生衍射，入射线波长与晶体的面间距关系应满足 $\lambda < 2d$，否则不产生衍射。可见，λ 和 d 数量级相当才可发生衍射，只有面间距大于 $\lambda/2$ 的那些晶面才能参与衍射。λ 和 d 数量级相当是发生衍射的先决条件。

由于样品的颗粒度对 X 射线的衍射强度以及重现性有很大的影响，因此制样方式对物相的定量也存在较大的影响。一般样品颗粒越大，参与衍射的晶粒数就越少，还会产生初级消光效应，使得强度的重现性较差。为了达到样品重现性的要求，一般要求粉体样品的颗粒度大小在 0.1~10 μm 范围。此外，吸收系数大的样品，参加衍射的晶粒数减少，也会使重现性变差。因此在选择参比物质时，尽可能选择结晶完好、晶粒小于 5 μm 且吸收系数小的样品。一般采用压片，用胶带粘以及石蜡分散的方法进行制样。由于 X 射线的吸收与其质量密度有关，因此要求样品制备均匀，否则会严重影响定量结果的重现性。

　　物相分析是 XRD 在晶体结构分析中用得最多的方面[32]，分定性分析和定量
分析。定性分析是利用衍射角的位置以及强度来鉴定未知样品的物相组成。各衍
射峰的角度及其相对强度是由物质本身的内部结构决定的。每种物质都有其特定
的晶体结构和晶胞尺寸，而这些又与衍射角和衍射强度有着对应关系。因此，可以
根据衍射数据来鉴别晶体结构。通过将未知物相的衍射数据与标准物相的衍射数
据相比较，确定材料中存在的物相。目前可以利用粉末衍射卡片（PDF）进行对比，
也可以通过数据库进行检索。定量分析是利用衍射线强度来确定物相含量。每一
种物相都有各自的特征衍射线，而衍射线的强度与物相的质量分数成正比，物相衍
射线的强度随该相含量的增加而增加。目前最常用的 XRD 定量分析方法有单线
条法、直接比较法、内标法、增量法及无标法。

　　Zhu 等[33]利用 XRD 研究了焙烧温度和时间对 $LaCoO_3$ 钙钛矿纳米材料物相
结构的影响。图 2.8 分别为不同温度下煅烧所得样品的 XRD 谱图。当前驱体在
500 ℃煅烧 2 h 后，出现了微弱的衍射峰，说明该条件下还没有形成完善的晶相结
构；在 600 ℃煅烧 2 h 后，谱图中出现了几个尖锐的衍射峰，通过与 $LaCoO_3$ 晶体的
标准谱图相对照，证实这些峰全部来源于钙钛矿相结构。以上结果说明利用非晶
态配合物可以在 600 ℃下生成具有纯钙钛矿相的 $LaCoO_3$ 晶体。随焙烧温度的升
高，钙钛矿结构的衍射峰信号明显增强，并且有些峰出现分裂现象。这是由于煅烧
温度的升高可以使 $LaCoO_3$ 钙钛矿晶相结构更完美。另外，为了研究煅烧时间对

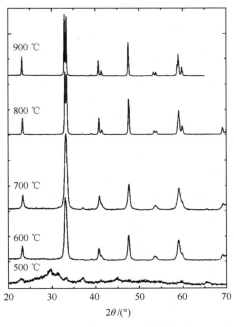

图 2.8　不同温度下煅烧 2 h 所得样品的 XRD 图[33]

LaCoO₃晶相结构的影响,也对不同煅烧时间所得样品进行了 XRD 分析。如图 2.9 所示,前驱体经煅烧 1 h 就形成了钙钛矿结构,但仍有微量的非晶中间态存在。随煅烧时间增加,该峰逐渐消失,同时钙钛矿结构的衍射峰略变尖锐,但是并不显著。以上结果表明,煅烧温度对晶体状态的影响大于煅烧时间。

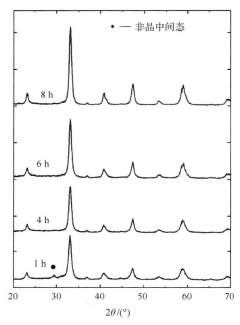

图 2.9　600 ℃下煅烧不同时间所得样品的 XRD 图[33]

2. 激光拉曼物相分析

1928 年印度物理学家 Raman 在溶液体系中发现了拉曼散射效应,并获得了散射光谱。拉曼光谱和红外光谱都属于分子振动光谱,但红外光谱是分子对红外光的吸收,而拉曼光谱则是分子对光的散射。拉曼光谱的光散射频率位移与分子的能级跃迁有关,是分析分子价键结构的重要手段。由于拉曼散射信号很弱,直到 20 世纪 60 年代随着激光光源的发展,拉曼光谱分析才逐渐成为分子光谱分析的重要分支。激光拉曼光谱以其信息丰富、制样简单、水的干扰小等优点广泛应用于生物分子、高聚物、半导体、陶瓷、药物等的分析。

拉曼散射的原理在 2.3.1 小节中作过介绍,拉曼效应是光在物质分子作用下产生的联合散射现象。散射光的能量与入射光的频率有关,但与瑞利线的能量差有确定值,称之为拉曼位移,相当于振动能级。位于瑞利线低频一侧的为斯托克斯(Stokes)线,位于瑞利线高频一侧的为反斯托克斯(anti-Stokes)线。Stokes 散射的强度通常要比 anti-Stokes 散射强度强得多,在拉曼光谱分析中,通常测定斯托克斯散射光线。拉曼位移取决于分子振动能级的变化,不同的化学键或基态有不同的振动方式,决定了其能级间的能量变化,因此,与之对应的拉曼位移是特征的,这是拉曼光谱进行分子结构定性分析的理论依据。退偏比是拉曼光谱的一个重要参数,是用于研究分子结构的参数。在入射光为偏振光的条件下,应用偏振器来观察不同方向上的拉曼散射光的偏振情况。退偏比 ρ 的定义为:与入射偏振方向垂直的拉曼散射光强度和平行的拉曼散射光强度之比,即 $\rho = I_{\perp}/I_{/\!/}$,表示入射偏振光作用于分子后,拉曼散射光对于原来入射光退偏振的程度,也称极化系数。

拉曼光谱具有如下特点:①扫描范围宽,特别适宜红外光谱不易获得的低频区域的光谱;②水的拉曼散射较弱,适宜于测试水溶液体系,这对于开展电化学、催化体系和生物大分子体系中含水环境的研究十分重要;③可用玻璃作光学材料,样品可直接封装于玻璃纤维管中,制作简便;④选择性高,分析复杂体系有时不必分离,因为其特征谱带十分明显;⑤待测样品可以是不透明的粉末或薄片,这对固体表面的研究及固体催化剂性能的测试都有独到的优势;⑥从拉曼光谱的退偏比可以得到分子振动对称性的明显信息;⑦拉曼光谱和红外光谱的选律不一样,在分子振动光谱的研究中可以互为补充。

瑞利散射和拉曼散射都属于弱散射,瑞利散射光强只有入射光的千分之一,而拉曼散射则只有瑞利散射的千分之一。正是拉曼散射信号强度的弱小,使得拉曼光谱在实际科学研究中迟迟无法达到实用水平。1974 年 Fleischmann 等人发现,吸附在粗糙化的 Ag 电极表面的吡啶分子具有巨大的拉曼散射现象,随后在 1977年,Van Duyne 及其合作者通过系统的实验和计算发现吸附在粗糙 Ag 表面上的每个吡啶分子的拉曼散射信号与溶液相中吡啶的拉曼散射信号相比,增强约 6 个数量级,指出这是一种与粗糙表面相关的表面增强效应,称为表面增强拉曼散射(surface enhanced Raman scattering,SERS)。关于 SERS 的机制,人们提出了十几种理论模型,目前较普遍的观点是吸附在粗糙化金属表面的化合物由于表面局域等离子共振振荡所引起的电磁增强,称为物理增强;粗糙表面上的原子簇及吸附其上的分子构成拉曼增强的活性点,称为化学增强。两者的作用都可以使被测定物的拉曼散射产生极大的增强效应,其增强因子可达 $10^3 \sim 10^7$。已发现能产生SERS 的金属有 Ag、Au、Cu 和 Pt 等少数金属,以 Ag 的增强效应为最佳,最为常用。此技术具有选择性好和灵敏度高的优点,实际检测限可达 10^{-12} 克级。可以区分同分异构体、表面上吸附取向不同的同种分子等,是研究表面和界面过程的重要工具,同时也是定性鉴定化学结构相近化合物的有力手段。

3. X 射线吸收精细结构谱

X 射线吸收精细结构谱(X-ray absorption fine structure,XAFS)是被化学家、材料学家、生物学家和地球科学家广泛用于研究物质原子近邻结构的一种有效手段。它是由于样品中吸收原子的出射电子波受到邻近原子的散射而形成散射电子波,出射波和散射波在吸收原子处互相干涉形成吸收原子的振荡结构谱。通过振荡结构谱的信息来分析原子的近邻结构,不需要获得单晶体的结构信息。由于同步辐射光源的高强度、光谱广阔平滑连续、稳定性高等特点,同步辐射光源 X 射线吸收精细结构谱学(SR-XAFS)成为研究物质中特定原子近邻结构的最有效的方法,它可以在 0.002 nm 量级内精确地提供吸收原子附近的局域结构信息。图 2.10 为几种元素对能量的吸收,几个不连续的尖峰称吸收边缘(absorption edges),对应的能量就是电子从深层核心水平到真空水平跃迁所需的能量。吸收边缘附近更微小的变化反映了吸收能量的原子邻近的化学环境,XAFS 就是从细微的结构中获得原子邻近的化学环境的信息。

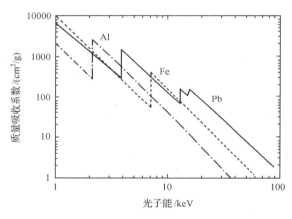

图 2.10　几种元素的质量吸收系数

　　当 X 射线的能量与样品中某一元素的一个内电子壳层的能量发生共振时,会出现突然的升高,电子被激发形成连续光谱,该光谱又被称为吸收边。多数情况下,吸收边分得很开,且目标元素只是通过扫描一个合适的能量范围来简单地选择。沿着吸收边,随 X 射线能量的增加,当 X 射线的穿透深度变大时,吸收率单调下降。当光谱被扩展越过一个特定边缘时,可观察到精细结构。X 射线吸收谱据此可以分成两部分[34]:①X 射线吸收近边结构部分(XANES),比吸收边缘能量小几电子伏到 50 eV 范围;②扩展 X 射线吸收精细结构(EXAFS),比吸收边缘能量高 50～1000 eV 的范围。产生 XANES 和 EXAFS 光谱的物理过程是不同的,因此提供的元素和它所处环境的信息也不相同。XANES 能提供的是吸收原子的空轨道信息、电子结构和对称性。吸收边缘含有吸收原子氧化态的信息,一般随氧化态的升高向能量高的方向移动,一个氧化态几电子伏。在近边范围,多次散射事件占优势。通过理论的多次散射计算与实验的 XANES 谱比较,确定吸收原子周围原子的几何排列。

　　在 EXAFS 的范围,从吸收原子激发出的光电子波被近邻原子散射,形成背散射波,由于背散射波和发射光电子波相位不同,它们叠加相涨或者相消。这样光电子的末态波函数的振幅将相应地增大或者减小,导致 X 射线的吸收概率出现相应的涨落。随着光电子能量的变化,它的波长将相应地改变,导致光电子波和背散射波之间的位相发生变化,致使邻近原子产生了振荡式的精细结构。因此,EXAFS 精细结构的改变实质上是由于光电子末态波函数的改变而导致的结果,在能量大于吸收边缘处引起吸收系数的振荡,这就产生了 EXAFS。这个位相随光电子波长的变化依赖于吸收原子和散射原子之间的距离;散射振幅随光电子能量的变化依赖于散射原子的类型。因此,EXAFS 信号含有吸收原子周围散射原子的信息,对 EXAFS 信号进行定量处理,得到原子间距、配位数、原子均方位移等参量。EXAFS 的解谱方法日渐成熟,在材料科学、环境科学、生物科学等领域得到了充分的应用。

　　X 射线吸收精细结构谱是研究纳米材料结构的常用方法。Wu 等[35] 采用 XANES 测定了 AOT 微乳液法合成的纳米 CeO_2 中 Ce 的价态,其中 Ce 形式上为 4 价,实则含有 3 价结构,与硝酸铈中的 Ce 相似,如图 2.11 所示。他们还用 EXAFS 技术探测 Ce 周围的原子结构,从谱图上排除了多电子激发效应,并用核-壳模型推断其结构。结合两种测量结果得出这种纳米颗粒由两部分组成:核心和表面部分。核心部分类似于体材料 CeO_2 的晶体结构,而表面部分则由原子结构类似于 Ce_2O_3 的无定形态组成。2~3 nm 的氧化铈纳米颗粒的表面部分大约占 49%,厚度约 0.3 nm。

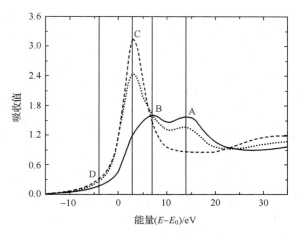

图 2.11　XANES 谱图

AOT 包裹的 CeO_2 纳米颗粒(点线),体材料 CeO_2(实线),水合硝酸铈(虚线)

A、B、C 和 D 代表垂直细线所指的四个特征峰

2.3.5　纳米材料表面化学形态分析

纳米材料的表面分析方法目前最常用的有 X 射线光电子能谱(XPS)法、俄歇电子能谱(AES)法、电子衍射法、二次离子质谱和离子散射谱等。在这些表面与界面分析方法中,XPS 的应用范围最广,适合各种材料的分析,尤其适合材料化学状态的分析,也适合于涉及化学信息领域的研究。AES 分析主要偏重于物理方面的固体材料科学的研究,特点是具有很高的空间分辨能力和深度分辨能力,可以提供三维方向的各种化学信息。XPS 和 AES 方法的共同特点是基于材料表面被激发出来的电子所具有的特征能量分布(能谱)而对材料表面元素进行分析。两者的主要区别是所采用的激发源不同,XPS 用 X 射线作为激发源,而俄歇电子能谱则采用电子束作为激发源。作为一种典型的表面分析方法,XPS 能够提供样品表面的元素含量与形态,其信息深度约为 3~5 nm。俄歇电子能谱是利用电子枪所发射的电子束逐出的俄歇电子对材料表面进行分析,而且是一种灵敏度很高的分析方法,其信息深度为 1~3 nm,绝对灵敏度可达到 10^{-3} 个单原子层。本节主要介绍俄歇电子能谱、X 射线光电子能谱和紫外光电子能谱在纳米材料表面化学形态分析中的应用。

1. 俄歇电子能谱分析

俄歇电子能谱(AES)是一种研究固体表面成分的重要分析技术[36]。其优点是:在靠近表面 0.5~2 nm 范围内化学分析的灵敏度高;数据分析速度快;可以分析除氢氦以外的所有元素。现在 AES 已经发展成为表面元素定性、半定量分析、元素深度分布分析和微区分析的重要手段。此外,俄歇电子能谱仪还具有很强的化学价态分析能力,不仅可以进行元素化学成分分析,还可以进行元素化学价态分析,是目前最重要和最常用的表面和界面分析方法之一。

入射电子束和物质作用,可以激发出原子的内层电子。外层电子向内层跃迁过程中所释放的能量,可能以 X 射线的形式放出,即产生特征 X 射线,也可能使核外另一电子激发成为自由电子,这种自由电子就是俄歇电子。对于一个原子来说,激发态原子在释放能量时只能进行一种发射:特征 X 射线或俄歇电子。原子序数大的元素,特征 X 射线的发射概率较大,原子序数小的元素,俄歇电子发射概率较大,当原子序数为 33 时,两种发射概率大致相等。因此,俄歇电子能谱适用于轻元素的分析。

由于一次电子束能量远高于原子内层轨道的能量,可以激发出多个内层电子,会产生多种俄歇跃迁,因此,在俄歇电子能谱图上会有多组俄歇峰,虽然使定性分析变得复杂,但依靠多个俄歇峰,会使得定性分析准确度很高,可以进行除氢、氦之外的多元素一次定性分析。通过正确测定和解释 AES 的特征能量、强度、峰位移、谱线形状和宽度等信息,能直接或间接地获得固体表面的组成、浓度、化学状态等多种信息。同时还可以利用俄歇电子的强度和样品中原子浓度的线性关系,进行元素的半定量分析。

AES 具有很高的表面灵敏度,其检测极限约为 10^{-3} 原子单层,采样深度为 1～3 nm,比 XPS 还要浅,更适合于表面元素定性和定量分析,同样也可以应用于表面元素化学价态的研究。配合离子束剥离技术,AES 还具有很强的深度分析和界面分析能力,常用来进行薄膜材料的深度剖析和界面分析。此外,AES 还可以用来进行微区分析,由于电子束束斑非常小,具有很高的空间分辨率,可以进行扫描和在微区上进行元素的选点分析、线扫描分析和面分布分析。

2. X 射线光电子能谱分析

X 射线光电子能谱分析(XPS)是基于光电效应的表面分析技术,利用波长在 X 射线范围的高能光子照射被测样品,测量由此引起的光电子能量分布的一种谱学方法[37]。当一定能量的 X 射线照射到样品表面,X 射线光子的能量被样品中某一元素的原子轨道上的电子吸收,如果 X 射线光子的能量足够大,该电子脱离原子从表面发射出来,并带有一定的动能,发射的电子为光电子,而原子本身变成一个激发态的离子。

样品在 X 射线作用下,各种轨道电子都有可能从原子中激发成为光电子,由于各种原子、分子的轨道电子的结合能是一定的,因此可用来测定固体表面的电子结构和表面组分的化学成分。后一种用途一般又称为化学分析光电子能谱法(ESCA)。

元素所处的化学环境不同,其结合能会有微小的差别,这种由化学环境不同引起的结合能的微小差别叫化学位移,约 0.1～10 eV。化学位移在 XPS 中是一种很有用的信息,通过对化学位移的研究,可以分析元素在该物质中的化学价态、存在形式、可能处于的化学环境以及分子结构等。化学位移现象可以用原子的静电模型来解释。内层电子一方面受到原子核强烈的库仑作用而具有一定的结合能,另一方面又受到外层电子的屏蔽作用。当外层电子密度减少时,屏蔽作用将减弱,内层电子的结合能增加;反之则结合能将减少。因此当被测原子的氧化价态增加,或与电负性大的原子结合时,都导致其结合能的增加。由此可从被测原子内层电子结合能变化来了解其价态变化和所处化学环境。一般说来,对有机物,同样的原子在具有强电负性的置换基团中比在弱电负性基团中可能会呈现出较大的结合能。同样地,在无机化合物中不同电负性基团的置换作用也能引起化学位移的细微变化,而且可用来研究表面物质电子环境的详细情况。对大多数的金属,其氧化时会出现向高结合能方向的化学位移。在氧化状态,化学位移的量级通常是每单位电荷移动。因此,除了少数金属由于氧化产生的化学位移太小,不能用来进行化学分析外,在大多数情况下,很容易通过化学位移来确定和识别表面存在的金属氧化物。需指出的是,除了由于原子周围的化学环境的改变引起光电子峰位移外,样品的荷电效应同样会影响谱峰位移,从而影响电子结合能的正确测量。实验时必须注意并设法进行校正。

　　XPS 是最广泛应用的分析技术之一,这是由于它对表面最外层的化学结构特别灵敏,相对容易操作,可获得大量有用的信息,化学解释容易,固体样品中除氢、氦之外的所有元素都可以进行 XPS 分析。XPS 在金属、陶瓷、半导体、聚合体及生物材料等领域中得到了多种的应用,也是纳米材料中元素含量与形态分析表征的重要方法之一。具有变价结构的纳米 CeO_2 被报道具有类似于超氧化物歧化酶(SOD)的催化功能,催化速率常数甚至超过 SOD。通常认为 CeO_2 纳米颗粒表面的氧空穴可以调节其催化能力,并且 Ce^{3+} 与 Ce^{4+} 的比也高,提供氧和电子空穴的能力也越高。Korsvik 等[38] 比较了两种不同方法制备的 CeO_2(A 和 B)与超氧化物反应的能力,其中 A 由 3~5 nm 的多晶组成;B 由较硬的团聚的稍大颗粒(5~8 nm)组成。图 2.12 是 Ce 3d XPS 谱图,从中可以看出,二者都呈现 Ce^{3+} 和 Ce^{4+} 混合价态,但是 A 样品中对应 Ce^{3+} 的峰强度更高,表明其中的 Ce^{3+}/Ce^{4+} 比高。通过计算得出样品 A 中 Ce^{3+} 的含量大约占 40% 原子数,而样品 B 中仅占 22% 原子数。两种不同方法制备的纳米 CeO_2 表面化学结构的不同导致了它们与超氧化物反应的能力有很大差别,前者明显优于后者。还有类似的研究也表明纳米 CeO_2 的催化能力来自由氧空穴通过表面反应形成的 Ce^{3+} 离子[39, 40]。

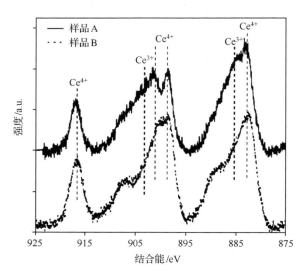

图 2.12　样品 A 和 B 中 Ce 3d 的高分辨 XPS 谱图

3. 紫外光电子能谱分析

紫外光电子能谱（ultraviolet photoelectron spectroscopy，UPS），又称光电子发射能谱，即以紫外光为激发源致样品光电离而获得的光电子能谱。基本原理类似于 XPS，可以分析样品外壳层轨道结构、能带结构、空态分布和表面态情况，表面检测深度约 1 nm 左右。目前 UPS 采用的光源为真空紫外光源，光电子能量小于 100 eV。这个能量范围的光子与 X 射线光子激发样品芯层电子不同，只能激发样品中原子、分子的外层价电子或者固体中的价带电子，因此与 XPS 相比，UPS 有自身的应用特点。

参 考 文 献

[1] 张立德. 纳米材料 [M]. 北京：化学工业出版社，2001

[2] Powers K，Brown S，Krishna V，et al. Research strategies for safety evaluation of nanomaterials. Part VI. Characterization of nanoscale particles for toxicological evaluation [J]. Society of Toxicology，2006，90：296-303

[3] Williams D B，Carter C B. Transmission electron microscopy：A textbook for materials science [M]. Springer，2009

[4] Limbach L K，Li Y，Grass R N，et al. Oxide nanoparticle uptake in human lung fibroblasts：Effects of particle size，agglomeration，and diffusion at low concentrations [J]. Environmental Science & Technology，2005，39：9370-9376

[5] 胡松青，李琳，郭祀远，等. 现代颗粒粒度测量技术 [J]. 现代化工，2002，22(1)：58-61

[6] Vasco F，Andrea H，Wim J. Critical evaluation of nanoparticle tracking analysis (NTA) by NanoSight for the measurement of nanoparticles and protein aggregates [J]. Pharmaceutical Research，2010，27：796-810

[7] Fubini B. Surface reactivity in the pathogenic response to particulates [J]. Environmental Health Perspectives，1997，105，1013-1020

[8] Lin W，Huang Y，Zhou X，et al. *In vitro* toxicity of silica nanoparticles in human lung cancer cells [J]. Toxicology Applied Pharmacology，2006，217：252-259

[9] Gelb L D，Gubbins K. Characterization of porous glasses：Simulation models，adsorption isotherms，and the Brunauer-Emmett-Teller analysis method [J]. Langmuir，1998，14：2097-2111

[10] Zhang Z，Zhou F，Lavernia E. On the analysis of grain size in bulk nanocrystalline materials *Via* X-ray diffraction [J]. Metallurgical and Materials Transactions A，2003，34：1349-1355

[11] 孟昭富. 小角 X 射线散射理论及应用 [M]. 长春：吉林科学技术出版社，1996

[12] 王维，陈兴，蔡泉，等. 小角散射(SAXS)数据分析程序 SAXS1.0. 核技术，2007，30(7)：571-575

[13] 汪冰，荆隆，丰伟悦，等. 同步辐射 X 射线小角散射法研究纳米 ZnO 和 Fe_2O_3 颗粒在分散介质中的尺寸和形态 [J]. 核技术，2007，30(7)：576-579

[14] 王云，荆隆，丰伟悦，等. 同步辐射 X 射线小角散射法研究纳米铁材料在生物介质中的粒度分布 [J]. 核技术，2009，32(1)：1-5

[15] Wu X，Siu G，Tong S，et al. Raman scattering of alternating nanocrystalline silicon/amorphous silicon

multilayers [J]. Applied Physics Letter，1996，69：523-525

[16] Zhou K，Wang X，Sun X，et al. Enhanced catalytic activity of ceria nanorods from well-defined reactive crystal planes [J]. Journal of Catalysis，2005，229：206-212

[17] Jia G，Wang H，Yan L，et al. Cytotoxicity of carbon nanomaterials：Single-wall nanotube，multi-wall nanotube，and fullerene [J]. Environmental Science & Technology，2005，39：1378-1383

[18] 朱永法. 纳米材料的表征与测试技术 [M]. 北京：化学工业出版社，2006

[19] 包生祥，王志红，李红霞，等. 扫描探针显微镜在纳米材料表征中的应用 [J]. 现代科学仪器，2003，2：32

[20] 朱杰，孙润广. 原子力显微镜的基本原理及其方法学研究 [J]. 生命科学仪器，2005，3(1)：22-26

[21] Bailey R E，Nie S. Alloyed semiconductor quantum dots：Tuning the optical properties without changing the particle size [J]. Journal American Chemical Society，2003，125 (23)：7100-7106

[22] Derfus A M，Chan W C，Bhatia S N. Probing the cytotoxicity of semiconductor quantum dots [J]. Nano Letter，2004，4：11-18

[23] Seydel C. Quantum dots get wet [J]. Science，2003，300 ：80-81

[24] Colvin V L. The potential environmental impact of engineered nanomaterials [J]. Nature Biotechnology，2003，21：1166-1170

[25] Mangum J，Turpin E，Antao-Menezes A，et al. Single-walled carbon nanotube (SWCNT)-induced interstitial fibrosis in the lungs of rats is associated with increased levels of PDGF mRNA and the formation of unique intercellular carbon structures that bridge alveolar macrophages *in situ* [J]. Particle and Fibre Toxicology，2006，3：15-27

[26] 刘密新，罗国安，张新荣，等. 仪器分析 [M]. 北京：清华大学出版社，2002

[27] Ge C，Lao F，Li W，et al. Quantitative analysis of metal impurities in carbon nanotubes：Efficiency of different pretreatment protocols for ICPMS spectroscopy [J]. Analytical Chemistry，2008，80：9426-9434

[28] 许并社，等. 纳米材料及应用技术 [M]. 北京：化学工业出版社，2004

[29] Lee W，An Y，Yoon H，et al. Toxicity and bioavailability of copper nanoparticles to the terrestrial plants mung bean (*Phaseolus radiatus*) and wheat (*triticum aestivum*)：Plant agar teat for water-insoluble nanoparticles [J]. Environmental Toxicology Chemistry，2008，27：1915-1921

[30] Handy R D，Brink N，Chappell M，et al. Practical considerations for conducting ecotoxicity test methods with manufactured nanomaterials：What have we learnt so far ? [J] Ecotoxicology，2012，21：933-972

[31] Liu X，Wei W，Yuan Q，et al. Apoferritin-CeO_2 nano-truffle that has excellent artificial redoxenzyme activity [J]. Chemical Communications，2012，48：3155-3157

[32] 杨淑珍，周和平. 无机非金属材料测试实验 [M]. 武汉：武汉工业大学出版社，1990

[33] Zhu Y，Tan R，Yi T，et al. Preparation of nanosized $LaCoO_3$ perovskite oxide using amorphous heteronuclear complex as a precursor at low temperature [J]. Journal of Materials Science，2000，35 (21)：5415-5420

[34] Koningsberger C，Prins R，Eds. Chemical Analysis，X-ray Absorption：Principles，Applications，Techniques of EXAFS，SEXAFS，and XANES [M]. New York：John Wiley & Sons，1988

[35] Wu Z，Benfield R，Guo L，et al. Cerium oxide nanoparticles coated by surfactant sodium bis(2-ethylhexyl) sulphosuccinate (AOT)：Localatomic structures and X-ray absorption spectroscopic studies [J].

　　Joural Physics: Condensed Matter, 2001, 13: 5269-5283

[36] Carl L. Hedberg Handbook of Auger Electron Spectroscopy [M]. Physical Electronics Eden Prairie, MN, 1995

[37] 〔美〕卡尔森 T A. 光电子和俄歇能谱学 [M]. 王殿勋, 郁向荣, 译, 北京: 科学出版社, 1983

[38] Korsvik C, Patil S, Seal S, et al. Superoxide dismutase mimetic properties exhibited by vacancy engineered ceria nanoparticles [J]. Chemical Communications, 2007, 14(10): 1056-1058

[39] Tarnuzzer R W, Colon J, Patil S, et al. Vacancy engineered ceria nano structures for protection from radition-induced cellular damage [J]. Nano Letters, 2005, 5(12): 2573-2577

[40] Das M, Patil S, Bhargava N, et al. Auto-catalytic ceria nanoparticles offer neuroprotection to adult rat spinal cord nearons [J]. Biomaterials, 2007, 28(10): 1918-1925

第 3 章 纳米材料的前处理方法

用于毒理学研究的纳米材料在购置后应按照厂商的建议存储,常规化学品的保存条件如避光、避免高温和潮湿同样适用于纳米材料,以粉体或悬浮液形式提供的纳米材料应让其保持干燥或保存于液体中。此外,储存纳米材料还要考虑材料的反应活性和吸附能力,如具有光反应活性的材料需在黑暗处保存,纳米粉体在惰性气氛下贮存和操作,避免从大气中吸收其他化学物质,或与空气中的氧或水分等发生化学反应。

由于纳米颗粒具有极大的比表面积和较高的表面能,在制备和使用过程中常会有一定数量的一次颗粒通过表面张力或键桥作用形成更大的颗粒(团聚体),使粒径变大,从而影响纳米材料发挥优势,失去其所具备的特殊功能。因此,如何改善纳米材料在介质中的分散和稳定性成为十分重要的研究课题。团聚也会影响到纳米材料的生物效应和体内行为,在纳米毒理学研究中,无论是采用细胞试验还是整体动物试验,暴露前必须将受试的纳米材料采用适当的方法进行前处理,即分散与悬浮。本章概述纳米材料的分散技术,以期对纳米材料的生物效应及毒理学研究有所助益。

3.1 碳纳米材料的表面修饰与分散

3.1.1 富勒烯的表面修饰与分散

富勒烯 C_{60} 是一种由碳原子组成的纳米尺度的球体分子,是继金刚石和石墨之后发现的 C 元素的第三种晶体形态。以 C_{60} 为代表的富勒烯家族的发现是世界科学史上的一个里程碑,发现者美国科学家 Curl 和 Smalley 教授与英国科学家 Kroto 教授也因此获得了 1996 年诺贝尔化学奖。C_{60} 使我们了解到一个全新的碳化学世界,从平面低对称性分子到全对称的球形分子,从简单分子到富勒烯笼内包原子的超分子,从一维超导到三维超导,从平面的石墨到一维管状的碳纳米管等。自发现以来,对富勒烯的相关研究几乎涉及物理学、化学以及材料科学的各个领域,同时对生物学、医学、天文学以及地质学等也产生了巨大冲击,使富勒烯家族成为当前科学界研究的热点。十几年来,从事富勒烯研究的科学家做了大量的工作,取得了长足的进展。这些工作大体上可以概括为:①研究富勒烯的化学性质,开发新的化学反应,总结反应规律;②富勒烯的改性:把 C_{60} 作为平台,接上具有特殊功能的基团,以改进富勒烯的电学、光学和磁学性能;③增加 C_{60} 在水中的溶解度,以便利用 C_{60} 的抗癌、灭菌特性。

1. 富勒烯的表面修饰

通常的富勒烯 C_{60} 并不具有生物相容性,C_{60} 以及金属富勒烯类本身的溶解性很差,只能在非极性溶剂或芳香族化合物溶剂中有一定的溶解性,而在极性溶剂和水中都很难溶解。富勒烯本身的疏水性,使得它无法与人体内"靶分子"相互作用,这在一定程度上阻碍了 C_{60} 在生物医学领域的应用。近年来,在合成水溶性富勒烯衍生物方面的突破和成功,显著加速和拓宽了 C_{60} 衍生物在生物医学方面的研究和应用。最初解决 C_{60} 溶解性的方法是用两性表面活性剂,杯芳烃、环糊精、高分子聚乙二醇等分子包裹 C_{60},形成 C_{60} 包裹复合物超分子结构;另外一种方法就是通过 C_{60} 分子表面加上多个强极性基团合成水溶性的 C_{60} 化合物,其中典型的有多羟基 C_{60}-富勒醇(fullerols)、丙二羧酸富勒烯衍生物等。它们具有良好的水溶性,不仅保存了富勒烯的球状结构和一部分物理特性,而且新增加了衍生物所特有的化学性质、生物活性。适用于生物学研究的富勒烯类物质包括氨基、羧基、多肽衍生化的富勒烯。随着大量水溶性 C_{60} 衍生物的诞生,C_{60} 衍生物的生物活性的研究也越来越多,如抑制细菌感染、抗病毒活性和抗肿瘤等药理学特性等。

一个 C_{60} 分子的直径约为 0.7 nm,当将 C_{60} 分子衍生化修饰不同的化学基团后,这些富勒烯可以表现出不同的生物学、药理学特性。随着大量水溶性 C_{60} 衍生物的诞生,C_{60} 衍生物的生物活性研究也越来越多[1,2],图 3.1 即为比较常见的富勒烯氨基和羧基类衍生物。由于其修饰基团不同,它们相应的生物学功能也不相同。最近,Martin 等[3] 就专门研究了功能化富勒烯的物理化学性质对其关键生物学反应的影响。他们选取了溶解性、电化学行为和聚集程度等物理化学性质各不相同

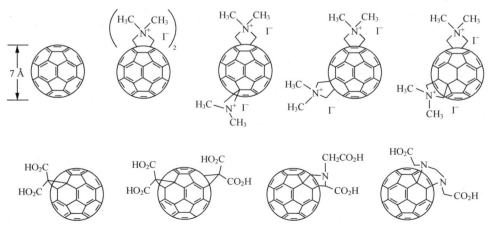

图 3.1　C_{60} 及其部分衍生物的结构示意图[2]

的三种富勒烯来研究它们的细胞反应,考察了这些富勒烯调控人类单核细胞THP1 细胞间氧化胁迫、坏死和凋亡的能力。结果表明不管在溶液中的聚集状态如何,富勒烯的羧基衍生化是决定它们诱导凋亡能力的主要因素;但是,当富勒烯作为抗氧化剂考虑时,其分散行为与氧化还原性质相关性更高。总之,富勒烯的物理化学性质对于由它们引起的生物学反应有很大的影响。

目前富勒烯的衍生化研究已进行得相当成功。但正如常规化学反应那样,反应机理始终未能被完全认识,这方面的工作还有待于深入开展。已有一些文章对富勒烯衍生物在生物、药物活性及材料科学等领域的应用进行了评价[4],使人们看到了富勒烯衍生物在电疗、艾滋病药物、神经药物、光导等领域的广泛应用前景。如果在生物环境即水溶液环境中的溶解度问题得到根本解决,富勒烯衍生物在生物、医药领域的应用将更为广阔。

2. 富勒烯的分散

一直以来,毒理学研究中制备碳纳米材料悬浮液的方法就存在争议。早期发表的有关 C_{60} 生态毒性研究的文章都是采用有机溶剂四氢呋喃(THF)来制备悬浮液。通常的做法是先把 C_{60} 溶解在 THF 中,再加入水,然后通过蒸发除去 THF,从而得到 C_{60} 悬浮液[5]。众所周知,THF 并不是天然存在的化学物质,在毒理研究中其作为中间溶剂对实验结果的干扰这一问题逐渐引起人们的重视。Brant 等[6]发现即使采用了过滤和蒸发手段处理,还是会有少量的 THF 残留在聚集的 nC_{60}粒子之间,从而也证实了后来 Oberdörster[7]、Lovern[8] 和 Zhu 等[9] 的实验结果难以解释的原因在于,他们研究的是 C_{60} 与 THF 相结合的效应而不仅仅是 C_{60} 自身的效应。THF 被许多机构归为有神经毒性的一类物质,这样一来,Oberdörster 在鱼身上观察到的一些实验结果就容易理解了。

为了搞清楚 THF 对于 C_{60} 毒性研究的干扰作用,有人比较了 THF-C_{60} 和 C_{60}(通过将水中 C_{60} 粉末长时间搅拌制得)效应的区别。其中,Henry 等[10]以斑马鱼为研究对象比较了 THF 协助分散和通过搅拌/超声制得的富勒烯悬浮液的毒性,同时他们还检测了 THF 水溶液的毒性。结果发现,在 THF-C_{60} 和 THF 水溶液中斑马鱼的成活率降低,而在不管是超声还是搅拌制得的 C_{60} 水溶液中未发现此现象。采用 GC-MS 分析 THF-C_{60} 和 THF 水溶液,并未检测到 THF,但是发现了THF 的氧化产物 γ-丁内酯和四氢-2-呋喃醇。进一步研究发现经 THF 处理的 C_{60}产生的毒性效应可能来源于 γ-丁内酯的毒性。研究人员还在含有 THF 处理组的鱼体内观察到控制氧化损伤的重要基因表达上调,进一步证实了通过氧化 THF形成 γ-丁内酯而产生毒性的结论[10]。

相反,也有一些研究表明,通过 THF 助溶和长时间搅拌获得的 C_{60} 悬浮液都会产生毒性效应[11-14]。还发现即使是在 C_{60} 中可能残留的最高浓度的 THF 都没有抗菌性[15]。因此,这些作者得出结论:残留的 THF 不是引起 nC_{60} 毒性的必要因素。但是配制 nC_{60} 悬浮液时选用的溶剂类型确实会影响到 nC_{60} 的性质[16]。比如通过超声比通过 THF 制得的 nC_{60} 对细菌毒性更低[12],这有可能是超声使 nC_{60} 羟基化所致,羟基化 C_{60}(富勒醇)被认为基本是无毒的[17]。

　　纳米材料的毒理学研究在很多方面不同于以往传统的毒理学研究,其中最主要的一条就是要考虑材料的分散稳定性。以富勒烯分子为例,它们可以在纯水中稳定很长时间,但如果水中存在电解质,就会很快聚集。由于分散稳定性是评价 C_{60} 纳米颗粒在实际水溶液环境中转运和归趋的重要指标,已有大量研究报道了电解质浓度、pH 和制备方法等条件对 C_{60} 分散性的影响[18-20]。用富勒烯悬浮液来评价其环境毒性、转运和归宿时,必须详细说明制备富勒烯悬浮液的条件。图 3.2 是采用包括不使用中间溶剂在内的四种不同方法制备的富勒烯悬浮液的电镜照片,

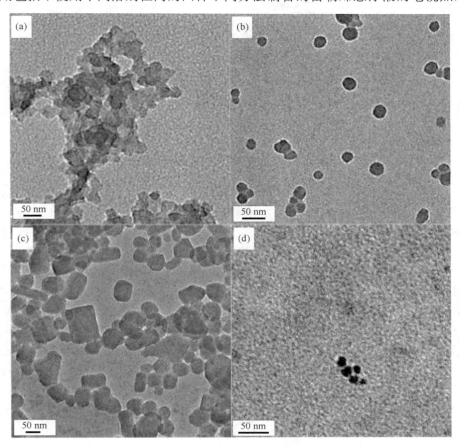

图 3.2　不同条件下 nC_{60} 的电镜照片[19]

(a) 水溶 nC_{60};(b) 超声后 nC_{60};(c) THF 助溶 nC_{60};(d) PVP 助溶 nC_{60}

还可以通过差速离心的方法根据尺寸不同分离这种多分散的悬浮液[19],分离结果如图 3.3 所示。

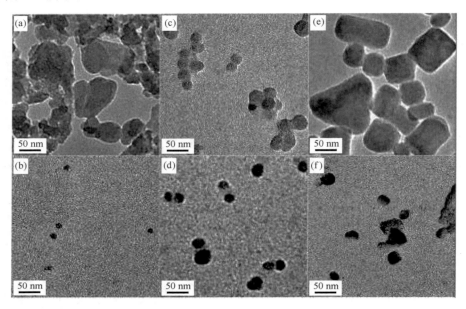

图 3.3　根据尺寸分离的 nC$_{60}$ 的电镜照片[19]
(a) 大尺寸水溶 nC$_{60}$;(b) 小尺寸水溶 nC$_{60}$;(c) 大尺寸超声 nC$_{60}$;(d) 小尺寸超声 nC$_{60}$;
(e) 大尺寸 THF 助溶 nC$_{60}$;(f)小尺寸 THF 助溶 nC$_{60}$

　　添加合适的稳定剂(比如表面活性剂或水溶性聚合物)可以减轻电解质造成的纳米颗粒聚集现象,但是大部分关于富勒烯分子的毒理研究都没有使用稳定剂,因此在 C$_{60}$ 纳米分子毒理研究过程中可能已经造成了团聚。团聚造成的尺寸改变必然会改变纳米颗粒的转运和细胞摄取动力学,这就很难推断 nC$_{60}$ 和活细胞之间的相互作用。无论是生物体液还是细胞培养液,都是十分复杂的系统,包含蛋白等多种生物分子和各种电解质。由于 C$_{60}$ 和生物分子之间存在相互作用,可能使得生理体系中 nC$_{60}$ 的分散稳定性与普通的水环境和简单的电解质模拟体系中的稳定性不同。Deguchi 等[21]研究了模拟生理环境条件下 nC$_{60}$ 的分散稳定性,发现溶液中含有 1 mg/mL 以上的人血清蛋白(HSA)时,盐(6.7 μg/mL)诱导的 nC$_{60}$ 聚集可以完全被抑制(图 3.4)。DLS 结果表明 HSA 分子吸附在 nC$_{60}$ 表面形成保护层,防止聚集。这说明在生理环境条件下不用特意添加稳定剂 nC$_{60}$ 也能够稳定悬浮。

　　富勒烯在环境中的行为和归宿也是人们普遍关心的问题。Xie 等[22]研究了水体中的天然有机物(NOM)对 C$_{60}$ 分子在悬浮液液中物理化学性质的影响。在 Suwannee 河腐殖酸(SRHA)和黄腐酸(SRFA)两种典型的 NOM 存在的情况下,尺寸、形态和结构都不相同的三种类型(Ⅰ、Ⅱ和Ⅲ型)nC$_{60}$ 晶体和聚集物均可以被解

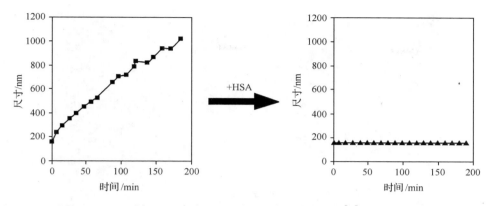

图 3.4 存在 HSA 时 nC_{60} 可以稳定分散[21]

聚,从而大大改变其粒径和形态(图 3.5)。说明天然水体中存在的 NOM 可能会影响 C_{60} 的转运和毒性,因此要研究 nC_{60} 的环境行为和归宿必须全面考虑当地的天然水体环境,包括 NOM 的种类和浓度以及它们和 nC_{60} 相互作用后对其毒性的影响等因素。

3.1.2 碳纳米管的表面修饰与分散

碳纳米管(carbon nanotubes,CNTs)是 1991 年才被发现的一种碳结构。理想的碳纳米管是由碳原子形成的石墨烯片层卷成的无缝、中空管体。石墨烯的片层一般可以从一层到上百层,含有一层石墨烯片层的称为单壁碳纳米管(single walled carbon nanotubes,SWNTs),多于一层的则称为多壁碳纳米管(multi-walled carbon nanotubes,MWNTs)。自从被发现以来,CNTs 以其独特的结构、物理化学性质及良好的电性能和机械性能吸引了众多的研究者,一直是世界范围内的研究热点。但由于以下三方面的原因,极大限制了碳纳米管优异性能的发挥:①碳纳米管的三种主要制备方法(石墨电弧法、激光蒸发法及化学气相沉积法)所制备的碳纳米管含有相当数量的杂质,严重影响了碳纳米管的性能研究和实际应用;②完整的碳纳米管化学性质稳定,几乎不溶于任何溶剂,限制了对其进一步的研究;③碳纳米管属于纳米级微粒,比表面积小,表面能大,容易缠绕团聚,团聚后的粒子已不是纳米级,故而就失去纳米级时诸多独特的物理化学性能。因此,要想更好地利用碳纳米管,首先要解决其分散和组装问题。

1. 碳纳米管的表面修饰

目前,科学家们对碳纳米管的表面修饰进行了大量的探索,大致分为两类途径:一类是表面功能基团共价修饰,在碳纳米管的侧壁和(或)顶端进行化学修饰以增加其溶解性;另一类是非共价修饰,利用有效的溶剂化作用和表面活性剂或天然

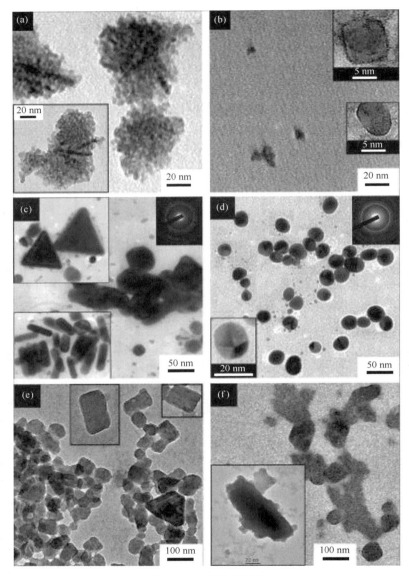

图 3.5　电镜照片[22]

(a) 不含 NOM 的 I 型 nC_{60}；(b) 含有 20 mg/L SRFA 的 I 型 nC_{60}；(c) 不含 NOM 的 II 型 nC_{60}；
(d) 含有 20 mg/L SRHA 的 II 型 nC_{60}；(e) 不含 NOM 的 III 型 nC_{60}；(f) 含有 20 mg/L SRHA 的
III 型 nC_{60}。所有的悬浮液均含有 10 mmol/L NaCl,pH 为 8.0

生物大分子化合物包裹在碳纳米管外壁,以增加其溶解性。疏水相互作用、CNTs
和吸收剂间的 π-π 作用以及超分子包合作用是非共价修饰的主要机理。非共价修
饰的相关内容将在下节碳纳米管的分散中进行详细介绍。

共价修饰是指在 CNTs 上共价地连接一些适宜的基团,是一种有效的修饰方式,通过这种方法在 CNTs 表面和聚合物之间产生化学键连接,从而改善其溶解性,提高分散度。共价修饰又可分为端基反应和侧壁反应。CNTs 的端头是由碳的五元环和六元环组成的半球形,通常用浓硝酸、浓硫酸、混合酸、煅烧以及其他强氧化剂等方法对其进行氧化纯化处理,使其侧面及开口端带上羟基和羧基等活性增溶基团,进而改善碳纳米管分散性。对经热硝酸处理后碳纳米管的微观结构用 SEM、FTIR、UV-Vis、光度测定等分析段进行分析,表明处理的碳纳米管表面带上了—OH,—COO 等活性基团,碳纳米管缠绕程度降低,分散性改善,且有单根碳纳米管存在,回流 6 h 的碳纳米管在水中能稳定分散,30 天无明显沉降[23]。通过酸处理,产生端基缺陷或导致碳管缩短,从而为在 CNTs 表面或缩短的 CNTs 末端羧化提供足够的羧化位置。Shi 等[24]用 98% H_2SO_4/70% HNO_3(3∶1)处理 SWNTs,得到胶体分散物,可以保持一年以上的稳定状态。另有报道氧化过程产生了 SWNTs 簇,该产物在 pH 3~12 的各种缓冲溶液中具有可溶性[25]。Crouzier 等[26]研究了单壁碳纳米管的表面改性,改性后的 SWNTs 不但水溶性得以提高,而且其与细胞的相互作用也增强了。他们评价了未纯化、纯化、白蛋白包裹和吸附人血浆分子的 SWNTs 的溶解性、导电性及与细胞的相互作用,如图 3.6 所示。用硝酸和盐酸处理未纯化的 SWNTs 能够除去制备过程中夹带的杂质并修饰上一些含氧基团,从而获得纯化 SWNTs。纯化后的 SWNTs 通过吸附人血浆和牛血清

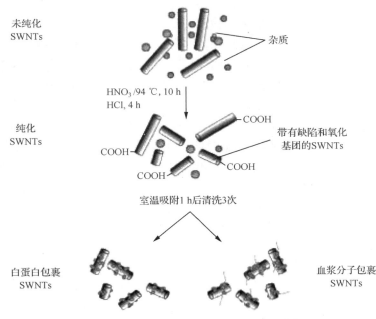

图 3.6 SWNTs 的 4 种不同制备方法[26]

进行进一步的表面改性。碳纳米管表面物理吸附两种蛋白之后其亲水性较未纯化和纯化的碳纳米管大大增强,并且与红细胞的相互作用提高。细胞暴露于未纯化的 SWNTs 容易引起溶解效应,但这主要是制备过程中混入的非碳杂质引起的;而纯化后的 SWNTs 在相同浓度下几乎不显示细胞毒性。

经酸处理修饰上含氧官能团能提高 CNTs 在水中的分散性,但是少有关于氧化 CNTs 胶体性质的定量信息。Smith 等[27]研究了 pH 和电解质对氧化多壁碳纳米管(O-MWNTs)胶体稳定性的影响。酸处理后 MWNTs 带有的含氧基团主要为羧基,超声得到的悬浮液带负电,单个 MWNTs 的平均长度约 650 nm。时间分辨动态光散射结果表明在不同电解质存在时 O-MWNTs 的聚集速率与 pH 相关,根据聚集速率数据画出粒子稳定曲线,从而确定表征胶体稳定性的临界聚沉浓度(CCC)。O-MWNTs 的 CCC 值随着补偿离子浓度和价态而改变,并且符合 DLVO 规律。这些结果有助于发展可描述表面改性 CNTs 的环境影响和归宿的预见性模型。

Chen 等[28]将 SWNTs 表面修饰的—COOH 转化为—COCl,增加了 SWNTs 的反应活性,然后再与长链的烷基胺反应,得到水溶性 SWNTs。反应产物可用作原子力显微镜中的生物探针。除了形成酰胺键以外,Fu 等[29]通过酯化引入亲脂、亲水基团,增加溶解度。还有人对氟与 SWNTs 的反应进行了系统研究[30],合成了氟化 CNTs(F-CNTs)。由于 F-CNTs 中的氟与醇中的氢形成较强的氢键,致使在超声波作用下,F-CNTs 与醇可形成溶液相,这使得研究侧壁 F-CNTs 的物理化学性质成为可能;而且 C—F 键还易被 RLi,RMgX 或 RONa 等亲核试剂进攻。实验还证实 F-CNTs 的电传导性能也显著提高。Georgakilas 等[31]报道了一种形成内鎓盐的 1,3-偶极加成反应,不仅可应用于 C_{60} 的修饰,而且也适用于 CNTs 的修饰。亚甲胺内鎓盐与 CNTs 发生 1,3-偶极环加成反应,产生可溶性的 CNTs 衍生物。亚甲胺内鎓盐作为中间体有效地进攻 CNTs 的 π 体系,此反应不仅发生在端口还可发生在侧壁上。此方法制备的 CNTs 衍生物溶于多种有机溶剂甚至溶于水,而且还能去除 CNTs 中残留的金属催化剂和无定形碳[32]。Umek 等[33]报道了 SWNTs 与碳自由基的反应,碳自由基由二酰基过氧化物和过氧化二苯甲酰分解产生,该反应可用于大规模地修饰 SWNTs。这是一种简便可行的修饰方式,并且 CNTs 上修饰的基团又为进一步地修饰反应提供了前体。实验表明,用自由基反应修饰过的 CNTs 在有机溶剂中有较好的分散能力。

2. 碳纳米管的分散

机械搅拌和超声处理是两种分散 CNTs 的物理方法,但分散效果不是很明显,只能作为辅助手段。为了制得均一、分散性良好的 CNTs 悬浮液,通常会对 CNTs 的外表面进行改性。常用的改性方法是利用强氧化剂把 CNTs 的外壁接上含氧的亲水性官能团，以解决其分散问题，这部分内容详见上节碳纳米管的表面修饰。

添加分散剂的方法也可以使碳纳米管获得更好的分散。表面活性剂如十二烷基磺酸钠（SDS）、十二烷基苯磺酸钠（SDBS）和十六烷基三甲基溴化铵（CTAB）等由于具有成本低、实验过程相对简单和商业价值较高等特点，常用作 CNTs 的分散剂。SDS 可将 SWNTs 分散至浓度为 0.5 mg/mL，分散时间少于一周；而 SDBS 可以将 SWNTs 分散至浓度为 20 mg/mL。SDBS 与 SWNTs 之间的相互作用是 SDBS 较长的类脂链和表面活性剂分子的芳基部分与 CNTs 石墨碳层表面间的 π-π 相互作用共同影响的结果，这样的疏水和 π-π 相互作用在 Nakashima 等[34]的报道中有详细分析。表面活性剂支持分散作用的热力学特性具有重大的应用价值。例如，表面活性剂与 CNTs 之间较弱的作用力可以被发生在 CNTs 表面的由诸如蛋白质等生物分子发生的较强的吸附作用代替[35]。以 CTAB 为分散剂也可以制备出分散性能良好的 CNTs 悬浮液[36]。CTAB 的加入使 CNTs 的 ζ 电位由 -29 mV 变为 65 mV 左右；等温吸附曲线表明，CTAB 在碳纳米管表面为"两阶段吸附"，CTAB 浓度为 9×10^{-4} mol/L 时，在碳纳米管表面达到饱和吸附。通过悬浮碳纳米管浓度测定确定所需最佳 CTAB 的用量为 9×10^{-4} mol/L 左右。

除了使用表面活性剂，还可以用生物分子作为分散剂使碳纳米管更好地分散。Haggenmueller 等[37]比较了多种分散剂在水中分散 SWNTs 的相对能力，这些分散剂包括聚合物类的寡聚核苷酸、多肽、木质素、壳聚糖和纤维素，表面活性剂类的胆酯、离子液体和有机硫酸盐等。采用吸收和荧光光谱方法给出定量数据。结果表明，不同体系中添加脱氧胆酸钠、寡聚核苷酸［如 $(GT)_{15}$、$(GT)_{10}$、$(AC)_{15}$、$(AC)_{10}$、$C_{10\sim30}$］以及羟甲基纤维素（CBMC-250k）都可以获得高质量的悬浮液，为以后纯化和应用 SWNTs 提供了参考。还有报道采用 DNA 帮助分散和分离碳纳米管[38]，在单链 DNA（ssDNA）存在的条件下，水中的单壁碳纳米管束通过超声就能获得有效地分散，并且通过吸收、荧光光谱和原子力谱证明获得了单个分散的碳纳米管。在水溶液中高度稳定分散且不成束是 CNTs 应用的重要前提，同时也是发展基于碳纳米管的分子电子学和纳米生物医学器件的前提条件。如果体系的一级结构和 pH 选择适当的话，蛋白可以作为实现这一目的的工具[39]。蛋白中含有的大量碱性残基（例如组氨酸）、组蛋白（HST）和溶解酵素（LSZ）是分散碳纳米管最合适的蛋白工具。血色素（HBA）在生理 pH 条件下不起作用，但是在酸性和碱性 pH 条件下作用明显。还有些蛋白如胰岛素（TPS）和葡萄糖氧化酶（GOD）在任何 pH 下都不起作用。除了其他相互作用外，在获得高产率不成束纳米管方面蛋白极性可能发挥着重要作用。另外，在产品中发现金属性纳米管的富集，为从大量产物中根据电子学性质分离纳米管提供了一种简便的方法。Regev 等[40]利用一种高度树枝状的天然多糖聚合物阿拉伯树胶（Gum Arabic）将 CNTs 束剥离成单个 CNTs,形成高度分散且稳定的 CNTs 体系,这种溶剂化开辟了结构未被破坏的碳纳米管的溶液化学,以及相关的生物体系。还有反应通过 π 键与 CNTs 的侧壁共轭体系形成较强 π-π 作用而将许多生物分子(如氨基酸、肽)固定到 CNTs 的侧壁上。

　　碳纳米管在天然有机物(NOM)存在时也很容易被分散。Hyung 等[41]选取了两种模型 NOM 进行实验,一种是 Suwannee 河水制备的 NOM 溶液(SR-NOM),另一种是天然地表水,两者都能将 MWNTs 稳定悬浮一个月以上。电镜分析表明悬浮液主要由单分散的 MWNTs 组成(图 3.7)。Suwannee 河水与模型 SR-NOM 溶液稳定能力相似,而且两种溶液中悬浮的 MWNTs 浓度都比 1％的 SDS(常用的 CNTs 稳定剂)水溶液中悬浮的 MWNTs 浓度高很多。这说明自然界和水体环境中碳纳米材料的分散可能超过了我们的预期程度。这个问题提出之后引起了各方面的关注,尤其是研究碳纳米材料的转运和环境归宿时必须考虑 NOM 的影响。但是,天然环境中究竟是哪种化合物或者哪种官能团起到了稳定 CNTs 的作用还不清楚。Lin 等[42]随之研究了溶解性有机物(DOM)对碳纳米管悬浮液稳定性的影响。他们选取了含有大量苯环的天然鞣酸(TA)作为 DOM 的代表,研究它们与 CNTs 的相互作用。在不使用超声条件下,随着 CNTs 直径增大,在 TA 溶液中的

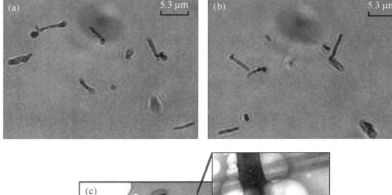

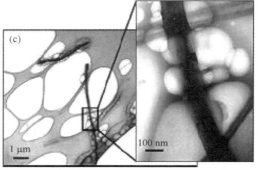

图 3.7　(a) 悬浮于 1％ SDS 溶液中的 MWNTs;(b) 悬浮于 100 mg C/L SR-NOM 溶液中的 MWNTs;(c) MWNTs 稳定存在于 SR-NOM 溶液中的电镜照片[41]

悬浮性增强。CNTs 与 TA 的吸附结合力随着 CNTs 直径减小而提高,与它们的表面积正相关。作者提出两步吸附模型来解释 CNTs 和 TA 之间的相互作用,并通过 TEM 来检测吸附和悬浮过程。这一结果说明广泛分布的 TA 也能提高天然水体中 CNTs 的转运和流动性。

同样与 CNTs 在环境中转运和归宿相关,Han 等[43]研究了胶体矿物高岭石和蒙脱石对表面活性剂(SDBS,CTAB 和 TX100)助溶的 MWNTs 悬浮液稳定性的影响。在 SDBS 助悬的 MWNTs 中加入高岭石和蒙脱石都不影响它们的稳定性;在 CTAB 助悬的 MWNTs 中加入高岭石和蒙脱石都会使悬浮的 MWNTs 大量沉淀出来;在 TX100 助悬的 MWNTS 中加入蒙脱石造成 MWNTS 部分沉淀,而加入高岭石对其影响较小。同时提出了胶体矿物影响 MWNTs 悬浮液的两种机制:①胶体矿物可以从 MWNTs 表面和溶液中移走表面活性剂;②通过表面活性剂在胶体矿物和 MWNTs 之间形成键桥。这些结果对考察 CNTs 悬浮液在含有胶体矿物环境中的流动性和归宿有一定的参考意义。

3.1.3　石墨烯的功能化及分散

石墨烯(graphene)是一种由碳原子以 sp^2 杂化轨道组成六角形呈蜂巢晶格的平面薄膜,只有一个碳原子厚度(约 0.335 nm)的二维材料[44]。石墨烯一直被认为是假设性的结构,无法单独稳定存在。直至 2004 年,英国曼彻斯特大学物理学家安德烈·海姆(Andre Geim)和康斯坦丁·诺沃肖洛夫(Konstantin Novoselov)成功地在实验中从石墨中分离出石墨烯,从而证实它可以单独存在[44-46],这一发现震撼了科学界,随后这种新型碳材料成为材料学和物理学领域的一个研究热点[47-49]。安德烈·海姆和康斯坦丁·诺沃肖洛夫也因"在二维石墨烯材料的开创性实验",共同获得 2010 年诺贝尔物理学奖。

石墨烯可以翘曲成零维的富勒烯(fullerene),卷成一维的碳纳米管(CNT)或者堆垛成三维的石墨(graphite),因此石墨烯是构成其他石墨材料的基本单元[47],如图 3.8 所示。石墨烯兼有石墨和碳纳米管等材料的一些优良性质,例如它是目前世上最薄却也是最坚硬的纳米材料;几乎是完全透明的,只吸收 2.3% 的光;导热系数高达 5300 W/(m·K),高于碳纳米管和金刚石,常温下其电子迁移率高达 15000 cm^2/Vs,是目前已知的具有最高迁移率的锑化铟材料的两倍,超过商用硅片迁移率的 10 倍以上,而电阻率只约 10^{-6} Ω·cm,比铜或银更低,为目前世界上电阻率最小的材料;还具有室温量子霍尔效应及室温铁磁性等特殊性质[50, 51]。因为它的电阻率极低,电子运动的速度极快,因此被期待可发展出更薄、导电速度更快的新一代电子元件或晶体管,在材料领域中将有着广泛的应用。

近几年来,人们已经在石墨烯的制备方面取得了积极的进展,发展了机械剥离、晶体外延生长、化学氧化、化学气相沉积和有机合成等多种制备方法[52]。石墨

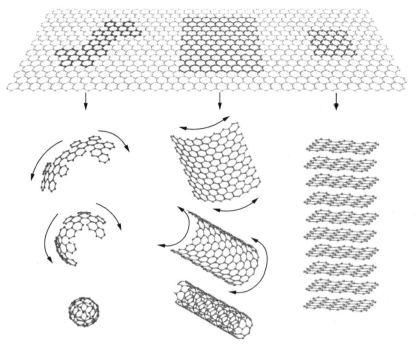

图 3.8　石墨烯是构成其他石墨材料的基本单元[47]

烯制备技术的不断完善,为基于石墨烯的基础研究和应用开发提供了原料保障。但是,在石墨烯通往应用的道路上,还面临着另一个重要的问题,就是如何实现其可控功能化。晶体结构完整的石墨烯是由不含任何不稳定键的苯六元环组合而成的二维晶体,化学稳定性高,其表面呈惰性状态,除了能够吸附一些分子和原子(如 CO、NO、NO_2、O_2、N_2、CO_2、NH_3 等)外,与其他介质(如溶剂等)的相互作用较弱,并且石墨烯片与片之间有较强的范德华力,容易产生聚集,使其难溶于水及常用的有机溶剂,这给石墨烯的进一步研究和应用造成了极大的困难。为提高石墨烯的应用价值,需要对其进行功能化修饰。从功能化的方法来看,主要分为共价键功能化和非共价键功能化两种,下面分别进行介绍。

1. 石墨烯的共价键功能化

石墨烯的共价键功能化是目前研究最为广泛的功能化方法。尽管石墨烯的主体部分由稳定的六元环构成,但其边沿及缺陷部位具有较高的反应活性,可以通过化学氧化的方法制备石墨烯氧化物,由于氧化石墨烯中含有大量的羧基、羟基和环氧键等含氧官能团,从而表现为亲水性,可以高度分散在水或有机溶剂中,同时能利用多种化学反应对石墨烯进行共价键功能化。另外,由于氧化石墨烯可以通过氧化石墨材料的过程大量、高效地制备,利用还原去氧反应或简单加热处理能够将其转变成石墨烯[53-56],因此氧化石墨烯是大规模制备石墨烯材料的另一条有效途径。

1) 石墨烯的有机小分子功能化

石墨烯氧化后产生的官能团提高了石墨烯的活性,采用诸如异氰酸酯、硅烷偶联剂、有机胺等试剂可以实现石墨烯的表面功能化。Stankovich 等[57]利用异氰酸酯与氧化石墨上的羧基和羟基的高反应性,制备了一系列异氰酸酯功能化的石墨烯。该功能化石墨烯可以在 N,N-二甲基甲酰胺(DMF)等多种极性非质子溶剂中实现均匀分散,并能够长时间保持稳定。该方法过程简单,条件温和,功能化程度高,为石墨烯的进一步加工和应用提供了思路。

石墨烯氧化物及其功能化衍生物具有较好的溶解性,但由于含氧官能团的引入破坏了石墨烯的大 π 共轭结构,使其导电性及其他性能显著降低。为了在功能化的同时尽量保持石墨烯的本征性质,Samulski 等[58]以石墨烯氧化物为原料,首先采用硼氢化钠还原,然后磺化,最后再用肼还原的方法,得到了磺酸基功能化的石墨烯,研究发现其导电性显著提高,并且由于在石墨烯表面引入磺酸基,使其可溶于水,从而产生更广泛的应用。类似地,Zhao 等[59]通过研究表明在石墨烯表面进行磺酸基功能化处理,不但可以提高石墨烯的分散性,而且可以提高石墨烯的吸附能力。结果显示这种功能化的石墨烯对萘和萘酚的吸附能力达到了 2.4 mmol/g,是目前吸附能力最高的材料,在未来的环境污染治理中有非常重要的应用前景。

2) 石墨烯的聚合物功能化

除了石墨烯的有机小分子功能化,石墨烯的聚合物功能化在石墨烯共价键功能化中也具有广泛的应用。郑龙珍等[60]利用聚多巴胺膜对基底极强的结合力及其良好的生物活性,通过一步反应法合成具有仿生功能的石墨烯-聚多巴胺纳米复合材料,并将其引入 H_2O_2 传感器的制备中,实现了对 H_2O_2 的快速、灵敏检测。类似地,Shan 等[61]将聚 L-赖氨酸跟化学法还原的石墨烯共价复合得到了聚(L-赖氨酸)(PLL)修饰的生物相容性石墨烯复合物,由于 PLL 上本身有许多氨基基团,使得石墨烯复合材料能够与多种生物活性分子进行化学反应。因此这种富含自由氨基的石墨烯生物相容性复合材料为石墨烯的进一步生物应用,如生物标记、物质传感器等创造了条件。研究者还将过氧化物酶连接到石墨烯复合物上,制备得到了石墨烯基生物传感器,通过测试表明这种传感器对于 H_2O_2 具有灵敏的特异性识别功能。

3) 石墨烯的掺杂功能化

石墨烯掺杂是实现石墨烯功能化的重要途径之一,也是调控石墨烯电学与光学性能的一种有效手段,掺杂后的石墨烯因其具有巨大的应用前景已经成为研究人员关注的热点。Wei 等[62]利用化学气相沉积(CVD)法,以 CH_4 和 NH_3 为反应气在800℃条件下于Cu薄膜表面上成功生长了氮掺杂的少数层石墨烯。电学测量表明N掺杂的石墨烯表现出n型半导体行为,与N掺杂的碳纳米管相似。戴宏杰研究组采用一种电热反应的方法在石墨烯纳米条带(graphene nanoribbons,GNRs)的边界上掺杂N原子并实现石墨烯的n型掺杂(图3.9),他们用这种掺杂的石墨烯纳米条带成功地制备了n型场效应晶体管,显示了这种掺杂方式在微电子工业中的潜在应用前景[63]。

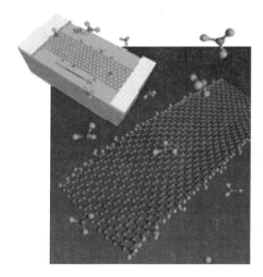

图3.9　单层GNR在NH₃气氛中的电热反应以及形成边界掺杂的石墨结构示意图[63]

目前掺杂N原子均需在高温条件下进行,不具有经济环保等特点,同时所得氮掺杂石墨烯含氮量较低、多晶、缺陷较多。Xue等[64]研究发现采用含氮分子吡啶作为碳氮源利用吡啶分子在铜箔表面的催化脱氢自组装可以将氮掺杂石墨烯的生长温度降低到300℃。制备的高含氮量掺杂石墨烯具有四边形形貌特征(图3.10),呈现阵列型排列,且具备高质量的单晶结构。得到的氮掺杂石墨烯无论在空气条件下还是在真空条件下均表现出稳定的n型特征,其迁移率可以达到53.5~72.9 cm²/Vs,高于文献报道高温条件下制备的氮掺杂石墨烯。

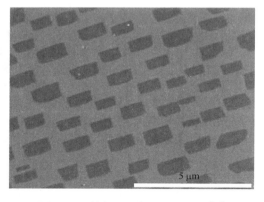

图3.10　掺氮石墨烯的形貌特征[64]

2. 石墨烯的非共价键功能化

在非共价键功能化中,主要是利用 π-π 相互作用、双亲分子及氢键等对石墨烯进行表面功能化,降低石墨烯基片之间的相互吸引力,从而提高石墨烯的分散性和稳定性。

1) 石墨烯的 π 键功能化

石墨烯中的碳原子通过 sp^2 杂化形成高度离域的 π 电子,这些 π 电子与其他具有大 π 共轭结构物质可通过 π-π 相互作用相结合,使石墨烯实现良好的分散,此方法在石墨烯的非共价键功能化中应用最为普遍。Dai 等[65]首先制备了具有生物相容性的聚乙二醇功能化的石墨烯,使石墨烯具有很好的水溶性,并且能够在血浆等生理环境下保持稳定分散;然后利用 π-π 相互作用首次成功地将抗肿瘤药物喜树碱衍生物 SN38 负载到功能化的石墨烯表面,开启了石墨烯在生物医药方面的应用研究。Zhang 等[66]通过 π-π 作用制备了多壁碳纳米管与氧化石墨烯的复合物。他们将碳纳米管与氧化石墨烯超声混合后,离心去除少量不溶物就得到稳定存在的复合物溶液。Shen 等[67]研究了石墨烯与聚苯乙烯基体在熔融状态下的相互作用,研究发现这两种物质的相互作用明显增强,归因于熔融状态下石墨烯与聚苯乙烯强的 π-π 相互作用,从而为大量制备这种复合物提供了条件。进一步研究发现,这种复合物在一些溶剂中表现出良好的溶解性,并且复合物中的苯乙烯链可以有效防止石墨烯薄片聚集,表现出均匀的分散性和优异的电性能。

2) 石墨烯的双亲分子功能化

双亲分子在溶液表面能定向排列,它的分子结构中一端为亲水基团,一端为憎水基团。表面活性剂与石墨烯结合时,它的憎水基团与石墨烯会通过疏水作用相结合,另一端暴露在外面与水亲和,因此石墨烯就会通过与表面活性剂的结合而溶于水中。魏伟等[68]研究了不同表面活性剂水溶液对石墨烯的分散能力,其中使用聚乙烯吡咯烷酮(PVP)溶液可以得到高浓度的石墨烯分散液。当 PVP 溶液的浓度为 10 mg/mL 时,石墨烯分散液的浓度可以达到 1.3 mg/mL,这是目前表面活性剂水溶液体系分散石墨烯浓度的最大值。同时利用该高浓度分散液可在气液界面自组装获得石墨烯薄膜,这种无支撑石墨烯膜具有平整的表面和规整的结构,在很多领域都有良好的潜在应用价值。

采用具有两个官能团的异氰酸酯为桥连剂,可以在氧化石墨的表面接枝具有双亲官能团的高聚物,使所获得氧化石墨烯具有在水中和有机溶剂中同时分散的性能。此外,利用 $SOCl_2$ 与氧化石墨烯表面的—OH、—COOH 官能团反应,再与长链的烷基胺作用就可以形成能够在非极性溶剂(如 CH_2Cl_2、CCl_4)中稳定分散的石墨烯[69]。通过选择不同的表面活性剂改性氧化石墨烯也可以制备石墨烯复合物,如利用氧化二丁基锡改性氧化石墨,可以制得 SnO_2-石墨烯复合物;利用生物分子改性氧化石墨烯,可以制得在生物领域有潜在应用的石墨烯[70]。

3)石墨烯的氢键功能化

氢键是一种较强的分子间作用力,分子间氢键的形成有利于物质之间的相互分散和溶解。由于氧化石墨烯表面具有大量的羧基和羟基等极性基团,容易与其他物质产生氢键相互作用,故可以利用氢键对石墨烯氧化物进行功能化。Chen 等[71]利用石墨烯与多环大分子之间的 π-π 堆叠以及氢键相互作用实现了抗肿瘤药物阿酶素(DXR)在化学还原石墨烯上的高效负载,其药物负载量可达 2.35 mg/mg,远远高于其他药物载体,该药物在石墨烯上的负载和控制释放都可以通过调节溶液的 pH 来实现。通过对该石墨烯基药物的一系列测试,他们提出该药物在石墨烯上的负载和控制释放分别遵循两种机理:药物在石墨烯上的高效负载主要是由于石墨烯与药物之间的 π-π 堆叠作用,而药物的可控释放则是通过调节 pH,改变药物与石墨烯氧化物之间的氢键作用强度来实现。Yang 等[72]利用氢键作用制备得到了层状聚乙烯醇与石墨烯的复合物。由氧化石墨还原得到的石墨烯由于还原不彻底会在石墨烯表面残留一些含氧官能团如羧基、羟基,这些含氧官能团与聚乙烯醇中的羟基结合形成氢键,使复合物之间的结合作用增强。

3.2　量子点的表面修饰与生物毒性

量子点(quantum dots,QDs)又称半导体纳米晶体,是一种由Ⅲ-Ⅴ族或Ⅱ-Ⅵ族元素组成的、三维尺寸在 100 nm 以下的颗粒,外观似极小的点状物,是准零维纳米材料。量子点内部电子在各方向上的运动都受限,显著的量子限制效应使其能带变成具有分子特性的分立能级。量子点具有独特的光学特性,其光学稳定性较普通的荧光染料更好,不易被漂白,有连续可调的发射光谱,产生的荧光很强,有更高特异性,在荧光标记物、活体示踪、生物芯片、药物研究、医学成像等方面都有广泛的应用[73]。量子点核心为多种金属与非金属形成的化合物,如Ⅲ-Ⅴ族系列的量子点晶体核心有磷化铟(InP)、砷化镓(GaAs)和氮化镓(GaN)等,Ⅱ-Ⅵ族系列晶体核心有硫化锌(ZnS)、硒化锌(ZnSe)、硒化镉(CdSe)和碲化镉(CdTe)等,这些晶体核心是量子点产生特征荧光的基础。量子点作为新型纳米发光材料备受关注,但由于光学稳定性和生物相容性的问题而在实际应用上受限,因此需要在晶体核心外面包覆功能壳,这层外壳不但可以保护和稳定量子点核心,还可以结合某些功能基团,如巯基、亲和素等,使量子点能够与生物分子结合并具有较好的生物相容性。

3.2.1　量子点的表面修饰

量子点一般在有机体系中合成,表面被三辛基氧膦(TOPO)修饰,这些物质可阻止量子点聚集,但 TOPO 在量子点表面形成脂肪族链,使得合成的量子点不易溶于水,因此不能应用于水溶性的生物环境。为了使量子点具有水溶性,同时又具备与生物分子偶联的能力,必须对其表面进行修饰。目前,已经发展了几种方法对量子点进行表面修饰。常用的有两种:一种方法是先在量子点表面包覆上一层亲水性的无机物,然后在表面修饰可与生物分子相连的基团。Alivistorst 等[74] 将量子点用二氧化硅/硅氧烷修饰,制备水溶性的 ZnS 包覆的 CdSe 量子点。采用这种方法制得的水溶性量子点很稳定,但每次只能得到微克级的产物。另一种由 Chan 和 Nie[75] 提出,直接在 QD 表面吸附双功能基团的配体,如巯基乙酰基和二硫苏糖醇(DTT),将含巯基的化合物和一种有机碱加入 TOPO 保护的量子点溶液,有机碱将巯基和羧基上的质子夺去,从而使硫原子表面带一个单位的负电荷,通过静电作用与量子点表面 Cd^{2+}、Zn^{2+} 结合,从有机相沉淀出来,这些量子点可重新溶于水溶液。这种方法可制得克级的量子点。但由于巯基乙酰基配体不够稳定,会缓慢脱落,导致量子点团聚和沉淀。后来 Nie 等[76] 克服了这些不足,他们用蛋白质包覆 QDs,在缓冲液中可以存放两年,并与一般的量子点一样拥有极好的发射光谱(半波宽 25 nm),量子产率也近 50%。另外,蛋白质外层还可以提供多个功能基团(如氨基、羧基、巯基丙氨酸)供与生物分子偶联。还有一种方法是在合成过程中实现量子点的水溶性和生物相容性表面修饰。首先向金属离子溶液加入螯合剂(双功能基团的巯基丙氨酸),然后引入 S^{2-} 离子,由于 ZnS 的溶解度远远大于螯合物,故 S^{2-} 离子将有机螯合离子取代,或钻入核内与没来得及与螯合剂反应的 Zn^{2+} 结合,通过控制螯合剂和 S^{2-} 离子的浓度来获得包覆有机壳的量子点。这种量子点在存放三个月后光学和电学性没有明显改变[77]。另外,还可以通过聚合物对量子点进行修饰,例如,双亲分子涂敷的量子点可以改善量子点的水溶性;多基配体包裹的量子点具有稳定性和功能性;末端功能化聚合物表面修饰的量子点则可以合成更为先进的功能材料;胶封树枝状定域量子点具有单分散和优越发光特性[78]。聚合物不仅能为量子点提供有效的支撑基质,还可以改善量子点的稳定性和单分散性,进而拓展其在化学、物理以及生物学领域的应用。

3.2.2　量子点的生物毒性

量子点核心由重金属元素组成,在细胞内通过光降解或生物降解可能释放出重金属离子,具有潜在的细胞毒性。同时纳米级的量子点有巨大的比表面积,可产生强烈的吸附作用,导致量子点容易在细胞内不断累积并在某些特定的区域浓集,产生“局部高浓度”,引起细胞的毒性效应[79]。Cho 等[80] 比较了与 CdTe 量子点和包被巯基丙酸(MPA)、半胱胺(Cys)、N-乙酰半胱氨酸(NAC)的 CdSe/ZnS 量子点分别作用后的人乳腺癌细胞内 Cd^{2+} 浓度,发现与 CdTe 量子点作用后细胞内 Cd^{2+} 浓度升高,但包被 MPA、Cys、NAC 的 CdSe/ZnS 量子点作用后细胞内 Cd^{2+}

浓度没有明显变化,表明量子点晶体核心在生物体环境中可以释放毒性重金属离子。Law 等[81]用 CdTe 量子点和 CdTe/ZnTe 量子点与 Pane-l 细胞孵化后,发现没有经过表面修饰的 CdTe 量子点比用 ZnTe 修饰后的 CdTe/ZnTe 量子点的细胞毒性强。Hsieh 等[82]用卵母细胞体外成熟方法检测 CdSe 量子点和 CdSe/ZnS 量子点的生殖毒性,也证明经过 ZnS 修饰后量子点的毒性大大降低。这说明用 ZnS 或 ZnTe 包覆 CdSe 或 CdTe 后,量子点核心的毒性显著降低。晶体核心外表面的包覆材料可以稳定晶格,避免金属离子的流失,从而降低量子点核心成分引起的毒性。Deka 等[83]将 CdSe 量子点核心用 CdS、ZnS 和 PEG 包覆,做成 CdSe(点)/ZnS-PEG 量子点、CdSe(点)/CdS(棒)-PEG 纳米棒和 CdSe(点)/CdS(棒)/ZnS-PEG 纳米棒,然后分别在 5 μmol/L、50 μmol/L 和 500 μmol/L 浓度下与 He-La 细胞孵化,24 h 后 MTT 细胞活力测定结果表明,CdSe(点)/CdS(棒)/ZnS-PEG 纳米棒的毒性低于 CdSe(点)/CdS(棒)-PEG 纳米棒,而后者的毒性低于 CdSe(点)/ZnS-PEG 量子点,说明量子点的核心经过单层包覆后核心晶格更稳定,潜在的细胞毒性降低。而经过双层不同材料包覆的量子点稳定性更高、安全性也更高。但多层包覆会使量子点的三维直径增大而不利于量子点穿透血管进入靶组织或经过肾脏清除出体外[84]。

在实际使用过程中,必须根据具体的使用目的对量子点进行包被或修饰,如连接不同的功能基团等,从而改变量子点的物理、化学性质。用作包被、修饰的外源性物质也可能引起毒性。例如,混有 TOPO 的 CdSe 量子点作用于淋巴母细胞 WTK1 后出现明显的细胞损伤和严重的基因型改变,当去除量子点样品中的 TOPO 后细胞毒性明显降低。混有 ZnS 杂质的量子点未见到明显的细胞毒性[85]。量子点的毒性效应也可能是由外层的水溶性包覆材料引起的。Guo 等[86]把 CdSe 量子点纳入具有良好生物兼容性的聚乳酸(PLA)纳米颗粒,然后表面包被乳化剂 Fluronic(r)68(F-68)、十六烷基三甲基溴化铵(CTAB)和十二烷基硫酸钠(SDS),在同等条件下与肝癌细胞株 HepG2 细胞孵育 12 h,24 h,48 h 和 72 h 后,MTT 实验测细胞活性,发现 F-68 和 SDS 包裹的量子点引起轻微的细胞毒性,而 CTAB 包裹的量子点则产生明显的细胞损伤。可见,包覆材料的类型将影响量子点的毒性效应。

功能化量子点的毒性除了与表面修饰材料直接相关外,还与外环境有很大关系。由于量子点通过吞噬作用进入细胞,吞饮小泡会转移到细胞内的溶酶体。溶酶体的酸性环境及含有多种水解酶类可能会对量子点的稳定性构成威胁。例如,Wang 等[87]的实验表明酸性环境可以使量子点表现出更强的毒性,因为细胞内的酸性环境和酶类可能很容易将量子点表面的包覆分子和基团降解,从而引发潜在的毒性效应。总之,量子点的潜在毒性与其自身核心组分、粒径、表面包覆材料理化性质、结构稳定性等因素密切相关,不同材料的表面包覆修饰对量子点的细胞毒性影响也很大。

3.3　纳米金属和金属氧化物的分散与离子释放

　　"纳米金属"(nanometal)是利用纳米技术制造的金属材料,具有纳米级尺寸的组织结构。在金属材料生产中利用纳米技术,有可能将材料控制得极其精密和细小,从而使金属的力学性能和功能特性得到飞跃性的提高。金属氧化物纳米材料广泛应用于制作催化剂、精细陶瓷、复合材料、磁性材料、荧光材料、湿敏性传感器及红外吸收材料等。由于纳米颗粒具有较高的比表面能,在制备和使用过程中非常容易形成团聚体,使它们不再处于纳米尺度,从而降低了活性,甚至丧失纳米材料的特性。纳米材料的团聚是一个复杂的过程,如制备过程中反应条件的控制和使用过程中悬浮液的配制方法等都是影响颗粒团聚的因素,团聚体的存在会直接影响到纳米材料的应用。材料的分散和稳定性对纳米毒理学实验结果起至关重要的作用,需要引起高度重视。

3.3.1　纳米金属和金属氧化物的分散

　　纳米颗粒的团聚可分为两种:软团聚和硬团聚。软团聚主要是指颗粒之间通过静电力和范德华力等连接产生的团聚体。这种团聚体内部作用力相对较弱,粉体比较疏松,容易重新分散,可以通过一些化学作用或施加机械能的方式来消除。硬团聚形成的原因除了静电力和范德华力之外,还存在化学键作用,这种团聚体内部作用力大,颗粒间结合紧密,团聚体不易破坏,不易重新分散,因此需要采取一些特殊的方法进行控制。软团聚的形成能促进硬团聚的产生,软团聚形成以后,为颗粒界面上的活性基团创造了密切接触的机会,因而也为化学键或氢键的形成创造了条件,因此应尽量减少软团聚体的形成。在制备纳米颗粒的过程中应该尽量避免产生硬团聚,如果未采用分散措施,颗粒团聚将很严重,不能达到纳米材料的基本要求,实现不了其特殊功能。颗粒分散是指粉体颗粒在介质中分离散开并在整个介质中均匀分布的过程,这对于纳米材料的使用极为重要。根据分散方法的不同,可分为物理分散和化学分散[88,89]。

　　物理分散方法是借助外界的剪切力或撞击力等机械能,使纳米颗粒在介质中进行均匀分散,主要有超声波分散法、机械搅拌分散法、静电分散法和爆炸冲击粉碎法、冷冻脱水干燥法、喷雾干燥法、有机溶剂置换法等。化学分散是利用加入表面处理剂来实现分散的方法:可通过纳米颗粒表面与处理剂之间进行化学反应,改变纳米颗粒的表面结构和状态,达到表面改性的目的;也可通过分散剂吸附改变粒子的表面电荷分布,产生静电稳定和空间位阻稳定作用来增强分散效果。其中超声波分散法和分散剂分散是纳米毒理学研究中最常用的分散方法,使用超声、搅拌以及各类分散剂的优缺点都列在表 3.1 当中[90]。

表 3.1　　液体介质中纳米材料的分散方法

	无分散剂	合成分散剂	天然分散剂	超声	搅拌/混合
优点	纳米材料在检测介质中表现出"天然"行为,实验中不需要分散剂对照	能很好地确定分散剂的结构和纯度,从而选择分散纳米材料最好的试剂	生物相容性好,通常无毒,环境相关	不需要添加化学物质即可分散	不需化学物质分散,对介质的搅拌或混合不会对被测生物体产生胁迫
缺点	无分散或尺寸分布的对照	对毒性试剂需要有分散剂对照。亲脂性试剂可能与细胞膜发生相互作用,可能使碳纳米管变性	能限制检测介质中重要营养成分的生物利用度,对于分散剂的结构和纯度不能提供详细信息	超声时介质中的有机碳可能会产生活性氧从而对被测生物体产生氧化胁迫	需在检测方法中对搅拌/混合程序进行标准化

　　超声波分散是降低纳米颗粒团聚的有效方法,主要用于悬浮液中固体颗粒的分散,如在测量粉体粒度大小和粒度分布时,通常使用超声波进行预分散。超声波的波长远大于分子尺寸,超声波本身不能直接对分子产生作用。其原理为超声空化作用产生的局部高温高压加速水分子的蒸发,防止氢键形成,较大幅度地弱化纳米颗粒间的纳米作用能,有效防止纳米颗粒团聚而使之充分分散。另外它产生的冲击波和微射流具有粉碎作用,可以使已经形成的团聚体破碎,同时超声波的搅拌作用可以使形成的胶粒充分分散。适当的超声时间可以有效地改善粉体的团聚情况,降低颗粒的平均粒径尺寸。超声处理的时间也会影响纳米材料的聚集性质,延长超声时间,颗粒碰撞的概率增加,有可能导致聚集加剧[91],因此选择最低限度的超声分散方式来分散纳米颗粒。超声处理的最佳时间取决于纳米材料悬浮液的浓度,但通常小于 1 h[92]。此外,在毒理学研究中超声可能会引入假象,因为它可能使多壁碳纳米管破碎[93],也可能改变了纳米材料的包覆[94],或者增加活性氧(ROS)的产生,因此任何时候都应详细报道超声处理所用的设备和步骤。

　　纳米颗粒在介质中的分散是一个分散与絮凝平衡的过程。尽管物理方法可较好实现纳米颗粒在液相介质中的分散,但一旦外界作用力停止,粒子间由于分子间力作用,又会相互聚集。而采用化学分散,通过改变颗粒表面性质,使颗粒与液相介质、颗粒与颗粒间的相互作用发生变化,增强颗粒间的排斥力,将产生持久抑制絮凝团聚的作用。因此,实际过程中,应将物理分散和化学分散相结合,用物理手段解团聚,用化学方法保持分散稳定,以达到较好的分散效果。

　　分散剂是一类能够促进分散稳定性,特别是悬浮液中颗粒分散稳定性的化学物质。它主要借在颗粒表面或固液界面的吸附,来达到分散的目的。但应注意,当加入分散剂的量不足或过大时,可能引起絮凝。因此使用分散剂分散时,必须对其用量加以控制。还应注意使用的分散剂必须为惰性物质,不能与被分散物发生化学反应。从生物学的角度可以把分散剂分为天然分散剂和合成分散剂两大类。使用天然分散剂(如腐殖酸、蛋白质和阿拉伯树胶等)的好处包括可能降低材料对测试生物以及环境相关的急性毒性;但缺点是可能产生一些分析问题,例如天然有机分散剂中的碳会使对碳纳米管的分析变得更加复杂。此外,天然分散剂通常难以表征。还应该注意到这些天然物质尽管不易降解,却并非生物惰性。例如,溶解有机物对于控制水生生物对金属的生物利用度起至关重要的作用[95];相反,腐殖酸和富里酸能降低纳米材料的毒性[96,97],并且能减缓金属纳米材料的溶解[98];有些类型的水生天然有机物还能促进颗粒聚集[99]。合成分散剂被用来规避天然分散剂的缺点(表 3.1),合成材料有明确的化学结构和组成,并且没有生物活性。常用的合成分散剂主要有:①无机电解质,如硅酸钠、六偏磷酸钠等。此类分散剂的作用是提高粒子表面电位的绝对值,从而产生强的双电层静电斥力作用,同时吸附层还可以产生很强的空间排斥作用,有效地防止粒子的团聚。②有机高聚物,如明胶、羧甲基纤维素、聚甲基丙烯酸盐、聚乙烯亚胺等。此类分散剂主要是在颗粒表面形成吸附膜,从而增强颗粒间的位阻效应,使颗粒间产生较强的位阻排斥力。③表面活性剂,如长链脂肪酸、十六烷基三甲基溴化铵(CTAB)等。此类分散剂包括阴离子型、阳离子型和非离子型表面活性剂,可在粒子表面形成一层分子膜,阻碍颗粒之间相互接触,并且能降低表面张力,减少毛细管吸附力以及产生空间位阻效应。关于用分散剂来控制团聚的研究比较多。马淑花等[100]研究了磷酸钠分散剂的加入方式、加入量、作用时间等对 $Al(OH)_3$ 团聚的影响。Chen 等[101]选择四种药剂学常用的助悬介质:羟丙甲基纤维素(HPMC)、羟甲基纤维素钠(CMC-Na)、聚乙烯吡咯烷酮(PVP)和聚羧乙烯,将纳米铜颗粒在其中分散悬浮,考察分散性和稳定性(图 3.11)。结果表明在 1% 的 HPMC 中 10 min 仅有 2%~3%沉

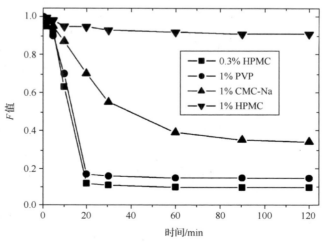

图 3.11 不同悬浮剂对纳米铜悬浮的情况[102](超声振荡 10 min,机械振荡 2 min 后静置)[101]

降,2 h少于10%,助悬效果最好,而且加入HPMC对纳米铜颗粒的尺寸未造成影响,颗粒依然保持纳米形态和良好的分散性(图3.12)。

图3.12　纳米Cu粒子在没有分散剂(a)和含有1%HPMC分散剂(b)条件下
的AFM表面形貌图[101]

3.3.2　金属离子释放及对其生物效应的影响

纳米材料可通过其中一种或几种途径对生物体产生毒性。随着颗粒尺寸缩小,纳米材料表面晶格可能出现破损,从而产生电子缺损或多余的活性位点,一定条件下可与O_2相互作用形成超氧自由基($\cdot O_2^-$)及其他活性氧物种(reactive oxygen species, ROS)。ROS的产生及对生物体的毒害作用是迄今最为普遍接受的一种纳米材料的致毒机制[103]。ROS可增加氧化损伤,导致脂质过氧化,从而破坏细胞膜[104]。

对于金属及金属氧化物纳米材料,特别是易释放出有毒重金属离子的纳米材料(如ZnO,CuO和Ag纳米颗粒等)来说,致毒机理除ROS外,争论最大的就是释放的金属离子对毒性的贡献[105]。有研究认为某些金属和金属氧化物纳米材料的毒性全部来自其释放的金属离子。Heinlaan等[106]利用对Zn和Cu敏感的细菌研究指出,ZnO和CuO纳米材料对细菌(*Vibrio fischeri*)和甲壳类(*Daphnia magna* 和 *Thamnocephalus platyurus*)的毒性主要来自溶解产生的Zn^{2+}和Cu^{2+}。Franklin等[107]利用透析技术研究了纳米和微米ZnO颗粒的溶解特征,并比较了两者与Zn^{2+}的藻类毒性效应,指出纳米ZnO的毒性只是来自其溶解产生的Zn^{2+}。Miao等[108]也将纳米银对硅藻(*T. weissflogii*)的毒性归因于溶出的银离子。我们研究了纳米稀土氧化物La_2O_3和Yb_2O_3对水培植物黄瓜的毒性,发现它们在植物根部都会转化为磷酸盐,其毒性主要来自于释放的稀土离子[109, 110]。

但也有研究指出金属及氧化物纳米材料的生物毒性是由材料本身和解离释放出的金属离子共同发挥作用的结果,不全部来自其溶解。Xia 等[111]认为培养基中溶解产生的 Zn^{2+} 是导致纳米 ZnO 细胞毒性的主要原因,但残余 ZnO 纳米颗粒会进入细胞,其中部分会继续在细胞内溶解并增加毒性,部分未溶解的 ZnO 颗粒也会通过产生 ROS 加重对细胞的毒害作用。Asharani 等[112]比较了纳米银和银离子对斑马鱼发育的影响,发现仅纳米银暴露导致幼鱼畸形,指出纳米银的毒性不是源于其释放的银离子。Griffitt 等[113]则量化了铜离子在纳米铜 Cu 对斑马鱼毒性中的贡献,指出在 LC_{50} 暴露浓度下,纳米 Cu 溶解产生的铜离子对其毒性贡献不超过 16%。Brunner 等[114]将纳米材料分为轻微溶解和不溶解两类,指出可溶解纳米材料的细胞毒性主要是来自溶解产生的金属离子,而不溶解性纳米材料的细胞毒性则可能是由于产生的 ROS。

另外,研究金属及氧化物纳米材料毒性机理时,受试生物的选择也很重要。若受试生物对溶解出的金属离子非常敏感,纳米材料本身毒性也许会被其释放的金属离子的毒性掩盖。研究纳米 CeO_2 的植物毒性时,我们发现在 7 种测试植物中纳米 CeO_2 只对生菜有毒性作用,具有物种特异性[115]。进一步研究发现纳米 CeO_2 对莴苣属植物的根生长都有抑制作用。同步辐射 XAFS 和模拟实验的结果表明,吸附在植物根表面的纳米二氧化铈在根分泌的有机酸和还原性物质的共同作用下,能够部分被还原,转化为 Ce^{3+}。而莴苣属对于 Ce^{3+} 离子敏感程度远高于其他物种,因此纳米 CeO_2 对于莴苣属植物的特殊毒性源于纳米 CeO_2 转化产生的 Ce^{3+} 和莴苣属植物对 Ce^{3+} 离子毒性的高敏感性[116]。

测定纳米材料离子释放情况的常规方法是将纳米材料在去离子水或暴露介质中放置一定时间后,通过离心、过滤等手段去除去不溶物,测定上清液中的目标元素含量,即为离子释放量[102, 117-119]。我们在用纳米 Yb_2O_3 处理植物时发现,根系溶液中 Yb^{3+} 的含量明显高于周围溶液中的含量,更远高于该纳米材料在不含植物的单纯营养液中释放的离子量[110]。这说明常规的采用没有生物体参与的测定金属纳米材料释放离子的方法值得商榷。需要特别指出的是,金属及氧化物纳米材料与生物体作用后,生物体系的 pH、离子强度、有机质等微环境可能会改变纳米材料的性质,包括粒径、形貌、表面性质、化学组成、溶解性和聚集状态等,从而影响其生物效应和毒性,因此金属纳米材料的生物毒性不仅取决于其最初物理化学性质,而更应该关注的是纳米材料与生物体作用时和作用后各种理化性质的改变[120]。目前还缺乏生物体系内纳米材料的检测和分析的简单有效的方法,对纳米材料在生物体中的真实含量、在体分布和化学形态等信息都需要进行深入研究。例如,通常认为纳米 CeO_2 在生物、环境条件下性质稳定,被作为典型不解离纳米材料的代表。但我们通过电镜和基于同步辐射的多种手段首次发现并证明了纳米 CeO_2 与植物根系作用过程中发生了转化,打破了原有人们对于纳米 CeO_2 的稳定性的认识[121]。因此,研究金属及氧化物纳米材料的生物毒性时,不仅要考察材料本身的性质,还要特别注意与生物体作用后的离子释放和生物转化问题,以便我们更深入地了解这类纳米材料的毒性机制。

实验前需要将受试物分散,尽可能得到粒径均一的悬浮液,这是纳米毒理学与常规毒理学研究流程上最主要的差异之一。本章介绍了纳米毒理学研究的分散方法,主要包括研磨、搅拌、超声和使用稳定剂等。一些纳米材料在超声或研磨过程中会发生变化,如颗粒破碎、表面修饰脱落、表面羟基化等,使用的溶剂也有可能与一些纳米材料反应生成有毒产物,在选择分散方式和溶剂时要特别注意。为使实验室的研究结果能够外推到真实生理或环境条件,还需要考虑实验流程与生理/环境过程的差异。另一个需要关注的问题是纳米材料悬浮液制备过程中从不平衡趋向平衡的表面化学反应。比如新制备的纳米材料悬浮液与空气中的 CO_2 处于不平衡状态,CO_2 逐渐溶解在悬浮液中并趋向平衡,这一过程会改变悬浮液的 pH 和纳米材料的表面电荷。为得到可重复、可靠的实验结果,在暴露前需要将悬浮液平衡一段时间。

本书第 2 章介绍了纳米毒理学研究中材料的表征方法,在实验过程中,材料的全面表征至少进行 2 次。一次是"到货"时,即表征样品直接取自原包装。第二次是材料悬浮液制备完毕,正式暴露之前。这时需要特别关注两个方面:①纳米材料是否逐渐溶解或转化/降解(如固体材料消失,金属颗粒释放出游离的金属离子);②悬浮液中颗粒的粒径分布和表面电荷的变化。如发生团聚,需要在暴露前再次超声悬浮液。如无法重新分散,需用原批次的受试物重新制备并再次表征。如用了不同批次的受试物,要求附加其他物理化学性质的表征。

参 考 文 献

[1] Satoh M, Takayanagi I. Pharmacological studies on fullerene (C₆₀), a novel carbon allotrope, and its derivatives [J]. Journal Pharmacology Science, 2006, 100: 513-518

[2] Bakry R, Vallant R M, Najamul M, et al. Medicinal applications of fullerenes [J]. International Journal of Nanomedicine, 2007, 2: 639-649

[3] Martin R, Wang H, Gao J, et al. Impact of physicochemical properties of engineered fullerenes on key biological responses [J]. Toxicology and Applied Pharmacology, 2009, 234: 58-67

[4] Da R T, Prato M. Light-induced processes in fullerene multicomponent systems [J]. Chemical Communications, 1999: 663-669

[5] Fortner J, Lyon D, Sayes C, et al. C₆₀ in water: Nanocrystal formation and microbial response [J]. Environmental Science & Technology, 2005, 39: 4307-4316

[6] Brant J, Lecoanet H, Hotze M, et al. Comparison of electrokinetic properties of colloidal fullerenes (n-C₆₀) formed using two procedures [J]. Environmental Science & Technology, 2005, 39: 6343-6351

[7] Oberdörster E. Manufactured nanomaterials (Fullerenes, C₆₀) induce oxidative stress in the brain of juvenile largemouth Bass [J]. Environmental Health Perspectives, 2004, 112: 1058-1062

[8] Lovern S B, Klaper R D. *Daphnia magna* mortality when exposed to titanium dioxide and fullerene (C_{60}) nanoparticles [J]. Environmental Toxicology and Chemistry, 2006, 25: 1132-1137

[9] Zhu Y, Zhao Q, Li Y, et al. The interaction and toxicity of multi-walled carbon nanotubes with *Stylonychia mytilus* [J]. Journal Nanoscience and Nanotechnology, 2006, 6: 1357-1364

[10] Henry T B, Menn F-M, Fleming J T, et al. Attributing effects of aqueous C_{60} nano-aggregates to tetra-hydrofuran decomposition products in larval zebrafish by assessment of gene expression [J]. Environmental Health Perspectives, 2007, 115: 1059-1065

[11] Dhawan A, Taurozzi J S, Pandey A K, et al. Stable colloidal dispersions of C_{60} fullerenes in water: Evidence for genotoxicity [J]. Environmental Science & Technology, 2006, 40: 7394-7401

[12] Oberdörster E, Zhu S, Blickley T M, et al. Ecotoxicology of carbon-based engineered nanoparticles: Effects of fullerene (C_{60}) on aquatic organisms [J]. Carbon, 2006, 44: 1112-1120

[13] Lyon D Y, Adams L K, Falkner J C, et al. Antibacterial activity of fullerene water suspensions: Effects of preparation method and particle size [J]. Environmental Science & Technology, 2006, 40: 4360-4366

[14] Lovern S B, Klaper R D. *Daphnia magna* mortality when exposed to titanium dioxide and fullerene (C_{60}) nanoparticles [J]. Environmental Toxicology and Chemistry, 2006, 25: 1132-1137

[15] Lyon D Y, Thill A, Rose J, et al. Ecotoxicological impacts of nanomaterials [M] //Wiesner M R, Bottero J-Y, eds. Environmental Nanotechnology: Applications and Impacts of Nanomaterials. New York: McGraw-Hill, 2007: 445-480

[16] Markovic Z, Todorovic-Markovic B, Kleut D, et al. The mechanism of cell-damaging reactive oxygen generation by colloidal fullerenes [J]. Biomaterials, 2007, 28: 5437-5448

[17] Sayes C M, Fortner J D, Guo W, et al. The differential cytotoxicity of water-soluble fullerenes [J]. Nano Letters, 2004, 4: 1881-1887

[18] Fortner J D, Lyon D Y, Sayes C M, et al. C_{60} in water: Nanocrystal formation and microbial response [J]. Environmental Science & Technology, 2005, 39: 4307-4316

[19] Ma X, Bouchard D. Formation of aqueous suspensions of fullerenes [J]. Environmental Science & Technology, 2009, 43: 330-336.

[20] Lyon Y, Adams L K, Falkner J C, et al. Antibacterial activity of fullerene water suspensions: Effects of preparation method and particle size [J]. Environmental Science & Technology, 2006, 40: 4360-4366

[21] Deguchi S, Yamazaki T, Mukai S, et al. Stabilization of C_{60} nanoparticles by protein adsorption and its implications for toxicity studies [J]. Chemical Research in Toxicology, 2007, 20: 854-858

[22] Xie B, Xu Z, Guo W, et al. Impact of natural organic matter on the physicochemical properties of aqueous C_{60} nanoparticles [J]. Environmental Science & Technology, 2008, 42: 2853-2859

[23] 胡金平, 闵凡飞, 王静. 多壁碳纳米管的分散性研究 [J]. 中小企业管理与科技, 2008, 29: 255-256

[24] Shi Z, Lian Y, Zhou X, et al. Single-wall carbon nanotube colloids in polar solvents [J]. Chemical Communication, 2000, 6: 461-462

[25] Zhao W, Song C H, Pehrsson P E. Water-soluble andoptically pH-sensitive single walled carbon nanotubes from surface modification [J]. Journal of American Chemical Society, 2002, 124: 12418-12419

[26] Crouzier T, Nimmagadda A, Nollert M U, et al. Modification of single walled carbon nanotube surface chemistry to improve aqueous solubility and enhance cellular interactions [J]. Langmuir, 2008, 24 (22): 13173-13181

[27] Smith B, Wepasnick K, Schrote K E, et al. Colloidal properties of aqueous suspensions of acid-treated, multi-walled carbon nanotubes [J]. Environmental Science & Technology, 2009, 43: 819-825

[28] Chen J, Hamon M A, Hu H, et al. Solution properties of single-walled carbon nanotubes [J]. Science, 1998, 282: 95-98

[29] Fu K, Huang W J, Lin Y, et al. Defunctionalization of functionalized carbon nanotubes [J]. Nano Letters, 2001, 1: 439-441

[30] Mickelson E T, Hufman C B. Fluorination of single wall carbon nanotubes [J]. Chemical Physics Letters, 1998, 296: 188-194

[31] Georgakilas V, Kordatos K. Organic funetionalization of carbon nanotubcs [J]. Journal of American Chemical Society, 2002, 124: 760-761

[32] Georgakilas V, Voulgaris D, Vazquez E, et al. Purification of HiPCO carbon nanotubes *via* Organic functionalization [J]. Journal of American Chemical Society, 2002, 124: 14318-14319

[33] Umek P, Sco J, Hernadi K, et al. Addition of carbon radicals generated from organic peroxides to single wall carbon nanotubes [J]. Chemical Materials, 2003, 15(25): 4751-4755

[34] Nakashima N, Tomonafi Y, Murakami H. Water-soluble single-walled carbon nanotubes via noncovalent sidewall-functionalization with a pyrene-carrying ammonium ion [J]. Chemical Letters, 2002, 31: 638-639

[35] Azamian B R, Davis J J, Coleman K S. Bioelectrochemical single-walled carbon nanotubes [J]. Journal of American Chemical Society, 2002, 124: 12664-12665

[36] 肖奇, 王平华, 纪伶伶, 等. 分散剂 CTAB 对碳纳米管悬浮液分散性能的影响 [J]. 无机材料学报, 2007, 22(6): 1122-1126

[37] Haggenmueller R, Rahatekar S S, Fagan J A, et al. Comparison of the quality of aqueous dispersions of single wall carbon nanotubes using surfactants and biomolecules [J]. Langmuir, 2008, 24: 5070-5078

[38] Zheng M, Jagota A, Semke E D, et al. DNA-assisted dispersion and separation of carbon nanotubes [J]. Nature Materials, 2003, 2: 338-342

[39] Nepal D, Geckeler K E. Proteins and carbon nanotubes: Close encounter in water [J]. Small, 2007, 3(7): 1259-1265

[40] Bandyopadhyaya R, Natic-Eoth E, Regev O, et al. Stabilization of individual carbon nanotubes in aqueous solutions [J]. Nano Letters, 2002, 2: 25-28

[41] Hyung H, Fortner J D, Hughes J B, et al. Natural organic matter stabilizes carbon nanotubes in the aqueous phase [J]. Environmental Science & Technology, 2007, 41: 179-184

[42] Lin D, Xing B. Tannic acid adsorption and its role for stabilizing carbon nanotube suspensions [J]. Environmental Science & Technology, 2008, 42: 5917-5923

[43] Han Z, Zhang F, Lin D, et al. Clay minerals affect the stability of surfactant-facilitated carbon nanotube suspensions. Environmental Science & Technology, 2008, 42: 6869-6875

[44] Novoselov K S, Geim A K, Morozov S V, et al. Electric field effect in atomically thin carbon films [J]. Science, 2004, 306: 666-669

[45] Novoselov K S, Jiang D, Schedin F, et al. Two-dimensional atomic crystals [J]. Proceedings of the National Academy of Sciences, 2005, 102: 10451-10453

[46] Meyer J C, Geim A K, Katsnelson M I, et al. The structure of suspended graphene sheets [J]. Nature, 2007, 446: 60-63

[47] Geim A K，Novoselov K S. The rise of graphene [J]. Nature Materials，2007，6：183-191

[48] Geim A K. Graphene：Status and prospects [J]. Science，2009，324：1530-1534

[49] Brumfiel G. Graphene gets ready for the big time [J]. Nature，2009，458：390-391

[50] Novoselov K S，Jiang Z，Zhang Y，et al. Room-temperature quantum hall effect in graphene [J]. Science，2007，315：1379

[51] Berger C，Song Z M，Li X B，et al. Electronic confinement and coherence in patterned epitaxial graphene [J]. Science，2006，312：1191-1196

[52] Allen M J，Tung V C，Kaner R B. Honeycomb carbon：A review of graphene [J]. Chemical Review，2010，110，(1)：132

[53] Li D，Muller M B，Gilje S，et al. Processable aqueous dispersions of graphene nanosheets [J]. Nature Nanotechnology，2008，3：101-105

[54] Gomez-Navarro C，Weitz R T，Bittner A M，et al. Electronic transport properties of individual chemically reduced graphene oxide sheets [J]. Nano Letters，2007，7：3499-3503

[55] Park S，Ruoff R S. Chemical methods for the production of graphenes [J]. Nature Nanotechnology，2009，4：217-224

[56] Wu Z S，Ren W C，Gao L B，et al. Synthesis of high-quality graphene with a pre-determined number of layers [J]. Carbon，2009，47：493-499

[57] Stankovich S，Piner R D，Nguyen S T，et al. Synthesis and exfoliation of isocyanate-treated graphene oxide nanoplatelets [J]. Carbon，2006，44：3342-3347

[58] Si Y C，Samulski E T. Synthesis of water soluble graphene [J]. Nano Letters，2008，8：1679-1682

[59] Zhao G，Jiang L，He Y，et al. Sulfonated graphene for persistent aromatic pollutant management [J]. Advanced Materials，2011，23(34)，3959-3963.

[60] 郑龙珍，李引弟，熊乐艳，等. 石墨烯-聚多巴胺纳米复合材料制备过氧化氧生物传感器[J]. 分析化学，2012，40(1)：72-76

[61] Shan C S，Yang H F，Han D X，et al. Water-soluble graphene covalently functionalized by biocompatible poly-L-lysine [J]. Langmuir，2009，25：12030-12033

[62] Wei D C，Liu Y Q，Wang Y，et al. Synthesis of N-doped graphene by chemical vapor deposition and its electrical properties [J]. Nano Letters，2009，9：1752-1758

[63] Wang X R，Li X L，Zhang L，et al. N-doping of graphene through electrothermal reactions with ammonia [J]. Science，2009，324：768-771

[64] Xue Y Z，Wu B，Jiang L，et al. Low temperature growth of highly nitrogen-doped single crystal graphene arrays by chemical vapor deposition [J]. Journal of the American Chemical Society，2012，134：11060-11063

[65] Liu Z，Robinson J T，Sun X M，et al. PEGylated nanographene oxide for delivery of water-insoluble cancer drugs [J]. Journal of the American Chemical Society，2008，130：10876-10877

[66] Zhang C，Ren L L，Wang X Y，et al. Graphene oxide-assisted dispersion of pristine multi-walled carbon nanotubes in aqueous media [J]. The Journal of Physical Chemistry C，2010，l4(26)：11435-11440

[67] Shen B，Zhal W T，Chen C，et al. Melt blending *in situ* enhances the interaction between polystyrene and grapheae through π-π stacking [J]. ACS Applied Materials & Interfaces，2011，3(8)：3103-3109

[68] 魏伟,吕伟,杨全红. 高浓度石墨烯水系分散液及其气液界面自组装膜 [J]. 新型碳材料,2011,26(1)：36-40

[69] Rao C N R, Sood A K, Subrahmanyam K S, et al. Graphene: The new two-dimensional nauomaterial [J]. Angewandte Chemie International Edition, 2009, 48(42): 7752-7777

[70] Pack S M, Yoo E, Homna. Enhanced cyclic performance and lithium storage capacit Y of SnO_2/graphene nanoporous electrodes with three-dimensionally delaminated flexible structure [J]. Nano Letters, 2009, 9(1): 72-75

[71] Yang X Y, Zhang Z Y, Liu Z F, et al. High efficiency loading and controlled release of doxorubicin hydro-chloride on graphene oxide [J]. The Journal of Physical Chemistry C, 2008, 112: 17554-17558

[72] Yang X M, Li L A, Shang S M, et al. Synthesis and characterization of layer-aligned poly(vinyl alcohol)/graphene nanocomposites [J]. Polymer, 2010, 51(15):3431-3435

[73] Michalet X, Pinaud F F, Bentolila L A, et al. Quantum dots for molecular maging and cancer medicine [J]. Science, 2005, 307: 538-544

[74] Bruchez M, Moronne M, Gin P, et al. Semiconductor nanocrystals as fluorescent biological labels [J]. Sicence, 1998, 281: 2013-2015

[75] Chan W C, Nie S. Quanttmadot bioconjugates for untrasensitive nonisotopic ditection [J]. Science, 1998, 281: 2016-2018

[76] Chan W C W, Nie S. Luminescent quantum dots for multiplexed biologiea1 dectiong and imaging [J]. Current Opinion in Biotechnology, 2002, 13: 40-46

[77] Kho R, Tortes-Mnrtinez C L, Mehra R K, et al. A simple colloidal synthesis for gram-quantity production of water soluble ZnS nanocrystal powders [J]. Journal of Colloid and Interface Science, 2000, 227: 551-556

[78] 来守军, 关晓琳. 量子点的聚合物表面修饰及其应用 [J]. 化学进展, 2011, 23(5): 941-950

[79] Chen N, He Y, Su Y, et al. The cytotoxicity of cadmium-based quantum dots [J]. Biomaterials, 2012, 33: 1238-1244.

[80] Cho S J, Maysinger D, Jain M, et al. Long-term exposure to CdTe quantum dots causes functional impairments in live cells [J]. Langmuir, 2007, 23: 1974-1980

[81] Law W C, Yong K T, Roy I, et al. Aqueous-phase synthesis of highly luminescent CdTe/ZnTe core/shell quantum dots optimized for targeted bioimaging [J]. Small, 2009, 5(11): 1302-1310

[82] Hsieh M S, Shiao N H, Chan W H. Cytotoxic effects of CdSe quantum dots on maturation of monse oocytes, fertilization, and fetal development [J]. International Journal of Molecular Sciences, 2009, 10(5): 2122-2135

[83] Deka S, Quarta A, Lupo M G, et al. CdSe/CdS/ZnS double shell nanorods with high photoluminescence efficiency and their exploitation as biolabeling probes [J]. Journal of the American Chemical Sciety, 2009, 131(8): 2948-2958

[84] Choi H S, Liu W, Misra P, et al. Renal clearance of quantum dots [J]. Nature Biotechnology, 2007, 25(10): 1165-1170

[85] Hoshino A, Fujioka K, Oku T, et al. Physicochemical properties and cellular toxicity of nanocrystal quantum dots depend on their surface modification [J]. Nano Letters, 2004, 4(11): 2163-2169

[86] Guo G N, Liu W, Liang J G, et al. Probing the cytotoxicity of CdSe quantum dots with surface modification. Materials Letters, 2007, 61: 1641-1644

[87] Wang L, Nagesha D K, Selvarasah S, et al. Toxicity of CdSe nanoparticles in caco-2 cell cultures [J]. Journal of Nanobiotechnology, 2008, 6: 11-25

[88] 宋晓岚，王海波，吴雪兰，等. 纳米颗粒分散技术的研究与发展 [J]. 化工进展，2005，24（1）：47-52

[89] 曹瑞军，林晨光，孙兰，等. 超细粉末的团聚及消除方法 [J]. 粉末冶金技术，2006，24（6）：460-466

[90] Handy R D，Cornelis G，Fernandes T，et al. Ecotoxicity test methods for engineered nanomaterials-Practical experiences and recommendations from the bench [J]. Environmental Toxicology and Chemistry，2012，31(1)：15-31

[91] Delgado A，Matijevic E. Particle-size distribution of inorganic colloidal dispersions：A comparison of different techniques [J]. Particle & Particle Systems Characterization，1991，8：128-135

[92] Chowdhury I，Hong Y，Walker S L. Container to characterization：Impacts of metal oxide handling，preparation，and solution chemistry on particle stability [J]. Colloid Surface A，2010，368：91-95

[93] Kennedy A J，Gunter J C，Chappell M A，et al. Influence of nanotube preparation in aquatic bioassays [J]. Environmental Toxicology and Chemistry，2009，28：1930-1938

[94] Murdock R C，Braydich-Stolle L，Schrand A M，et al. Characterization of nanomaterial dispersion in solution prior to in vitro exposure using dynamic light scattering technique [J]. Toxicology Sciences，2008，101：239-253

[95] Duval J，Qian S. Metal speciation dynamics in dispersions of soft colloidal ligand particles under steady-state laminarflowcondition [J]. Journal of Physical Chemistry A，2009，113：12791-12804

[96] Li D，Lyon D Y，Li Q，et al. Effect of soil sorption and aquatic natural organic matter on the antibacterial activity of a fullerene water suspension [J]. Environmental Toxicology and Chemistry，2008，27：1888-1894

[97] Fabrega J，Fawcett S R，Renshaw J C，et al. Silver nanoparticle impact on bacterial growth：Effect of pH，concentration，and organic matter [J]. Environmental Science & Technology，2009，43：7285-7290

[98] Liu J，Hurt R H. Ion release kinetics and particle persistence in aqueous nano-silver colloids [J]. Environmental Science & Technology，2010，44：2169-2175

[99] Wilkinson K J，Joz-Roland A，Buffle J. Different roles of pedogenic fulvic acids and aquagenic biopolymers on colloid aggregation and stability in freshwaters [J]. Limnology and Oceanography，1997，42：1714-1724

[100] 马淑花，郭奋，陈建峰. 化学改性氢氧化铝的反团聚研究 [J]. 高校化学工程学报，2005，19(2)：244-247

[101] Chen Z，Meng H，Xing G，et al. Acute toxicological effects of copper nanoparticles in vivo [J]. Toxicology Letters，2006，163：109-120

[102] Lin D H，Xing B S. Phytotoxicity of nanoparticles：Inhibition of seed germination and root elongation [J]. Environmental Pollution，2007，150：243-250

[103] Nel A，Xia T，Madler L，et al. Toxic potential of materials at the nanolevel [J]. Science，2006，311：622-627

[104] Lyon D Y，Brunet L，Hinkal G W，et al. Antibacterial activity of fullerene water suspensions (nC$_{60}$) is not due to ROS-mediated damage. Nano Letters，2008，8：1539-1543

[105] Lubick N. Nanosilver toxicity：Ions，nanoparticies-or both？ [J]. Environmental Science & Technology，2008，42：8617-8617

[106] Heinlaan M，Ivask A，Blinova I，et al. Toxicity of nanosized and bulk ZnO，CuO and TiO$_2$ to bacteria Vibrio fischeri and crustaceans Daphnia magna and Thamnocephalus platyurus [J]. Chemosphere，

2008，71：1308-1316

[107] Franklin N M，Rogers N J，Apte S C，et al. Comparative toxicity of nanoparticulate ZnO，bulk ZnO，and ZnCl₂ to a freshwater microalga（*Pseudokirchneriella subcapitata*）：The importance of particle solubility [J]. Environmental Science &. Technology，2007，41：8484-8490

[108] Miao A J，Kathy A，Schwehr，et al. The algal toxicity of silver engineered nanoparticles and detoxification by exopolymeric substances [J]. Environmental Pollution，2009，157：3034-3041

[109] Ma Y H，He X，Zhang P，et al. Phytotoxicity and Biotransformation of La₂O₃ Nanoparticles in a terrestrial plant cucumber（*Cucumis sativus*）[J]. Nanotoxicology，2011，5（4）：743-753

[110] Zhang P，Ma Y H，Zhang Z Y，et al. Comparative toxicity of nanoparticulate/bulk Yb₂O₃ and YbCl₃ to cucumber（*Cucumis sativus*）[J]. Environmental Science &. Technology，2012，46：1834-1841

[111] Xia T，Kovochich M，Liong M，et al. Comparison of the mechanism of toxicity of zinc oxide and cerium oxide nanoparticles based on dissolution and oxidative stress properties [J]. ACS Nano，2008，2：2121-2134

[112] Asharani P V，Wu Y L，Gong Z Y，et al. Toxicity of silver nanoparticles in zebrafish models [J]. Nanotechnology，2008，19：255102

[113] Griffitt R J，Weil R，Hyndman K A，et al. Exposure to copper nanoparticles causes gill injury and acute lethality in zebrafish（*Danio rerio*）[J]. Environmental Science &. Technology，2007，41：8178-8186

[114] Brunner T J，Wick P，Manser P，et al. *In vitro* cytotoxicity of oxide nanoparticles：Comparison to asbestos，silica，and the effect of particle solubility [J]. Environmental Science &. Technology，2006，40：4374-4381

[115] Ma Y H，Kuang L L，He X，et al. Effects of rare earth oxide nanoparticles on root elongation of plants. Chemosphere，2010，78（3）：273-279

[116] Zhang P，Ma Y H，Zhang Z Y，et al. unpublished data.

[117] Kawata K J，Osawa M，Okabe S. *In vitro* toxicity of silver nanoparticles at noncytotoxic doses to HepG2 human hepatoma cells [J]. Environmental Science &. Technology，2009，43：6046-6051

[118] Fabrega J，Fawcett S R，Renshaw J C，et al. Silver nanoparticle impact on bacterial growth：Effect of pH，concentration，and organic matter [J]. Environmental Science &. Technology，2009，43：7285-7290

[119] Lin D H，Xing B S. Root uptake and phytotoxicity of ZnO nanoparticles [J]. Environmental Science &. Technology，2008，42：5580-5585

[120] Nel A，Modler L，Velegol D，et al. Understanding biophysicochemical interactions at the nano-bio interface [J]. Nature Materials，2009，8（7）：543-557

[121] Zhang P，Ma Y H，Zhang Z Y，et al. Biotransformation of ceria nanoparticles in cucumber plants. ACS Nano，2012，6（11）：9943-9950

第 4 章　动物试验研究方法

在纳米涂料厂工作数月的 7 名年龄在 18～47 岁的女工因为胸腔积液、肺纤维化和肉芽肿住院,2 名女工在两年内死亡。临床和病理检查显示,"凶手"可能是纳米颗粒! 发表在《欧洲呼吸病学杂志》(2009 年,34 卷,第 3 期)的上述研究[1],引发了纳米毒理学界广泛而深入的讨论,《自然》杂志迅速做出相关报道"Nanoparticle Safety in Doubt"[2]。部分学者认为,这些患者的病理损害集中在肺内,与动物受纳米颗粒刺激后的病理表现相似,因此这样的损害不像是更大颗粒造成的。但英国爱丁堡大学的呼吸系毒理学家 Donaldson 对纳米颗粒是否为致病原因表示怀疑,文章中描述的这些症状更像是化学品暴露的典型特征。Donaldson 说:"我不怀疑纳米颗粒参与其中,但并不意味着它们是决定性因素。"英国阿伯丁大学环境和职业医学教授 Anthony Seaton 也认为该研究不能确定纳米颗粒是导致疾病的主要原因,还是多种因素共同作用的结果[2]。

要回答上述质疑,必须开展相关的毒理学试验。作为毒理学试验的重要组成部分,动物试验是纳米毒理学研究、纳米药物筛选、纳米材料生态安全性评价等领域中最基本的内容与最有效的手段,发挥着不可替代的作用。

然而近几十年来,基于尊重动物生命、保护动物福利的伦理精神,减少动物试验的呼声日益高涨。在纳米毒理学与安全性研究中,纳米毒理学家们已经建立了一系列体外模拟、细胞实验、生物芯片、计算机辅助等技术、方法和规范,开展了大量工作。这些方法具有低成本、快速、高通量、便于机制推导等特点,可以从微观视角提供纳米材料的物化性质与其生物效应之间的内在联系。但上述研究难以反映纳米材料的物化性质与生物效应在组织、个体或更高层次上(存在细胞-细胞、细胞-基体、多细胞协同、激素调控等作用)所体现出的影响。此外,纳米材料的物化性质在暴露过程中易受其所处生物微环境的影响而发生改变[3]。所以,即使是纳米材料对动物体内单一细胞的作用,也往往受到该材料的染毒方式、代谢途径的影响,从而无法简单地由体外细胞实验等结果外推得到。因此,在纳米毒理学研究、纳米药物筛选、纳米材料生态安全性评价等领域中,动物试验仍然不可或缺。

纳米毒理学与安全性研究中的动物试验的目的包括:①通过试验动物对纳米材料的毒性反应,向人(原型)外推,以期评估纳米材料对人的危害及危险性;②通过观察纳米材料对生态环境中代表性动物的毒性效应及机制,进行纳米材料的环境暴露风险评估。动物试验中,试验项目的选择应当根据受试纳米材料的理化特性,特别是通过对其化学组成、结构与活性关系进行初步分析,并尽量了解其使用范围、生产或使用过程、环境相关剂量、人体接触情况和现有文献资料，根据具体情况选择系统的或补充的毒性试验。

动物试验所用商业纳米材料产品应注明名称、来源、批号、规格（包括杂质组成和含量等信息）、保存条件等，应附有生产厂商的自检报告；自行合成纳米材料应交代详细的合成方法。纳米材料的物化性质（如尺寸、比表面积、纳米结构、表面修饰、表面电荷等）应加以详细表征（详见本书第2章的相关内容）。还需要特别指出的是，纳米材料的物化性质会因为使用不同的分散介质、进入不同的生物微环境等因素而发生变化，从而改变动物试验的结果。因此，在设计动物试验时，应充分考虑纳米材料前处理方法对其物化性质的影响（参考本书第3章的相关内容）；应根据试验的检测要求，选择合适的检测技术以研究纳米材料在动物靶器官及重要组织中的转运、分布和蓄积问题[4,5]；在解读动物试验结果与纳米材料物化性质的内在联系时，应注意纳米材料物化性质在暴露过程中、在动物体内可能发生的变化，应积极使用与开发可以在真实生理条件下研究纳米材料物化性质的原位表征技术与方法（参考本书第2章与第3章的相关内容）。

受试纳米材料样品的染毒途径应与人（动物）体可能接触的途径一致，对人（动物）体有可能通过呼吸、体表接触、摄取和药物注射等四种途径接触的纳米材料，应进行吸入、经皮、经口和经注射四种染毒途径的各项试验。

在选择动物试验的暴露剂量时，应了解人群通常所暴露的剂量，可利用现有的文献，测量环境的介质及生物标记物的信息，再结合被检验材料在环境中的传输情况，暴露的途径及中毒靶器官等信息统筹考虑毒性的检验，进而科学地确定初始试验剂量。

在纳米材料毒性鉴定过程中，根据各阶段的试验结果，有针对性地取舍进一步试验的项目和观察指标，以完善对该纳米材料所做出的毒性鉴定资料的科学性和可靠性。因考虑到纳米材料与常规化学品之间的差异，合理设计动物试验。例如，仅用传统毒理学中的质量（或浓度）概念来描述"剂量-效应"关系，是不足以全面反映纳米材料的毒理学内涵的，因为即使对于相同化学组成的物质而言，也会由于尺寸、纳米结构、表面性质等方面的差异改变纳米材料在生物体内的毒理学行为。应客观评价动物试验的结果，将其外推到人的意义是有限的。尽可能结合人群观察资料，作出科学的综合性评价。

人们接触到纳米材料的途径主要包括呼吸、饮食、皮肤接触和药物注射，这四个途径也是利用动物试验进行纳米毒理学研究时所采用的主要暴露方式。纳米材料进入体内后可能的代谢关系包括吸收、分布、代谢和排泄，这些过程以及所引发的对组织形态、脏器功能及个体水平的影响是动物试验的主要研究内容。纳米材料进入体内后可在组织脏器间传输，如图4.1所示，但其中一些途径需要进一步的实验证实[6]。纳米材料在生物动力学意义上的任何定性或定量变化都需要通过实验评估其对生物体的影响。无论在传输的速率还是在重要靶部位的累积、保持力以及其中潜在的机制,都存在着大量的未知有待进一步的研究,并且这些潜在的影响在很大程度上依赖于纳米颗粒的表面和核心的物理化学特性。

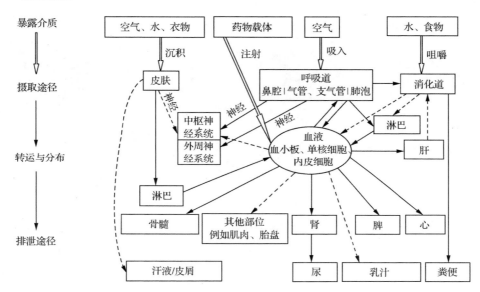

图 4.1　纳米物质进入人体的主要途径及其代谢过程示意图[6]

　　在纳米毒理学研究中,除了传统意义上的"剂量"之外,还有一些纳米物质所特有的参数也同时影响着毒理学效应,如尺寸、比表面积、纳米结构、表面修饰、表面电荷等都在纳米毒理学中扮演着相当重要的角色。因此,动物试验设计的出发点及考察重点就是纳米特性导致的对动物的机体损伤和正常生理功能的影响。例如,Oberdörster 等[7]应用动物模型,对慢性吸入 20 nm 和 250 nm 的 TiO_2 纳米颗粒进行毒代动力学比较,发现:①小尺寸颗粒从肺组织清除的速率显著滞后于大尺寸颗粒,并且小尺寸颗粒更容易穿过上皮细胞进入间质组织和淋巴结;②大尺寸 TiO_2 颗粒能引发更严重的肺部反应,包括Ⅱ型细胞增生、间质纤维化和削弱肺巨噬细胞吞噬能力,以上结果说明纳米颗粒确实存在与大尺寸颗粒不一样的生物学行为;Chen 等[8,9]对小鼠进行微米铜(17 μm)与纳米铜(23.5 nm)的急性经口染毒,揭示了金属铜纳米颗粒急性口服毒性的尺寸依存性(图 4.2);Nemmar 等[10]用表面修饰的方法让聚苯乙烯纳米颗粒带上不同性质的电荷,并对豚鼠进行气管滴注,结果发现,在相同的剂量下,带正电荷的纳米颗粒所导致的肺部炎症比不带电的和带负电荷的纳米颗粒更加严重,因为正电荷的纳米颗粒还更容易引起血小板的聚集和血栓的形成。综上所述,针对化学组成相同而尺寸(或结构,或表面修饰等参数)不同的材料进行比较研究,以获得纳米材料生物效应与其纳米特性之间关联,是目前纳米毒理学研究的常规思路。

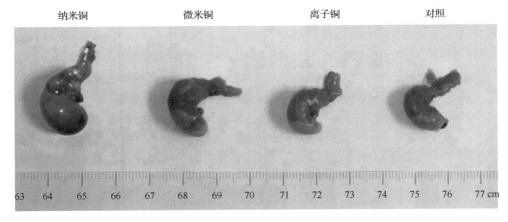

图 4.2　经口暴露纳米铜、微米铜和离子铜在 24 h 对小鼠胃的形态学照片[8,9]

过去的十年,是纳米毒理学迅猛发展的十年。在此期间,全世界的相关科研人员开展了各种各样的动物试验研究,获取了大量的毒理学数据。本章将选取部分动物试验的结果加以整理、分析,介绍纳米材料急性毒性、长期毒性的动物试验研究方法及试验设计中需要注意的一些细节问题。

4.1　急性毒性试验

急性毒性试验(单次给药毒性试验)主要观察对试验动物 24 h 内一次给药后所产生的毒性症状及其程度,出现和消失的时间,死亡的发生率并计算出其最大给药量、最小致死量、半数致死量(LD$_{50}$)等;当受试药物毒性较小,单次给药往往不能表现明显的毒性作用时,1 日内多次给药观察受试药物毒性的试验也称作急性毒性试验。

急性毒性试验的目的是推测纳米材料对人的急性毒性的强弱。同时,它可以为长期毒性试验、生殖毒性试验、致突变试验等试验设计提供剂量选择依据和有关毒性信息,还可以推测受试材料毒性发生的速度和持续时间,比较判断不同纳米材料之间或纳米材料与相同化学组成的非纳米材料之间的安全系数。因此,急性毒性试验对了解纳米材料的毒性是非常必要的。

一般而言,纳米材料进入人体主要通过呼吸道吸入、胃肠道摄入,或涂抹于皮肤透过皮肤吸收;还有很多纳米生物材料都是与人体直接接触的,例如,某些纳米材料制成的药物、药物载体、医用传感器等产品已在临床上得到广泛应用,它们通过口服、注射、皮敷等手段直接进入人体。因此,在进行纳米材料毒理学研究时往往采用呼吸染毒、口服染毒、皮肤染毒、注射等暴露手段,进行急性毒性试验。

设计毒性试验应注意:急性毒性受动物的健康状态、年龄、性别、遗传因素、体重、药物的吸收、分布、代谢、排泄和内分泌激素等的影响,需谨慎选择试验动物的种属、年龄;常用健康的 7~9 周龄小鼠、大鼠。试验前至少驯养观察 1 周。动物饲料应符合动物的营养标准。应注明受试药物的批号、来源、纯度,对纳米材料要有表征的结果(如纳米颗粒大小及分布,比表面积,溶解度及制备方法及粉末样品因团聚带来的问题等)。不能把求得致死剂量看作是急性毒性试验的唯一要求。发现毒性症状及毒性反应的靶器官同样是急性毒性试验非常重要的目的。给药前后应观察体重、进食、饮水的状况,记录异常毒性症状。给药后观察症状包括:①行动:不安定、多动、发声;②神经系统反应:举尾、震颤、痉挛、运动失调、姿态异常;③自主神经系统反应:眼球突出、流涎、流泪、排尿、下泻、竖毛、皮肤变色、呼吸;④死亡:应每日记录体重、毒性反应和死亡情况,濒死动物应单独饲养,死后及时解剖进行肉眼观察和病理组织学观察。试验结束存活动物也进行解剖,如有病变进行组织学观察。其他监测指标还可以包括免疫学、神经学、生殖、发育、基因毒性、遗传毒性和致癌的效应。LD_{50} 和最小致死量及其可信限的计算可采用 Bliss 法、改进寇氏法、点斜法、简化概率单位法或其他的计算方法。需要指出的是,近年来发达国家尤其是欧盟地区动物保护主义对毒理学的动物试验造成了巨大的影响和压力,因此,经济合作和发展组织(OECD)于 2002 年 12 月删除了经典的测定 LD_{50} 的方法(1981 年 OECD TG401,Draize 法),在试验设计过程中应加以注意。

4.1.1　经呼吸道染毒

随着纳米科技的迅速发展,纳米材料现已可以规模化生产,弥散在空气中的纳米颗粒会形成纳米气溶胶(nanoaerosol),有关纳米气溶胶的毒性问题引起了人们的巨大关注。美国国家行业安全与健康研究所给纳米气溶胶的定义是:悬浮在气体中的纳米颗粒或纳米颗粒的聚合物所形成的气溶胶,纳米颗粒聚合物的直径可以大于 100 nm,但其所包含的纳米颗粒仍可表现出自己的物理、化学和生物性质,如果纳米颗粒聚合物所包含的纳米颗粒未表现出自己的性质,则不能称其为纳米气溶胶。另外,大气颗粒物中的超细颗粒(ultrafine particle)在尺寸上也属于纳米颗粒范畴(表 4.1)[11]。

事实上,纳米气溶胶早已在自然界存在并且来源很广,如建筑粉尘、机动车尾气、电焊产生的气体、工业烟囱排出的浓烟,以及垃圾燃烧、大雾、沙尘暴、空气光化学、森林火灾和工业生产纳米材料等,其颗粒直径大约为 50~70 nm[11]。

表 4.1　不同尺寸粒径的定义

名称	粒径
纳米颗粒物＝超细颗粒物	＜100 nm
细颗粒物	＞0.1～3 μm
可呼吸性颗粒物(大鼠)	＜3 μm
可呼吸性颗粒物（人）	＜5 μm
可吸入颗粒物（人）	10～20 μm

经呼吸道进入人体是纳米材料的主要暴露途径,因此呼吸毒性是纳米材料急性毒性的重要表现形式。1992 年,Ferin 等[12]发表了一篇题为"Pulmonary Retention of Ultrafine and Fine Particles in Rats"的文章,阐述了纳米材料经呼吸道染毒后对实验鼠肺部的毒性:实验鼠被分别暴露于相同密度（23 mg/m³)的纳米级 TiO₂(粒径 20 nm)和微米级 TiO₂(粒径 250 nm)的气溶胶中,与微米级 TiO₂引起的症状相比,纳米级 TiO₂引起的肺部炎症反应和病理学变化更为明显,并且纳米级 TiO₂在肺内沉积较严重,清除也较困难。相关报道引起了毒理学家对纳米材料呼吸毒性的重视,从此揭开了有关纳米材料急性呼吸毒性研究的序幕。

在自然暴露模式下,纳米颗粒在呼吸道的沉积是通过颗粒之间相互碰撞引起的扩散所形成的,其沉积机制(如惰性压缩、重力的作用和折射)与较大颗粒的沉积不同。数学模型显示,一定尺寸的纳米颗粒在呼吸道的鼻咽部、气管支气管和肺泡区域均有显著沉积,且颗粒可根据其尺寸的不同而改变沉积部位[13]。图 4.3 显示了不同粒径的纳米颗粒物通过呼吸系统在鼻腔、支气管和肺泡中的沉积。首先由于气流方向的改变、上呼吸道的生理解剖结构和黏液分泌,大于 10 μm 的颗粒在鼻腔和上呼吸道沉积下来进而被排出体外。处于纳米尺度的颗粒在这 3 个不同的呼吸部位内沉积,80％的 1 nm 粒径的颗粒会沉积在鼻腔内部,其余 20％沉积在支气管内部,而不能到达肺泡内,大约有 50％的 10 nm 的颗粒沉积在肺泡内,在鼻腔中的残留量相对比较少。在肺泡中沉积的颗粒多处于 5～50 nm 之间。不同尺寸的纳米颗粒所引起的不同效应及对肺外器官的扩散可能与沉积部位的差异有关。

进入肺泡内的颗粒,一部分随呼吸排出;另一部分被巨噬细胞吞噬,通过肺泡上皮表面的一层液体的张力,被移送到具有纤毛上皮的呼吸性细支气管的黏膜表面,并由此传送出去(图 4.4)。基于巨噬细胞介导的清除机制,颗粒物在肺泡内的清除半衰期对大鼠为 70 天,对于人类则高达 700 天。这种清除机制依赖于肺泡巨噬细胞"感知"沉降颗粒,迁移至沉降位点并吞噬它们的效率。肺泡巨噬细胞介导的清除事件中可能也存在显著的颗粒物尺寸依赖性差异。

当超细颗粒的数量超过肺泡巨噬细胞的吞噬能力时,多余的颗粒则穿过肺泡上皮细胞进入肺间质组织当中,引起肺间质深部损伤。研究显示,超细聚四氟乙烯

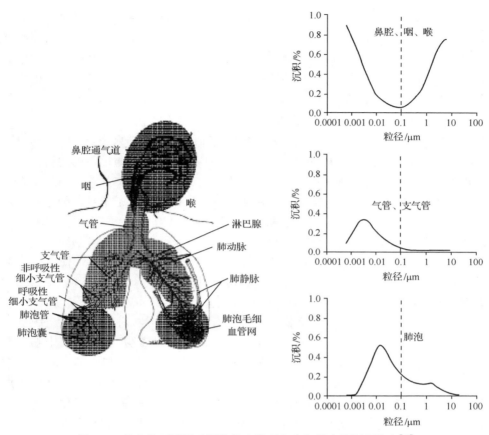

图 4.3　吸入的不同尺寸颗粒物在鼻咽和支气管中的沉积位点[13]

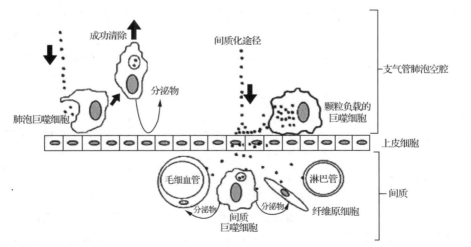

图 4.4　纳米颗粒在肺中的清除方式(左)被巨噬细胞清除(右)穿过肺上皮细胞进入肺间质

(PTFE)暴露 15 min 后,可进入气道的间质和黏膜下,以及靠近胸膜肺边缘的间质区[14]。呼吸暴露高剂量的纳米尺寸 TiO_2,至少 50% 到达肺间质。相对于啮齿动物,在较大物种(狗、非人灵长类动物)中细颗粒物穿越肺泡上皮的肺间质转移更加显著[15],推测在大鼠中发现的纳米颗粒进入肺间质的情况也会在人体内发生。一旦纳米颗粒进入肺间质,就更难以被肺泡巨噬细胞所清除,进一步加剧纳米颗粒在肺部的长期蓄积效应,进而可能诱发产生持续性的肺部损伤。

颗粒物进入肺间质,就可能穿越肺泡-毛细血管屏障,进入血液和淋巴循环。与较大尺寸的颗粒相比,纳米颗粒在呼吸道沉积后,似乎可以通过不同的转移途径和机制更容易地扩散至肺外器官从而到达体内的其他靶器官。其一是通过胞吞转运作用穿过呼吸道的上皮直接进入血液或通过淋巴循环分布于全身。肺泡内腔与血液之间仅相隔 0.5 μm,相对于支气管来说,肺泡-毛细血管屏障的防御能力很弱,当纳米颗粒下行进入到气体交换组织时,其微小尺寸使得它很容易随空气进入到肺泡当中。肺部拥有大约 3 亿个肺泡,表面积巨大,而且血流丰富,使得它成为纳米颗粒入侵血液的门户。另外还有一种可能的转移途径,即呼吸道上皮的感觉神经末梢摄取纳米颗粒后,颗粒随着轴突转运至神经节和中枢神经系统部位。

被吸入呼吸道的纳米颗粒沉积在肺泡中并转运到肺外,对肺和肺外组织有严重的伤害[16-20]。欧洲与美国对流行病学的长期研究结果表明,城市空气中纳米颗粒的浓度与城市人口发病率及其相关的死亡率呈正相关,尤其与心肺血管疾病的发病率与死亡率的关系更为密切[21-26]。科学家们推测纳米颗粒可能会直接作用于心脏的自主神经系统,也可能通过肺部的炎症反应诱发心脏发生氧化损伤或增加血黏度及促进凝血而导致心血管疾病的发生,其主要机制可能是活性氧物质(ROS)的产生和炎症细胞因子的释放。因此,毒理学界十分重视纳米材料对呼吸系统的负面影响,并广泛开展了动物试验以评价纳米材料的急性呼吸道毒性。急性吸入毒性试验研究方法规范性引用文件主要有:OECD Guideline for Testing of Chemicals(No. 403)和 OECD Guideline for Testing of Chemicals(No. 433)。

经呼吸道染毒包括以下四种方式:

1) 静态吸入法(static inhalation)

动物直接暴露于纳米颗粒的粉尘中,自然吸入毒物,动物是在密闭的环境,如果纳米颗粒发生沉降,它在空气中的浓度就会变化,动物吸入的剂量不能准确计算,试验时间长或动物数量多时,容易缺氧。

2) 动态吸入法(dynamic inhalation)

力求纳米颗粒的粉尘能以恒定的浓度分布于空气中,在比较长的时间内维持一定浓度,以保证吸入过程中染毒的纳米颗粒的剂量不变,一般采用机械通风装置,连续不断地将含有一定浓度受试样品的空气均匀不断地送入染毒柜,空气交换量大约为 12～15 次/h,并排出等量的染毒气体,维持相对稳定的染毒浓度(对通过染毒柜的流动气体应不间断地进行监测,并至少记录 2 次)。可把动物整体放入染毒柜中,也可使用面罩与动物的口鼻相连(图 4.5)。染毒时,染毒柜内应确保至少有 19％的氧含量和均衡分配的染毒气体。一般情况下,为确保染毒柜内空气稳定,试验动物的体积不应超过染毒柜体积的 5％。且染毒柜内应维持微弱的负压,以防受试样品泄露污染周围环境。该法可以克服接触浓度随时间、空间而变化,但设备复杂。

图 4.5 吸入法染毒设备

左图为全身暴露吸入实验设备;右图为口鼻暴露吸入实验设备

吸入法染毒所用成套商品设备结构复杂,价格高昂,但也可自行设计简易设备予以替代。图 4.6 是陈真等人自行设计的"自主吸入式纳米颗粒染毒箱"[27]。该染毒箱采用试验动物外置固定,动物身体与气流风路分离,有效地避免颗粒对动物皮肤的沾污,同时避免了暴露过程中动物排泄物对纳米颗粒的吸附。在应用自主吸入式纳米颗粒染毒箱对大鼠进行纳米 SiO_2 颗粒暴露的过程中,染毒箱中的气溶胶浓度的变化被实时检测,每次暴露持续 40 min。结果显示染毒箱中气溶胶浓度相对稳定,缓慢衰减(从 27.8 mg/m³ 到 21.5 mg/m³),平均浓度为 24.1 mg/m³(图 4.7)[28]。这些结果显示,该简易染毒箱基本能保证暴露过程中染毒箱内气溶胶浓度相对稳定。该装置操作方便,成本低廉,使用范围广。

黑腹果蝇(*Drosophila melanogast*)与人类在身体发育、神经退化、肿瘤形成等方面的机制,都有许多相通之处,是生物学研究中最重要的模式生物之一。果蝇体积小,饲养简单,生命周期很短(约为 14 天),繁殖能力强,便于设计与开展实验。

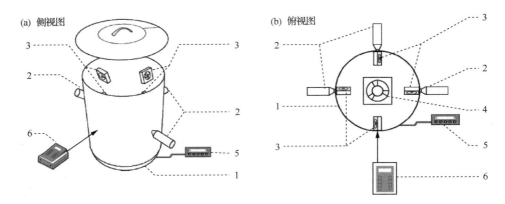

图 4.6　　自主吸入式纳米颗粒染毒箱的结构示意图[28]

(a) 侧视图；(b) 俯视图

1. 气流循环桶；2. 动物禁锢瓶；3. 侧壁驱动风扇；4. 底部驱动风扇；5. 多道风扇调速器；

6. 气溶胶浓度监测器。采用试验动物外置固定，动物身体与气流风路分离

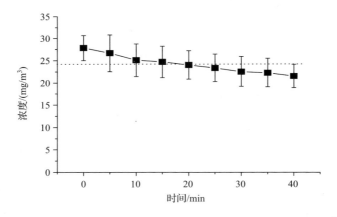

图 4.7　　自主吸入式纳米颗粒染毒箱中气溶胶浓度随时间变化曲线[28]

Posgai 等[29]即利用果蝇作为模式动物研究纳米颗粒的吸入毒性效应，并为此开发了一套简易的纳米颗粒气溶胶实验装置（图 4.8），用于果蝇的吸入染毒。但到目前为止，利用果蝇开展的纳米材料呼吸毒性研究还很有限。

　　静态吸入法和动态吸入法的优点是可以较为真实地模拟纳米颗粒的自然暴露方式，纳米颗粒可以随吸入的空气进入被试动物肺部较深的区域，且分布比较均匀。但是这两种方法的单次给药量都比较小，不利于产生明显的急性毒性指标变化。此外，纳米颗粒在动物的上呼吸道沉淀过多，不可避免地导致部分纳米颗粒经上呼吸道表皮吸收或由鼻腔进入口腔经消化道吸收，从而使得吸入的纳米颗粒经多重途径进入体内，增加了研究其效应来源及机制的难度。

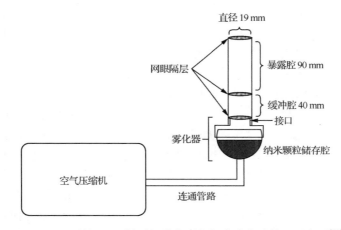

图 4.8　用于果蝇吸入暴露的纳米颗粒气溶胶实验装置示意图[27]

3）鼻腔滴入法（intranasal instillation）

麻醉被试验动物，将纳米颗粒的悬浮液滴入鼻腔。但因悬浮液易进入口腔，故实际给药剂量难以控制，并同样会因部分纳米颗粒在上呼吸道沉淀而使得问题复杂化。

4）气管滴入法（intratracheal instillation）

麻醉被试验动物，利用钝口针或软管插入气管，将纳米颗粒的悬浮液滴入气管；或者手术暴露气管，将纳米颗粒的悬浮液注入气管。该方法的优点是能精确控制进入气管的纳米颗粒的剂量，能避免纳米颗粒在上呼吸道的沉积，但过程相对复杂，对实验技术的要求较高，操作不当可能导致纳米颗粒被误灌入食道，或气管内的部分纳米颗粒悬浮液被呛回口、鼻腔，甚至导致试验动物死亡。

鼻腔滴入法和气管滴入法的优点是可以单次给予较大剂量的纳米材料，实验操作不需要复杂设备，因此被广泛应用于吸入性急性毒性试验。为了不对被试验动物的呼吸造成额外的伤害，分散纳米材料所用的液体介质体积不能太大，但这也可能导致纳米颗粒的悬浮液的浓度较高，在这种情况下纳米材料可能发生团聚甚至沉降。此外，纳米材料随液体介质进入肺部，其初始分布往往较为集中，不能直接进入肺部较深区域。因此，用鼻腔滴入法和气管滴入法得到的研究结果可能与自然暴露模式下纳米材料的呼吸毒性表现有所差异，在实验设计时即应考虑其局限性并在实验讨论中对其可能造成的偏差予以关注。例如，鼻腔滴入法和气管滴入法不适合用于研究自然暴露条件下纳米材料在呼吸道的沉积部位。

在试验动物选择上，常以大鼠与小鼠为主，也可用豚鼠和地鼠。其中，地鼠的颊囊（cheek pouch）宽大，其嘴可打开的角度较大，能直接看到会厌（epiglottis），便于气管插管，因此常用于以气管滴入法进行的呼吸道染毒试验。

　　静态吸入法和动态吸入法的给药剂量取决于空气中纳米材料气溶胶的浓度及试验动物的暴露时长。气溶胶浓度的设定可以参照经济合作与发展组织(OECD)试验指南 TG 433 急性吸入试验(固定剂量法)所采用 0.05 mg/L、0.5 mg/L、1 mg/L、5 mg/L 这样的梯度序列,也可根据预试验结果另选合适剂量范围。鼻腔滴入法和气管滴入法一般都需要液体介质分散纳米颗粒,分散介质的选择是试验设计时着重强调的。目前为止,生理盐水是最常用的分散介质,但是生理盐水进入呼吸道也可能会引起不良反应,比如轻度的急性炎症。有些时候,为了避免纳米材料的聚集还必须用到分散辅助试剂,而这些辅助试剂可能会干扰呼吸系统中的一些内源性表面活性剂的生理功能,甚至引发负面效应。因此,在试验设计时,一定要加入分散试剂的空白对照。分散介质的量一般以 1~2 mL/kg 体重为宜。

　　经呼吸道染毒急性毒性动物试验的研究内容主要包括两大方面:一是描述纳米材料进入呼吸系统后的代谢情况,包括纳米材料在肺部的沉积、留滞、清除及其在体内的转移,明确转移途径、锁定二级靶器官;二是确定纳米材料在体内代谢所引起的生理、病理效应,包括肺及二级靶器官的组织学、病理性变化,以及免疫系统反应。此外,因纳米材料独特性质引发的呼吸道染毒后的其他毒性反应,也是急性毒性试验应予以关注的。

　　炎症反应和肺组织的纤维化是纳米材料经呼吸道染毒后最主要的毒性表现。纳米材料作为外源性物质进入到肺组织后会被机体自身免疫系统所识别,随后在化学趋化作用的介导下,肺泡巨噬细胞将对这些纳米颗粒进行吞噬。在这一过程中,在纳米颗粒表面会产生大量活性氧自由基,致使巨噬细胞吞噬能力下降,甚至杀死巨噬细胞,进而导致肺组织的氧化性损伤和炎症反应。在炎症的长时间刺激下,会使肺泡组织纤维化,从而影响肺部气体交换的能力。

　　2000 年,Oberdörster 等[7]利用动态吸入法研究了吸入纳米尺寸的 TiO_2 颗粒对大鼠和小鼠的急性呼吸毒性,发现纳米 TiO_2 颗粒进入试验动物呼吸道后诱发了严重的肺部炎症,并且这种炎症反应随着颗粒粒径的减小而加剧。而 Shvedova 等[30]通过气管滴入法给试验小鼠咽部灌注 SWCNTs,结果表明 SWCNTs 可诱发肺部炎症和肉芽瘤,导致支气管上皮细胞产生氧化损伤,前炎症细胞因子过度释放和细胞凋亡。

　　美国宇航局太空和生命科学中心的 Lam 研究组将大鼠分别暴露于下述几种单壁碳纳米管(SWCNT):纯化的 SWCNT,未经纯化(含铁)的 SWCNT,碳黑,未经纯化(含镍)的 SWCNT 以及纳米石英颗粒,都明显地显示出肺部毒性效应[31]。支气管灌注含有 SWCNT 的溶液到老鼠的肺部,7 天和 90 天后病理组织学检测表明,所有颗粒都进到大鼠的肺泡中,甚至在 90 天之后肺间质中仍有存留的绝大多数颗粒。但在低浓度下,含有或不含金属的 SWCNT 都诱发肉芽肿(图 4.9)。Lam 研究组认为,这是一种围绕着纳米颗粒的坏死的和活的细胞组织联合体,显示有明显的毒性。

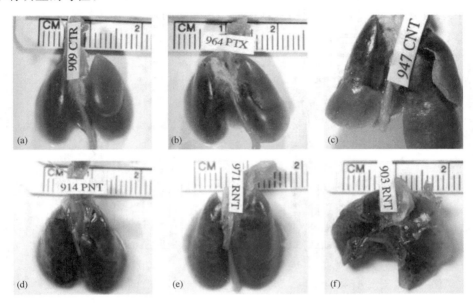

图 4.9　支气管灌注 0.5 mg 单壁碳纳米管颗粒,90 天后小鼠的肺部照片[29]
(a) 血清对照组;(b) 碳黑;(c) 碳纳米管(含镍)组;(d) 纯化的碳纳米管组;(e) 未经纯化的
碳纳米管(含铁)组;(f) 未经纯化的碳纳米管(含铁)组的背面图

　　Warheit 等[32]利用气管滴入法研究了 SWCNT 对大鼠的影响,也观察到了肺损伤和肉芽肿的形成,但是,SWCNT 暴露所导致的是多病灶肉芽肿,且没有进行性肺部炎症和细胞增生的表现,这种肉芽肿损伤更像免疫反应或是肺对外来物质的清除反应。Warheit 认为,这预示着 SWCNT 具有新的致肺损伤机制。

　　吸入纳米颗粒后的毒性反应并不局限在呼吸系统中。Takenaka 等[33]发现大鼠吸入低浓度的单质 Ag 纳米颗粒 6 h 后(>100 nm),血液中 Ag 的水平显著升高,也表明肺泡中的 Ag 颗粒进入了毛细血管。而且进一步的研究表明,进入血液循环的纳米颗粒能够转运至全身各器官,首先是肝脏,其次是脾脏,也可以分布到心脏、肾脏和免疫器官[34]。

　　气管滴入法能精确控制进入气管的纳米材料的剂量,有效避免其在上呼吸道的沉积,因此常被用于纳米材料肺部蓄积及肺外转运的定量研究。Zhu 等[35]将放射性标记的 22 nm $^{59}Fe_2O_3$ 颗粒悬浮液,通过气管滴入法对雄性 SD 大鼠进行呼吸暴露,研究了纳米 Fe_2O_3 颗粒在动物体内的代谢、分布及排泄(图 4.10)。结果表明:纳米 $^{59}Fe_2O_3$ 颗粒呼吸暴露后能迅速(<10 min)穿过肺泡-毛细血管屏障进入血液循环(图 4.11);颗粒代谢动力学符合单室模型;超长的血浆消除半衰期(22.8 天)和极低的肺清除率(3.06 μg/d)说明发生了全身蓄积和肺沉积;肺外转运的靶

器官依次为肝脏、脾脏、肾脏和睾丸；Fe_2O_3纳米颗粒主要通过粪便途径排出体外；肺外转运的^{59}Fe绝大多数是以纳米颗粒的形式存在的，只有极少量的离子形式。

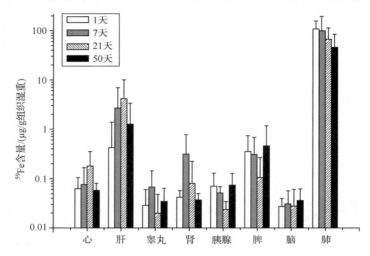

图 4.10　支气管滴注第 1，7，21，50 天的组织器官分布（mean±SD，$n=8$）[35]

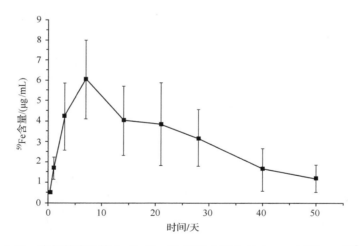

图 4.11　支气管滴注第 1，7，21，50 天的血液分布（mean±SD，$n=8$）[35]

　　纳米（22 nm）和亚微米（280 nm）尺寸的 Fe_2O_3 颗粒呼吸暴露后，都能引起急性肺损伤和氧化应激[36]。高剂量 Fe_2O_3 颗粒导致肺泡巨噬细胞的吞噬发生超载，引起肺部炎症反应，使肺泡灌洗液中炎性细胞和总蛋白增加；引起肺部持续性病理损伤，包括淋巴滤泡增生、肺毛细血管充血、肺泡脂蛋白沉积病、肺气肿和肺纤维化的前兆。纳米 Fe_2O_3 颗粒能更显著地增加肺上皮微血管通透性，引起凝血系统的功能紊乱。因而，相比亚微米等大尺度的颗粒物，小尺度颗粒的生物安全性更值得关注。

He 等[37]采用放射性示踪技术研究了纳米二氧化铈经气管滴注暴露后在肺部的沉积及其肺外转运(图 4.12)。暴露 28 天后,63.9%的纳米二氧化铈仍然停留在肺部,其清除半衰期长达 103 天。在暴露的前期,肺部沉积的颗粒主要通过黏液清除或经巨噬细胞吞噬后向上呼吸道清除。但在暴露的后期,细胞吞噬介导的纳米颗粒清除量只占到肺内颗粒日均清除量的 1/8～1/3,这一结果提示细胞吞噬介导的清除途径已不再是纳米二氧化铈暴露后期的主要清除方式。而血液及肺外组织中纳米二氧化铈含量结果显示,在暴露的后期,经血液循环进入次级靶器官的颗粒含量有明显的增加。可能的原因是:在暴露前期,纳米二氧化铈在呼吸道内体液中有明显的团聚现象,团聚体尺寸较大,易通过细胞吞噬介导的途径清除;随着时间的延长,体液中的蛋白被吸附到颗粒表面,使纳米二氧化铈的分散情况逐渐改善,团聚体粒径的减小有助于纳米颗粒逃避细胞吞噬,进入组织间隙,并最终进入血液向肺外次级靶器官转运。纳米二氧化铈颗粒进入血液循环,就可以在全身组织器官再分布。肝脏通过 Kupffer 细胞摄入纳米颗粒,是纳米二氧化铈的主要次级靶器官之一。网状内皮系统的另一器官——脾脏,也是纳米颗粒体内的主要分布器官[3]。

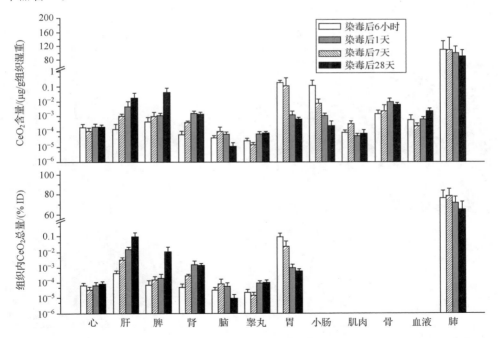

图 4.12　纳米二氧化铈经气管内滴注暴露后在各组织中的分布(mean±SD, $n=6$)[37]

利用鼻腔滴入法进行纳米材料的暴露,也可以使得在鼻腔嗅黏膜沉积的纳米材料经嗅神经通路进入中枢神经系统。Oberdörster 等[38]利用 ^{13}C 标记的纳米碳粉(MD＝36 nm；GSD＝1.66)研究了固体难溶性纳米颗粒的急性呼吸毒性：利用动态吸入法，使大鼠在纳米碳气溶胶(160 μg/m³)中暴露 6 h，肺中的[13]C 含量在染毒后 7 天内由 1.39 μg/g 降低到了 0.59 μg/g，他们发现，吸入的纳米颗粒不但能影响呼吸系统的功能，还能通过嗅神经进入脑区，从而影响中枢神经系统[39]。

　　汪冰[40]以鼻腔滴入法对雄性 CD-ICR 小鼠急性 Fe_2O_3 颗粒暴露，颗粒尺寸为 21.2 nm 和 280 nm，给药剂量为 800 μg(分散介质为 20 μL 0.1% CMC 生理盐水溶液)；对照组滴入相同体积的 0.1% CMC 的生理盐水溶液。滴入后 4 h、12 h、72 h、168 h (7 d)、336 h (14 d)和 720 h(30 d)时间点眼静脉丛取血，取脑、肝和肺等脏器组织，脑组织进一步分为嗅球、海马、皮层、小脑、脑干和中脑。用 ICP-MS 测量上述样品中 Fe 元素的含量，并在每个时间点各取两个脑组织样品进行病理切片观察。通过分析 Fe 在各脑区和组织脏器中的分布发现：嗅神经路径是吸入 21 nm-Fe_2O_3 颗粒转运进入中枢神经系统的主要途径。嗅球和海马是 21 nm-Fe_2O_3 颗粒在脑中的富集区域，引起海马 CA3 区神经细胞出现可修复的空泡变性(图 4.13)，而线粒体是对纳米 Fe_2O_3 颗粒较为敏感的细胞器。21 nm 和 280 nm-Fe_2O_3 颗粒在脑中的转运、富集和产生的生物效应具有尺寸依赖性，尺寸越小，进脑的量越多，越容易进入较深的脑区，产生的损伤越严重。这些结果均表明中枢神经系统是超细颗粒物吸入暴露一个关键的靶器官。由于脑组织具有高的能量需

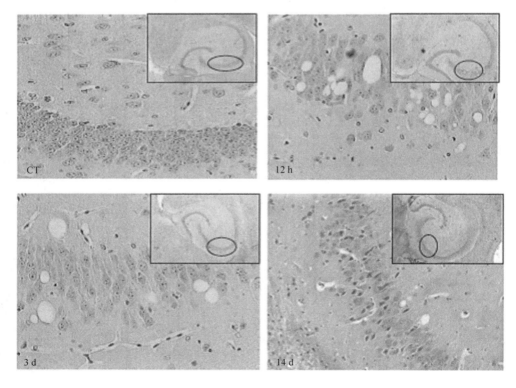

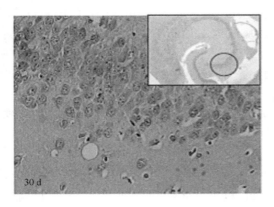

图 4.13 经鼻滴入 21 nm Fe_2O_3 颗粒小鼠海马病理损伤随时间的变化[40]

求、较低水平的自由基拾取剂、较高水平的脂质和蛋白的含量,所以容易受氧化应激的攻击。

4.1.2 经口染毒

纳米颗粒可通过多种摄取方式进入胃肠道,如呼吸道上皮的纤毛运动能把吸入的纳米颗粒导入胃肠道,纳米颗粒通过食物、水、化妆品、药物、药物载体等能直接进入消化道[41-43]。不同尺寸的颗粒进入胃肠道后能引起不同的毒性反应[44,45]。

目前对纳米材料经口暴露的研究主要集中在口服纳米药物载体对药物载运、靶向及缓释的调控上,对非药用纳米材料的胃肠道摄取及沉积的研究相对较少。虽然明确标注含纳米颗粒的食品、饮料、化妆品非常少,但实际上,不少食品添加剂中都可能含有纳米材料。Chen 等[46]对市面上销售的几种口香糖进行了研究:所涉及的 6 种口香糖均含有纳米二氧化钛颗粒,其含量约为 2 mg/g,但上述商品均未标注内含纳米二氧化钛的信息。所以,对纳米材料经口暴露可能导致的负面效应不可掉以轻心。

复杂的消化道内生物环境给经口染毒的纳米毒理学研究带来了巨大的难度。根据消化道内各阶段化学环境的变化,纳米物质在其中的代谢行为和生物效应存在较大差异。由于胃液酸性较强($pH < 2$),对酸敏感的纳米颗粒将在胃酸中首先发生反应,例如金属纳米颗粒。在这种情况下,发挥毒作用的未必是纳米颗粒本身,而是其在体内的次级代谢产物。相同化学成分的受试材料可能因尺寸不同而存在较大的毒性差异。

对酸稳定的颗粒则将随着胃的排空进入小肠部分。解剖学意义上的小肠依次分为十二指肠、空肠、回肠,其中的化学环境也各不相同。十二指肠中化学环境最为复杂,存在大量胰液、胆汁、多种活性酶,对食物中的蛋白质和脂肪进行充分的降解和消化。有关纳米颗粒在这一环节中的生物效应的报道还十分有限。经消化降解的食物随着肠蠕动进入空肠和回肠,这里有丰富的小肠绒毛,会对进入其中的物质进行选择性吸收,如氨基酸、肽、脂类等。这里巨大的吸收表面也为纳米颗粒的相互作用提供了空间,其吸收行为受其尺寸、表面性质和表面所带电荷种类的影响。能被小肠吸收的纳米颗粒进入血液循环或淋巴系统,不能被吸收的则进入大肠,随粪便被排泄。

多数的研究结果均显示纳米颗粒通过消化道后基本被迅速清除,其吸收行为受到颗粒表面化学性质和颗粒大小等因素的影响。部分纳米颗粒在体内有自由穿梭的能力,其吸收过程可以发生在消化道的各个部位。

急性经口毒性试验的资料主要用于对化学物的毒性分级和标识的需要,对健康和环境的危险度评价,也作为重复给药(亚急性、亚慢性)毒性试验、体内致突变试验、致畸试验和繁殖试验等剂量设计的参考。

试验前试验动物应禁食(一般 16 h 左右),不限制饮水。若采用代谢率高的其他动物,禁食时间可以适当缩短。在进行动物试验时,主要有两种经口染毒方式可供选择:

1) 灌胃

人工给试验动物灌入受试纳米材料,是经常使用的经口染毒的方法。受试样品应首先分散或悬浮,建议首选水或食用植物油(如玉米油)作悬浮剂,也可考虑使用其他赋形剂(如羧甲基纤维素、明胶、淀粉等)等配成悬混液;不能配制成悬混液时,可配制成其他形式(如糊状物等),但不能采用具有明显毒性的有机化学溶剂。

灌胃体积依所用试验动物而定,小鼠一次灌胃体积在 0.1~0.5 mL/kg 体重,大鼠在 1.0 mL/100 g 体重之内,家兔在 5 mL/kg 体重之内,狗不超过 50 mL/10 kg 体重。

采用此法时,受试物直接灌入胃内,而不与口腔及食道接触,给出的染毒剂量准确。灌胃染毒时易损伤食道和误入气管,较费时。另外,纳米材料在液体介质中易发生团聚,因此选用不同的分散介质可能改变材料的纳米性质。

2) 喂饲

喂饲方法染毒是将受试纳米材料悬浮于无害的溶液中,拌入饲料或饮水,动物在进食的同时摄入受试物,按每日食入的饲料与水的量可推算动物实际摄入的剂量。

喂饲法的优点是接触受试物的方式符合人类接触污染食物与水的方式,方法简便、易操作。但是由于动物(尤其是啮齿类动物)进食时饲料损失很多,给出的染毒剂量就不太准确,就需用较多的动物数量进行毒理学试验。有的化学物有异味,动物可能拒食,有的化学物在室温下会挥发,则剂量不准确,有的在饲料中和水中发生水解,毒性发生变化。可把它装入胶囊,放到试验动物的咽部,迫使动物咽下。该法给出的染毒剂量较准确。兔、猫及狗等较大动物均可用此法。

目前国内外公认的试验方案包括"固定剂量法"(OECD,TG 420),"急性毒性分级试验法"(OECD,TG 423),"上下法"(OECD,TG 425)。

固定剂量法：不以死亡作为观察终点,而是以明显的毒性体征作为终点进行评价。试验选择 5 mg/kg、50 mg/kg、500 mg/kg 和 2000 mg/kg 四个固定剂量,特殊情况下可增加 5000 mg/kg 剂量,分预试验和正式试验。预试验采用单性别 1 只动物循序进行,接受试验的前后 2 只动物间隔至少 24 h。如 1 个剂量无中毒表现,其上一个剂量动物死亡,则需在其间插入剂量。正式试验根据预试的结果,选择一个可能产生明显毒性但又不引起死亡的剂量进行试验,动物给予受试物后至少应观察 2 周,根据毒性反应的具体特点可适当延长。给药后,一般连续观察至少 14 天,观察的指标包括一般指标(如动物外观、行为、对刺激的反应、分泌物、排泄物等)、动物死亡情况(死亡时间、濒死前反应等)、动物体重变化等。记录所有的死亡情况、出现的症状,以及症状起始的时间、严重程度、持续时间等；所有的试验动物均应进行大体解剖,包括试验过程中因濒死而处死的动物、死亡的动物以及试验结束时仍存活的动物,任何组织器官出现体积、颜色、质地等改变时,均应记录并进行组织病理学检查。

急性毒性分级试验法：依照固定的判别表格,每次选用设定剂量(5 mg/kg、50 mg/kg、300 mg/kg、2000 mg/kg)之一,单性别 3 只动物进行试验,确定动物的生死后再进行下一步试验。有 3 种可能的结局：①不需进一步试验即可分级；②下一步试验降低一档剂量进行；③下一步试验以相同剂量再做 3 只动物,根据后者来决定是终止,升高一档,还是降低一档剂量。其特例,从 2000 mg/kg 开始,3 只动物死亡 1 只或无死亡,再做 3 只动物,这时实际上成为限量试验。根据在某一染毒剂量下,死亡发生的数量来判定大致的 LD_{50} 值范围,直接进行危害评估和毒性分级。按全球统一毒性分级系统(Globally Harmonised Classification System,GHS),1 类：>0.5~5 mg/kg；2 类：>5~50 mg/kg；3 类：>50~300 mg/kg；4 类：>300~2000 mg/kg；5 类：>2000~5000 mg/kg；>5000 mg/kg 归为毒性未分类。为了适合不同国家和不同管理机构,本法也给出了 LD_{50} 的估计值。

上下法：由限度试验和主试验组成。限度试验分为 2000 mg/kg 剂量水平和 5000 mg/kg 剂量水平,用于受试物毒性可能较小的情况。两种剂量的限度试验具体步骤有细微差别,但最多仅用 5 只动物。主试验是一个预先设计的给药程序,在此程序中,每次给药 1 只动物,若该动物存活,第 2 只动物给予高一级剂量,若第 1 只动物死亡或出现濒死状态,第 2 只动物给予低一级剂量。在对每只给药动物仔细观察 48 h 后,可以决定是否对下 1 只动物给药,以及给药剂量。当出现在最高剂量下有连续 3 只动物存活,或在 6 只动物中有 5 只连续发生在高一级剂量死亡、在低一级剂量生存的生死转换等情况时,可以停止试验。根据终止时所有动物的状态,用最大可能性法计算 LD_{50} 值。

Jani 等[47]给大鼠口服聚苯乙烯颗粒,发现胃肠黏膜对聚苯乙烯颗粒的吸收取决于颗粒的大小(50～3000 nm)。其中 50 nm、100 nm 和 1 μm 颗粒的吸收率依次为 6.6%、5.8%和 0.8%,而尺寸大于 3 μm 的颗粒不被吸收。纳米颗粒的胃肠道吸收主要是通过淋巴结转运进入肠系膜淋巴。纳米颗粒进入淋巴,就可能引起机体的免疫应答,循环系统中的纳米颗粒还能再分布于全身组织(如肝、脾、血液、骨髓和肾脏),在多组织脏器产生未知的生物效应。

Yamago 等[48]用放射性示踪的方法研究大鼠口服表面功能化修饰 PEG 和白蛋白的富勒烯衍生物的代谢行为,发现 48 h 内 98%从大便排出,其余从尿清除,这表明富勒烯进入了血液循环。而静脉注射放射性标记的富勒烯,一周后 90%仍保留在体内,大部分在肝脏中(73%～80%)。

He 等[37]利用放射性示踪技术,定量研究了粒径 6.6 nm 的二氧化铈颗粒经口染毒后的代谢行为。结果表明纳米二氧化铈在消化道内的吸收十分有限。暴露后24 h,超过 90%的纳米二氧化铈经粪便清除;暴露后 48 h,超过 99%的纳米二氧化铈已被排出体外(图 4.14)。考虑到呼吸暴露模式下,肺部沉积纳米颗粒可以经吞噬细胞介导的清除机制向上呼吸道清除,经咽部进入消化道。所以,对纳米颗粒经口染毒后代谢行为的定量研究同时还有助于判断吸入纳米颗粒从肺部的清除与转运途径。该研究提示,因消化道对纳米二氧化铈的吸收十分有限,每天粪便中收集

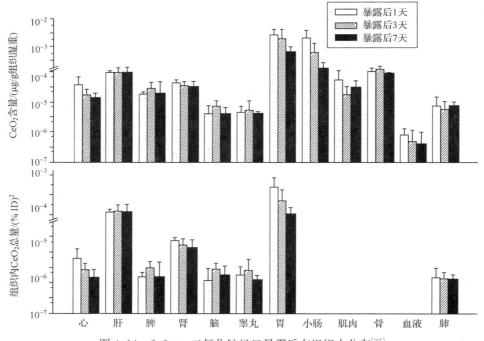

图 4.14　6.6 nm 二氧化铈经口暴露后在组织中分布[37]

到的纳米二氧化铈的含量可以大致反映肺部沉积纳米二氧化铈经吞噬细胞介导的清除机制进入消化道的量;同时提示,进入消化道而被吸收的纳米二氧化铈对肺部沉积纳米二氧化铈的肺外转运几乎没有贡献,肺外次级靶器官中纳米二氧化铈含量的升高主要源自肺部沉积纳米二氧化铈穿过肺泡-毛细血管屏障后进入血液循环。

王江雪[49]采用 OECD-420 方案的最大固定剂量法(剂量 5.0 g/kg bw)研究了 25 nm、80 nm 和 155 nm 的 TiO_2 颗粒对试验小鼠的急性经口毒性。结果表明在 2 周内不同粒径的 TiO_2 没有明显的急性生物毒性。采用 ICP-MS 分析发现被机体吸收的 TiO_2 颗粒主要聚集在小鼠的肝、肾、脾和肺中(图 4.15),在血液中的含量很低,即 TiO_2 经肠胃吸收进入体内后可以经血液循环进入机体的多数组织和器官,并且导致肝脏和肾脏损伤,说明进入体内的 TiO_2 可以经肾脏排出体外。经口染毒的 80 nm 和 155 nm 的 TiO_2 对小鼠的心肌也有一定的损伤(LDH 和 α-HBDH 活性升高),而对其他脏器没有明显影响。

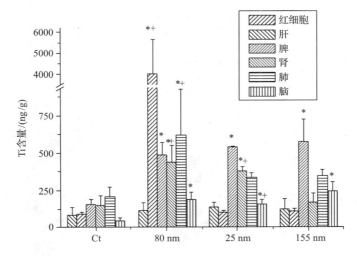

图 4.15　一次经口暴露 2 周后钛在主要脏器中的含量

Yang 等[50]对 ICR 雄性小鼠进行了 50 mg/kg 和 500 mg/kg 体重的纳米氧化铝颗粒经口染毒,结果发现,纳米氧化铝颗粒在消化道中几乎没有吸收,也不会改变体内 Fe、Cu、Zn 等微量元素的平衡;血液生化指标显示,纳米氧化铝颗粒经口暴露后的毒性很小。

陈真[27]考察了纳米铜(23.5 nm)、微米铜(17 μm)经口染毒对 ICR 小鼠的急性毒性,发现相同剂量下,23.5 nm 的铜比 17 μm 的铜毒性更大,小鼠的经口摄入纳米铜(23.5 nm)的 LD_{50} 为 413 mg/kg,肾、肝和脾是其主要毒作用靶器官(图 4.16、图 4.17 和图 4.18),随后的血清生化指标(BUN,Cr,TBA 和 ALP)也证实了口服纳米铜颗粒引起了肝、肾的功能性损伤。纳米铜还引起小鼠肝、肾、脾一系列病理学改变(如肾小球肿胀、肾球囊缩小、肾小管上皮细胞变性和不可逆坏死、肾小管上皮细胞核消失、肾小管内蛋白性液体出现、中央静脉周围肝组织脂肪变性等);而微米铜(17 μm)的相应的 LD_{50}＞5000 mg/kg,属于无毒物质,首次揭示了金属铜纳米颗粒急性口服毒性的尺寸依存性。纳米铜具有超高的化学反应活性,与胃酸中的 H^+ 作用并迅速离子化,一方面产生大量难以被代谢的铜离子引起铜离子中毒,另一方面胃酸中 H^+ 大量消耗进一步诱发了严重的代谢性碱中毒效应。

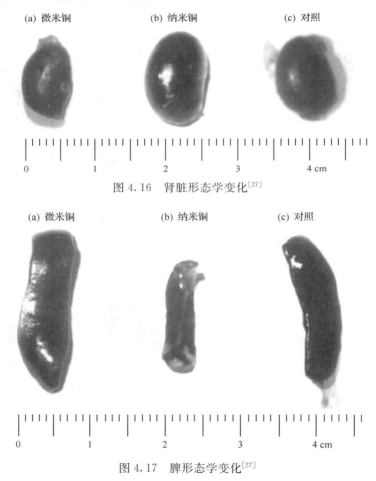

(a) 微米铜   (b) 纳米铜   (c) 对照

图 4.16　肾脏形态学变化[27]

(a) 微米铜   (b) 纳米铜   (c) 对照

图 4.17　脾形态学变化[27]

汪冰[40]比较了 58 nm-Zn 和 1 μm-Zn 颗粒的生物毒性,发现 58 nm-Zn 和 1 μm-Zn 颗粒的半致死剂量都大于 5 g/kg,按照化学品全球统一分类标准(GHS),二者均属于无毒级别。进一步的研究表明,急性口服暴露 58 nm-Zn 和 1 μm-Zn 颗粒对组织脏器、血液系统、血清生化系统均有潜在的毒性作用。心肌、肝脏和肾脏

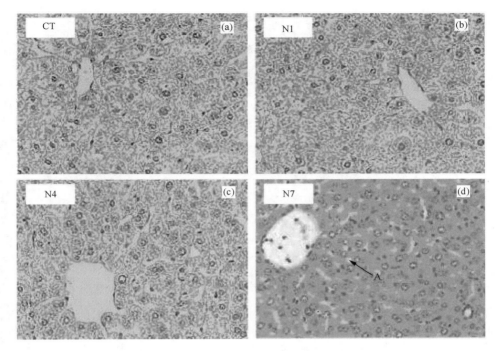

图 4.18　纳米铜经口急性暴露后肝病理变化照片(200 倍放大)

(a) 对照;(b) 低剂量 N1 组;(c) 中剂量 N4;(d) 高剂量 N7。A:脂肪变性

是 58 nm-Zn 和 1 μm-Zn 颗粒急性口服毒性的靶器官(图 4.19)。1 μm-Zn 组血清生化指标水平的变化较 58 nm 组更为显著,然而二者对各脏器的损伤无明显的尺寸效应关系。值得注意的是,与 1 μm-Zn 不同,58 nm-Zn 颗粒可以在血清生化指标无显著性变化的情况下,却对组织造成器质性的损伤。这揭示,纳米 Zn 颗粒可能存在新的脏器损伤机制。

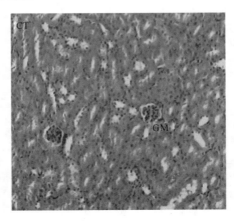

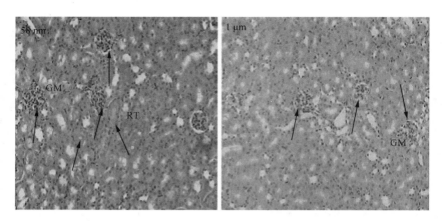

图 4.19　58 nm-Zn 和 1 μm-Zn 颗粒的急性经口暴露对小鼠肾组织的损伤
GM:肾小球;RT:肾小管;58 nm:箭头指肾小球肿胀,肾小管内有蛋白性液体;
1 μm:箭头指肾小球肿胀;放大倍数:100×

汪冰等[40]还发现,20 nm-ZnO 和 120 nm-ZnO 颗粒的半致死剂量分别为 $LD_{50}>$ 5 g/kg 和 2 g/kg< LD_{50} <5 g/kg。按照 GHS 分类标准,二者的急性口服毒性均属无毒级别。通过血清生化、血液系统和组织病理的研究,发现肝、心肌、脾、胰腺、骨骼是急性口服暴露 20 nm-ZnO 和 120 nm-ZnO 颗粒的靶器官(表 4.2)。而且 120 nm-ZnO 组小鼠的胃、肝、心肌、脾和胰腺的组织病理损伤呈现正的剂量-效应

表 4.2　20 nm-ZnO 和 120 nm-ZnO 颗粒的急性经口暴露对小鼠各组织脏器损伤[40]

组	胃[a]	肝[b]	胰腺[c]	肾[d]	脾[e]	心肌[f]
N1	＋	＋＋	＋	－	＋	＋＋
N2	＋	＋＋	＋	－	－	－
N3	＋	＋＋	＋	－	－	－
N4	＋	＋	－	－	－	－
N5	＋＋	＋	－	±	－	－
SM1	－	＋	－	－	＋	－
SM2	－	＋＋	－	－	＋	＋
SM3	＋＋	＋＋	－	－	＋	＋＋
SM4	＋＋	＋＋	－	－	＋＋	＋＋
SM5	＋＋	＋＋	＋	±	＋＋	＋＋
CT	－	－	－	－	－	－

a. 胃固有层、黏膜层和黏膜下层有炎症;b. 肝中央静脉或汇管区肝细胞水肿变性;c. 胰腺间质有炎细胞;d. 肾小管内有蛋白性液体;e. 脾小体肿大;f. 心肌细胞脂肪变性
　　—:无病理损伤;±:轻微的病理损伤;＋:略微严重的病理损伤;＋＋:较为严重的病理损伤

关系,而 20 nm-ZnO 组除了胃以外,这些组织的损伤均呈现负的剂量-效应关系。在相同剂量条件下,120 nm-ZnO 组的血清生化指标水平的变化普遍较纳米 20 nm 组显著;然而,在低剂量范围内(1～3 g/kg)20 nm-ZnO 组的血液学指标水平的变化却更为明显,但在高剂量条件下(4～5 g/kg),却刚好相反。

从已有的实验结果来看,在消化道内能稳定存在的纳米材料,如纳米二氧化钛、纳米二氧化铈和纳米氧化铝,经口摄入后的代谢较迅速,毒性较小,表现为"惰性";而纳米铜颗粒则毒性较大:由于材料的纳米特性赋予了铜颗粒表面超高的反应活性,因此在消化道内离子化,引起急性铜中毒效应。纳米氧化锌可以在胃酸环境中迅速溶解,因此纳米氧化锌的经口暴露也会导致急性毒性。

4.1.3　经皮肤染毒

化学物质可以通过皮肤表面积较大比例的表皮吸收,而经皮肤上毛囊、汗腺、皮脂腺吸收的量可忽略不计。化学物质经皮吸收必须通过多层细胞才能进入真皮小血管和毛细淋巴管,其中限速屏障是表皮的角质层。所以,研究外来化合物经皮肤吸收是针对角质完整的皮肤而言。

经皮吸收的可分两个阶段:

第一阶段是外源化学物扩散通过角质层,为穿透阶段。第二个阶段包括扩散通过表皮较深层(颗粒层、有棘层和基底层)及真皮,然后通过真皮内静脉和毛细淋巴管进入体循环。

经皮肤吸收主要机理是简单扩散,扩散速度与很多因素有关。在穿透阶段主要有关因素是外来化合物分子量的大小、角质层厚度和外来化合物的脂溶性。脂溶性的非极性化合物通过表皮的速度与脂溶性高低,即脂/水分配系数的大小成正比,脂溶性高者穿透速度快,但与分子量成反比。在吸收阶段,外来化合物必须具有一定的水溶性才易被吸收,因为血浆是一种水溶液。目前认为脂/水分配系数接近于 1,即同时具有一定的脂溶性和水溶性的化合物易被吸收进入血液。此外,气温、湿度及皮肤损伤也可影响皮肤的吸收。

(1) 一般来说,脂水分配系数高的外源化学物质易经皮肤吸收;

(2) 分子量大于 300 的物质不易通过无损的皮肤;

(3) 表皮损伤时促进外源化学物的吸收;

(4) 皮肤潮湿时,角质层可使其结合水增加 3～5 倍,可导致通透性增加 2～3 倍。

生产纳米材料的工作人员,在加工纳米材料的过程中,可能会通过皮肤接触这些材料,另外消费者在购买和使用含有纳米材料的商品(如化妆品和织物)时也会接触到这些材料。超细 TiO_2 颗粒具有高折光性和高光活性,能够屏蔽皮肤对紫外线的吸收,加之可以随意着色,价格便宜,已经有部分商品化的化妆品中添加了纳

米尺寸的 TiO_2 和 ZnO 颗粒。因此皮肤摄入是纳米材料进入人体的另一个重要的暴露途径。对于粒径很小的纳米颗粒,采用一定的处理方式增加它们的脂/水分配系数后,也完全有可能通过简单的扩散或渗透形式通过皮肤进入体内。而纳米材料急性经皮毒性试验的目的是考察试验动物短时间(24 h 内)经皮肤接触受试纳米材料样品后,在短期内出现的健康损害效应,从而为纳米材料毒性分级以及确定亚慢性毒性试验和其他毒理学试验剂量提供依据。

急性经皮毒性试验研究方法规范性引用文件主要有:OECD Guidelines for Testing of Chemicals(No. 402)和 USEPA OPPTS Harmonized Test Guidelines (Series 870. 1200)。

受试纳米材料可用适量水或无毒、无刺激性、不影响受试物穿透皮肤、不与受试材料反应的介质混匀,以保证纳米材料与皮肤有良好的接触。常用的介质有橄榄油、羊毛脂、凡士林等。

试验动物:较理想的是家兔和豚鼠,但由于价格太贵,常用大鼠代替。裸鼠因有大面积裸露表皮,故也是常见急性经皮毒性试验对象。使用雌性动物应是未孕和未曾产仔的。建议试验动物体重范围为:大鼠 200~300 g;家兔 2~3 kg;豚鼠 350~450 g。试验动物皮肤应健康无破损。试验前动物要在试验动物房环境中至少适应 3~5 d 时间。试验动物及试验动物房应符合国家相应规定。选用常规饲料,饮水不限制。

试验一般分为两步:①定性试验:即所说的浸尾试验,鼠尾浸入 3/4。然后持续两个小时观察动物有无中毒症状及程度。再反复清洗尾部,继续观察。②定量试验:试验开始前 24 h,剪去或剃除动物躯干背部拟染毒区域的被毛,去毛时应非常小心,不要损伤皮肤以免影响皮肤的通透性。脱毛区小于动物体表面积的 $10\%\sim15\%$。应根据动物体重确定涂皮面积。体重为 200~300 g 的大鼠约为 30~40 cm^2,体重为 2~3 kg 的家兔约为 160~210 cm^2,体重为 350~450 g 的豚鼠约为 46~54 cm^2。将受试纳米材料均匀涂敷于动物背部皮肤染毒区,然后用一层油纸或塑料薄膜覆盖,无刺激胶布固定,防止动物舔食。若受试物毒性较高,可减少涂敷面积,但涂敷仍需尽可能薄而均匀。于 12~24 h 后解开敷料,用温水清洗皮肤,观察皮肤反应。损伤程度可按表 4.3 所列标准评分。

观察期限一般不超过 14 天,但要视动物中毒反应的严重程度、症状出现快慢和恢复期长短而定。若有延迟死亡迹象,可考虑延长观察时间。对每只动物都应有单独全面的记录,染毒第 1 天要定时观察试验动物的中毒表现和死亡情况,其后至少每天进行一次仔细的检查。包括被毛和皮肤、眼睛和黏膜以及呼吸、循环、自主神经和中枢神经系统、肢体运动和行为活动等的改变。特别注意观察动物是否出现震颤、抽搐、流涎、腹泻、嗜睡和昏迷等症状。死亡时间的记录应尽可能准确。观察期内存活动物每周称重、观察期结束存活动物应称重,处死后进行尸检。对试验动物进行大体解剖学检查,并记录全部大体病理改变。对死亡和存活 24 h 和 24 h 以上动物并存在大体病理改变的器官应进行病理组织学检查。测定 LD_{50}。

表 4.3　皮肤反应评价标准

观察项目	评分
红斑与焦痂形成	
无红斑	0
很轻微红斑	1
易于察觉的红斑	2
中度至严重红斑	3
严重红斑至轻度焦痂形成	4
水肿形成	
无水肿	0
很轻微水肿	1
轻度水肿(边缘腾起)	2
中度水肿(隆起约 1 mm)	3
重度水肿(隆起大于 1 mm 并超过涂抹区范围)	4

引自:国家环境保护局. 化学药测试准则. 北京:化学工业出版社,1990:428

外源性化学物可能在与皮肤的直接接触过程中引起局部的毒效应,或通过皮肤吸收而引起全身性的毒效应,主要有:

(1) 皮肤原发性刺激:指接触某种化学物质后产生的局部可逆性的炎症,主要表现为水肿和红斑。其发病部位仅限于直接接触化学物的局部。

(2) 皮肤变态反应:是皮肤对化学物质产生的免疫源性反应,动物的主要表现为皮肤红斑和水肿。这种反应在与外源性化学物质初次接触后,经过一定的潜伏期才出现,可发生于最初接触部位以外的皮肤。

(3) 光刺激反应和光变态反应:某些化学物质单独与皮肤接触时对皮肤局部无作用,但经特定波长的光照后,可引起明显的有害反应。

(4) 皮肤癌。

超细 TiO_2 颗粒能有效地屏蔽紫外线,已经有部分商品化的化妆品中添加了纳米尺寸的 TiO_2 颗粒,人表皮的角质层是纳米颗粒经皮肤进入体内的第一道屏障,已有研究表明防晒霜中的纳米 ZnO 和 TiO_2 颗粒能够渗透兔皮的角质层[51]。Menzel 等[52]使用与人体皮肤极为相似的猪背部皮肤研究了 TiO_2 纳米颗粒的皮肤渗透性。采用质子激发 X 射线荧光分析技术(PIXE)、卢瑟福背散射(RBS)技术观察了纳米 TiO_2 在皮肤中的分布情况,发现涂抹 8 h 后,$45\sim150$ nm 长、$17\sim35$ nm 宽的纳米 TiO_2 可以通过皮肤的角质层进入到表皮下的颗粒层,并且通过扫描透射离子显微镜(STIM)和二次电子成像(SEI)技术观察到 TiO$_2$ 纳米颗粒是通过皮肤细胞间的空隙进入的而非毛囊孔。

但总的来说,目前化妆品中常见的纳米 ZnO 和 TiO$_2$ 颗粒大多被角质层所阻挡,不能进入表皮较深层[53-55]。仅有少量文献认为纳米颗粒穿过角质层进入皮肤的更深层。例如,Menzel 等[52]发现 TiO$_2$ 纳米颗粒(长径 45～150 nm,短径 17～35 nm)可以进入颗粒层,但不能进入有棘层;Wu 等[56]发现粒径 4 nm 的 TiO$_2$ 纳米颗粒在反复经皮染毒条件下可以进入颗粒层,有棘层和基底层,但不能进入真皮层,而粒径较大的 TiO$_2$ 纳米颗粒(约 60 nm)则不能穿过角质层;Sadrieh 等[57]则发现反复给药后真皮层中 Ti 含量略有升高,但未发现 TiO$_2$ 纳米颗粒向体内其他位置的转移。由于完整表皮对纳米颗粒的有效阻挡,纳米颗粒经皮暴露产生的毒性效应往往不明显[58]。

但也有一部分研究表明,当表皮的完整性因紫外线长时间照射或疾病原因而被破坏时,纳米颗粒的经皮渗透可能会变得相对容易。Mortensen 等[59]的工作显示,纳米量子点能够渗透进入皮肤,而在紫外线的照射下,这种渗透能力得到了加强(图 4.20)。量子点的暴露剂量约为 3 pmol/cm^2,暴露时间为 8 h 和 24 h,暴露条件为 UVR 照射(UV)和无照射(Ctrl)。Larese 等[60]也发现纳米银颗粒在受损皮肤中的渗透比在正常皮肤中的渗透更容易。

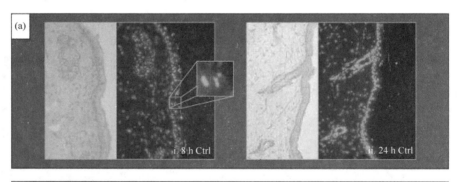

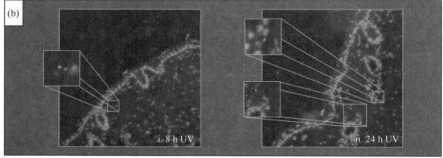

图 4.20　小鼠皮肤切片的激光共聚焦照片

虽然皮肤对大多数纳米颗粒的阻挡效果十分明显,但由于药物经皮渗入被认为是一种安全便捷的局部给药途径,仍有不少研究致力于提高纳米颗粒渗透皮肤的效率。上述研究主要集中于:①对纳米颗粒进行表面修饰,以提高纳米颗粒的渗透能力;②采取辅助手段,提高皮肤对纳米颗粒的通透性。例如,表面经低分子量鱼精蛋白多肽片段(LMWP)修饰的纳米颗粒有较好的透皮给药能力,而 LMWP 与促渗透化学品协同作用,可以进一步提高纳米颗粒的透皮效率[61];点阵激光切削与局部超声可以提高纳米金颗粒的透皮给药效率[62];微针透皮给药技术可以显著增加聚乳酸-羟基乙酸共聚物纳米颗粒的透皮能力[63]。以上这些设想,可能大大地增加纳米颗粒在表皮、真皮层的蓄积,导致纳米颗粒经皮进入体内,相关毒性效应需要今后进一步地研究。

4.1.4　经注射染毒

虽然注射不是环境纳米材料进入人体的自然暴露途径,但这种方式可一次性将大剂量纳米材料注入试验动物体内以获得明显的急性毒性效应,有利于确定其体内转移途径、靶器官、代谢动力学参数、作用方式等毒理学信息,因此也常出现在急性动物试验中。此外,医用纳米材料的开发与应用研究是纳米科技领域内一个非常活跃的分支。优异的光、热、磁、力学特性,药物载带、靶向、控释功能,以及丰富的表面修饰手段,使得纳米材料在医学领域有着十分广阔的应用前景,这也使得医用注射成为纳米材料暴露的一个重要途径。因此,有必要开展注射染毒条件下的纳米材料急性毒性效应研究。

注射染毒按照给药的部位可分为静脉注射、腹腔注射、皮下注射、肌肉注射、动脉插管灌注等。试验动物往往选择大、小鼠与兔,以大、小鼠为常见,因为它们的解剖和组织学特点、生理反应、代谢状况以及对许多药物的反应均类似于人,另外它们价格便宜,易于管理和控制。由于纳米材料的尺寸、形貌、表面电荷、表面化学性质、团聚程度等因素都可以影响纳米材料在体内的分布与代谢行为[64],需要在试验中予以重点考察。

北京大学的刘元方院士课题组[65]利用同位素示踪技术,以注射染毒和经口染毒的方式对经多羟基水溶化修饰的单壁碳纳米管衍生物(SWNTols)进行了代谢动力学研究(图 4.21)。他们发现由 50000 个碳原子组成的具有 25000 个六元环结构的碳纳米管(300 nm×1.4 nm)可以像小分子一样在体内自由穿梭。在研究中,对实验小鼠分别采用静脉注射、腹腔注射、皮下注射和灌胃四种途径给予相同剂量的 SWNTols,发现无论采用何种给药途径,SWNTols 都能在给药后 3 h 以内富集到骨、肾、胃。另外值得注意的是,这种分子量大于 60 万 Da 的纳米物质,其排泄行为居然与水溶性小分子相似,在给药后 11 天内,从排泄物中收集到了 80% 剂量的 SWNTols,其中 96% 是由尿液排泄的。他们进一步推测一维的纳米空间结构和多羟基的表面可能是造就 SWNTols 具有如此生物相容性及代谢行为的原因所在。

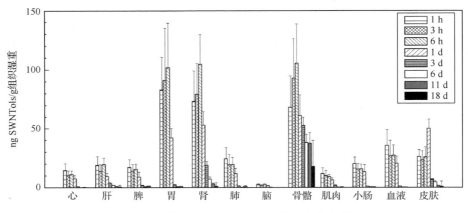

图 4.21　^{125}I-SWNTols 在小鼠体内的分布[65]

斯坦福大学的 Liu 等[66]利用水溶性 SWNTs 在体内自由穿梭的能力,进行了一系列后续的研究,并取得了突破性的进展。他们首先用 PEG 多聚体缠绕在 SWNT 表面,并在 PEG 长链的一段接上 RGD 肽段(精氨酸-甘氨酸-天冬氨酸酯),另一端标记上放射性同位素^{64}Cu。所得到的这一纳米器件具有很好的肿瘤靶向性,能特异性识别体内肿瘤细胞,且无毒副作用。首先亲水性 PEG 链的缠绕提高了 SWNT 在水中的溶解度;其次 RGD 肽段能高选择性地吸附在肿瘤新生血管处,并且抑制肿瘤生长;另外放射性^{64}Cu 能释放出 γ 射线和 β$^+$ 粒子,可以用于体外 PET 成像。

孙岚等[67]取昆明种小鼠经一次腹腔或尾静脉注射纳米活性炭,多次不同时间点解剖小鼠,观察纳米活性炭的去向及在腹腔的存留情况,发现经腹腔注射的纳米活性炭在腹腔内有随时间减少的倾向;经静脉注射的纳米活性炭随血液可以分布到全身各个脏器。纳米活性炭在体内有明显的淋巴靶向性,肾脏及肠管可能对纳米活性炭有排泄作用,机体有能力排泄这种外源物质。

Kim 等[68]发现对小鼠和猪皮下注射近红外的量子点溶液后,这些荧光纳米颗粒向淋巴结转运。在真皮层中的纳米颗粒还可能作为抗原被免疫系统识别,引起免疫反应[69]。Chen 等[70]给小鼠皮下注射表面被连接上白蛋白和甲状腺球蛋白的 C$_{60}$时,能被免疫系统所识别引起了过敏反应。

Khandoga 等[71]对雌性 C57Bl/6 小鼠进行颈动脉插管,并灌注超细炭黑颗粒(粒径:14 nm;比表面积:300 m^2/g),结果显示,超细颗粒导致健康小鼠的肝脏微血管内血小板聚集,并伴有肝微血管内皮细胞表面血栓前症状,但这些变化并没有引发炎症反应,也没有造成微血管及肝细胞的器质性损伤。

4.2　长期毒性试验

纳米材料长期毒性试验的主要目的有:一是在急性毒性试验的基础上,进一步研究纳米材料在选定时间内多次重复染毒条件下,动物出现损害的性质、程度、靶组织或器官、剂量-效应关系和时间-效应关系及可逆性等;二是了解试验动物对纳米材料重复用药条件下能耐受的剂量范围和对人来说可能无毒的安全剂量,为有关纳米材料安全性的法规的制定提供实验依据;三是为接受纳米材料过度暴露的人群提供解毒或解救措施。

组成长期毒性试验的三个主要部分是试验动物、受试药物和观察指标。长期毒性试验费时、费力,故必须根据受试纳米材料样品的类别、样品理化性质和用途,人体暴露环境和条件,急性毒性试验和长期毒性预试验结果等因素周密考虑,精心设计,以避免难以弥补的缺失。

试验动物的种属或品系的选择可以参考本章急性毒性试验部分的内容。目前以大鼠与小鼠较为常见。试验周期 3 个月之内的,宜用 6～8 周龄的大鼠、小鼠,每组数量不少于 20 只;试验周期 3 个月以上的,宜用 4～6 周龄的大鼠、小鼠,考虑到试验过程中可能出现的明显中毒反应或动物死亡等情况,每组数量应增至 30～40 只。雌雄各半;如出于特殊目的只用单一性别动物,应在报告中说明原因。秀丽隐杆线虫(*Caenorhabditis elegans*)、黑腹果蝇(*Drosophila melanogaster*)和大型溞(*Daphnia magna*)等模式动物的生命周期相对较短,可以进行全生命周期的暴露试验,甚至进行传代试验以检验纳米材料的长期毒性效应。斑马鱼(*Danio rerio*)胚胎毒性技术是各国际标准组织认可的标准毒性测定方法之一,目前已被广泛应用于纳米材料发育毒性、致畸效应的检验,该项技术成本低、易操作、灵敏度高,特别是具有可记录多项毒性指标的特点,便于判断污染物的毒作用机制。

长期毒性试验所用纳米材料的理化性质(如尺寸、比表面积、纳米结构、表面修饰、表面电荷等)应加以详细表征。如果试验所用药品量较大,商业途径获得的或自行合成的纳米材料来自于不同批次,应对不同批次的样品进行分别表征,各项指标上的差异可能导致不同批次的受试药品产生不同的毒理学效应。应保证纳米材料在长期的重复给药期间的组成、结构及各种性质参数不发生变化。如果所试纳米材料的给药形式及存放形式是液体介质悬混液,则应采取足够手段保证存放期间纳米材料性质稳定,并使得每次给药时悬混液性质可知、可控:纳米材料的团聚形式的改变或纳米材料的分解(比如纳米 Zn 粉末在水溶液中逐渐溶解)可能导致纳米材料毒效应的变化,从而给研究带入不确定性。

应设空白对照组及 3 个以上的剂量组。根据急性毒性试验的结果确定暴露剂量序列。最高剂量组应出现明显毒性反应,最低剂量组应不出现毒性反应。试验期的长短可根据试验目的和要求来确定,一般 1~6 个月。

长期毒性试验观察指标包括:动物体重、食物利用率、中毒症状(包括食欲、活动、被毛、分泌物、呼吸等随时间的变化)、血液学和生化检查、脏器重量、病理学检查及恢复性观察。

总的说来,长期毒性试验应注意的问题:

(1)纳米材料的长期毒性试验的目的是推断和评价纳米材料作用于暴露人群的长期效应,并为制定纳米材料的接触安全限值提供依据,故受试纳米材料应为暴露人群实际接触的产品,染毒途径也应符合人群实际暴露模式。

(2)合理营养,防止疾病发生。由于长期毒性试验的周期长,染毒剂量低,试验动物的毒性反应轻微,因此必须防止由于营养失调或疾病引起的生长发育异常及生理、生化指标的改变,以致改变受试物的毒理学效应,影响最终的评价。

(3)采取必要措施保证受试纳米材料的物化性质的稳定性及在受试期限内的一致性。

(4)对观察指标执行严格的质量控制,保持检测方法的前后一致性。试验动物的某些行为功能、生理、生化指标随年龄增长会发生一定变化,应注意与同期的对照组进行比较。

到目前为止,有关纳米材料长期毒性的动物试验报道较少,还有很多课题和内容需要进一步地深入研究。本节将根据纳米材料的长期毒性表现,按呼吸系统毒性、心血管系统毒性、中枢神经系统毒性、生殖/发育毒性与致畸效应、致癌效应这样的分类进行方法学与研究进展介绍。

4.2.1　呼吸系统毒性

细小的纳米颗粒很容易随着空气流动被扩散到大气中,因此经呼吸道吸入是纳米颗粒最有可能进入体内的途径。前人对可吸入大气颗粒物的毒性研究已经有相当多的文献报道,其中一些超细颗粒物按照定义可以划入纳米颗粒的范畴,因此,该领域的研究可以为纳米材料的长期吸入毒性研究提供研究思路、实验方法和相关结论上的参考与借鉴。

流行病学研究表明,吸入大气中的超细颗粒物与被跟踪分析人群的呼吸系统的发病率密切相关[21,72,73]。Gauderman 等[73]研究发现,吸入超细颗粒物能影响 10~18 岁青少年的肺部发育。虽然大气颗粒物成分复杂难以界定[74-76],在研究纳米颗粒与人类疾病关系的过程中也遇到了重重障碍,但是由于此项研究的重要性,依然有越来越多的科学家关注并开始在这一领域展开研究。

纳米材料呼吸系统长期毒性动物试验是在急性吸入毒性试验的研究基础上,考察在限定时间内对试验动物进行反复给药的条件下,受试纳米材料在呼吸系统中的代谢情况及蓄积毒性等信息。暴露方式一般是经呼吸道染毒。长期吸入毒性试验研究方法规范性引用文件可以参考 OECD Guideline for Testing of Chemi-cals(No. 412)，OECD Guideline for Testing of Chemicals(No. 413)及 USEPA OPPTS Health Effects Test Guidelines (Series 870. 3465)等。

　　本章上一节提到的急性呼吸毒性试验的给药方式有：静态吸入法，动态吸入法，鼻腔滴入法和气管滴入法。由于对试验动物进行气管插管需要事先麻醉，试验操作相对复杂，反复插管易导致试验动物咽喉部位表皮破损而产生不正常的毒效应，同时这种方法存在着在短时间内使试验动物呼吸系统局部大剂量染毒的问题[77]；手术暴露气管给药的方式更是无法反复应用。因此，在研究纳米材料的长期呼吸系统毒性时一般不会采用气管滴入法。为了便于反复给药，又尽可能精确地控制给药剂量，动态吸入法和鼻腔滴入法是最常见的染毒模式。用气管鼻腔滴入法染毒模拟自然吸入方式来研究纳米气溶胶的呼吸毒性，这种方法操作上简单实用，费用较小，对实验员安全，每个动物的染毒剂量比较准确，但纳米颗粒在这种条件下表现出来的毒性与实际情况还有较大的差距。动态吸入染毒法虽然存在着气溶胶的稳定性、安全防护和染毒剂量的定量等问题，但与实际情况最接近，故较为常用。总之，为纳米材料长期吸入毒性动物试验寻找更为合适的染毒方法依然是目前引人关注的一个课题。

　　试验动物一般选用大鼠、小鼠或地鼠。观察并记录体重、皮肤、被毛、眼、黏膜的改变和呼吸系统、循环系统、神经系统、肢体活动、行为方式等变化发生的时间、程度和持续时间，特别注意观察并记录呼吸系统的变化。纳米材料对呼吸系统的损害，主要表现为呼吸道黏膜的刺激作用、急性肺炎、肺水肿以及对肺的损伤，如肺坏死、肺纤维化等。

　　Ferin 等[12]使大鼠长期吸入 21 nm 和 250 nm 的 TiO_2 纳米颗粒气溶胶，暴露 12 周后进行毒代动力学比较，发现小尺寸颗粒从肺组织清除的速率显著滞后于大尺寸颗粒，21 nm 的 TiO_2 在肺组织中的清除半减期为 541 天，而 250 nm 的 TiO_2 颗粒的清除半减期仅为 177 天，并且小尺寸颗粒更容易穿过上皮细胞进入到间质组织和淋巴结；大尺寸 TiO_2 颗粒能引发更严重的肺部反应，包括Ⅱ型细胞增生、间质纤维化和削弱肺巨噬细胞吞噬能力，以上结果说明纳米颗粒确实存在与大尺寸颗粒不一样的生物学行为。

　　Bermudez 等[78]利用大鼠、小鼠和地鼠进行 15～40 nm 超细 TiO_2 颗粒的长期吸入试验，以检验纳米材料呼吸系统毒性的种属差异：暴露气溶胶浓度分别为 0.5 mg/m³、2.0 mg/m³、10 mg/m³，每天 6 h，每周 5 天，共 13 周，然后在恢复期第 4、13、26 和 52 周(地鼠 49 周)检查肺部颗粒含量及淋巴结和肺反应。结果显示，3 种动物在每次暴露刚结束时保留在肺中纳米 TiO_2 颗粒含量最多，并随着剂量增加而增多；暴露后随着时间延长肺中纳米 TiO_2 颗粒含量降低，在恢复期结束时，10 mg/m³ 大鼠、小鼠和地鼠保留在肺部颗粒量分别占 57%、45% 和 3%，表明大鼠和小鼠肺部颗粒滞留已超载,肺部炎症明显,巨噬细胞、嗜中性细胞数量增加,支气管肺泡灌洗液中可溶性标志物浓度增加,但仅在大鼠中观察到进行性上皮化和纤维增生细胞。因此,在 3 种啮齿类动物中大鼠对纳米颗粒较易感。

陈真[27]应用"自主吸入式超细颗粒染毒箱"对三个年龄水平(幼年、成年、老年)的大鼠以生理性吸入的方式进行纳米 SiO_2 颗粒暴露(平均粒径为 37.9 nm±3.3 nm,平均气溶胶浓度为 24.1 mg/m³),暴露实验持续 4 周,每天 40 min。在研究中对不同年龄水平的大鼠吸入纳米 SiO_2 颗粒所引起的炎症反应进行了全面的比较,发现多数炎症指标的敏感性存在年龄差异。与吸入洁净空气的各年龄对照组相比,虽然三个年龄水平的大鼠的肺泡支气管灌洗液中总蛋白含量、乳酸脱氢酶含量、嗜中性粒细胞比例和淋巴细胞比例等四项参数在经纳米 SiO_2 颗粒暴露后均体现出显著升高,但是其中老年大鼠的嗜中性粒细胞比例和淋巴细胞比例的增量要显著高于幼年和成年。血清中组胺水平变化是评价炎症反应程度的灵敏指标,其暴露后的增量也同样表现出老年组>幼年组>成年组的趋势(图 4.22)。随后的病理学检查也得到了相一致的趋势,与幼年和成年大鼠相比,暴露后的老年大鼠支气管周围观察到了更加严重的炎性细胞(包括嗜中性粒细胞和淋巴细胞)浸润现象(图 4.23)。因此对于因吸入纳米 SiO_2 颗粒所引起的呼吸系统损伤,老年个体表现出高于其他年龄组的敏感性,其次是幼年。

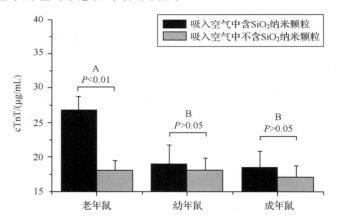

图 4.22 吸入纳米 SiO_2 颗粒对不同年龄大鼠血清中组胺水平的影响

mean±SD, $n=6$;P 值代表同一年龄水平暴露组与对照组进行 t-检验的显著性水平;
A 和 B 代表邓肯多重范围检验中的 Duncan Class

Sung 等[79]将 SD 大鼠分别暴露于 $0.7×10^6$ 个/cm³、$1.4×10^6$ 个/cm³ 和 $2.9×10^6$ 个/cm³ 的纳米银(粒径 18 nm)气溶胶中连续暴露 90 天,每天 6 h。研究结果显示,大鼠肺出现组织病理学改变,受损情况呈剂量依赖性,主要表现为细胞炎性浸润,肺泡壁增厚及小肉芽肿性病变等慢性肺泡炎症。上述病理学变化最终显著

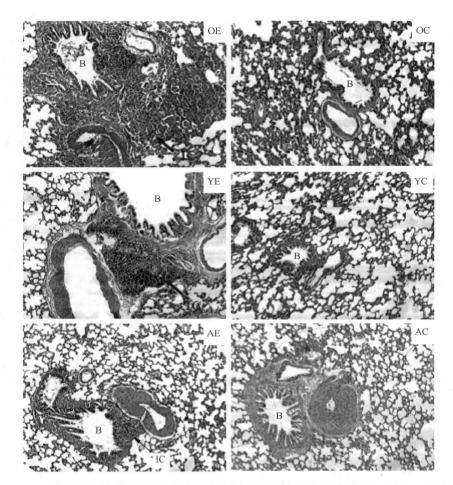

图 4.23 不同年龄水平大鼠经吸入纳米 SiO_2 颗粒暴露后肺部病理显微图像对比（100 倍放大）

左列为暴露组：YE（幼年暴露组），AE（成年暴露组）和 OE（老年暴露组）

右列为对照组：YC（幼年对照组），AC（成年对照组）和 OC（老年对照组）

支气管周围炎性细胞浸润严重程度体现为"老年＞幼年＞成年"

"B"代表支气管，"IC"代表炎性细胞

降低了大鼠呼吸的潮气量与每分钟通气量。

4.2.2 心血管系统毒性

由于纳米颗粒超小的尺寸，吸入后可能穿过呼吸道中的各层防御屏障随着气流直接到达肺泡，扩散在肺泡中的颗粒将可能通过肺泡毛细血管直接进入血液循环，也可能在吞噬作用的介导下进入淋巴循环。大量的流行病学调查显示吸入大气超细颗粒与心血管系统疾病的发生存在相关性[21,72,80-82]。关于这种相关性的解释有两种不同的假说:一种假说认为,由于吸入过量的纳米颗粒,肺部发生大面积炎症,释放各种介质,进一步作用于心脏、凝血系统和心血管系统,其中的机理还尚无定论,可能与炎症递质释放[83,84]、心律调节异常[85,86]、动脉粥样硬化[87]、血液流变学改变等因素相关[82,88];另一种假说则认为,纳米颗粒是从肺部直接进入到血液循环中,再作用于凝血系统和心血管系统,其实验依据是进入血液循环的纳米颗粒能够引起血小板活化和聚集及血栓形成[10,71,89]。

　　由于对纳米材料的心血管系统毒性的关注起源于大气超细颗粒物的长期毒性研究,因此,目前在研究纳米材料对心血管系统长期毒性的动物试验中,最常见的染毒方式仍然是呼吸道暴露。虽然静脉注射可以大大增加染毒的有效剂量,以便于直观地进行心血管系统毒性的研究,但考虑到长期毒性试验的目的是评价纳米材料作用于暴露人群的长期效应,并为制定纳米材料的接触安全限值提供依据,故动物试验的染毒途径应符合人群实际暴露模式,因此不推荐使用注射方式建立纳米材料长期暴露的动物模型,除非受试纳米材料属于注射用药品。呼吸道染毒的方法和注意事项可以参照上文(4.2.1 小节)内容。

　　陈真[27]对三个年龄水平(幼年、成年、老年)的大鼠以生理性吸入的方式进行纳米 SiO_2 颗粒暴露,4 周后发现心血管系统的损伤(Nagar-Olsen's 染色后正常心肌细胞呈现出黄棕色,而缺氧的心肌细胞则呈艳红色,图 4.24)仅出现在老年组中,主要表现为心肌细胞缺氧和房室传导阻滞。进一步的研究表明,血液流变学异常是引起老年心肌缺氧的主要原因,而并非是因为削弱了血液载氧能力。

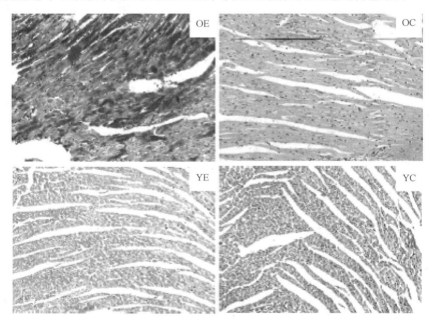

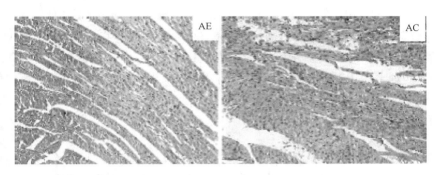

图 4.24　不同年龄水平大鼠经吸入纳米 SiO_2 颗粒暴露后心肌病理
显微图像对比（Nagar-Olsen's 染色法，200 倍放大）

左列为暴露组：YE（幼年暴露组），AE（成年暴露组）和 OE（老年暴露组）

右列为对照组：YC（幼年对照组），AC（成年对照组）和 OC（老年对照组）

　　此外，与各年龄组的对照相比，在同样的暴露条件下老年、成年、幼年的血清组胺浓度分别增长了 24.8%，11.2%，8.9%（图 4.25）。通过在不同年龄水平进行邓肯多重范围检验（Duncan's multiple range test），老年大鼠因纳米 SiO_2 颗粒暴露而引起的组胺水平升高的敏感性显著高于幼年和成年，呈现出"老年＞成年≈幼年"的趋势。因为血清中组胺水平的升高也被认为是引发心血管疾病的危险因素，上述结果也暗示吸入纳米 SiO_2 颗粒可能对老年动物心血管系统具有更大的潜在危害。

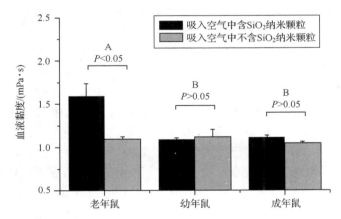

图 4.25　吸入纳米 SiO_2 颗粒对不同年龄大鼠血浆黏度的影响

mean±SD，$n=6$；P 值代表同一年龄水平暴露组与对照组进行 t-检验的显著性水平

A 和 B 代表邓肯多重范围检验中的 Duncan Class

　　Kang 等[90]利用载脂蛋白 E 基因缺陷的高脂血症小鼠模型（ApoE-/-mice）评价了氢氧化镍纳米颗粒长期暴露对心血管系统的影响。模型鼠暴露于镍浓度为

79 $\mu g/m^3$ 的气溶胶中,每天暴露 5 h,每周 5 天,连续染毒 1 周或 5 个月。纳米颗粒暴露导致了小鼠肺部与其他组织出现了显著的氧化应激与炎症效应,主要包括部分抗氧化酶 mRNA 及炎症细胞因子基因表达水平上调,主动脉线粒体 DNA 损伤,组织病理学变化等。并且,5 个月的纳米颗粒吸入加剧了模型鼠动脉粥样硬化的症状,因此纳米颗粒的长期暴露对心血管系统的负面效应应引起进一步的重视。

4.2.3　神经系统毒性

在肺部沉积的纳米颗粒可以转运至肺外器官,甚至通过血脑屏障进入中枢神经系统;在鼻腔黏膜上吸附并沉积下来的纳米颗粒可能被靠近鼻腔的嗅黏膜所摄取,随后进入到嗅球组织,从而绕过传统意义上的血脑屏障进入脑中。纳米颗粒自身也被视为一种有效的跨血脑屏障载药体系,并通过表面修饰,增强了纳米颗粒跨血脑屏障的效率。纳米材料一旦穿过或绕过血脑屏障进入脑中并长期蓄积,可能对中枢神经系统功能产生潜在的影响。纳米材料的长期暴露也可能对动物的行为产生一定的影响。因此,神经系统毒性也是纳米材料长期毒性的表现形式之一。

大鼠、小鼠是合适的神经系统毒性试验动物。目前有文献报道的染毒方式一般为呼吸染毒。Campbell 等[91]将雄性 BALB/c 小鼠暴露于浓缩后的环境超细颗粒物中(每天 4 h,每周 5 天,持续两周),发现暴露组小鼠脑中的诱导致炎细胞因子(IL-1α)、肿瘤坏死因子(TNF-α)和免疫性转录因子(NF-κB)表达水平增加,结果暗示吸入颗粒物引发的神经组织促炎症反应可能诱发神经退行性疾病相关的病理生理学变化。也有个别文献显示纳米材料暴露可以导致受试动物的空间学习记忆能力受损[92],但此类报道尚不多见。

王江雪[49]采用 TEM、ELISA 和生化分析方法研究了鼻腔滴注不同粒径的 TiO_2(25 nm、80 nm 和 155 nm)纳米颗粒转运至小鼠脑中之后引起的嗅球和海马中神经元超微结构的改变,以及小鼠脑中产生的氧化损伤、免疫反应和神经生化标志物的变化,进一步采用 HPLC-ECD 和其他方法分析了脑中兴奋性神经递质、单胺类神经递质、NO 及 AChE 代谢的改变。结果发现鼻腔滴注进脑的不同粒径 TiO_2 纳米颗粒均引起海马神经元线粒体皱缩、数量减少,内质网增多及核糖体脱落现象,LDH 活性升高;并且小鼠脑中发生脂质过氧化和蛋白质氧化反应,免疫细胞因子 TNF-α 分泌增多;星形胶质细胞的标志物 GFAP 高表达(图 4.26 显示,25 nm 和 155 nm 组小鼠脑中 GFAP 均出现高表达),导致兴奋性神经递质 Glu 过量合成或释放(升高百分比分别为 36.2%、26.9% 和 30.9%),并伴随着 NO 含量和 AChE 活性明显上升,S100B 含量下降现象,但是对单胺类神经递质代谢的影响不明显。以上结果说明具有表面活性的纳米颗粒进入大脑后可产生活性氧,诱导脑的氧化损伤,对星形胶质细胞造成特异性损伤,使兴奋性神经递质代谢异常,最终影响大脑的正常病理和生理功能,说明具有表面活性的纳米颗粒可经鼻黏膜进入脑中并诱发相应的神经毒性效应。

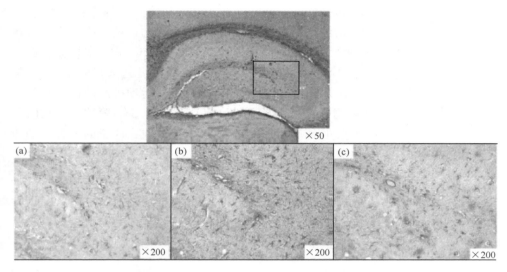

图 4.26 鼻腔暴露于 TiO$_2$ 颗粒 30 天后小鼠海马中星形胶质细胞的 GFAP 染色结果

(a) 对照组（×200）；(b) 25 nm 组（×200）；(c) 155 nm 组（×200）

也有报道称，反复的腹腔注射 CuO 纳米颗粒也会导致显著的神经毒性效应。An 等[93]发现，Wistar 大鼠经连续 14 天腹腔注射 CuO 纳米颗粒（每天 0.5 mg/kg）后，突触可塑性受损，空间学习、记忆能力下降。进一步的研究表明，CuO 纳米颗粒暴露可导致大鼠海马区域的超氧化物歧化酶、谷胱甘肽过氧化物酶活性下降，自由基水平与脂质过氧化水平升高，并诱发细胞凋亡。

然而对大鼠、小鼠而言，纳米材料虽能通过血脑屏障，但在脑中的蓄积不明显，往往难以产生非常明显的毒性效应。所以在研究中也可以选用鸡、鱼类或线虫等模式生物作为研究对象，对这类实验对象的暴露手段往往采用经食物染毒和经培养介质染毒。Oberdörster[94,95]首次提出纳米材料可能引起脑损伤的观点，就是基于以大嘴黑鲈（Largemouth Bass）为试验动物的毒理研究结果：将大嘴黑鲈暴露于浓度为 500～1000 μg/kg 的 C$_{60}$ 水溶液后，实验组鱼产生如同剧烈头痛样的反应，经测定脑中出现氧化物的聚集和炎症的反应，且脑细胞膜损伤程度是对照组的 17 倍。Oberdörster 认为该损伤是由于 C$_{60}$ 的脂质过氧化作用干扰了正常的细胞膜功能。

模式生物秀丽隐杆线虫有很多行为指标，如摆头频率、身体弯曲幅度与频率、转向、咽泵频率、趋药性等，可以十分灵敏地反映其神经功能的状态。因此，线虫也常被用于研究纳米材料暴露与动物行为相关的神经系统毒性。Li 等[96]在线虫的食物-大肠杆菌（OP50 菌株）悬混液中添加了 4 种不同粒径的 TiO$_2$ 纳米颗粒（粒径分别为 4 nm、10 nm、60 nm 和 90 nm),浓度为 0.001 μg/L、0.01 μg/L、0.1 μg/L、1 μg/L 和 10 μg/L,暴露从幼虫 L1 期开始。成虫的摆头频率、身体弯曲频率、转向次数等三项指标表明,TiO_2 纳米颗粒的长期暴露对线虫运动神经功能有剂量依赖性的抑制作用,并且,这种效应呈粒径反相关性。相比于 TiO_2 纳米颗粒的急性暴露,长期暴露可以在更低的剂量下产生神经毒性[97];值得引起重视的是,即使是 0.001 μg/L 剂量的 TiO_2 纳米颗粒长期暴露都会导致部分运动神经功指标受到显著的影响。该实验室还利用线虫模型研究了 Al_2O_3、Fe_2O_3、SiO_2 等纳米颗粒的长期暴露毒性,结果表明上述纳米颗粒的长期暴露均可造成线虫成虫的部分运动神经功受损[98-101],神经毒性的机制可能与部分神经递质的平衡受纳米颗粒长期暴露的扰动有关。这些研究结果提示,秀丽隐杆线虫是一种可以灵敏地反映纳米材料暴露对神经功能影响的理想模式动物;对纳米材料长期暴露可能导致的神经毒性应加以警惕。

4.2.4　生殖/发育毒性与致畸效应

由于纳米材料可以比较容易地通过血睾屏障,因此有可能对精子生成过程和精子形态以及精子活力产生不良影响;它也可能通过胎盘屏障对胚胎早期的组织分化和发育产生不良影响,导致胎儿畸形。虽然上述忧虑仅是基于纳米材料的特殊性质推测的潜在性有害作用,但目前还没有足够的流行病学证据或动物试验证据足以否定这些不良影响。因此有必要对纳米材料暴露可能引起的生殖毒性、发育毒性与致畸风险加以评价。

进行纳米材料生殖/发育毒性与致畸效应研究的目的在于探讨动物受精前后至子代早期发育过程中接触纳米材料引起亲代和子代健康受损的可能性。研究内容包括母体毒性(maternal toxicity):引起亲代雌性妊娠动物直接或间接的健康损害效应;致畸效应(teratogenic effects):在胚胎发育期引起子代永久性结构和功能异常的效应;发育毒性(developmental toxicity):接触受试样品的妊娠动物的子代在出生以前后所显现出的机体缺陷或功能障碍。

在试验动物选择上,除参照毒性试验中选择动物的一般原则,即食性和对受试物代谢过程与人类接近,体型小,驯服,容易饲养和繁殖及价廉外,还应特别注意妊娠过程较短、每窝产仔数较多和胎盘构造及厚度与人类接近等特点,故常采用大鼠、小鼠等啮齿类动物或家兔作为生殖/发育毒性试验的受试动物,常见母体染毒途径包括:经口腔给药、经皮给药、静脉注射给药及腹腔注射给药等。由于胎盘屏障的存在,部分纳米材料的生殖毒性较小,对子代发育的影响不显著,此时也可以采用宫内接触的染毒方式给药。一般选择在亲代性成熟至子代断乳期间重复给药。虽然生殖/发育毒性试验属于长期毒性试验范畴,但有时也采用单次给药的方式染毒。

生殖毒性试验内容包括：受试纳米材料对性腺功能、发情周期、交配行为、受孕、妊娠过程、分娩、授乳以及幼仔断奶后生长发育可能发生的影响。评定的主要依据是交配后母体受孕情况（受孕率）、妊娠过程情况（正常妊娠率）、子代动物分娩出生情况（出生存活率）、授乳哺育情况（哺育成活率）以及断奶后发育情况等。此外还可同时观察出生幼仔是否有畸形出现，但畸形观察主要在发育毒性评定中进行。发育过程一般分为胚胎期发育和出生后发育两个阶段。前者的发育毒性试验内容包括：外观检查，逐一记录活胎仔的身长和尾长，检查外观有无异常；骨骼检查；脏器检查。对于每个胎仔都应解剖进行脏器检查和骨骼检查。出生后的发育指标可以包括哺乳期体重、体长、尾长变化；睁眼、张耳、出毛、牙齿萌出的时间；感知能力、神经系统发育的进度；平衡感、运动能力的增长情况等内容。

由于胎盘屏障的存在，只有部分小分子量的物质可以自由地母胎转运，少数大分子量的物质可以通过一些特殊的受体介导转运机制进入胚胎，而多数物质的转运被胎盘屏障所阻断。研究胎盘组织对纳米颗粒转运的屏障作用是评估纳米材料潜在生殖毒性的重要环节，也是目前该领域内的研究热点。大鼠、小鼠是研究纳米材料跨胎盘屏障转运常用的试验动物，它们的胎盘屏障结构与人类的胎盘屏障结构较为相似，皆由内皮细胞层与滋养层组成。但其超微结构存在着一些区别：大、小鼠的滋养层包括 1 层滋养细胞与 2 层合体细胞滋养层；而人胎盘的滋养层为 1 层合体细胞滋养层，局部有零散的滋养细胞。在功能上，大、小鼠与人的胎盘组织屏障作用主要由各自的合体细胞滋养层扮演[102,103]。在纳米材料的母胎转运研究中，将大、小鼠结果向人外推时应充分考虑到物种差异带来的影响[104]。除了开展体内动物试验，体外培养的大、小鼠与人胎盘组织也可用于纳米材料的母胎转运研究，并取得了一些结果[105-107]。

纳米材料跨胎盘屏障的机制可能有：扩散、膜泡运输、跨膜转运蛋白运输、穿合体细胞滋养层的孔道运输[108,109]。目前，关于纳米材料母胎转运的研究主要集中在纳米材料的尺寸、表面性质对其转运效应的影响上。一般认为，小粒径的纳米材料易发生母胎转运，而较大粒径纳米材料的母胎转运效率极低或被完全阻断，但允许发生母胎转运的尺寸阈值尚无定论[107,109-111]。Tian 等[107]发现表面有氨基修饰的纳米颗粒的母胎转运效率高于表面羧基修饰的纳米颗粒；而 Yang 等[112]发现表面有柠檬酸修饰的金纳米颗粒的母胎转运效率显著低于表面包覆聚乙二醇或铁蛋白的金纳米颗粒。纳米材料的母胎转运效率还取决于染毒发生时胎盘屏障的发育程度：胚胎早期，胎盘屏障未发育成熟，母体中的纳米材料易经母胎血液交换进入胚胎[112]。

有关纳米材料暴露引起大鼠、小鼠或家兔生殖异常、发育异常的报道还比较少见。原因可能是在自然的暴露模式下（经呼吸道、消化道、皮肤染毒），纳米材料的生殖毒性、发育毒性和致畸性相对较小，动物试验中难以获得显著的毒性效应。但对一些注射用纳米材料而言，不能排除"母体-胚胎"转运的可能性，因此也发现了一些生殖、发育毒性效应。Tsuchiya 等[113]给怀孕 10 天的 SLC 小鼠腹腔内注射 C_{60} 的 PVP(聚乙烯吡咯烷酮)水溶液(剂量为 $25\sim137$ mg C_{60}/kg 体重),18 h 后检测胎鼠发现:经 25 mg/kg C_{60} 染毒后,1 只胎鼠出现头部异常增大的症状;经 50 mg/kg C_{60} 染毒后,C_{60} 进入胎鼠体内并引起胎鼠头部和尾部区域出现明显异常,半数胎鼠背部神经管发育异常;137 mg/kg C_{60} 染毒后,胎鼠全部死亡并伴有严重的发育异常,比如躯体异常弯曲。孕期皮下注射 0.1 mg 的 TiO_2 纳米颗粒可以导致子代小鼠睾丸发生形态学改变、精子日产量下降以及嗅球区细胞凋亡发生率升高[114]。孕期静脉注射量子点可能导致死胎和吸收胎发生率上升[110]。孕期大剂量注射纳米材料还可能对母体产生不利影响[111]。

　　鱼类生活在水中,受精卵在体外发育,因此水体中的纳米材料可以直接作用于鱼类的胚胎,从而产生较为明显的毒性效应。所以鱼类的胚胎发育实验被广泛应用于纳米材料的致畸效应研究。斑马鱼(Zebrafish, *Danio rerio*)是常见的暖水性($21\sim32$ ℃)观赏鱼,鲤科,个体小($4\sim5$ cm),常年产卵,鱼卵易收集,而且小规模饲养技术简单。斑马鱼胚胎发育技术是各国际标准组织认可的标准毒性测定方法之一,具有材料方便易得、操作简单、可重复性及可靠性较高等优点。与传统的鱼类急性实验相比,成本低、影响因素少、灵敏度更高,特别是具有可记录多项毒性指标的特点,并可以此判断污染物的致毒机理。所需要的主要设备只有倒置光学显微镜、光照恒温培养箱和普通的家庭养鱼装置,因此十分便于开展纳米材料的毒性评价实验。斑马鱼发育技术主要根据 Schulte 等[115]的方法进行实验设计。胚胎发育直至孵化的 72 h 内可以观察到近 20 种不同表现的反应指标(表 4.4)[116]。

表 4.4　斑马鱼胚胎发育技术可以观察的毒理学终点

染毒时间/h	毒理学终点
4	卵凝结 Coagulated eggs
	囊胚发育 Development of blastula
8	外包活动阶段 Stage of epibolic movement
12	原肠胚终止 Termination of gastrulation
	胚孔关闭 Closing of blastoporus
16	体节数 Number of somites
24	尾部延展 Extension of tail
	20 s 内主动活动 Spontaneous movements within 20 sec
	眼点发育 Development of the eye
36	心跳、血液循环 Starting of heartbeat and circulation
48	黑素细胞、耳石的发育 Development of melanocytes and otolith
	心率 Rate of heartbeat
72	孵化率和畸形率 Rate of hatched and malformed eggs

Usenko 等[117]将形成初期的斑马鱼胚胎暴露于三种含富勒烯（C_{60}、C_{70} 及 $C_{60}(OH)_{24}$）水溶液中，结果显示：200 μg/L 的 C_{60} 和 C_{70} 能显著提高畸形、心包囊水肿的发生率与死亡率，而 $C_{60}(OH)_{24}$ 在 5000 μg/L 浓度上才显现出明显的毒性；C_{60} 暴露能引起胚胎细胞坏死和凋亡，而 $C_{60}(OH)_{24}$ 暴露仅增加胚胎细胞死亡但不诱发凋亡。由此可见 $C_{60}(OH)_{24}$ 的毒性显著小于 C_{60}。

朱小山等[118]利用斑马鱼胚胎发育技术研究了富勒烯的发育毒性，结果发现 1.5 mg/L C_{60}-TTA［以甲苯（T）、四氢呋喃（T）和丙酮（A）为助溶剂制备］水溶液不仅能导致胚胎或幼鱼发育的延迟，存活率和孵化率的下降，甚至能造成部分斑马鱼心包囊水肿和畸形：在受精后 12～84 h 期间，C_{60}-TTA 暴露组的胚胎存活率从 90% 下降到 60%，在此期间，胚胎在死亡前普遍出现心跳变慢（70～80 次/min，对照为 140～160 次/min）和卵黄散乱现象；受精后 84 h 时，C_{60}-TTA 暴露组的孵化率仅为 15%，心包囊水肿现象开始出现，其比例为存活斑马鱼胚胎及幼鱼总数的 8.3%，到受精后 96 h 时，该比例急剧上升到 77.8%，随时间延长，心囊腹腔进一步肿大最后导致胚胎或幼鱼的死亡。

Asharani 等[119]将斑马鱼胚胎暴露于的含纳米银颗粒（粒径为 5～20 nm）的水溶液中，浓度为 5 μg/mL、10 μg/mL、25 μg/mL、50 μg/mL 及 100 μg/mL，发现纳米银暴露引起胚胎死亡率与孵化延迟概率剂量依赖性上升，并伴有浓度相关的发育毒性，表现为体轴异常，脊索扭曲，血流过缓，心包囊水肿及心律失常。TEM 和 X 射线能谱分析显示脑、心脏、卵黄和胚胎血中都有纳米银颗粒的分布，而吖啶橙染色显示纳米银暴露能加剧细胞凋亡。上述结果显示纳米银颗粒对斑马鱼胚胎具有剂量依赖性的毒性，将导致胚胎发育异常。

Bai 等[120]将斑马鱼胚胎暴露于含纳米 ZnO 颗粒（粒径为 47.3 nm±12.9 nm）的水溶液中，浓度为 1 mg/L、5 mg/L、10 mg/L、25 mg/L、50 mg/L 及 100 mg/L，结果发现纳米 ZnO 颗粒暴露可以引起胚胎死亡率与孵化延迟概率剂量依赖性的上升，25 mg/L、50 mg/L 和 100 mg/L 的纳米 ZnO 颗粒暴露 96 h 直接造成胚胎的全部死亡；1～25 mg/L 的纳米颗粒暴露可导致斑马鱼幼鱼的体长显著下降，尾部发育畸形。研究表明，纳米 ZnO 颗粒暴露产生的毒理学后果并非能够全部归因于纳米 ZnO 颗粒溶解造成的 Zn^{2+} 中毒效应，至少有部分效应直接源自纳米颗粒自身。

4.2.5　致癌试验

纳米材料致癌效应研究的目的是通过一定途径（经口、经皮或吸入），动物在正常生命期的大部分时间内反复接触不同剂量（浓度）的受试纳米材料，观察纳米材料对试验动物的致癌作用。动物致癌性试验为人体长期接触该纳米材料是否引起肿瘤提供资料。

　　试验动物通常选用大鼠和小鼠,这两种动物生命周期较短、饲养成本较低,常用于药理学和毒理学研究、对致癌物较敏感等,而且现有相当多生理学和病理学资料。在选择合适的动物种类和品系时,必须注意该物种对某些肿瘤的易感性,如小鼠对肝肿瘤易感性大于大鼠,相反,大鼠对皮下肿瘤的易感性又大于小鼠。非啮齿类动物,尤其是狗或灵长类动物较少使用。这类动物使用数量受限、观察期长,而且无证据显示其肿瘤发生情况与人接近。如果采用这类动物进行试验,可参照啮齿类动物试验的方法。有时也采用豚鼠和兔,其敏感性与啮齿类动物相差无几,但生命期长、饲养相对困难。

　　在试验动物的大部分生命期间将接受一定方式的纳米材料暴露,进行病理组织学等检查,观察动物的大部分或整个生命期间及死后,检查肿瘤出现的数量、类型、发生部位及发生时间,与对照动物相比以阐明此纳米材料有无致癌性。为了评价受试样品的致癌性,至少要设三个剂量组的试验组及一个相应的对照组。高剂量组可以出现某些较轻的毒性反应,如血清酶水平改变或体重减轻等(减少程度不多于10%),但不能明显缩短动物寿命(肿瘤引起的除外)。低剂量不能引起任何毒性反应,应不影响动物的正常生长、发育和寿命。中剂量应介于高剂量和低剂量之间。以上剂量的选择应根据现有资料制定,最好能根据亚慢性毒性试验资料,如有代谢动力学资料更好。

　　在分析受试样品致癌性时应注意以下情况:①不同寻常的肿瘤类型;②肿瘤发生部位;③不同染毒途经均诱发肿瘤;④在不同种系动物或两性别动物均诱发肿瘤;⑤从癌前病变到癌变的进展情况;⑥癌前病变的潜伏期长短;⑦转移;⑧肿瘤非同寻常地增大或增多;⑨恶性肿瘤的比例;⑩剂量-效应关系等。

　　目前,已有一些动物试验的初步结果表明纳米材料存在潜在的致癌性(carcinogenicity)或致肿瘤性(tumorigenicity),但这些研究还待进一步的证实;流行病学研究、病例报告、体外细胞试验、致癌机制研究的结果也存在着一定争议。这一现状也体现在国际癌症研究中心(International Agency for Research on Cancer,IARC)对纳米材料致癌性分类定级的变化上。1984 年,IARC 审议了有关炭黑的可用资料后作出结论,"有关炭黑的数据资料不足以认定炭黑对人具有致癌作用";1996 年,IARC 重新评估了炭黑的致癌性,将炭黑划归"2B 类致癌物——对人类可能是致癌物",其依据是在大鼠身上研究的结果呈阳性;然而,Rausch 等[121] 和 Valberg 等[122] 先后发文指出大鼠对炭黑的这一物种特有反应(肿瘤生长和 KSC 损害)在任何其他试验物种身上均未曾见到,也未见报告说在人类身上有这一物种特有反应,因此在评估炭黑对人类的危害性时,大鼠吸入炭黑的生物鉴定结果不得视为与其有直接的关系,并且炭黑的致癌性也缺乏流行病学结果的支持;但在 2006 年,IARC 的专题报告仍依据动物试验结果将炭黑定为"2B 类致癌物"[123]。由此可见,毒理学界对纳米材料是否有现实的致癌、致肿瘤风险,还缺乏系统的认识,相关结论还在完善过程中。

目前,流行病学研究结果显示环境常见纳米材料(如炭黑、TiO_2 等)的暴露情况与暴露人群癌症发生率之间并不存在确切的因果关系[121,122,124,125],但动物试验结果一般更倾向于纳米材料具有一定的致癌性。比如,溶在苯中的富勒烯涂抹在小鼠的表皮后并没有诱发明显的急性毒性,但当用二甲基苯丙蒽(DMBA)诱发小鼠患皮肤癌后,富勒烯可以增强皮肤癌的生长[126];IARC 将 TiO_2 超细颗粒物归为"2B 类致癌物",同样是因为动物试验结果显示 TiO_2 超细颗粒物呼吸道暴露后引起的炎症反应、氧化损伤及细胞增殖等现象与肿瘤发生率之间有一定的相关性[123]。

虽然有关纳米材料致癌性的报道还比较少,但有关纳米材料具有基因毒性的报道比较多见。例如,长期饮用添加 TiO_2 纳米颗粒的水即可使小鼠体内产生显著的基因毒性效应[127]。然而,需要指出的是,基因毒性物质经常被考虑为假定的体内诱变剂和致癌剂,可以致癌、致畸、致突变,但不一定必然产生致癌效应。例如,很多文献报道含镍纳米颗粒具有基因毒性,可以影响致癌效应相关基因表达,但仅有一例动物试验表明肌肉注射金属镍纳米颗粒可以诱发横纹肌肉瘤。因此,有关纳米材料致癌性的研究还需进一步深入。

4.3　检　测　指　标

本小节将列举动物试验中常见的检测指标,并着重介绍其中能灵敏反映纳米材料暴露后生物效应的敏感指标。

4.3.1　基本指标

动物体重:综合反映动物健康状况最基本的灵敏指标之一。对染毒组与对照组的同期体重百分增长率(以接触受试物开始时的动物体重为 100%)进行统计和比较。

动物体长:综合反映动物生长状况的灵敏指标之一,常见于发育毒性试验。例如,用体长评价纳米材料暴露对线虫生长的影响。

食物利用率:即动物每食入 100 g 饲料所增长的体重克数。

症状:试验动物在试验过程中所出现的中毒症状及各症状出现的先后次序、时间均应记录和分析。

脏器重量:一般应称取下列脏器和组织的重量并计算脏器系数:心、肝、脾、肺、肾、肾上腺、甲状腺、脑、睾丸、前列腺、子宫、卵巢。

必要时可以提供行为活动、外观体征、粪便性状等信息。

4.3.2　血液指标

一般须控制动物的采血量及频度。最大采血量为其总血量的 10%，啮齿类动物总血量约为 50～100 mL/kg，300 g 的大鼠一次取血量不应超过 1.5 mL。

常见血液指标包括：红细胞计数、血红蛋白、红细胞容积、平均红细胞容积、平均红细胞血红蛋白、平均红细胞血红蛋白浓度、网织红细胞计数、白细胞计数及其分类、血小板计数和凝血酶原时间等。由于纳米材料暴露后可能引发炎症反应、影响血凝，因此，白细胞计数及其分类、血小板计数和凝血酶原时间这三项指标可能是反映纳米材料暴露毒理学效应的敏感指标。此外，纳米材料暴露还可能引起血液流变学参数的改变，故有必要进行相关检测。

血清生化检查主要是反映肝、肾、心脏功能的常规检查，如肝功能指标包括血清天冬氨酸氨基转移酶（AST）、丙氨酸氨基转移酶（ALT）、碱性磷酸酶（ALP）、总胆红素（TBIL）、总胆固醇甘油三酯、γ-谷氨酰转移酶（非啮齿类动物）、总蛋白、白蛋白、血糖（BGlu）、尿素氮（BUN）、肌酐（Cr）、肌酸激酶（CK）、乳酸脱氢酶（LDH）和 α-羟丁酸脱氢酶（α-HBDH）等。

肝脏是纳米材料的靶器官之一，同时也是生物体维持生命活动和代谢稳态的最重要器官之一。纳米材料在肝脏中的富集，有可能对肝脏的功能产生负面影响。ALT 与 AST 主要分布在肝脏的肝细胞内，如果肝细胞坏死，ALT 和 AST 就会升高，其升高的程度与肝细胞受损的程度相一致。这两种酶在肝细胞内的分布是不同的，ALT 主要分布在肝细胞浆，而 AST 主要分布在肝细胞浆和肝细胞的线粒体中，ALT/AST 比值则说明了肝脏受损的程度，ALT/AST<1 说明肝脏的破坏程度严重，使线粒体也受到了严重的破坏。TBIL 反映的是肝细胞是否发生病变，当发生病变时，肝脏不能把胆红素正常地转化成胆汁排出，造成血液中 TBIL 升高。因此，ALT、AST 和 TBIL 是临床上评价肝功能损伤的重要指标，也是考察纳米材料肝脏毒性的重要依据。

经肾脏后通过尿液排出体外是纳米材料的代谢途径之一。肾脏为机体排泄终末代谢产物的最重要器官，又是化学物质或其代谢产物毒性作用的重要靶器官。除主要担负排泄的功能外，肾脏还具有调节血压和血容量、调控电解质和酸碱平衡、分泌激素、参与物质代谢等多种功能，对维持机体内环境稳定性有着极其重要的作用。由于肾脏具有特殊的结构和功能，非常容易遭受化学物质攻击成为毒性作用的靶子。血液中的纳米颗粒进入肾脏后可能导致肾小球的荷载量过大，滤过率降低，致使血清 BUN 不能经肾小球滤过排出体外，导致血液 BUN 中浓度增加。尿酸是体内核酸中嘌呤分解的最终产物，大部分经肾脏排出体外，以此来维持体内尿酸正常水平。当肾功能受损时，尿酸易潴留于血中而导致血中 UA 含量升高。血清中 Cr 升高也可反映肾功能的损伤。

对心血管系统的负面影响是纳米材料长期毒性的表现形式之一（见 4.2.2 小节）。LDH 是糖的无氧酵解和糖异生的重要酶系之一，广泛存在于心脏、肝脏、肺和机体各组织中。当机体的组织尤其是心和肺受到外源性颗粒物的入侵后，很容易引发细胞的呼吸能力降低，出现无氧呼吸，导致 LDH 升高。LDH 升高也常见于心肌梗死、肺梗死，进行性肌营养不良、肌炎、溶血性贫血、恶性贫血、白血病、肝以外恶性肿瘤等。血清 α-HBDH 以心肌组织含量最多，约为肝脏的 2 倍，其活性达总酶活力的一半以上，在发生心肌疾病时血清中该酶含量明显增高。

4.3.3　尿液指标

尿液检查包括外观、比重、pH、尿糖、尿蛋白、尿胆红素、尿胆原、酮体、潜血、白细胞及沉淀物镜检等。

4.3.4　肺部毒性指标

纳米材料在肺部的行为与后果一般包括：纳米材料在肺部的沉积与贮留、引起炎症反应、产生活性氧族、引起细胞损伤、继发细胞增殖、纤维化、诱导突变等。因此，相关的指标有：

组织病理学结果，一般包括肺泡炎症、出现肉芽瘤等症状，高倍放大结果可以显示巨噬细胞负载纳米颗粒及巨噬细胞聚集现象，并可观察到上皮细胞增殖；

纳米颗粒在肺部的沉积位置及蓄积量、肺组织对纳米颗粒的清除率；

气管与支气管灌洗液（BALF）中总蛋白含量、乳酸脱氢酶含量、酸性磷酸酶含量、细胞分类计数，肺组织匀浆液中 IL-1β 与 TNF-α 表达水平，血液中的白细胞分类计数、纤维蛋白原（FIB）含量，上述指标可以反映肺部炎症程度；

肺组织匀浆液的脂质过氧化程度、还原型/氧化型谷胱甘肽含量、谷胱甘肽过氧化物酶活性、NO 含量及相关酶的活性、γ-谷氨酰半胱氨酸合成酶活性、谷胱苷肽 S 转移酶 Pi、SOD 酶活性、过氧化氢酶活性等指标可以反映肺部氧化损伤的程度；

细胞凋亡相关指标、表皮生长因子（EGF）相关指标、原癌基因（c-jun、junB、fra-1、fra-2 等）的表达水平等指标可以反映纳米材料暴露的致细胞损伤、细胞增殖、突变等效应。

4.3.5　心血管系统毒性指标

纳米材料暴露对心血管系统的影响主要有：心律调节异常、动脉粥样硬化、血液流变学改变、血小板活化和聚集及血栓形成、心肌损伤。因此，组织病理学变化包括：心肌的脂肪变性、出现脱颗粒肥大细胞、微血管栓塞、多形核白细胞着边等。心肌组织的 Nagar-Olsen's 染色可以反映心肌的缺血情况。

心律数据、血液流变学数据、凝血酶原时间、血清心肌肌钙蛋白 T 含量、心肌细胞胞浆游离钙水平等指标可以反映纳米材料暴露对心血管系统的影响。此外，心肌的脂质过氧化程度、相关抗氧化酶活性、细胞凋亡相关因子的表达程度可以描述心肌的损伤情况。

4.3.6　肝脏毒性指标

纳米材料暴露后，常见的肝组织病理学变化包括：水肿性变性、脂肪变性、空泡变形、单核细胞浸润、点状肝细胞坏死、斑点状肝脏外表等。

纳米材料暴露对肝脏功能的影响一般可以用相关血液指标的变化来衡量。此外，脂质过氧化程度、相关抗氧化酶活性、细胞凋亡相关因子的表达程度可以用来反映纳米材料暴露对肝脏的损伤情况。

4.3.7　肾脏毒性指标

纳米材料肾性损害的病变可表现为肾小球肿胀、肾小管阻塞等。应观察是否存在肾间质水肿，淋巴细胞、浆细胞、单核细胞及中性粒细胞弥漫性浸润，以作为判断是否发生间质性肾炎的依据。

纳米材料暴露对肾脏功能的影响也反映在相关血液指标的变化上。此外，纳米材料暴露引起的肾脏毒性也可能改变尿液中柠檬酸盐、琥珀酸盐、三甲胺 N-氧化物、氨基酸及肌酐的含量。而脂质过氧化程度、相关抗氧化酶活性、细胞凋亡相关因子的表达程度可以用来反映纳米材料暴露对肾脏的损伤情况。

4.3.8　神经毒性指标

已有文献报道纳米材料暴露会导致脑组织的脂质过氧化，因此，脂质过氧化程度、相关抗氧化酶活性、细胞凋亡相关因子的表达程度可以用来反映纳米材料暴露对中枢神经系统的损伤情况。此外，还有一些研究表明，纳米材料暴露可能影响乙酰胆碱等神经递质的水平、乙酰胆碱酯酶活性、长时程增强效应（long-term potentiation）等指标。也有个别文献显示纳米材料暴露可以导致受试动物的空间学习记忆能力受损[92]，但此类报道尚不多见。

秀丽隐杆线虫（*Caenorhabditis elegans*）已经被证明为一种研究纳米材料神经毒性的理想模型。线虫的咽泵蠕动频率、头部摆动频率、身体弯曲频率、转向频率、掉头频率等指标可以灵敏地反映纳米材料暴露对线虫运动神经功能的影响。乙酰胆碱酯酶活性作为一个经典分析神经毒性的指标，可以与运动行为、学习与记忆行为结合应用，从不同的侧面反映纳米材料暴露可能对线虫造成的神经毒性。

4.3.9　生殖/发育毒性指标

生殖毒性指标包括：母体健康状况、受孕情况（受孕率）、妊娠过程情况（正常妊娠率、胚胎着床情况、吸收胎及死胎数）、子代动物分娩出生情况（出生存活率、死产数、雄雌比、出生重量）、授乳哺育情况（哺育成活率）等。

发育指标一般包括胚胎期发育的体征指标变化情况以及出生后的哺乳期体重、体长、尾长变化；睁眼、张耳、出毛、牙齿萌出的时间；感知能力、神经系统发育的进度；平衡感、运动能力的增长情况；空间学习记忆能力等指标。

如果是用斑马鱼胚胎技术研究纳米材料的生殖/发育毒性，其指标的选择可以参见本章 4.2.4 小节中表 4.4 的内容。如果以秀丽隐杆线虫为模式生物研究纳米材料的生殖/发育毒性，可选用的指标包括成虫（在某个特定阶段）体内受精卵数、产卵量、孵化率、幼虫蜕皮时间、体长变化、运动情况等。

4.3.10　致癌性指标

包括细胞凋亡、细胞增殖相关指标、血象指标、糖代谢指标及原癌基因（c-*jun*、*jun*B、*fra*-1、*fra*-2 等）等。

参 考 文 献

[1] Song Y，Li X，Du X. Exposure to nanoparticles is related to pleural effusion, pulmonary fibrosis and granuloma [J]. European Respiratory Journal，2009，34(3)：559-567

[2] Gilbert N. Nanoparticle safety in doubt [J]. Nature，2009，460(7258)：937

[3] Simonelli F，Marmorato P，Abbas K，et al. Cyclotron production of radioactive CeO_2 nanoparticles and their application for *in vitro* uptake studies [J]. IEEE transactions on nanobioscience，2011，10(1)：44

[4] He X，Zhang Z，Liu J，et al. Quantifying the biodistribution of nanoparticles [J]. Nature Nanotechnology，2011，6(12)：755

[5] He X，Ma Y，Li M，et al. Quantifying and imaging engineered nanomaterials *in vivo*：Challenges and techniques [J]. Small，2013，9(9-10)：1482-1491

[6] Oberdörster G，Maynard A，Donaldson K，et al. Principles for characterizing the potential human health effects from exposure to nanomaterials：Elements of a screening strategy [J]. Particle and Fibre Toxicology，2005，2(1)：8-43

[7] Oberdörster G. Pulmonary effects of inhaled ultrafine particles [J]. International Archives of Occupational and Environmental Health，2000，74(1)：1-8

[8] Chen Z，Meng H，Xing G，et al. Acute toxicological effects of copper nanoparticles *in vivo* [J]. Toxicology Letters，2006，163(2)：109-120

[9] Meng H，Chen Z，Xing G，et al. Ultrahigh reactivity provokes nanotoxicity：Explanation of oral toxicity of nano-copper particles [J]. Toxicology Letters，2007，175(1-3)：102-110

[10] Nemmar A，Hoylaerts M F，Hoet P H M，et al. Size effect of intratracheally instilled particles on pulmonary inflammation and vascular thrombosis [J]. Toxicology and Applied Pharmacology，2003，186

（1）：38-45

[11] Harrison R M, Jones M. The chemical-composition of airborne particles in the UK atmosphere [J]. Science of the Total Environment, 1995, 168: 195-214

[12] Ferin J, Oberdörster G, Penney D P. Pulmonary retention of ultrafine and fine particles in rats [J]. American Journal of Respiratory Cell and Molecular Biology, 1992, 6(5): 535-542

[13] International Commission on Radiological Protection. Fractional deposition of inhaled particles in the human respiratory tract. [J]. ICRP Model, 1994, 24: 1-300

[14] Oberdörster G, Finkelstein J N, Johnston C, et al. Acute pulmonary effects of ultrafine particles in rats and mice [J]. Research Report/Health Effects Institute, 2000, 96: 5-74

[15] Nikula K J, Avila K J, Griffith W C, et al. Lung tissue responses and sites of particle retention differ between rats and cynomolgus monkeys exposed chronically to diesel exhaust and coal dust [J]. Toxicological Sciences, 1997, 37(1): 37-53

[16] Pui D H, R C D. Nanometer particles: A new frontier for multidisciplinary research [J]. Journal of Aerosol Science, 1997, 28(481-760):

[17] Donaldson K, Li X Y, MacNee W. Ultrafine (nanometre) particle mediated lung injury [J]. Journal of Aerosol Science, 1998, 29(5-6): 553-560

[18] Donaldson K, Stone V, Gilmour P S, et al. Ultrafine particles: mechanisms of lung injury [J]. Philososophical Transactions of the Royal Society of London A, 2000, 358: 2741-2829

[19] Donaldson K, Stone V, Clouter A, et al. Ultrafine particles [J]. Occupational and Environmental Medicine, 2001, 58(3): 211-216

[20] Donaldson K, Tran C L, MacNee W. Deposition and effects of fine and ultrafine particles in the respiratory tract [J]. European Respiratory Monograph, 2002, 7: 77-92

[21] Samet J, Dominici F, Curriero F, et al. Fine particulate air pollution and mortality in 20 US cities, 1987-1994 [J]. New England Journal of Medicine, 2000, 343(24): 1742-1749

[22] Pope C A. Epidemiology of fine particulate air pollution and human health: Biologic mechanisms and who's at risk? [J]. Environmental Health Perspectives, 2000, 108(Suppl. 4): 713-723

[23] Utell M J, Frampton M W. Acute health effects of ambient air pollution: The ultrafine particle hypothesis [J]. Journal of Aerosol Medicine, 2000, 13: 355-359

[24] Neas L M. Fine particulate matter and cardiovascular disease [J]. Fuel Processing Technology, 2000, 65-66: 55-67

[25] Donaldson K, Stone V, Seaton A, et al. Ambient particle inhalation and the cardiovascular system: Potential mechanisms [J]. Environmental Health Perspectives, 2001, 109(Suppl. 4): 523-527

[26] Katsouyanni K, Touloumi G, Samoli E, et al. Confounding and effect modification in the short-term effects of ambient particles on total mortality: Results from 29 European cities within the APHEA2 project [J]. Epidemiology, 2001, 12: 521-531

[27] 陈真. 三种纳米颗粒的安全性评价与毒理学效应研究 [D]. 北京：中国科学院高能物理研究所，2008

[28] Chen Z, Meng H, Xing G, et al. Age-related differences in pulmonary and cardiovascular responses to SiO_2 nanoparticle inhalation: Nanotoxicity has susceptible population [J]. Environmental Science & Technology, 2008, 42(23): 8985-8992

[29] Posgai R, Ahamed M, Hussain S M, et al. Inhalation method for delivery of nanoparticles to the Drosophila respiratory system for toxicity testing [J]. Science of the Total Environment, 2009, 408(2):

439-443

[30] Shvedova A A, Kisin E R, Mercer R, et al. Unusual inflammatory and fibrogenic pulmonary responses to single walled carbon nanotubes in mice [J]. American Journal of Physiology: Lung Cellular and Molecular Physiology, 2005, 289: 698-708

[31] Lam C W, James J T, McCluskey R, et al. Pulmonary toxicity of single-wall carbon nanotubes in mice 7 and 90 days after intratracheal instillation [J]. Toxicological Sciences, 2004, 77: 126 - 134

[32] Warheit D B, Laurence B R, Reed K L, et al. Comparative pulmonary toxicity assessment of single-wall carbon nanotubes in rats [J]. Toxicological Sciences, 2004, 77: 117 - 125

[33] Takenaka S, Karg E, Roth C, et al. Pulmonary and systemic distribution of inhaled ultrafine silver particles in rats [J]. Environmental Health Perspectives, 2001, 109(supplement 4): 547-551

[34] Kreyling W, Semmler M, Erbe F, et al. Translocation of ultrafine insoluble iridium particles from lung epithelium to extrapulmonary organs is size dependent but very low [J]. Journal of Toxicology and Environmental Health A, 2002, 65(20): 1513-1530

[35] Zhu M, Feng W, Wang Y, et al. Particokinetics and extrapulmonary translocation of intratracheally instilled ferric oxide nanoparticles in rats and the potential health risk assessment [J]. Toxicological Sciences, 2009, 107(2): 342-351

[36] Asharani P V, Wu L, Gong Z, et al. Toxicity of silver nanoparticles in zebrafish models [J]. Nanotechnology, 2008, 19(255102): 255102

[37] He X, Zhang H, Ma Y, et al. Lung deposition and extrapulmonary translocation of nano-ceria after intratracheal instillation [J]. Nanotechnology, 2010, 21(28): 285103

[38] Oberdörster G, Z. Sharp, Atudorei V, et al. Translocation of inhaled ultrafine particles to the brain [J]. Inhalation Toxicology, 2004, 16(6-7): 437-445

[39] Feikert T, Mercer P, Corson N, et al. Inhaled solid ultrafine particles (UFP) are efficiently translocated *via* neuronal naso-olfactory pathways [J]. Toxicologist, 2004, 78(suppl 1): 435-436

[40] 汪冰. 金属纳米材料(锌和铁)的生物毒理学效应 [D]. 北京: 中国科学院高能物理研究所, 2007

[41] Hoet P H M, Bruske-Hohlfeld I, Salata O V. Nanoparticles-known and unknown health risks [J]. Journal of Nanobiotechnology, 2004, 2(1): 12

[42] Oberdörster G, Oberdörster E, Oberdörster J. Nanotoxicology: An emerging discipline evolving from studies of ultrafine particles [J]. Environmental Health Perspectives, 2005, 113(7): 823

[43] Wang B, He X, Zhang Z, et al. Metabolism of nanomaterials *in vivo*: Blood circulation and organ clearance [J]. Accounts of Chemical Research, 2013, 46(3): 761-769

[44] Jani P U, McCarthy D E, Florence A T. Titanium dioxide (rutile) particle uptake from the rat GI tract and translocation to systemic organs after oral administration [J]. International Journal of Pharmaceutics, 1994, 105(2): 157-168

[45] Böckmann J, Lahl H, Eckert T, et al. Titan-Blutspiegel vor und nach Belastungsversuchen mit Titandioxid [J]. Pharmazie, 2000, 55(2): 140-143

[46] Chen X-X, Cheng B, Yang Y-X, et al. Characterization and preliminary toxicity assay of nano-titanium dioxide additive in sugar-coated chewing gum [J]. Small, 2013, (9-10): 1765-1774

[47] Jani P, Halbert G W, Langridge J, et al. Nanoparticle uptake by the rat gastrointestinal mucosa: Quantitation and particle size dependency [J]. Journal of Pharmacy and Pharmacology, 1990, 42(12): 821-826

[48] Yamago S, Tokuyama H, Nakamuralr E, et al. *In vivo* biological behavior of a water-miscible fullerene: ^{14}C labeling, absorption, distribution, excretion and acute toxicity [J]. Chemistry & Biology, 1995, 2(6): 385-389

[49] 王江雪. 二氧化钛纳米颗粒的急性毒性和神经毒性研究 [D]. 北京: 中国科学院高能物理研究所, 2007

[50] Yang S T, Wang T, Dong E, et al. Bioavailability and preliminary toxicity evaluations of alumina nanoparticles *in vivo* after oral exposure [J]. Toxicology. Research. , 2012, (1): 69-74

[51] Lansdown A B G, Taylor A. Zinc and titanium oxides: Promising UV-absorbers but what influence do they have on the intact skin? [J]. International Journal of Cosmetic Science, 1997, 19(4): 167-172

[52] Menzel F, Reinert T, Vogt J, et al. Investigations of percutaneous uptake of ultrafine TiO$_2$ particles at the high energy ion nanoprobe LIPSION [J]. Nuclear Instruments and Methods in Physics Research Section B: Beam Interactions with Materials and Atoms, 2004, 219-220: 82-86

[53] Zvyagin A V, Zhao X, Gierden A, et al. Imaging of zinc oxide nanoparticle penetration in human skin *in vitro* and *in vivo* [J]. Journal of Biomedical Optics, 2008, 13(6): 9

[54] Filipe P, Silva J N, Silva R, et al. Stratum corneum is an effective barrier to TiO$_2$ and ZnO nanoparticle percutaneous absorption [J]. Skin Pharmacology and Physiology, 2009, 22(5): 266-275

[55] Schilling K, Bradford B, Castelli D, et al. Human safety review of "nano" titanium dioxide and zinc oxide [J]. Photochemical & Photobiological Sciences, 2010, 9(4): 495-509

[56] Wu J H, Liu W, Xue C B, et al. Toxicity and penetration of TiO$_2$ nanoparticles in hairless mice and porcine skin after subchronic dermal exposure [J]. Toxicology Letters, 2009, 191(1): 1-8

[57] Sadrieh N, Wokovich A M, Gopee N V, et al. Lack of significant dermal penetration of titanium dioxide from sunscreen formulations containing nano-and submicron-size TiO$_2$ particles [J]. Toxicological Sciences, 2010, 115(1): 156-166

[58] Nohynek G J, Dufour E K. Nano-sized cosmetic formulations or solid nanoparticles in sunscreens: A risk to human health? [J]. Archives of Toxicology, 2012, 86(7): 1063-1075

[59] Mortensen L J, Oberdörster G, Pentland A P, et al. *In vivo* skin penetration of quantum dot nanoparticles in the murine model: The effect of UVR [J]. Nano Letter, 2008, 8(9): 2779-2787

[60] Larese F F, D'Agostin F, Crosera M, et al. Human skin penetration of silver nanoparticles through intact and damaged skin [J]. Toxicology, 2009, 255(1): 33-37

[61] Yang Y, Jiang Y, Wang Z, et al. Skin-permeable quaternary nanoparticles with layer-by-layer structure enabling improved gene delivery [J]. Journal of Materials Chemistry, 2012, 22: 10029-10034

[62] Terentyuk G, Genina E A, Bashkatov A, et al. Use of fractional laser microablation and ultrasound to facilitate the delivery of gold nanoparticles into skin *in vivo* [J]. Quantum Electronics, 2012, 42(6): 471-477

[63] Zhang W, Gao J, Zhu Q, et al. Penetration and distribution of PLGA nanoparticles in the human skin treated with microneedles [J]. International Journal of Pharmaceutics, 2010, 402(1-2): 205-212

[64] Wang B, He X, Zhang Z, et al. Metabolism of nanomaterials *in vivo*: Blood circulation and organ clearance [J]. Accounts of Chemical Research, 2013, 46(3): 761-769

[65] Wang H, Wang J, Deng X, et al. Biodistribution of carbon single-wall carbon nanotubes in mice [J]. Journal of Nanoscience and Nanotechnology, 2004, 4(8): 1019-1024

[66] Liu Z, Cai W, He L, et al. *In vivo* biodistribution and highly efficient tumour targeting of carbon nanotubes in mice [J]. Nature Nanotechnology, 2006, 2(1): 47-52

[67] 孙岚，张英鸽，杨留中. 纳米活性炭在小鼠体内的分布，存留及淋巴靶向性 [J]. 军事医学科学院院刊，2005，29(4)：349-351

[68] Kim S, Lim Y T, Soltesz E G, et al. Near-infrared fluorescent type II quantum dots for sentinel lymph node mapping [J]. Nature Biotechnology, 2004, 22(1): 93-97

[69] Nel A E, Diaz-Sanchez D, Ng D, et al. Enhancement of allergic inflammation by the interaction between diesel exhaust particles and the immune system [J]. Journal of Allergy and Clinical Immunology, 1998, 102(4 Pt 1): 539-554

[70] Chen B X, Wilson S R, Das M, et al. Antigenicity of fullerenes: Antibodies specific for fullerenes and their characteristics [J]. Proceedings of the National Academy of Sciences of the United States of America, 1998, 95(18): 10809-10813

[71] Khandoga A, Stampfl A, Takenaka S, et al. Ultrafine particles exert prothrombotic but not inflammatory effects on the hepatic microcirculation in healthy mice *in vivo* [J]. Circulation, 2004, 109(10): 1320-1325

[72] Pope C, Thun M, Namboodiri·M, et al. Particulate air pollution as a predictor of mortality in a prospective study of US adults [J]. American Journal of Respiratory and Critical Care Medicine, 1995, 151(3): 669-674

[73] Gauderman W J, Avol E, Gilliland F, et al. The effect of air pollution on lung development from 10 to 18 years of age [J]. N. Eng. J. Med., 2004, 351(11): 1057-1067

[74] Brook R D, Franklin B, Cascio W, et al. Air pollution and cardiovascular disease—A statement for healthcare professionals from the expert panel on population and prevention science of the American Heart Association [J]. Circulation, 2004, 109(21): 2655-2671

[75] Wiesner M R, Lowry G V, Alvarez P, et al. Assessing the risks of manufactured nanomaterials [J]. Environmental Science & Technology, 2006, 40(14): 4336-4345

[76] Johnson R L. Relative effects of air pollution on lungs and heart [J]. Circulation, 2004, 109(1): 5-7

[77] Driscoll K, Costa D, Hatch G, et al. Intratracheal instillation as an exposure technique for the evaluation of respiratory tract toxicity: uses and limitations [J]. Toxicological Sciences, 2000, 55(1): 24-35

[78] Bermudez E, Mangum J B, Wong B A, et al. Pulmonary responses of mice, rats, and hamsters to subchronic inhalation of ultrafine titanium dioxide particles [J]. Toxicological Sciences, 2004, 77: 347-357

[79] Sung J H, Ji J H, Yoon J U, et al. Lung function changes in Sprague-Dawley rats after prolonged inhalation exposure to silver nanoparticles [J]. Inhalation Toxicology, 2008, 20(6): 567-574

[80] Peters A, Dockery D W, Muller J E, et al. Increased particulate air pollution and the triggering of myocardial infarction [J]. Circulation, 2001, 103(23): 2810-2815

[81] Peters A, Liu E, Verrier R L, et al. Air pollution and incidence of cardiac arrhythmia [J]. Epidemiology, 2000, 11(1): 11-17

[82] Peters A, Doring A, Wichmann H E, et al. Increased plasma viscosity during an air pollution episode: A link to mortality? [J]. Lancet, 1997, 349(9065): 1582-1587

[83] Nemmar A, Hoet P H M, Vermylen J, et al. Pharmacological stabilization of mast cells abrogates late thrombotic events induced by diesel exhaust particles in hamsters [J]. Circulation, 2004, 110(12): 1670-1677

[84] Nemmar A, Nemery B, Hoet P H M, et al. Pulmonary inflammation and thrombogenicity caused by diesel particles in hamsters: Role of histamine [J]. American Journal of Respiratory and Critical Care

Medicine，2003，168(11)：1366-1372

［85］Liao D P，Creason J，Shy C，et al. Daily variation of particulate air pollution and poor cardiac autonomic control in the elderly ［J］. Environmental Health Perspectives，1999，107(7)：521-525

［86］Magari S R，Hauser R，Schwartz J，et al. Association of heart rate variability with occupational and environmental exposure to particulate air pollution ［J］. Circulation，2001，104(9)：986-991

［87］Bai N，Khazaei M，van Eeden S F，et al. The pharmacology of particulate matter air pollution-induced cardiovascular dysfunction ［J］. Pharmacology & Therapeutics，2007，113(1)：16-29

［88］Pekkanen J，Brunner E J，Anderson H R，et al. Daily concentrations of air pollution and plasma fibrinogen in London ［J］. Occupational and Environmental Medicine，2000，57(12)：818-822

［89］Nemmar A，Hoet P H M，Dinsdale D，et al. Diesel exhaust particles in lung acutely enhance experimental peripheral thrombosis ［J］. Circulation，2003，107(8)：1202-1208

［90］Kang G S，Gillespie P A，Gunnison A，et al. Long-term inhalation exposure to nickel nanoparticles exacerbated atherosclerosis in a susceptible mouse model ［J］. Environmental Health Perspectives，2011，119(2)：176-181

［91］Campbell A，Oldham M，Becaria A，et al. Particulate matter in polluted air may increase biomarkers of inflammation in mouse brain ［J］. Neurotoxicology，2005，26：113-140

［92］Han D，Tian Y，Zhang T，et al. Nano-zinc oxide damages spatial cognition capability *via* over-enhanced long-term potentiation in hippocampus of Wistar rats ［J］. International Journal of Nanomedicine，2011，6：1453-1461

［93］An L，Liu S，Yang Z，et al. Cognitive impairment in rats induced by nano-CuO and its possible mechanisms ［J］. Toxicology Letters，2012，213(2)：220-227

［94］Oberdörster E. In：227th American Chemical Society National Meeting. Anaheim,California，2004

［95］Oberdöster E. Manufactures nanomaterials (Fullerene，C_{60}) induce oxidative stress in the brain of juvenile largemouth bass ［J］. Environmental Health Perspectives，2004，112(10)：1058-1062

［96］Li Y X，Wang W，Wu Q L，et al. Molecular control of TiO_2-NPs toxicity formation at predicted environmental relevant concentrations by Mn-SODs proteins ［J］. PlosOne，2012，7(9)：12

［97］Wu Q，Wang W，Li Y，et al. Small sizes of TiO_2-NPs exhibit adverse effects at predicted environmental relevant concentrations on nematodes in a modified chronic toxicity assay system ［J］. Journal of Hazardous Materials，2012，243：161-168

［98］Li Y，Yu S，Wu Q，et al. Transmissions of serotonin，dopamine，and glutamate are required for the formation of neurotoxicity from Al_2O_3-NPs in nematode Caenorhabditis elegans ［J］. Nanotoxicology，2013，7(5)：1004-1013

［99］Li Y X，Yu S H，Wu Q L，et al. Chronic Al_2O_3-nanoparticle exposure causes neurotoxic effects on locomotion behaviors by inducing severe ROS production and disruption of ROS defense mechanisms in nematode Caenorhabditis elegans ［J］. Journal of Hazardous Materials，2012，219：221-230

［100］Wu Q L，Li Y P，Tang M，et al. Evaluation of environmental safety concentrations of DMSA coated Fe_2O_3-NPs using different assay systems in nematode *Caenorhabditis elegans* ［J］. PlosOne，2012，7(8)：11

［101］Zhao Y，Wu Q，Li Y，et al. Translocation，transfer，and *in vivo* safety evaluation of engineered nanomaterials in the non-mammalian alternative toxicity assay model of nematode *Caenorhabditis elegans* ［J］. RSC Advances，2013，DOI：10.1039/c2ra22798c.

[102] Takata K, Fujikura K, Shin B C. Ultrastructure of the rodent placental labyrinth: A site of barrier and transport [J]. Journal of Reproduction and Development, 1997, 43(1): 13-24

[103] Enders A C, Blankenship T N. Comparative placental structure [J]. Advanced Drug Delivery Reviews, 1999, 38(1): 3-15

[104] Keelan J A. Nanotoxicology: Nanoparticles versus the placenta [J]. Nature Nanotechnology, 2011, 6(5): 263-264

[105] Wick P, Malek A, Manser P, et al. Barrier capacity of human placenta for nanosized materials [J]. Environmental Health Perspectives, 2009, 118(3): 432

[106] Myllynen P K, Loughran M J, Howard C V, et al. Kinetics of gold nanoparticles in the human placenta [J]. Reproductive Toxicology, 2008, 26(2): 130-137

[107] Tian F, Razansky D, Estrada G G, et al. Surface modification and size dependence in particle translocation during early embryonic development [J]. Inhalation Toxicology, 2009, 21(S1): 92-96

[108] Wick P, Malek A, Manser P, et al. Barrier capacity of human placenta for nanosized materials [J]. Environmental Health Perspectives, 2010, 118(3): 432-436

[109] Saunders M. Transplacental transport of nanomaterials [J]. Wiley Interdisciplinary Reviews: Nanomedicine and Nanobiotechnology, 2009, 1(6): 671-684

[110] Chu M, Wu Q, Yang H, et al. Transfer of quantum dots from pregnant mice to pups across the placental barrier [J]. Small, 2010, 6(5): 670-678

[111] Yamashita K, Yoshioka Y, Higashisaka K, et al. Silica and titanium dioxide nanoparticles cause pregnancy complications in mice [J]. Nature Nanotechnology, 2011, 6: 321-328

[112] Yang H, Sun C, Fan Z, et al. Effects of gestational age and surface modification on materno-fetal transfer of nanoparticles in murine pregnancy [J]. Scientific Reports, 2012, 2, DOI: 10. 1038/srep00847

[113] Tsuchiya T, Oguri I, Yamakoshi Y, et al. Novel harmful effects of [60] fullerene on mouse embryos in vitro and in vivo [J]. FEBS Letters, 1996, 393(1): 139-145

[114] Takeda K, Suzuki K, Ishihara A, et al. Nanoparticles transferred from pregnant mice to their offspring can damage the genital and cranial nerve systems [J]. Journal of Health Science, 2009, 55(1): 95-102

[115] Schulte C, Nagel R. Testing acute toxicity in the embryo of zebrafish, Brachydanio rerio, as alternative to the acute fish test: preliminary results [J]. ATLA. Alternatives to Laboratory Animals, 1994, 22(1): 12-19

[116] Strmac M, Braunbeck T. Effects of Triphenyltin Acetate on Survival, Hatching Success, and Liver Ultrastructure of Early Life Stages of Zebrafish (Danio rerio) [J]. Ecotoxicology and Environmental Safety, 1999, 44(1): 25-39

[117] Usenko C Y, Harper S L, Tanguay R L. In vivo evaluation of carbon fullerene toxicity using embryonic zebrafish [J]. Carbon, 2007, 45(9): 1891-1898

[118] 朱小山, 朱琳, 郎宇鹏, 等. 富勒烯及其衍生物对斑马鱼胚胎发育毒性的比较 [J]. 中国环境科学, 2008, 28(2): 173-177

[119] Asharani P, Wu L, Gong Z, et al. Toxicity of silver nanoparticles in zebrafish models [J]. Nanotechnology, 2008, 19(255102): 255102

[120] Bai W, Zhang Z, Tian W, et al. Toxicity of zinc oxide nanoparticles to zebrafish embryo: A physico-

chemical study of toxicity mechanism [J]. Journal of Nanoparticle Research, 2010, 12(5): 1645-1654

[121] Rausch L J, Bisinger E C, Sharma A. Carbon black should not be classified as a human carcinogen based on rodent bioassay data [J]. Regulatory Toxicology and Pharmacology, 2004, 40(1): 28-41

[122] Valberg P, Long C, Sax S. Integrating studies on carcinogenic risk of carbon black: Epidemiology, animal exposures, and mechanism of action [J]. Journal of Occupational and Environmental Medicine, 2006, 48(12): 1291-1307

[123] Baan R, Straif K, Grosse Y, et al. Carcinogenicity of carbon black, titanium dioxide, and talc [J]. Lancet Oncology, 2006, 7: 295-296

[124] Boffetta P, Soutar A, Cherrie J W, et al. Mortality among workers employed in the titanium dioxide production industry in Europe [J]. Cancer Causes and Control, 2004, 15: 697-706

[125] Hext P M, Tomenson J A, Thompson P. Titanium dioxide: Inhalation toxicology and epidemiology [J]. Annals of Occupational Hygiene, 2005, 49(6): 461-472

[126] Nelson M A, Domann F E, Bowden G T, et al. Effects of acute and subchronic exposure of topically applied fullerene extracts on the mouse skin [J]. Toxicology and Industrial Health, 1993, 9(4): 623-630

[127] Trouiller B, Reliene R, Westbrook A, et al. Titanium dioxide nanoparticles induce DNA damage and genetic instability *in vivo* in mice [J]. Cancer Research, 2009, 69(22): 8784-8789

第 5 章　细胞毒理学研究方法

　　细胞是生物体新陈代谢的基本单位,外界环境中有害的物理性、化学性和生物性因子通过多种途径作用于机体,引起机体组织器官结构和功能的改变,而这些改变无不首先在细胞水平得到体现。细胞结构与功能的改变是机体受到外源性有害物质作用引起损伤的基础。细胞毒理学(cytotoxicology)是以细胞为研究对象,应用体外细胞培养技术研究环境中物理、化学和生物等多种污染物对细胞的损伤效应与规律,从而获得该物质的细胞毒效应、与剂量有关的暴露特征(如暴露时间、暴露途径、暴露频率)以及毒作用机理等诸多信息。以细胞为研究对象进行纳米材料生物效应研究,主要是应用体外培养的细胞株对纳米材料进行生物效应监测,评价纳米材料对人体可能产生的影响。近年来,随着"3R"原则(替代、减少、优化)的大力提倡,体外细胞试验已成为动物试验的主要替代方法。与传统动物试验或流行病学调查方法相比,细胞试验省时、省力,同时避免了伦理学问题,因此在纳米毒理学研究上得到了广泛的应用。细胞毒理学试验技术为纳米材料生物效应的研究提供一种简单、快速、准确和经济的检测手段,同时多种新的试验方法和技术的建立为纳米材料作用机制的研究拓展了新的途径。体外细胞试验的优点概括起来有以下几点:

　　(1) 可以按实验要求控制实验条件,把整个实验安排在体外进行,便于观察和分析;

　　(2) 实验条件易于控制,可排除复杂的体内环境(体液、代谢、神经干扰)的干扰,可观察单因素与多因素影响下的变化,实验结果稳定,重复性好;

　　(3) 需要的样品量少,实验操作简便、快速,实验经济;

　　(4) 细胞来源充足,实验周期短,避免了动物间个体差异,实验易重复。

　　但是,体外细胞培养技术及其实验模型也有局限性。体外培养的细胞脱离了整体复杂的生理环境,其细胞生物学性状在一定程度上会发生改变,所获得的实验结果可能与人体或动物的整体实验结果存在差异。因此,体外细胞毒理学试验结果外推到人时有时存在一定的不确定性,影响对外源性化学物质的毒作用评价[1-3]。

　　纳米材料由于其特殊的物理化学性质,极有可能干扰常规的体外毒性测定方法,因此选择合适的细胞毒性分析方法对于精确评估纳米材料的细胞毒性至关重要。纳米材料大的比表面积极有可能增加其对染料等的吸附性;特殊的光学特性可能会干扰荧光或可见光吸收测定体系;强的催化活性会增加其表面能;磁性会干扰基于氧化还原的试验方法。以上这些干扰的存在使得传统毒理学中所使用的很多常规实验方法不适用于纳米毒理学研究[4]。因此在选择分析方法的时候，要将所有可能存在的干扰因素考虑在内，避免假阳性或假阴性实验结果的出现[5]。

5.1　细胞毒性的检测

　　外界环境中的各种有害因子作用所导致的细胞结构和功能的损伤效应即细胞毒作用，可引起细胞一系列形态、功能以及代谢上的变化，严重的会导致细胞死亡。以体外培养细胞为研究对象，评价纳米材料的细胞毒性效应，可获得该纳米材料的细胞毒作用与其暴露剂量（浓度）和暴露时间之间的关系。纳米材料的细胞毒性作用常从细胞膜的完整性、细胞形态、生长状态、存活率、细胞生化或代谢，以及细胞膜电位的变化等指标进行观察和判定。

5.1.1　细胞形态学观察

　　纳米材料对细胞的毒性作用可引起细胞一系列形态学的变化，如细胞体肿胀、萎缩、细胞间隙扩大、失去原有细胞形态特征、膜表面变平、皱褶、微绒毛数目增多或减少、长短不一、排列繁乱、伪足消失，核肿胀或固缩、破裂、线粒体肿胀或萎缩、内质网扩张，溶酶体破坏等。对细胞形态学的观察，有助于进行纳米材料暴露后的量效关系分析及中毒机制的探讨，为评价其毒性提供部分依据。通过对培养细胞的观察，可以研究纳米材料对细胞结构与功能造成的损害，如细胞的形态改变、贴壁变差、生长速度减慢、细胞退化、完整性受损及细胞死亡等。这些形态学改变可通过光学显微镜、荧光显微镜或电子显微镜等，直接观察细胞受损的性质与程度，以判断纳米材料对细胞的一般毒性，并评价其潜在毒作用。

　　1. 光学显微镜

　　部分纳米材料具有显著的细胞毒性，而部分纳米材料则表现出很好的生物相容性，所以使用光学显微镜就可对纳米材料暴露后的整个细胞的细胞形态以及纳米材料与细胞的相互作用进行观察。目前常用的光学显微镜包括倒置显微镜、相差显微镜和荧光显微镜。

　　1）倒置显微镜

　　倒置显微镜的构造及用法与普通显微镜完全相同，只是物镜与聚光器系统都是倒装的，用于观察带液体的标本，如培养瓶内的贴壁细胞等，将培养瓶平置于载物台上，视野内即能观察到瓶底上的培养物。

　　AshaRani 等[6]在倒置显微镜下观察了银纳米颗粒（AgNPs）暴露对人胶质母细胞瘤细胞（U251）形态学的影响。显微镜观察发现，对照组细胞形态正常，呈多边形或三角形,均质透明,折光性强、细胞膜完整。200 μg/mL AgNPs 作用 48 h,观察发现 U251 细胞变形、脱落并聚集成团、细胞形态不规则等明显的细胞形态学异常改变(图 5.1)。

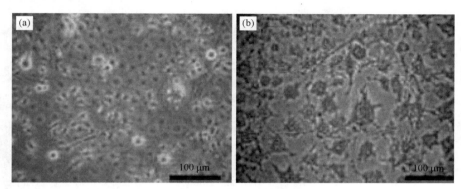

图 5.1　AgNPs 处理 48 h 后 U251 细胞形态学改变[6]

(a)对照组细胞;(b)AgNPs 处理组细胞

2) 相差显微镜

相差显微镜是用于观察未染色标本的显微镜。活细胞和未染色的生物标本,因细胞各部细微结构的折射率和厚度的不同,光波通过时,波长和振幅并不发生变化,仅相位发生变化(振幅差),这种振幅差人眼无法观察。相差显微镜能通过其特殊装置——环状光阑和相板,利用光的干涉现象,将光的相位差转变为人眼可以察觉的振幅差(明暗差),从而使原来透明的物体表现出明显的明暗差异,对比度增强,使我们能比较清楚地观察到普通光学显微镜和暗视野显微镜下都看不到或看不清的活细胞及细胞内的某些细微结构。活细胞无色透明,细胞内各种结构间的反差很小,在一般光学显微镜下难以观察到细胞的轮廓及内部结构,必须使用相差显微镜,类似的还有干涉微分相差显微镜,它可使细胞有鲜艳的颜色,并在细胞周围不出现明亮的晕环。一个简单的纳米颗粒的细胞毒性检验是用明视场显微镜检查细胞结构和细胞形态的变化,如有毒性可引起细胞皱缩和变形。

Sharma 等[7]应用相差显微镜观察发现 ZnO 纳米颗粒暴露不同时间对人表皮细胞(A431)细胞形态的影响不同(图 5.2)。相差显微镜观察显示,对照组细胞形态正常、细胞内颗粒极少、胞质透明度较大、细胞生长旺盛呈单层紧密排列(a)。8 μg/mL ZnO 处理 6 h,细胞出现不同程度的回缩变形、细胞间隙增大、排列稀疏、胞质内颗粒物增多、细胞透明度下降(b);暴露 24 h 大量细胞回缩呈圆形,部分细胞从培养瓶壁上脱落下来聚集成团(c);暴露 48 h 大部分细胞呈圆形并从培养瓶壁上脱落下来聚集成团(d);5 μg/mL ZnO 处理组观察到类似的时间-效应关系(e,f),但暴露相同时间其毒性反应显著低于 8 μg/mL 处理组。

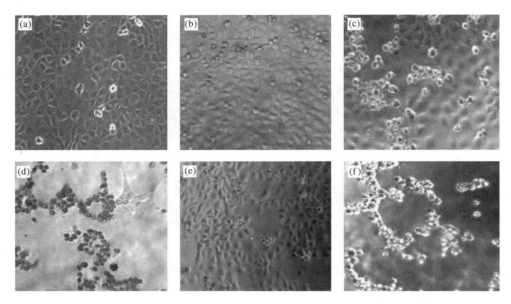

图 5.2　ZnO 纳米颗粒暴露人表皮细胞(A431)后细胞形态学改变[7]

(a)对照组;(b)8 μg/mL 作用 6 h;(c)8 μg/mL 作用 24 h;(d)8 μg/mL 作用 48 h;(e)5 μg/mL 作用 24 h;
(f)5 μg/mL 作用 48 h

　　有文献报道,使用 CytoViva™ 150 超分辨率成像系统(ultra resolution imaging,URI)可以观察纳米材料暴露后的整个细胞形态学的改变以及细胞与纳米材料的相互作用等[8,9]。CytoViva™ 150 超分辨率成像系统是近年来发展起来的一项新技术,它突破了常规光学显微镜 250 nm 的分辨率极限,通过进一步缩小光斑尺寸和杂散光,分辨率可以达到 150 nm[10,11]。此外,URI 独特的光散射能力可以进一步照亮细胞内部结构或团聚在活细胞内的金属纳米颗粒[10,11]。50 μg/mL MnO(40 nm)纳米颗粒暴露 PC-12 细胞 24 h,使用 URI 观察可以在细胞内看到一个高亮的光斑,这个光斑即为团聚在细胞内的纳米材料[9](见图 5.3)。

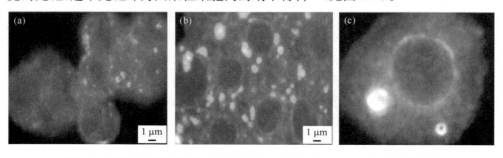

图 5.3　高亮度倒置显微镜观察 MnO 纳米颗粒在 PC-12 细胞内的分布[9]

(a)对照组;(b)MnO 处理组;(c)通过计算机软件放大的单个细胞,图中高亮度区域就是团聚的 MnO 纳米颗粒

3) 荧光显微镜

荧光显微镜观察是另外一种可以用来研究纳米材料暴露后细胞形态学改变的实验技术。荧光显微镜与普通光学显微镜不同,不是通过普通光源的照明观察标本,而是利用一定波长的光作为激发光源,使显微镜下样品内的荧光物质发射出另一种波长的荧光,观察样品中的荧光,从而对样品或其组分进行定性、定位、定量观察检测。荧光显微镜需要有能产生强度较大而波长较短的光源。这种光是利用高发光效率的点光源通过特定的滤色系统获得。常用的是紫外光(波长短于 400 nm)和蓝紫光(以 404 nm、434 nm 为中心的由紫外至蓝光)。用紫外光作为激发光源时,显微镜需有特殊的石英聚光器和物镜,否则紫外光被吸收,而用紫蓝光作激发光源时,显微镜上则不需要特殊的装置,用荧光染料染上细胞或组织时,在荧光显微镜下即能看到在暗背景中显示出有色彩的发亮物质,在强烈的背景下,即使荧光很微弱也易清晰辨认,灵敏度高。激发光的强度越高,荧光像越明亮。紫外光短于400 nm(UV 激发),被观察的荧光呈现该染料固有的荧光。蓝紫光(BV 激发)用于荧光抗体法的荧光色素。由于激发光的吸收波长和荧光的发光波长比较接近,所以必须使用锐截止式滤光片。荧光抗体法以荧光色素特有的颜色来判断其特异性,判断易受影响。根据对荧光像的反差和亮度的不同要求选择荧光显微镜的照明方式和滤光片。

使用荧光显微镜观察主要有两种方式:①荧光染色法,即直接利用某些荧光染料使细胞或组织着色就能显示其结构,如吖啶橙染色可使细胞核发出绿色荧光,细胞浆发出橙色荧光;②荧光抗体法,也称为免疫荧光法,是以荧光物标记抗体进行抗原定位的一项技术。此法利用抗原抗体的特异性结合现象,将抗体标记上一定的荧光色素使抗体成为一种特异性的蛋白质染料,即荧光抗体以检测未知抗原,也可通过标记抗球蛋白抗体(第二抗体)以检测未知抗体,常用的 4 种荧光探针是荧光素、罗丹明、Texas 红和藻红蛋白。

Alshatwi 等[12]应用荧光染料碘化丙啶(PI)标记细胞核,研究了碳纳米管(CNTs)暴露人间充质干细胞(hMSC)对细胞核形态的影响。倒置荧光显微镜观察显示,对照组细胞核呈均质红染的椭圆形,大小均一;低浓度 CNTs(50 μg/mL)暴露部分细胞核形状发生改变,呈无规则的多边形;高浓度 CNTs(100 μg/mL)暴露大部分细胞的细胞核形状发生改变,变为无规则的多边形(图 5.4)。

Schrand 等[13]利用两种荧光探针分别对细胞骨架中的肌动蛋白和细胞核进行染色,研究了金刚石纳米颗粒(NDs)暴露对神经母细胞瘤细胞的肌动蛋白骨架结构的影响。荧光显微镜观察发现,同对照组、炭黑纳米颗粒(CB)组和氧化镉(CdO)组相比,100 μg/mL NDs 暴露后,多个轴突的细胞骨架分枝数量显著增多。在 CB 组仅观察到黑色的 CB 纳米颗粒附着在细胞的表面,而 CdO 暴露后观察到细胞数量减少及细胞皱缩等细胞毒性现象(图 5.5)。

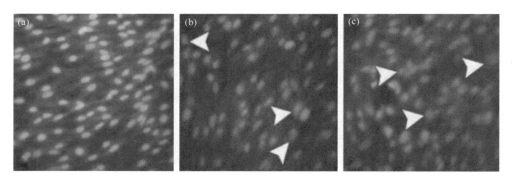

图 5.4　CNTs 暴露 hMSC 24 h 后细胞核的形态学改变[12]

(a)对照组;(b)低浓度组(50 μg/mL);(c)高浓度组(100 μg/mL)

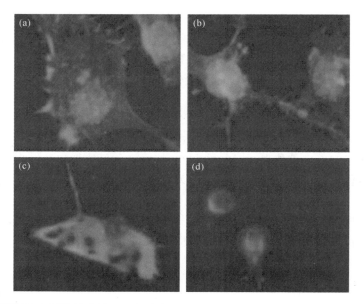

图 5.5　金刚石纳米颗粒暴露神经母细胞瘤细胞后的荧光显微镜观察细胞骨架结构的改变。纳米材料暴露细胞 24 h 后,对细胞骨架肌动蛋白(红色)和细胞核(蓝色)进行荧光双染,荧光显微镜观察细胞骨架结构的改变[13]

(a)对照组;(b)100 μg/mL NDs;(c)100 μg/mL 炭黑纳米颗粒(CB);(d)2.5 μg/mL CdO

　　荧光抗体法在纳米细胞毒理学研究中的应用也很广泛。Toduka 等[14]采用荧光抗体法研究了 ZnO 和 CuO 纳米颗粒暴露的中国仓鼠卵巢细胞 CHO-K1 细胞内磷酸化组蛋白 H2AX(γ-H2AX)的含量变化。γ-H2AX 是一种 DNA 损伤的标志物,可反映 ROS 对 DNA 的损伤程度。一抗为 γ-H2AX 抗体,二抗为连有 FITC 的一抗抗体,细胞核用 PI 染色,荧光显微镜观察细胞内 γ-H2AX 的含量变化(图 5.6)。

对照组细胞内没有观察到 γ-H2AX，说明对照组细胞 DNA 基本无损伤。30 μg/mL 的 ZnO 和 CuO 纳米颗粒暴露细胞 2 h，细胞内 γ-H2AX 含量均显著上升（绿色）。说明纳米颗粒暴露可诱导细胞 DNA 发生损伤，损伤程度与细胞周期进程无关（PI 染色显示不同的细胞周期进程）。

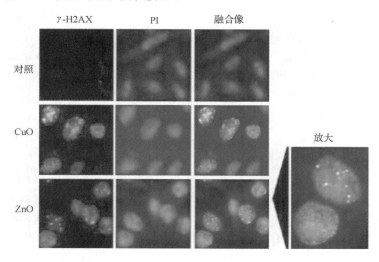

图 5.6　荧光抗体法分析 ZnO 和 CuO 纳米颗粒暴露后 CHO-K1 细胞内 γ-H2AX 含量变化[14]

4）激光共聚焦扫描显微镜

激光共聚焦扫描显微镜（confocal laser scanning microscope，CLSM）是近代最先进的细胞生物医学分析仪器之一。用激光作扫描光源，逐点、逐行、逐面快速扫描成像，扫描的激光与荧光收集共用一个物镜，物镜的焦点即扫描激光的聚焦点，也是瞬时成像的物点。由于激光束的波长较短，光束很细，所以共焦激光扫描显微镜有较高的分辨力，大约是普通光学显微镜的 3 倍。激光共聚焦扫描显微镜是在传统光学显微镜基础上采用共轭聚焦原理和装置，并利用计算机对观察对象进行数字图像处理的一套观察、分析和输出系统。主要包括：激光光源、自动显微镜、扫描模块（包括共聚焦光路通道和针孔、扫描镜、检测器）、数字信号处理器、计算机以及图像输出设备等。激光共聚焦显微镜系统经过一次调焦后，在样品的一个平面内扫描，随着调焦的深度改变，就获得了随深度变化的一层层的平面图，经过数字图像处理，如样品是细胞，就能获得细胞样品的立体结构图。激光共聚焦扫描显微镜利用荧光染料，从形态和功能两个方面为纳米颗粒的生物学效应研究提供了崭新技术手段[15,16]。

与传统光学显微镜相比，激光共聚焦扫描显微镜不仅可观察固定的细胞、组织切片，还可对活细胞的结构、分子、离子进行实时动态地观察和检测，也可以用于细胞内生化成分的定量分析。目前，激光扫描共聚焦显微技术已用于细胞形态定位、立体结构重组、动态变化过程等研究,并提供定量荧光测定、定量图像分析等实用研究手段,结合其他相关生物技术,在形态学、生理学、免疫学、遗传学等分子细胞生物学领域得到广泛应用。此外,激光共聚焦扫描显微镜具有更高的分辨率、更高灵敏度的图像,可以对样品无损地进行断层扫描和成像,是活细胞动态观察、多重免疫荧光标记和离子荧光标记观察的有力工具。在对生物样品的观察中,激光共聚焦显微镜有如下优越性:

(1) 对活细胞或切片进行连续扫描,无损伤、重复性高,可获得精细的细胞骨架、染色体、细胞器和细胞膜系统的三维图像。共聚焦显微镜的分辨率超过普通光镜,染色过程简便,可以在活细胞上进行无创伤性的染色,最大限度地维持细胞的正常形态。多种特异性的荧光染料,如吖啶橙(acridine orange,AO)、碘化丙啶(propidium iodide,PI)、4′,6-联脒-2-苯基吲哚(4′,6-diamidino-2-phenylindole dihydrochloride,DAPI)、罗丹明 123(Rhodamine 123)、鬼笔环肽(Phalloidin)和细胞膜红色荧光探针(DiI)等,已被广泛应用于 RNA、DNA、线粒体、内质网、肌动蛋白、细胞膜等细胞结构的标记。运用免疫荧光技术,将不同波长的荧光物质标记在内部不同结构的相应抗体上,以这几种荧光物质特定的光谱性质选择激发光和滤光片,则可以观察到细胞内部的精细结构。在荧光着色点较小且易被遮盖(如荧光原位杂交实验)的情况下,这种三维图像的多角度观察更具优势。

(2) 可观察细胞内的离子。荧光标记、单标记或多标记,检测细胞内如 pH 变化和钠、钙、镁等离子浓度的比率及动态变化。许多荧光染料可以聚集在细胞的特定结构,而对细胞的活性基本上不产生影响,这一特性常被用来反映细胞受到刺激后形态或功能的改变。如亲脂性染料 $DiOC_6$(3)(3,3-dihexyloxacarbocyanine iodide)主要聚集在内质网(endoplasmic reticulum,ER),对细胞的毒副作用极小。肌细胞中的肌浆网(sarcoplasmic reticulum,SR)与 ER 有相同的性质,是胞内钙库,使用共聚焦显微镜可以动态观察肌细胞兴奋时 SR 的变化。许多参与神经元兴奋传导的离子如 K^+、Na^+、H^+、Cl^-、Mg^{2+}、Ca^{2+} 等,都有其特异性的荧光染料。Ca^{2+} 在细胞的兴奋、分化、死亡等过程中起着重要作用,是许多生理反应的胞内第二信使。Ca^{2+} 敏荧光染料包括 Quin-2、Indo-1、Fura-2、Fluo-3、Rhod-2 等,在与 Ca^{2+} 结合以后,Fluo-3,Rhod-2 表现为荧光强度的增加,Indo-1 表现为发射光谱的谱线下移,Fura-2 的激发光谱的谱线下移,后两种染料是目前仅有的可利用双波长比色法进行 Ca^{2+} 浓度绝对值测量的染料;Fluo-3,Rhod-2 仅以荧光强度来反映 Ca^{2+} 浓度的相对变化。目前,共聚焦显微镜测钙时常用 Fluo-3。

(3) 可以在同一张样品上进行同时多重物质标记观察。Li 等[17]以小鼠成纤维细胞 3T3 L1 和鼠肝癌细胞 RH 35 为研究对象,利用激光共聚焦显微成像技术来研究荧光素标记的富勒烯纳米颗粒是否是通过内吞途径进入细胞的。结果发现,荧光素标记的富勒烯纳米颗粒在 3T3 L1 和 RH35 细胞内均呈明显的点状分布,并且与内吞标记物 FM4-64 有很好的共定位,这些现象提示荧光素标记的富勒烯纳米颗粒是以内吞方式进入细胞的。Liu 等[18]利用激光共聚焦显微镜研究了飞克$(10^{-15}$ g)级的砷离子在活细胞亚细胞器中的定位。纳米探针由单壁碳纳米管和带有染料分子的 ssDNA 组成,在活的 HeLa 细胞中,由于痕量的砷离子和纳米探针相互作用后可显著降低纳米探针的发射强度。通过激光共聚焦显微镜及低温电子显微镜观察,结果显示,砷离子和纳米探针靶向 HeLa 细胞的溶酶体,具有很好的空间分辨率。

2. 电子显微镜

电子显微镜已成为研究机体微细结构的重要手段,常用的有透射电子电镜和扫描电子电镜。与光镜相比,电镜用电子束代替了可见光,用电磁透镜代替了光学透镜并使用荧光屏将肉眼不可见电子束成像。细胞毒理学研究中经常使用到的电子显微镜主要包括透射电子显微镜和扫描电子显微镜。TEM 细胞样品准备包括戊二醛或多聚甲醛固定细胞、锇酸后固定、乙醇梯度脱水、树脂包埋、固定和超薄切片。整个样品制备过程比较繁琐,但可以得到用普通显微镜所不能分辨的细微物质结构信息。SEM 可用于观察细胞表面的形貌,是用极细的电子束在样品表面扫描,将产生的二次电子用探测器收集,形成合适的电信号显示在荧光屏上,获得细胞表面的立体构象。对生物样品可用戊二醛或锇酸等固定,脱水干燥后,需要在样品表面喷镀薄层金或碳膜增加导电和导热的性能。

目前,电子显微镜技术已被广泛应用于纳米材料的体外细胞细胞毒理学研究中。Li 等[17]应用透射电子显微镜(TEM)观察到富勒烯纳米颗粒$[C_{60}(C(COOH)_2)_2]_n$能够进入小鼠成纤维细胞 3T3 L1 内,进入细胞的纳米材料主要定位在细胞内的内吞体或溶酶体类囊泡中(图 5.7)。

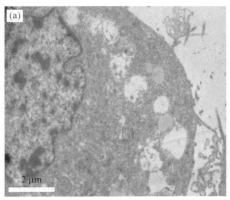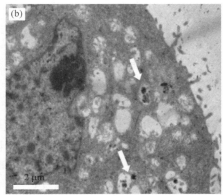

图 5.7　富勒烯纳米颗粒暴露后 3T3 L1 细胞的透射电镜图[17]

(a)对照组;(b)处理组细胞(箭头表示形成的大囊泡)

AshaRani 等[6]应用 TEM 研究了银纳米颗粒（AgNPs）暴露细胞后在细胞内的分布情况。TEM 观察显示，对照组细胞形态正常（a），AgNPs 处理组细胞的细胞膜附近观察到包裹有大量 AgNPs 的核内体（b）。在细胞质、溶酶体和细胞核内观察到无膜包裹的团聚的 AgNPs（c），进一步增加放大倍数观察，发现团聚体中 AgNPs 仍然是单个独立存在的（d）。此外，在细胞质和核膜附近也观察到多个包裹了 AgNPs 的核内体（e）。在其他细胞器如线粒体，也有沉积的 AgNPs。核内体是细胞内吞作用运载途径中的一个中间环节，说明 AgNPs 是以细胞内吞的方式进入细胞内的（图 5.8）。

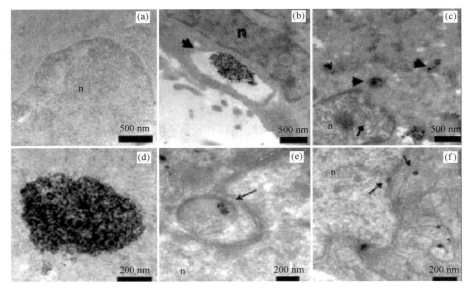

图 5.8　U251 细胞超薄切片的 TEM 图片[6]

SEM 在纳米细胞毒理学研究中也起到重要作用。Hamilton 等[19]研究了不同 TiO₂纳米材料对鼠（C57BL/6）肺泡巨噬细胞的细胞毒性和相容性。SEM 观察 TiO₂纳米颗粒与细胞的相互作用。TiO₂纳米颗粒包括以下三种：纳米微球（NS，直径 60 ~ 200 nm）、短纳米纤维（NB-1，长度 0.8~4 μm）和长纳米纤维（NB-2，15~30 μm），两种纳米纤维的宽度均为 60~300 nm。暴露肺泡巨噬细胞 1 h 后，SEM 观察显示，NS 和 NB-1 处理组细胞形态正常，细胞表面无纳米材料，而 NB-2 处理组的细胞外表面观察到纳米纤维样物质，其中一部分纳米纤维仅仅附着在细胞表面，还有一些纳米纤维穿过细胞体（图 5.9）。

扫描电镜湿样本舱（WetSEM™ Capsules）是电子显微领域的一项重大的具有里程碑意义的技术突破，它的出现使得 SEM 的样品制备和图像获得发生了质的飞越。WetSEM™简化了以往 SEM 的样品制备过程，不需要购买各种样品制备设

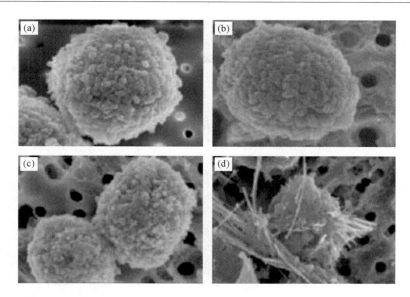

图 5.9　SEM 研究 TiO₂纳米颗粒和肺泡巨噬细胞(AM)的体外相互作用[19]

(a)对照组;(b)NS 暴露组;(c)NB-1 暴露组;(d)NB-2 暴露组

备,节省了大量时间。而且"含水"的样品可以直接在 SEM 下观察,获得的结果更加真实客观,重复性好。此项技术对贴壁或不贴壁的细胞均可直接成像,能够观察多种染料染色的组织和细胞,对未经染色、固定的细胞同样可以观察,在分辨率达到 10 nm 的情况下可对湿体样本进行 X 射线组成分析。因此,这项技术在纳米毒理学研究中具有很大的优势。

WetSEM™克服了传统 SEM 只能观察表面形貌的缺陷。将细胞直接种在样品舱的聚酰亚胺膜上,聚酰亚胺膜薄且透明,细胞可以在上面直接生长。WetSEM™实现了对整个细胞的内部可视化观察。为了增加成像的对比度,可对样品舱内的细胞直接进行重金属染色,如醋酸双氧铀染色。

Koh 等[20]应用 Quantomix™研究了有机-无机复合物纳米颗粒(composite organic-inorganic nanoparticles,COINs)在人白血病细胞 U937 内的定位。Quantomix™是 WetSEM™中的一种。COINs 由无机的银和有机的碱性品红组成(basic fuchsin, BFU),再经牛血清白蛋白包被,最后用 CD54 抗体修饰功能化,称为 BFU-CD54 COINs。因 U937 细胞表面高表达 ICAM-1(CD54 黏附分子),所以 BFU-CD54 COINs 暴露细胞后,可以看到纳米颗粒结合在细胞表面,高倍镜下观察发现, BFU-CD54 COINs 结合在细胞的特定的区域,而不是散布在整个细胞表面。而无抗体修饰的 COINs 暴露细胞后在细胞表面观察不到纳米颗粒。结果表明,BFU-CD54 COINs 与 U937 细胞之间的结合是特异的(图 5.10)。

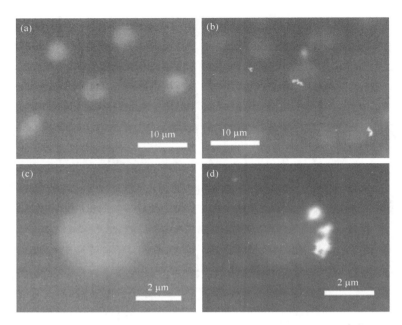

图 5.10　WetSEM™研究 COINs 与 U937 细胞之间的结合[20]
(a)对照组细胞;(b)BFU-CD54 COINs 结合在 U937 细胞表面;(c)高倍镜下的对照组细胞;(d)高倍镜下
观察 BFU-CD54 COINs 与 U937 细胞的结合

3. 原子力显微镜

近年来,原子力显微镜在细胞形态学研究中的应用越来越广泛[21]。AFM 是将一个对微弱力极敏感的微悬臂一端固定,另一端有一微小的针尖,针尖与样品表面轻轻接触,由于针尖尖端原子与样品表面原子间存在极微弱的排斥力,通过在扫描时控制这种力的恒定,带有针尖的微悬臂将对应于针尖与样品表面原子间作用力的等位面而在垂直于样品的表面方向起伏运动。利用光学检测法或隧道电流检测法,可测得微悬臂对应于扫描各点的位置变化,从而可以获得样品表面形貌的信息。

与光学显微镜和电子显微镜相比,AFM 技术有许多优点,主要表现为:

(1)AFM 所观察的样本广泛,既适用于导电的样品,也适用于非导电和绝缘的样品,并且多数生物分子和细胞等样品能够直接采用 AFM 进行扫描,样品不需提前处理,制备时间短(10~100 s),操作简便。

(2)AFM 基本不破坏生物样品的原有结构,不需要对样品进行任何特殊处理,如镀铜或碳,这种处理对样品会造成不可逆转的伤害。能够客观准确地反映出样品的原貌。

（3）AFM 可提供真正的三维表面图，分辨率极高，横向分辨率最高可达 0.1 nm，纵向分辨率可达 0.01 nm，能够清晰地对从原子到分子尺度的结构进行三维成像和测量。

（4）AFM 研究可以在各种实验环境中进行，如真空、空气或液体中，在液体环境中进行研究使 AFM 可以在生理条件下成像生物分子和细胞，这样可以用来研究生物宏观分子，甚至活的生物组织。同时可实时和高清晰度地记录部分生物样品分子结构变化的整个动力学过程。

AFM 的这些优点为进行纳米颗粒生物效应研究提供了诸多便利。李炜等[17]利用 AFM 观察了富勒烯纳米颗粒$[C_{60}(C(COOH)_2)_2]_n$对鼠纤维原 3T3 L1 细胞细胞膜表面的影响，发现处理 30 min 后，相对于对照组细胞，富勒烯纳米颗粒处理组细胞表面形成了许多大小在 200～500 nm 的凹陷状结构（图 5.11），其凹陷大小与富勒烯纳米颗粒$[C_{60}(C(COOH)_2)_2]_n$的团聚大小有一定的相关性。处理 3 h 及更长时间，膜表面的凹陷结构减少，膜表面结构得以恢复，表明富勒烯纳米颗粒$[C_{60}(C(COOH)_2)_2]_n$的生物跨膜是一个细胞主动过程，主要途径是网格蛋白（clathrin）介导的内吞方式，这些结果为进一步研究富勒烯纳米颗粒$[C_{60}(C(COOH)_2)_2]_n$的细胞生物学效应提供了新的理论依据。

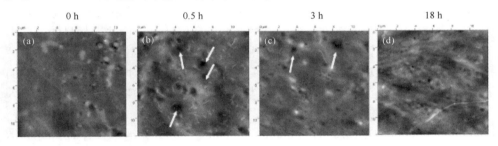

图 5.11　富勒烯纳米颗粒$[C_{60}(C(COOH)_2)_2]_n$（50 μmol/L）处理不同时间的 3T3 L1 细胞膜表面变化的原子力显微镜扫描图[17]

(a)0 h；(b)0.5 h；(c)3 h；(d)18 h 以上

5.1.2　细胞生长状态观察

1. 细胞贴壁率的测定

细胞贴壁率又称细胞接种存活率，细胞被制成分散的单细胞悬液后，以极低密度（2～5 个细胞/cm²）接种到底物上。不同纳米材料暴露细胞特定时间后，仍然贴壁并能存活生长形成细胞小群（克隆）的细胞百分数值可用来表示纳米材料暴露后细胞的生存能力和细胞群的活力。接种于培养瓶内的细胞，一般在接种后 24 h 内均可贴壁。但细胞受毒物或其他污染物作用后，发生形态及功能的改变，此时细胞不易贴壁生长,已经贴壁生长的细胞,可从瓶壁上脱落,且呈一定的剂量-效应关系。因此,细胞贴壁生长情况,可作为纳米材料细胞毒性的一个重要的指标。

2. 细胞克隆形成试验

细胞克隆形成试验是一种以体外细胞生存能力为测定依据的分析方法,主要评价接种到细胞培养器皿中的单个细胞形成细胞克隆的能力,也称为接种效率或细胞集落形成率。由于只有具有有丝分裂能力的活细胞才能产生前体细胞,所以通过计数纳米材料暴露后形成的克隆数量可以反映细胞在纳米材料暴露的这段时间内的增殖能力;而形成的克隆的尺寸,可以反映细胞暴露纳米材料后的增殖和分裂的速率[22]。将细胞以极低的密度种在平板上,细胞在平板上生长 10～20 天,直至克隆出现。细胞可以预先在纳米颗粒中暴露后再接种,也可以接种后再暴露纳米颗粒。形成的克隆使用结晶紫或其他核染料染色,利用显微镜或扫描仪对形成的克隆数量或克隆尺寸进行定量分析。

尽管细胞克隆形成试验难以实现高通量分析,但可用来评价纳米材料的长期体外细胞毒性,因此这项分析方法在纳米细胞毒理学研究中具有重要的应用价值。碳纳米材料由于其强吸附能力干扰多种体外细胞毒性试验,SWCNTs 和其他多种碳纳米材料会与 MTT、WST-1、中性红和阿尔玛蓝等多种染料分子发生相互作用,从而影响测定结果的可靠性。使用细胞克隆形成试验评价纳米材料的细胞毒性,不需要利用其他染料分子的光吸收或荧光测定[23],避免了纳米材料与染料分子之间的相互作用以及纳米材料自身特殊的物理化学性质对实验的干扰,得到的毒性评价结果更接近实际且更精确。目前,细胞克隆形成试验是碳纳米材料体外细胞筛选的最可靠的一种方法。

Herzog 等[23]应用克隆形成试验研究了 HiPco® 单壁碳纳米管、AD 单壁碳纳米管和 Printex 90 炭黑纳米颗粒对人肺腺癌细胞(A549)、正常人支气管上皮细胞(BEAS-2B)和人角化细胞(HaCat)的细胞毒性。这三种细胞分别以 250、300 和 300 个/孔的密度接种到 6 孔板,每孔加 2 mL 培养基。贴壁 14 h 后暴露纳米材料,A549 和 BEAS-2B 暴露 10 天,HaCat 暴露 7 天。测定克隆数量和形成的克隆尺寸。结果显示,形成的克隆数量随三种纳米材料暴露浓度的增加而减少,暴露碳纳米管的细胞克隆数量减少得更多,而且 BEAS-2B 是三种细胞中对纳米材料最敏感的细胞。Casey 等[24]利用克隆形成率分析法测定了两种 SWCNTs 对 A549 的细胞毒性。通过计数形成的克隆数量和测量克隆尺寸来评价纳米材料的细胞毒性。结果显示,只有在最高浓度(0.4 mg/mL)组检测到克隆数量略有下降,其他浓度组无显著差异。克隆尺寸测量结果显示,在 0.4 mg/mL 浓度组形成的克隆尺寸仅为对照组的 51%,即使在最低浓度(0.025 mg/mL)组形成的克隆尺寸也减小26%。这是因为细胞在营养缺乏的环境中细胞增殖速率减慢,从而表现为克隆尺寸的减小。

5.1.3　细胞存活率测定

细胞存活率是纳米材料细胞毒理学试验中最常用的检测指标之一。细胞存活率主要反映的是细胞死亡和细胞膜完整性受损程度。在体外纳米毒理学试验中，细胞膜的完整性是一个可以用来评价细胞毒性的指标。评价细胞存活率的代表性实验方法包括：①检测细胞对某些离体活体染料的吸收，如台盼蓝（Trypan Blue，TB）、中性红（Neutral Red，NR）、碘化丙啶（propidium iodide，PI）等；②检测细胞死亡后泄漏到细胞培养基中的活性酶的量，主要是乳酸脱氢酶（LDH）分析法。

1. 台盼蓝染色法

细胞膜损伤或细胞死亡时，台盼蓝可穿透变性的细胞膜，与解体的 DNA 结合，使其着色，并且在 605 nm 波长处有较强的吸收。而活细胞能阻止染料进入细胞内，故可以鉴别死细胞与活细胞。纳米材料处理细胞后，收集细胞（悬浮细胞直接离心收集，贴壁细胞先经胰酶消化再离心收集），再用台盼蓝进行染色。镜下观察，死细胞被染成深蓝色，而活细胞呈无色透明状。根据下列公式求细胞存活率：细胞存活率（％）＝ 活细胞总数/（活细胞总数＋死细胞总数）×100％。

台盼蓝染色法是一种快速测定细胞存活率的有效方法，它的优越性体现在可以直接测定出纳米材料暴露后存活细胞的实际数量，从而与对照组进行比较。但是用于检测纳米材料的体外细胞毒性不够灵敏，还需要人工计数，因此不适于高通量筛选。需要注意的是，细胞混悬液要均匀，密度合适，一般以每个大格几十个到一百多为宜，染色时间不宜过长，避免活细胞也着色。同时，阴性对照组细胞存活率应大于 85％，平行样之间的误差应小于 20％。

目前，台盼蓝染色法已被广泛用于评价纳米材料的细胞毒性。Mahmood 等[25]应用台盼蓝染色法研究了不同浓度纳米金、纳米银以及单壁碳纳米管暴露骨细胞（MLO-Y4）24 h 后的细胞存活率。结果显示，三种材料均表现出浓度依赖的细胞毒效应，在相同浓度下，单壁碳纳米管的毒性最高，其次是纳米银，毒性最低的是纳米金。Jin 等[26]应用台盼蓝染色法研究了不同浓度的荧光二氧化硅纳米颗粒分别暴露人肺腺癌细胞 A549 48 h 和 72 h 后的细胞存活率。结果显示，浓度低于 0.01 mg/mL 时，细胞存活率可达到 100％；当浓度增加到 0.1 mg/mL，细胞存活率显著下降，分别为 86％（48 h）和 60％（72 h）；浓度进一步增加到 0.5 mg/mL，细胞存活率分别只有 30％（48 h）和 8％（72 h）。Mullick Chowdhury 等[27]应用台盼蓝染色法研究了 O-GNR-PEG-DSPE 暴露 SKBR3、MCF7 和 HeLa 细胞 12 h 后的细胞死亡率。结果显示，浓度为 10 μg/mL 时，三种细胞的细胞死亡率分别为 5％、0、5％；浓度为 50 μg/mL 时，MCF7 的细胞死亡率达到 5％，浓度为 50~400 μg/mL

MCF7 的细胞死亡率无显著变化；SKBR3 和 HeLa 细胞的细胞死亡率在浓度为 400 μg/mL 时分别增加到 13% 和 36%。

2. 中性红染料滞留试验

使用中性红测定细胞存活率始于 1894 年[28]，目前这种实验方法已被广泛应用于细胞增殖和黏附分析等多种细胞毒理学试验中。中性红易溶于水和醇，水溶液呈红色，醇溶液为黄色。活体染料中性红在生理 pH 条件下不带电荷，此时既能进入活细胞也能进入死细胞。在活细胞中，溶酶体的酸度较高（pH≈4.8），中性红会被中质子化并聚集在溶酶体，且不被细胞洗涤液洗脱，在 540 nm 波长处具有强吸收。如果细胞膜发生改变，中性红的摄入量就会减少及漏出，死细胞不被染色。因而，掺入活细胞中的中性红的量应与活细胞数量成正比，通过测量摄入的中性红的荧光光谱或光吸收光谱来区分死细胞和活细胞，判别细胞毒性[29]。纳米材料细胞毒性是通过随浓度增加，细胞对中性红摄入量的减少来表示的，因此中性红染料滞留试验可以提供一个关于细胞完整性和细胞生长抑制的敏感、综合的信息。此项检测方法可重复性好，另外通过与流式细胞仪联合使用可提高检测速度。

中性红染料滞留试验在纳米材料的体外细胞毒理学研究中也被广泛使用。Flahaut 等[30]应用中性红法研究发现不同浓度的两种碳纳米管（CNTs）暴露人脐带静脉血管内皮细胞 24 h，细胞存活率无显著变化。Mullick Chowdhury 等[27]应用中性红染料滞留法测定了石墨烯纳米带对人子宫颈癌细胞（HeLa）以及两种人乳腺癌细胞（SKBR3 和 MCF-7）的细胞毒性。浓度为 10 μg/mL 和 400 μg/mL 的石墨烯分别暴露三种细胞 24 h 和 48 h。研究发现，石墨烯纳米带对三种细胞均显示出时间-剂量依赖的细胞毒性。Kawata 等[31]应用中性红染料滞留法测定了纳米银（Ag NPs）、聚苯乙烯纳米颗粒（PS NPs）和碳酸银（Ag_2CO_3）暴露人肝癌细胞 HepG2 24 h 后的细胞存活率。在 0～0.5 mg/L 浓度范围内，三种纳米材料均无显著的毒性，细胞存活率反而增加为对照组的 120%。说明低剂量的纳米颗粒可以促进细胞增殖。当浓度高于 1.0 mg/L 时，PS NPs 和 Ag_2CO_3 依然无显著的毒性，但是 Ag NPs 显示出极强的细胞毒性。另外，其他多种纳米材料，如 SWCNTs[32]、MWCNTs[33]、TiO_2[34] 和壳聚糖纳米颗粒[35]等也应用中性红染料滞留试验测定了其体外细胞毒性。

中性红染料滞留试验同样受到多种因素的影响。中性红染料的发射光的颜色和强度是受 pH 影响的[36]，因此培养基的 pH、培养基中悬浮的纳米材料以及其他添加物极有可能影响测定结果。此外，中性红对亲脂性结构具有高度的亲和力，如脂肪、软木脂、酚醛树脂等。质子化后的中性红带正电，可以与带负电的蛋白质等其他生物大分子相互作用，从而共价结合到细胞上[37]。基于中性红的这些特性，很多纳米颗粒可以吸附中性红染料。有文献报道，SWCNTs 可以与中性红相互作用，也可吸附细胞悬液中的中性红染料，从而影响实验结果的可靠性[32]。许多纳米材料可通过静电和动力学能量转移等方式猝灭中性红的荧光[38]，干扰中性红的检测。

3. 荧光物质检测法

目前，荧光物质已成为流式细胞仪或微孔板细胞检测中的理想物质，这些荧光物质可以是细胞膜通透的或是细胞膜非通透的，它们或直接结合于核酸或要求主动的细胞代谢来产生可检测的荧光，从而能够检测细胞的活性。这类方法检测速度快、通量大、成本低，越来越受到科研工作者的青睐。常用的荧光物质见表 5.1[39]。例如钙黄绿素-AM(calcein-AM)和溴乙啡啶二聚体(EthD-1)，这两种化学药品可检验活/死细胞生存能力，其原理是钙黄绿素-AM 是电中性的酯化分子，极易扩散到细胞内，一旦加入细胞就可通过细胞内的酯酶转换成钙黄绿素-绿色荧光分子。相反，溴乙啡啶二聚体是细胞膜不能渗透的分子，当结合到核酸时能把坏死的细胞染色呈红色荧光，用 495 nm 光激发，以上两种化合物分别发射 515 nm 和 635 nm 的荧光信号[40,41]。这两种荧光物质已被用来研究富勒烯和金纳米壳(nano-shells，由硅石为核涂上极薄的金层)的细胞毒性效应[42,43]。碘化丙啶(PI)是纳米细胞毒理学研究中最常使用的一种荧光染料，是溴化乙啶的一种类似物，不能通过完整的活细胞膜，但却能穿过破损的细胞膜而对核染色，即正常细胞和凋亡细胞在不固定的情况下对 PI 拒染，而坏死细胞由于失去膜的完整性，PI 可进入细胞内与 DNA 结合，根据此特点，使用 PI 染色可鉴别死细胞。PI 嵌入 DNA 和双链 RNA 中，用 617 nm 波长激发会发射红色荧光。

表 5.1　用于标记核苷酸的常用荧光探针[39]

名称	最大激发波长/nm	最大发射波长/nm
Hocchst 33342 (AT rich) (UV)	346	460
4,6-二脒基-2-苯基吲哚(DAPI)	359	461
POPO-1	434	456
YOYO-1	491	509
吖啶橙(Acridine Orange)(RNA)	460	650
吖啶橙(Acridine Orange)(DNA)	502	536
噻唑(Thiazole Orange) (vis)	509	525
TOTO-1	514	533
溴化乙啶(Ethidium Bromide,EB)	526	604
碘化丙啶(PI)(UV/vis)	536	620
7-氨基放线菌素 D(7-Aminoactinomycin D,7AAD)	555	655
钙黄绿素-AM(calcein-AM)	495	515
溴乙啡啶二聚体(EthD-1)	495	635

4. 乳酸脱氢酶释放法

乳酸脱氢酶(lactate dehydrogenase,LDH)是活细胞胞浆中的一种可溶性酶。在正常情况下不能透过细胞膜,当细胞发生凋亡或坏死时,细胞膜通透性改变,LDH 可释放至细胞外培养液中,这时细胞培养液中的 LDH 活性与死亡细胞数目成正比。LDH 活力测定一般使用比色法,检测原理是 LDH 能氧化黄色的四氮唑盐(INT)反应形成紫色的结晶物质甲膪(formazan),可在 $490\sim500$ nm 处测量吸光值,通过比较暴露组与对照组的吸光度值,可以得到细胞的相对存活率,从而判断细胞受损的程度[44]。因此,通过检测纳米材料暴露后细胞培养液上清中的 LDH 的活性,可判断纳米材料对细胞的损伤程度。

LDH 释放法简单、快速、灵敏,且得到的结果比较可靠,已被广泛用于研究多种纳米材料的体外细胞毒性,如纳米 SiO_2[45]、纳米 Fe_2O_3[46]、SWCNT[47]、纳米 ZnO[48]、纳米 Ag[49] 和富勒烯[50]等。Kim 等[51]发现不同浓度 Ag NPs(10 μg/mL、20 μg/mL、40 μg/mL、80 μg/mL 和 160 μg/mL)暴露 MC3T3-E1 和 PC12 细胞 48 h 后,随暴露浓度的增加,细胞培养基上清中 LDH 的活性显著性增加,并且所有细胞的 LDH 泄漏都与纳米材料的尺寸和浓度正相关。Chen 等[52]研究发现,糖衣包被的口香糖中添加的 TiO_2 中 93% 为纳米 TiO_2,将提取的纳米 TiO_2 暴露人胃上皮细胞 GES-1 和人结肠直肠腺癌细胞 Caco-2,通过测定细胞存活率、LDH 含量和细胞内 ROS 含量来评价来自口香糖的纳米 TiO_2 对人胃肠道的潜在毒性。结果显示,纳米 TiO_2 在浓度为 200 μg/mL 时对 GES-1 和 Caco-2 的细胞存活率及细胞膜的完整性均无显著性影响。

尽管 LDH 被认为是细胞溶解性死亡的一种生物标志,但需要注意的是,LDH 仅仅是反映细胞膜完整性的一个指标,因此在细胞存活率无显著变化的情况下 LDH 测定结果也可能为阳性。测定体系中存在的纳米颗粒同样是影响 LDH 测定结果可靠性的一个主要因素。纳米颗粒比表面积大,可吸附培养基中的 LDH;反应活性高,可引起 LDH 活力丧失,如含铜和银的纳米颗粒[53],这些干扰都会导致测定结果偏低。因此在测定之前,需要通过离心等方法来尽可能除去细胞悬液中的细胞碎片和纳米颗粒。此外,LDH 对外界环境 pH 很敏感,低 pH 条件下会失活[54],反之高 pH 又会破坏底物的稳定性[55]。研究发现,单壁碳纳米管会吸附培养基中的 LDH,但对 LDH 的测定底物 INT 无干扰[56]。

5.1.4　细胞增殖能力测定

1. 细胞计数

纳米材料暴露细胞可引起培养细胞变性、坏死和溶解等,使接种的细胞数目减少。因而,细胞数目的变化是反映纳米材料毒性程度的一项重要指标。常用引起50%细胞被破坏所需的浓度(或剂量),即半数细胞毒性剂量(TD_{50})来表示。Alshatwi 等[12]通过细胞计数研究发现 CNTs 暴露人间充质干细胞后引起半数细胞毒性的剂量(TD_{50})在 $50\sim100$ μg/mL 之间。

2. ^{3}H 胸腺嘧啶核苷掺入法(^{3}H-thymidine incorporation,^{3}H-TdR)

测定掺入新合成的 DNA 中的 ^{3}H 胸腺嘧啶核苷的量是一种高灵敏度的检测细胞增殖的方法。纳米材料暴露细胞后,可能引起细胞内 DNA 的损伤,而细胞具有修复其损伤 DNA 的能力。胸腺嘧啶核苷(thymidine)是合成 DNA 的特殊前体,若将具有放射性的 ^{3}H-TdR 加到培养体系中,则可被作为合成 DNA 的原料而掺入到 DNA 链中。根据不同细胞的核酸代谢率不同,^{3}H 掺入的量也就不同。提取出细胞内的 DNA,通过液体闪烁计数仪测定 ^{3}H 核素的放射性强度(以每分钟放射性计数 cpm 表示),可反映细胞的增殖状况。根据各组测得的 cpm 值,可得到细胞的相对增殖抑制率:[(1−实验组 cpm)/对照组 cpm]×100%。相对增殖抑制率越大,说明 DNA 合成受损越严重,细胞的相对毒性越大。^{3}H-TdR 掺入法虽然灵敏度高,但实验所需费用较高。由于需要接触 ^{3}H 同位素,所以实验操作人员必须经过专业的培训及使用特殊的防护设备,另外 ^{3}H 同位素本身对体外培养的细胞具有一定的损伤,所以应尽量避免使用此方法。

Kapadia 等[57]应用 ^{3}H-TdR 掺入法研究发现纳米纤维凝胶对血管平滑肌细胞的增殖具有显著的抑制作用。Nabeshi 等[58]研究了无定形的二氧化硅纳米颗粒(nSPs)对小鼠表皮朗格汉斯细胞(XS52)细胞增殖的影响。^{3}H-TdR 掺入法检测了不同尺寸的 nSPs 对细胞增殖的影响。结果显示,三种不同尺寸的 nSPs 均显示出浓度依赖的细胞增殖抑制效应。而三种尺寸的纳米二氧化硅 nSP70、nSP300 和 mSP1000 的半数细胞毒性剂量分别为 4.2 μg/mL、32.6 μg/mL 和 75.0 μg/mL。以上结果说明,小尺寸的 nSPs 对 XS52 细胞增殖的抑制作用更明显。Nabeshi 同样应用 ^{3}H-TdR 掺入法研究了荧光标记的二氧化硅纳米颗粒对小鼠巨噬细胞 RAW264.7 的细胞增殖的影响[59]。

3. 细胞周期分析

细胞周期(cell cycle)是指细胞从前一次细胞分裂结束起始到下一次分裂结束为止所经历的整个过程。细胞周期包括间期与分裂期(M 期)两部分。间期又分为:DNA 合成前期(G_1 期)、DNA 合成期(S 期)和 DNA 合成后期(G_2 期)。在细胞周期(G_1、S、G_2、M)的不同时期,细胞内的 DNA 含量会呈现周期性的变化。如果纳米材料暴露后抑制细胞增殖,使细胞内 DNA 合成降低,这时候大部分的细胞会处于 G_0/G_1 期。细胞固定后用碘化丙啶(PI)染色,因为 PI 可结合于细胞内 DNA,

荧光强度与 PI 的结合量呈良好的线性关系。根据这个原理,利用流式细胞仪可测定出细胞内 DNA 含量,通过比较细胞内 DNA 含量的差异,可以了解细胞的周期分布并分析判断细胞的增殖活性。通过比较实验组和对照组细胞 G_0/G_1 期、S 期、G_2/M 期细胞的百分比,可以判断纳米材料对细胞的增殖活性的影响。通过 DNA 倍体分析判断细胞的异质性,还可以通过观察 sub-G_0 峰来判断细胞 DNA 是否受到损伤。纳米材料暴露可能会使细胞 DNA 发生氧化损伤,而纳米材料对 DNA 损伤的早期效应就可以从细胞周期的进程上体现出来。细胞 DNA 受损后,细胞周期的进程将停滞在 G_1 期,S 期或 G_2/M 期。当细胞受到不可逆的损伤发生细胞凋亡后,处于 sub-G_1 期的细胞数量会上升。使用流式细胞仪检测细胞周期简单、快速,但由于需要使用 PI 荧光染色,所以要注意 PI 与所研究的纳米材料之间是否存在相互作用。即使存在某些干扰因素,但细胞周期分析仍然是评价纳米材料体外细胞毒性的一种可靠的实验方法。

需要注意的一点是,PI 染料既可以结合 DNA 也可以结合 RNA,因此样本需要先经过 RNA 酶充分处理以排除细胞内 RNA 的干扰。另外,细胞浓度要保证达到 1×10^6 个/mL,以保证分析结果的可靠。目前,应用流式细胞仪分析纳米材料暴露后的细胞周期变化在纳米毒理学研究中也得到广泛应用。

已有研究表明,纳米材料可以影响细胞的细胞周期进程,不同纳米材料对细胞周期的影响阶段不同。Liu 等[60]研究发现磷酸钙纳米颗粒暴露导致人卵巢颗粒层细胞的细胞周期阻滞在 G_1/S 期,目的是促使受损伤的 DNA 在进入 DNA 合成和复制期(S)之前得以修复。AshaRani 等[6]应用流式细胞仪检测了银纳米颗粒暴露后对细胞周期的影响。结果显示 Ag NPs 暴露 U251 后,处于 S/G_2 期的细胞数量随暴露浓度增加而显著上升;Ag NPs 暴露 IMR-90 表现出浓度依赖的 G_2/M 阻滞。结果说明,Ag NPs 暴露细胞后,细胞周期会停滞在 G_2/M 期,为 DNA 损伤修复提供时机。Ramkumar 等[61]研究了二氧化钛纳米纤维(TiO_2 NFs)对人子宫颈腺癌细胞(HeLa)的细胞周期的影响。流式细胞仪检测发现,对照组有 $73.8\% \pm 8.2\%$ 的细胞处于 G_1/G_0 期,$18.2\% \pm 1.8\%$ 的细胞处于 G_2/M 期,有 $6.4\% \pm 1.4\%$ 的细胞处于 S 期,仅仅有 $1.5\% \pm 0.6\%$ 的细胞处于 sub-G_1 期。然而,TiO_2 NFs 暴露后,处于 sub-G_1 期和 G_2/M 期细胞显著性增加,G_1/G_0 期细胞数量显著减少,而 S 期细胞数量无显著性变化。G_2/M 检测点的主要作用是阻止细胞在 DNA 损伤的情况下进行细胞分裂,G_2/M 停滞后阻止了细胞的有丝分裂从而使亚二倍体细胞的数目增加,即 sub-G_1 期细胞数目增加。当细胞受到不可逆的损伤发生凋亡时,处于 sub-G_1 期的细胞数目也会不断累积。TiO_2 NFs 暴露 HeLa 后,处于 sub-G_1 期和 G_2/M 期的细胞显著增加,表明 TiO_2 NFs 暴露可诱导 HeLa 细胞发生凋亡。

5.1.5　细胞代谢活力测定

细胞活力测定是细胞毒理学检测中最常用的一个指标。由于细胞活力由多个细胞进程决定,可利用不同的检测终点来反映体外培养细胞的实际状态。细胞活性指标通常包括细胞膜对核酸染料的通透性、代谢活性、膜电位等。

1. 对核酸染料的通透性

用于核酸染色的染料有很多种,如溴化乙啶(EB)、SYTOX 染料、TOTO 染料、TO-PRO 染料、台盼蓝(trypan blue)、Carolina Blue、碘化丙啶(PI)和其他噻唑橙类菁染料衍生物(如 BOBO 染料、LOLO 染料和 POPO 染料)等。每种核酸染料有各自不同的特点,如 EB 带有单个自由正电荷,能通过完整细胞膜,而 PI、TO-PRO 染料等带一个四铵基团和两个或两个以上正电荷的染料是不能通过完整细胞膜进入细胞内,因而吸收了这些多电荷染料的细胞被认为是非活性的。

2. 代谢活性

通过细胞内代谢酶的活性来判定,即通过使用细胞内某种酶的底物来开展研究,该底物能通过完整细胞膜,在细胞内被酶切而产生荧光性,其膜不通透性产物能在细胞膜完好的细胞内存留,而在细胞膜不完整的细胞内很快散失,根据这一特性从而通过检测荧光强度的改变来判断细胞的代谢活性。荧光素二乙酸盐(FDA)和 CTC(5-cyano-2,3-ditolyl tetrazolium chloride)是常用的两种底物,FDA 可透过细胞膜进入细胞内,其产物基本不能透过细胞膜而保留在细胞内;CTC 经细胞内脱氢酶催化而具有荧光性,能提供细胞呼吸代谢系统活性和细胞膜完整性的信息。

3. 膜电位

正常细胞的细胞膜两侧维持着一个胞内为负的膜电位梯度,这个电位梯度使带正电荷的亲脂性染料(如 cyanines)能通过细胞膜而聚积在活细胞内,而带负电的亲脂性染料(如 oxonols)则不能透过细胞膜:由于损伤细胞的细胞膜不能维持正常膜电位梯度,从而允许 oxonols 类染料通过,由此判断细胞的细胞膜是否受到损伤。

下面对目前常用的细胞活性检测方法做一简单介绍。

1) 噻唑蓝(MTT)比色法

MTT 比色法是目前应用最广泛的一种检验细胞活力的方法,同时也是体外评价纳米材料对细胞活性影响的首选方法。MTT 全称为 3-(4,5-dimethylthiazol-2-yl)-2,5- diphenylte-trazoliumbromide,中文名为 3-(4,5-二甲基噻唑-2)-2,5-二苯基四氮唑溴盐,简称四甲基偶氮唑盐。MTT 是一种能接受氢原子的化学染料,溶液呈浅黄色。其检测原理为活细胞线粒体中的琥珀酸脱氢酶能使外源性 MTT 还原为水不溶性的蓝紫色结晶甲䐶(formazan)并沉积在细胞中,而死细胞无此功能。异丙醇或二甲基亚砜(DMSO)能溶解细胞中的甲䐶,用酶标仪在 570 nm 波长处测定其光吸收值,可间接反映活细胞数量。细胞活力越高,吸光度越大;细胞毒性越大,吸光度越小。MTT 比色法是通过检测细胞内线粒体酶的活性的改变来间接判断纳米材料的细胞毒效应,与细胞的存活率不同,是一个相对值。

目前,MTT 法已被广泛用于评价多种纳米材料的体外细胞毒性,如纳米炭黑、单壁碳纳米管、纳米 SiO_2[62]、纳米 TiO_2[63]、纳米 ZnO[7]、纳米 Fe_2O_3[64]、纳米 AuNPs[65]、富勒烯[66]、石墨烯[67]和壳聚糖[68]等。Di Bucchianico 等[69]应用 MTT 比色法研究了 4 种不同形貌的氧化铜纳米颗粒对鼠巨噬细胞 RAW264.7 和外周血淋巴细胞的细胞毒性。结果显示,所有氧化铜纳米颗粒对这两种细胞均显示出浓度依赖的细胞毒效应。De Marzi 等[70]研究了纳米二氧化铈对人肺腺癌细胞(A549),人结肠直肠癌细胞(CaCo-2)和人肝癌细胞(HepG2)的急性毒性和长期毒性。MTT 比色法结果显示,浓度为 $0.5 \sim 5000$ μg/mL 的 nano-CeO_2 暴露 24 h,三种细胞均未显示出细胞毒性。暴露时间延长为 10 天,纳米 CeO_2 对三种细胞均显示出一定的细胞毒性,其中 HepG2 最敏感,A549 对低浓度的暴露最敏感。

MTT 比色法同其他方法相比具有很多显著的优点,如快速简便、经济、灵敏、无放射性污染、不需要预标记靶细胞、得到的结果重复性好、适合大批量检测等。但 MTT 比色法反应生成的甲䐶是非水溶性的,加有机溶剂溶解的过程可能造成部分甲䐶产物流失,细胞对结晶产物存在一定的胞吐作用,这些因素都可能引起实验结果的偏差。所以在设计实验时为了尽可能减少误差,应首选水溶性四氮唑盐类(如 XTT、MTS、WST-1、WST-8 等)检测细胞活性。此外,只有在一定细胞数量范围内,甲䐶的形成量才与活细胞数成正比。因此,吸光度最好保证在 $0 \sim 0.7$ 的范围内,超出的这个区间剂量-效应关系就不在线性范围内,如果读数太高,可以通过稀释来调整其吸光度。另外,体积改变(>10%)或测定体系中存在气泡都会影响酶标仪的读数,从而影响实验结果的可靠性。

MTT 比色法是一种基于光吸收的定量测定方法,大多数碳纳米材料和一些金属纳米材料在 570 nm 处同样具有一定的光吸收,因此测定时残留在体系中的纳米材料可能会对光吸收结果产生干扰。一般来说,纳米材料的吸光度取决于材料的组成,并随材料质量浓度的增加而增加。纳米材料和反应底物之间的化学反应是 MTT 比色法的另一个干扰因素。目前已经发现 SWCNTs、介孔 SiO_2[71,72]以及炭黑纳米颗粒[33]会影响 MTT 的测定。Wörle-Knirsch 等[56]研究发现,SWC-NTs 可以与 MTT 相互作用,但不与 WST-1、XTT 等作用,可降低甲䐶晶体在异丙醇等溶剂中的溶解性,从而低估了纳米材料的细胞毒性。还有研究发现,单壁碳纳米管和炭黑纳米颗粒在无细胞体系中即可干扰四唑盐反应形成紫色结晶。因此在研究碳纳米材料的细胞毒性时应选择合适的分析方法。此外,一些金属离子,如 Zn^{2+} 等也会干扰 MTT 的氧化还原反应[73]。还有一种可能的干扰就是纳米材料对反应底物的吸附能力。已有研究表明很多纳米材料对生物分子具有高黏附力,碳纳米管、介孔 SiO_2 等纳米材料可以吸附中性红、阿尔玛蓝、MTT、WST-1 等染料分子以及多种生物分子,如维生素、氨基酸、血清蛋白和细胞因子,这些干扰因素都会影响实验结果的可靠性。表 5.2 列举了纳米材料对 MTT 比色法的一些可能的干扰,以及对细胞存活率测定结果的影响[74]。

表 5.2　纳米颗粒诱导的假象的解释以及对存活率测定结果的影响[74]

材料特性	MTT	细胞毒性表现
光吸收	材料的光吸收与 MTT 的光吸收叠加	上升
吸附	材料吸附甲瓒,降低 MTT 吸光度	下降
还原/失活	材料诱导产生甲瓒,与 MTT 的吸光度叠加	上升

2) 阿尔玛蓝还原法

阿尔玛蓝(Alamar Blue)也叫 Resazurin,是一种安全、无毒的新一代活细胞代谢指示剂,易溶于水。该法的原理是氧化型 Alamar Blue 可作为氧分子电子传递链的受体,进入细胞后可被线粒体酶还原,产生一种水溶性的荧光产物(resorufin),最后释放到细胞外。被还原的 Alamar Blue 积累可使培养基由原来的无荧光的靛青蓝变成有荧光的粉红色,激发光波长在 $530\sim560$ nm 之间,发射光波长为 590 nm。而死细胞无代谢能力,因此不能产生荧光。阿尔玛蓝还原法可以反映出细胞对氧分子的消耗,从而可用来观察细胞的代谢活动。

与台盼蓝、TTC、MTT、MTS 等方法相比,阿尔玛蓝法具有更多的优势。阿尔玛蓝法采用单一试剂,可以连续、快速地检测细胞的活力状态;对细胞无毒、无害,不影响细胞的抗体合成与分泌等活性,操作简便,几乎不干扰细胞正常代谢,是动态监测时间-效应关系的较好的指标,能够很好地反映细胞的增殖情况。此外,阿尔玛蓝还原法样品的准备比 MTT 比色法更简单。用酶标仪测定其吸光度(OD_{570})时,其计算结果必须减去背景值 OD_{600}。根据实验组与对照组的 OD_{570},可以计算出细胞的相对代谢活力,[(实验组 OD_{570} − 对照组 OD_{570}) − 实验组 OD_{600}]/[(阳性对照组 OD_{570} − 无细胞对照组 OD_{570}) − 阴性对照 OD_{600}]×100%,同时根据各时间点的测定结果,可绘制时间-效应曲线。低于 10% 的血清和培养基中的酚红一般不会干扰实验结果,一般情况下,25% 的 Alamar Blue 溶液作用 20 h 不会产生明显的细胞毒性,但是在做动态实验的时候要防止测定过程污染细胞。

目前,阿尔玛蓝已被广泛应用于碳纳米材料的体外细胞生物学效应研究,如碳纳米管(CNTs)[75]、量子点[76,77]等。此外,大部分金属氧化物纳米材料都可以应用阿尔玛蓝法测定其体外细胞毒性。Zhu 等[78]应用阿尔玛蓝还原法测定了三种金属氧化物纳米颗粒对小鼠上皮细胞(CCL-149)细胞活力的影响,结果显示 TiO_2 纳米颗粒对细胞的活力无显著影响,甚至有略微的促进作用,而 CuO 和 CdO 纳米颗粒显著抑制细胞的正常生长。Quignard 等[79]应用阿尔玛蓝还原法测定了不同尺寸和电荷的荧光标记的非介孔 $FITC-SiO_2$ 对人真皮成纤维细胞的生物效应。结果显示,SiO_2 粒径越小,对人真皮成纤维细胞的毒性越大,而粒径为 200 nm 的 SiO_2 纳米颗粒持续暴露细胞 14 天对细胞的存活率及细胞代谢活力均无显著影响,表面 ζ 电位为负的 SiO_2 的细胞毒性比带正电的 SiO_2 的细胞毒性大。然而,也有文献报道,介孔 SiO_2 纳米颗粒在细胞存在的条件下会与阿尔玛蓝发生反应,从而影响实验结果的可靠性[72],所以在评价不同纳米材料的细胞毒性时应根据材料自身的物理化学特性选择合适的评价方法。

5.2　细胞凋亡的检测

细胞凋亡又称程序性细胞死亡,是细胞为调控机体发育,维护内环境稳定,由基因控制的细胞主动死亡过程。细胞凋亡与机体多种生理病理过程相关,细胞凋亡的诱导因素有多种,如细胞毒素、氧化应激和自由基、缺血缺氧、放射线以及某些对细胞具有毒性作用的物质(如 As_2O_3 等)。细胞凋亡是细胞为了适应环境而采取的一种主动死亡的方式,与坏死是两种完全不同的细胞死亡形式。在 5.1 节中介绍的实验方法只能检测坏死的细胞或者处于凋亡晚期的细胞,只有结合凋亡检测技术才能完整地揭示出细胞死亡的整个过程。目前,细胞凋亡检测技术已被广泛应用于纳米细胞毒理学的研究中。人们在研究细胞凋亡的过程中,是根据凋亡细胞的结构与功能的改变,或形态学、生物化学和分子生物学等方面的改变,借助显微镜观察、生物化学、免疫化学、分子生物学的方法或流式细胞术对不同类型的细胞凋亡进行分析。目前,细胞凋亡常用的分析方法主要包括:细胞的形态学观察、DNA 阶梯法(DNA laddering)、膜联蛋白 V(Annexin-V)分析、彗星实验(the comet assay)、TUNEL 法、Caspase 法等。这些研究方法都有各自的优缺点,最终方法的选择还是要依赖于所研究的体系及所要达到的研究目的。

5.2.1　形态学观察

凋亡细胞的形态学表现为核固缩、胞质浓缩、胞体急剧变小、细胞骨架解体,其中细胞核的变化极为显著。细胞凋亡的变化是多阶段的,细胞凋亡往往涉及单个细胞,即便是一小部分细胞也是非同步发生的。首先出现的是细胞体积缩小、连接消失、与周围的细胞脱离,然后是细胞质密度增加、线粒体膜电位消失、通透性改变、释放细胞色素 C 到胞浆、核质浓缩、核膜核仁破碎、DNA 降解成为约 180～200 bp

片段;胞膜有小泡状形成,膜内侧磷脂酰丝氨酸外翻到膜表面,胞膜结构仍然完整,最终可将凋亡细胞遗骸分割包裹为几个凋亡小体,无内容物外溢,因此不引起周围的炎症反应,凋亡小体可迅速被周围专职或非专职吞噬细胞吞噬。

1. 光学显微镜观察

未染色细胞:将纳米材料暴露后含细胞的培养板直接放置于倒置显微镜下,可观察到贴壁生长的凋亡细胞皱缩、圆化,细胞的体积变小、变形,细胞膜完整但出现发泡现象,细胞凋亡晚期可见凋亡小体。

染色细胞:常用姬姆萨染色、苏木精染色、苏木素-伊红染色(HE)等。纳米材料暴露细胞后,需要胰酶消化、离心收集细胞,再经甲醇固定后才可进行染色,整个实验过程比较繁琐。姬姆萨染色后光学显微镜观察可见凋亡细胞皱缩、胞膜完整、胞浆稀少或缺失、染成淡红色,凋亡细胞的染色质浓缩、边缘化,核膜裂解、染色质分割成块状和凋亡小体等典型的凋亡形态。苏木精染色后光学显微镜观察可见凋亡细胞染色质凝集,明显呈嗜碱性而染成深蓝色,并附着在核膜周边,有时细胞核固缩碎裂为数个圆形颗粒状结构。HE 染色后光学显微镜观察可见凋亡细胞皱缩、胞膜完整、细胞核嗜碱性强呈蓝黑色,呈环状或新月状附着在核膜周边,或细胞碎裂为数个圆形颗粒,核膜消失。胞浆呈淡红色,凋亡细胞在组织中呈单个散在分布,坏死组织呈均质红染的无结构物质,核染色消失。细胞核呈绿色或蓝绿色着染,胞质呈红紫色染色,坏死细胞只有固缩的细胞核呈绿色染色。

通过光学显微镜观察纳米材料暴露后的细胞凋亡,其优点是所研究的细胞类型不限,并且简单、快速以及样品的贮存无限制。显微镜观察是凋亡分析方法中使用仪器最少的一个方法,只需要一台光学显微镜。但这种方法本身比较耗费时间及得出的结论略带主观性,尤其在凋亡发生的早期,凋亡细胞的形态学变化并不显著,仅凭借普通光学显微镜判断细胞凋亡较为困难,尤其对于初学者,因而在纳米细胞毒理学研究中使用并不广泛。

2. 荧光显微镜和共聚焦激光扫描显微镜

通过荧光染料染色,荧光显微镜下观察凋亡细胞的方法简便易操作,因而受到较普遍的欢迎。一般以荧光染色后细胞核染色质的形态学改变为指标来评判细胞凋亡的进展情况。常用荧光染料有 Hoechst(主要是 Hoechst 33342 和 Hoechst 33258)、DAPI、碘化丙啶(PI)和吖啶橙(AO)等。

Hoechst 和 DAPI 是 DNA 特异的荧光染料。它们与 DNA 的结合是非嵌入式的,主要结合在富含 A-T 碱基的 DNA 双螺旋的小沟区。紫外光激发时发射明亮的蓝色荧光。Hoechst 能够穿过细胞膜,可结合于活细胞或固定过的细胞,因此用于活细胞标记。储存液用蒸馏水配成 1 mg/mL 的浓度,使用时用 PBS 稀释,使用终浓度为 10 μg/mL。Hoechst 染色法适用于所有种类的细胞凋亡检测,优点是测定速度极快,但样品不能贮存。得到的结果虽略带主观性,但可靠。DAPI 为半通透性,不能通过活细胞膜,但却能穿透扰乱的细胞膜而对核染色。可用于常规固定细胞的染色。储存液用蒸馏水配成 1 mg/mL,使用终浓度一般为 10 μg/mL。荧光显微镜观察可见活细胞核呈均匀弥散蓝色荧光,凋亡细胞的细胞核或细胞质内可见浓染致密的颗粒状或块状荧光。

PI 和 AO 是 DNA 非特异性的荧光染料。PI 不能穿过完整的活细胞的细胞膜,但却能穿过破损的细胞膜而对核染色。PI 进入细胞内与 DNA 和双链 RNA 结合,在荧光显微镜下细胞核呈红色。AO 可透过正常细胞的完整细胞膜,与细胞中的 DNA 和 RNA 结合。在荧光显微镜下观察,正常细胞的细胞核呈绿色或黄绿色均匀荧光,胞质呈橘红色荧光;凋亡细胞核染色质的黄绿色荧光浓聚在核膜内侧。而坏死细胞黄绿色荧光减弱甚至消失。

此方法不适于细胞凋亡早期的发现,且同样带有一定的主观性,因此在纳米毒理学研究中的应用也比较受限。尤其是一些有荧光特性的纳米材料暴露后,可能会对荧光染料的荧光发射产生一定的影响。Liu 等[80] 使用荧光染料 Hoechst 33258 对纳米羟基磷灰石(HAP)暴露后的人肝癌细胞 BEL-7402 的细胞核染色。荧光显微镜观察发现,对照组细胞核大而圆,呈均染的蓝色。HAP 暴露组随暴露浓度的增加,细胞核越来越小,核碎片及浓缩的染色质逐渐增多。

3. 电子显微镜

电子显微镜可观察到光学显微镜难以观察到的细胞凋亡形态学上超微结构的改变。因此,电镜形态学观察是迄今为止判断凋亡最经典、最可靠的方法,被认为是确定细胞凋亡的金标准。TEM 可观察到细胞凋亡不同时期特征性的超微结构改变,如凋亡细胞体积变小、细胞质浓缩、细胞核变小、染色质浓缩并沿核膜内侧排列呈新月形、细胞表面的微绒毛消失、内质网疏松并与细胞膜融合形成空泡,在细胞凋亡的晚期可见凋亡小体。SEM 主要用来观察凋亡细胞的表面形貌的改变。电子显微镜观察细胞凋亡只能定性,不能定量分析,且样本处理过程复杂,设备相对昂贵,对检查者的技术水平要求较高,因此不适于大批量标本的检测。

Gopinath 等[81] 应用 SEM 研究了 Ag NPs(11.0 μg/mL)暴露幼年仓鼠肾细胞 BHK-21 和人结肠腺癌细胞 HT29 两种细胞 2 h、4 h 和 6 h 后凋亡细胞的形态学变化。结果显示,随 Ag NPs 暴露时间的延长,两种细胞的细胞数量减少,但细胞间隙增大。可观察到细胞形状不规则、细胞膜皱缩及细胞之间间隙增大等早期凋亡的现象。这些形态学改变暗示着细胞凋亡开始于 Ag NPs 暴露后的 4～6 h。此外,暴露 6 h 后可观察到凋亡小体的出现、细胞膜有小泡状形成等凋亡晚期的形态学改变。说明 Ag NPs 在浓度为 11.0 μg/mL 时可诱导癌细胞和非癌细胞发生细胞凋亡(图 5.12)。

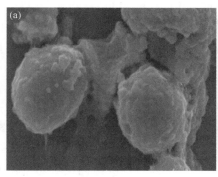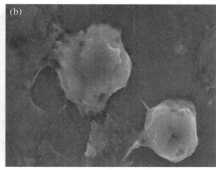

图 5.12　Ag NPs(11.0 μg/mL)暴露 BHK-21 和 HT29 两种细胞 6 h 后的扫描电子显微镜图片[81]
(a)BHK-21；(b)HT29

5.2.2　生化指标的检测

1. 细胞凋亡时质膜的改变

1) 磷脂酰丝氨酸外翻分析(Annexin V 联合 PI 法)

磷脂酰丝氨酸(phosphatidylserine,PS)通常位于细胞膜内侧[82],但在细胞凋亡早期,PS 可从细胞膜内侧翻转到细胞膜表面[83],暴露在细胞外环境中,这种现象称为 PS 的外翻现象。磷脂酰丝氨酸的转位发生在凋亡早期阶段,先于细胞核的改变、DNA 断裂、细胞膜起泡。膜联蛋白 V(Annexin V)是一种分子量为 $35\sim36$ kD 的 Ca^{2+} 依赖性的具有很强抗凝血特性的血管蛋白,和磷脂有高亲和力[84],尤其能与暴露在细胞膜外侧的带负电荷的磷脂酰丝氨酸(PS)高亲和力特异性结合,利用其特性可检测细胞凋亡[85]。

将 Annexin V 进行荧光素(FITC、PE)或生物素(biotin)标记,以标记了的 Annexin V 作为荧光探针,利用流式细胞仪或荧光显微镜可检测细胞凋亡的发生。Annexin V 法是一种凋亡早期的活细胞检测方法(悬浮细胞和贴壁细胞均适用)。但是,PS 的外翻现象并不是凋亡细胞所特有的,也可以发生在坏死细胞中。这两种细胞死亡方式之间的差别是:在凋亡的初始阶段细胞膜是完整的,而坏死细胞在其早期阶段细胞膜的完整性就被破坏了。因此将 Annexin-V 与碘化丙啶匹配使用,就可以将凋亡早晚期的细胞以及死细胞区分开来。碘化丙啶(propidine iodide,PI)是一种核酸染料,它不能透过活细胞完整的细胞膜,但能够透过处于凋亡中晚期的细胞和死亡细胞的细胞膜而使细胞核红染[86]。流式细胞仪(FCM)通过 Annexin V-FITC 标记暴露于细胞膜上的 PS 结合 PI 进入损伤细胞膜标记降解的 DNA,从而分析凋亡与坏死细胞。可检测到 4 个细胞亚群:包括机械损伤细胞

（Annexin－/P1＋）、正常细胞（Annexin－/PI－）、凋亡细胞（Annexin＋/PI－）和坏死细胞（Annexin＋/PI＋）。Annexin V 联合 PI 法检测早期凋亡更加灵敏，且该法不需要固定细胞，避免了 PI 法因固定造成的细胞碎片过多及 TUNEL 法因固定出现的 DNA 片段丢失等缺陷，因此更加省时，结果亦更可靠，因此是目前定量检测纳米材料暴露引起细胞凋亡最为理想的方法，已得到广泛的应用。

Lee 等[87]应用 Annexin V 联合 PI 法研究了介孔二氧化硅和胶体二氧化硅纳米颗粒对 BALB/c 巨噬细胞 J774A.1 的细胞凋亡的影响。结果显示，两种纳米材料暴露细胞 24 h 后，胶体二氧化硅纳米颗粒可诱导细胞凋亡，细胞存活率下降，而介孔二氧化硅纳米颗粒不会诱导细胞发生细胞凋亡。Liu 等[88]同样应用 Annexin V 联合 PI 法研究了不同浓度二氧化硅纳米材料对人脐带静脉内皮细胞的细胞凋亡的影响。FCM 测定结果显示，随着二氧化硅纳米颗粒暴露浓度的增加，凋亡细胞的百分比显著增加，而坏死细胞的百分比无显著变化，以上结果说明低浓度的二氧化硅纳米颗粒可能是通过激活细胞凋亡途径来引起细胞死亡的。Gopinath 等[81]使用流式细胞仪结合 Annexin V-PI 染色法研究了 Ag NPs 暴露 BHK-21 和 HT29 细胞 30 min 后凋亡和坏死细胞的百分比。结果显示，Ag NPs 暴露 BHK-21 和 HT29 细胞后可分别引起大约 9％和 11％凋亡早期细胞数量的增加，BHK-21 细胞中处于晚期凋亡和坏死细胞的数目同空白相比并无显著性差异，但也分别有 21％和 7％的增加。Sohaebuddin 等[89]应用 Annexin V-PI 分析法研究了不同组成和不同尺寸的 TiO$_2$、SiO$_2$ 和 MWCNT 暴露后诱导细胞凋亡。暴露后 20 h 发现不同纳米材料可以诱导发生不同程度的细胞凋亡。纳米 SiO$_2$、MWCNT＜8 nm、20～30 nm 和＞50 nm 组暴露 3T3 细胞后只有小于 10％的细胞发生凋亡，其他种类的纳米材料不引起 3T3 细胞发生凋亡。在 hT 中，纳米 SiO$_2$ 和 MWCNT＜8nm 暴露分别约有 50％和 25％细胞发生凋亡，纳米 TiO$_2$、MWCNT 20～30 nm 和＞50 nm 不会引起 hT 细胞凋亡。纳米 TiO$_2$、纳米 SiO$_2$ 和 MWCNT＞50 nm 会分别引起 50％、90％和 60％的 RAW 细胞发生凋亡。RAW 暴露 MWCNT＜8 nm 和 20～30 nm 后也有少量细胞发生凋亡。Liu 等[63]研究了纳米 TiO$_2$ 对大鼠嗜铬细胞瘤 PC21 细胞凋亡的影响。Annexin V-PI 染色后应用流式细胞仪分析，结果显示，10 μg/mL 和 50 μg/mL TiO$_2$ 暴露 PC21 细胞 24 h 后凋亡细胞的比例由对照组的 5.27％分别上升到 11.34％和 23.47％。应用同样的方法 Foldbjerg 等[90]研究发现，Ag NPs 和 Ag$^+$ 暴露人急性单核细胞白血病细胞系 THP-1 24 h 后，Ag NPs 和 Ag$^+$ 均可引起细胞凋亡。Ag NPs 在暴露 4～6 h 后效应显著，而 Ag$^+$ 在 0.5 h 后即可显示出显著效应一直持续到 2 h。

细胞发生凋亡时很容易就会从细胞培养基底上脱离下来，所以在进行染色时需要同时收集已经漂浮的细胞和黏附的细胞[91]。另外，即使经过多次的离心清洗，仍有少量纳米颗粒会残留在细胞悬液中，这部分残留的纳米颗粒极有可能干扰测定。有文献报道,金纳米颗粒会与 PI 结合,被培养的完整的细胞摄取,从而影响实验结果的可靠性。此外,纳米材料由于其强的吸附特性会干扰 Annexin V 和 PI 与底物的结合[33],因此在选择实验方法的时候要根据所研究的体系选择最适合的分析方法。

2) Hoechst 33342/PI 双染色法

活细胞染料 Hoechst 33342 是一种可以穿透细胞膜的蓝色荧光染料,对细胞的毒性较低。Hoechst 33342 能少许进入正常细胞膜,但由于凋亡细胞的细胞膜通透性增强,因此进入凋亡细胞的比正常细胞的多,凋亡细胞的荧光强度高于正常细胞。PI 是一种核酸染料,结合 DNA 后,在 535 nm 波长激发下释放红色荧光。它不能透过活细胞的完整的细胞膜,即正常细胞和凋亡细胞在不经过固定的情况下对 PI 拒染,而坏死的细胞由于其细胞膜在早期已经破坏,因此可被 PI 着色。根据这些特性,用 Hoechst 33342 结合 PI 对凋亡细胞进行双染色,就可在流式细胞仪上将正常细胞、凋亡细胞和坏死细胞区别开来。在流式细胞仪上可以检测到三个亚群的细胞,分别为:正常细胞为低蓝色/低红色(Hoechst 33342＋/PI＋),凋亡细胞为高蓝色/低红色(Hoechst 33342＋＋/PI＋),坏死细胞为低蓝色/高红色(Hoechst33342＋/PI＋＋)。此外,应用荧光显微镜观察细胞的形态学改变也可以定性分析细胞凋亡情况。这种检测细胞凋亡的分析方法在纳米毒理学研究中应用很广。

Chen 等[92]应用 Hoechst 33342/PI 双染色法研究了二巯基丁二酸(DMSA)修饰的四氧化三铁纳米颗粒($D-Fe_3O_4$)暴露人胶质瘤细胞 U251 后的细胞死亡机制。荧光显微镜观察结果显示,30 $\mu mol/L$ H_2O_2 单独处理细胞后,无明显的细胞死亡,而 5 $\mu g/mL$ 和 20 $\mu g/mL$ $D-Fe_3O_4$ 和 30 $\mu mol/L$ H_2O_2 共同暴露细胞后可直接引起细胞细胞而不是通过细胞凋亡途径,说明 $D-Fe_3O_4$ 破坏了细胞在 H_2O_2 诱导下产生的抗氧化应激的自我保护功能。Liu 等[93]应用荧光显微镜观察了不同浓度和不同尺寸的 CdTe QDs 暴露小鼠成纤维细胞 L929 后细胞凋亡形态学的变化。Hoechst 33342/PI 双染色后,荧光显微镜观察显示,浓度为 10 $\mu g/mL$ 的 3.5 nm CdTe QDs 和 2.2 nm CdTe QDs 暴露细胞 24 h 后,细胞形态均无显著变化,而浓度为 20 $\mu g/mL$ 的 3.5 nm CdTe QDs 和 2.2 nm CdTe QDs 暴露后可观察到细胞皱缩、膜破裂、细胞形状不规则、细胞脱落及椭圆形细胞等细胞早期凋亡的形态学改变。

2. 细胞凋亡时 DNA 改变测定

1) DNA Ladder 测定

DNA Ladder 是研究 DNA 损伤的最古老的技术。细胞发生凋亡时内源性核酸内切酶在核小体连接部位切断染色体 DNA,因而产生长度约为 180～200 bp 的 DNA 片段。这些 DNA 片段在琼脂糖凝胶电泳中就呈现特异的阶梯状条带,而坏死细胞的 DNA 断裂点无规律性,产生的杂乱片段在琼脂糖凝胶电泳时呈现模糊的连续性条带。利用这一特性可以将凋亡细胞和坏死细胞区分开来[94]。

细胞经纳米材料处理后,采用常规方法分离、提纯 DNA,进行琼脂糖凝胶电泳分离和溴化乙锭染色。在凋亡细胞群中可观察到典型的 DNA Ladder,坏死细胞为不清晰的成片条带,活细胞 DNA 在胶的顶部,为一个高分子量的条带。该方法的优点为快速、简便易行、价格低廉、所研究的细胞类型不受限制。但灵敏度较低,易受机械损伤、化学物质刺激等其他因素的影响,只能用于定性研究,不能定量分析,对少量细胞的凋亡不易检出。

Patlolla 等[95]应用 DNA Ladder 技术定量测定了 0、40 μg/mL、200 μg/mL 和 400 μg/mL 多壁碳纳米管暴露正常人真皮成纤维细胞 48 h 后细胞 DNA 损伤程度。结果显示,随暴露浓度的增加,DNA 损伤程度增加,浓度为 400 μg/mL 时 DNA 损伤程度显著高于空白组,可在琼脂糖凝胶电泳中观察到典型的 DNA Ladder (图 5.13)。

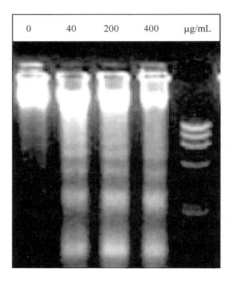

图 5.13　不同浓度 MWCNT 暴露细胞 48 h 后的 DNA 琼脂糖凝胶电泳[95]

Ramesh 等[96]研究发现聚丙烯酸钠稳定的磁铁矿纳米颗粒暴露大鼠肺上皮细胞后,细胞增殖抑制程度、细胞内 ROS 含量和细胞内 DNA 碎片随着暴露浓度的增加而增加,说明磁铁矿通过诱导细胞发生细胞凋亡,最终导致细胞死亡。Gopinath 等[81]研究了 Ag NPs 诱导正常细胞和癌细胞发生细胞凋亡的分子机制。Ag NPs 暴露 BHK-21(非癌细胞)和 HT29(癌细胞)12 h 后,提取染色体 DNA,采用琼脂糖凝胶电泳进行分离。结果显示,浓度为 11.0 μg/mL 的 Ag NPs 暴露 BHK-21 和 HT29 后,细胞 DNA 的琼脂糖凝胶电泳上均可观察到典型的 DNA Ladder。

DNA Ladder 作为细胞凋亡晚期的生化特征，说明 Ag NPs 暴露细胞后会诱导细胞发生细胞凋亡。

2) DNA 大片段的测定

细胞凋亡的早期，染色体断裂形成 50～300 kbp 的 DNA 大片段。这些片段的长度已经远远超出了一般琼脂糖凝胶电泳的分离极限（15～20 kbp 以下的小分子 DNA），不能分离。脉冲场凝胶电泳技术（pulse field gel electrophoresis，PFGE）解决了这一技术难题。PFGE 主要用来分离大分子 DNA。在 PFGE 中，电场不断地在两种方向（有一定的角度，而不是完全相反的两个方向）变动，DNA 分子在交替变换方向的电场中作出反应所需的时间显著依赖于分子大小，DNA 分子越大，这种构象改变需要的时间越长，重新定向需要的时间也越长，于是在每个脉冲时间内可用于新方向泳动的时间越少，因而在凝胶中移动越慢。反之，较小的 DNA 移动较快，于是不同大小的分子被成功分离。但由于 PFGE 需要一个额外的带有程序性开关的稳压电源，同时需要计算机操作，耗费较高。因此，这种检测方法在纳米细胞毒理学研究中的应用不是特别广泛，但也有一些相关的报道。

Jin 等[26]应用脉冲场凝胶电泳技术（PFGE）研究了发荧光的二氧化硅纳米颗粒对人肺腺癌细胞 A549 的 DNA 损伤。利用脉冲场电泳技术从整个细胞水平上测定了基因组 DNA 的完整性。结果显示，不同浓度二氧化硅纳米颗粒暴露细胞 72 h 后，所有浓度组均在同一位置处出现一条清晰的条带，说明同空白相比二氧化硅不会引起 A549 细胞额外的 DNA 损伤。

3) DNA 断裂点检测

DNA 断裂点标记检测最常用的方法是 TUNEL 分析法，即脱氧核糖核苷酸末端转移酶介导的缺口末端标记法（terminal-deoxynucleotidyl transferase-mediated nick end labeling，TUNEL）。其基本原理是：细胞凋亡时，染色质 DNA 断裂产生大量的黏性 $3'$-OH 端，脱氧核糖核苷酸末端转移酶（TdT）的作用下，将荧光素或地高辛标记的脱氧核糖核苷酸标记到凋亡细胞的 DNA 分子的 $3'$-OH 端，经酶联显色或荧光检测定量分析实验结果。TUNEL 法可用于检测双链 DNA 的断裂，比如细胞凋亡时形成的 DNA 片段。TUNEL 法实质上是形态学与分子生物学相结合的一种研究方法，能准确反映凋亡细胞典型的生物化学及形态学特征。检测灵敏度高于常规的组织学和生物化学测定方法，可检测出极少量的细胞凋亡。目前已被广泛用于检测纳米材料暴露后，培养细胞或从组织器官分离的细胞的凋亡。

Brunetti 等[97]应用 TUNEL 法研究了水溶性 InP/ZnS 和 CdSe/ZnS 量子点暴露人肺腺癌细胞 A549 和人神经母细胞瘤细胞 SH SY5Y 后细胞 DNA 的损伤。结果显示，不同浓度 InP/ZnS QDs 暴露两种细胞 24 h 后，TUNEL 阳性细胞核的比例在浓度为 5 nmol/L 时仍然不到 1%；而 CdSe/ZnS QDs 暴露两种细胞 24 h 后，A549 细胞的 TUNEL 阳性细胞核的比例达到 8%，而 SH SY5Y 的比例为

9%，这些结果暗示细胞内释放的 Cd^{2+} 会严重干扰 DNA 的修复机制，比如阻止 p53 蛋白的构象改变。Söderstjerna 等[98] 应用 TUNEL 法研究了 20 nm 和 80 nm 的纳米金和纳米银对人胚胎神经前体细胞（HNPC）细胞凋亡的影响。结果显示，纳米金和纳米银暴露细胞 14 天后，TUNEL 阳性细胞数量均有上升，然而纳米银暴露组 TUNEL 阳性细胞数量同空白相比具有显著性上升，且 TUNEL 阳性细胞数量随暴露浓度增加而增加。Foldbjerg 等[90] 应用 TUNEL 法研究了 Ag NPs 和 Ag^+ 暴露后人急性单核细胞白血病 THP-1 细胞内 DNA 碎片的含量，发现 0～5 μg/mL Ag NPs 暴露细胞 24 h 只有在最高浓度下检测到阳性细胞数量的显著增加，而 5 μg/mL Ag NPs 暴露细胞 0～6 h，只有在 6 h 时检测到阳性细胞率的显著上升。

5.2.3　细胞凋亡时线粒体膜电位改变的测定

在细胞凋亡的早期，线粒体在形态学观测中尚无明显变化时，由于线粒体内膜通透性转换管孔开放，使膜通透性增加，线粒体内跨膜 $\Delta\Psi_m$（mitochondrial membrane potential）下降，而 $\Delta\Psi_m$ 的降低被认为是细胞凋亡级联反应过程中最早发生的事件，出现在细胞核变化（染色质浓缩、DNA 断裂）之前。一旦线粒体 $\Delta\Psi_m$ 剧变，则细胞凋亡将不可逆转。随着凋亡机制研究的深入，已发现线粒体在细胞凋亡的过程中起枢纽作用。

线粒体 $\Delta\Psi_m$ 的变化可使用对线粒体膜具有通透性的亲脂性阳离子荧光染料如罗丹明 123（rhodamine 123，红色荧光）、碘化四氯代四乙基苯咪唑羰花青（5,5′,6,6′-tetrachloro-1,1′,3,3′- tetraethyl-benzimidazolylcarbocyanine iodide,JC-1,红色和绿色荧光）、碘化 3,3′-二己基噁碳菁（3,3′-dihexyloxacarbocyanine iodide, DiOC6(3)，绿色荧光）、四甲基罗丹明甲酯（tetramethylrhodamine methyl ester, TMRM,橙色荧光）、氯乙基红-X（chloroethyl X-rosamine, CMXRos，红色荧光）或氯甲基红-X（chloromethyl X-rosamine, CMXRos，红色荧光）等进行检测。这些荧光染料进入细胞后，很容易被线粒体基质螯合、吸收，但当 $\Delta\Psi_m$ 丧失时线粒体基质则失去积聚这些荧光染料的能力。通过流式细胞仪可检测细胞线粒体内染料的吸收量及其荧光强度，从而反映 $\Delta\Psi_m$ 变化，进而检测出早期凋亡细胞。检测线粒体 $\Delta\Psi_m$ 的降低可以在第一时间发现细胞凋亡的启动，这在纳米细胞毒理学研究中显得特别有意义。

Nakagawa 等[99] 通过测定细胞线粒体膜电位的改变研究了羟基化富勒烯对大鼠肝细胞的线粒体功能的影响。使用荧光探针罗丹明 123 来显示线粒体膜电位的变化。在相同浓度下，$C_{60}(OH)_{24}$ 对线粒体膜电位的影响大于 $C_{60}(OH)_{12}$ 和 C_{60}，表明线粒体可能是富勒醇的靶细胞器，同时富勒烯上连接的羟基基团数目越多毒性越大。Sohaebuddin 等[89] 应用探针 $DilC_1(5)$ 研究了纳米 TiO_2、纳米 SiO_2 和

MWCNT 暴露后鼠成纤维细胞 3T3、人 hT 支气管上皮细胞和鼠巨噬细胞 RAW 264.7 后细胞线粒体膜电位的变化。结果显示 MWCNT<8 nm 可引起 3 种细胞的线粒体膜电位的下降，此外，纳米 SiO_2 暴露 hT 和 RAW 细胞以及 MWCNT>50 nm暴露 RAW 细胞也可引起细胞线粒体膜电位的下降。这些结果说明，纳米 SiO_2、MWCNT<8 nm 和 MWCNT>50 nm 对 hT 细胞和 RAW 细胞的细胞毒性可能与细胞线粒体膜电位的下降有关。Alshatwi 等[12] 应用线粒体膜电位荧光探针 JC-1 研究了碳纳米管（CNT）暴露人间充质干细胞（hMSC）后细胞线粒体膜电位的改变。结果显示，在对照组细胞中，约 96.5% 的 JC-1 染料聚集在线粒体中呈现橙红色荧光。暴露 24 h，50 μg/mL 和 100 μg/mL 浓度组细胞胞浆中分别出现了 8.6% 和 22% 的绿色荧光，说明 CNT 暴露可引起细胞线粒体膜电位的下降。Liu 等[93] 也同样使用 JC-1 荧光探针检测了 CdTe QDs 暴露后小鼠成纤维细胞 L929 线粒体膜电位的改变。

5.2.4　Caspase 活性的检测

Caspase 全称为含半胱氨酸的天冬氨酸蛋白水解酶（cysteinyl aspartate specific proteinase），是一组存在于细胞质中具有类似结构的蛋白酶。Caspase 家族在真核细胞的凋亡中起着重要的作用。其中的 caspase-3 是细胞凋亡的执行分子，其激活与过表达均可引起细胞凋亡，因此又称"死亡蛋白酶"，可通过与众多蛋白因子相互作用调控细胞凋亡[100]。在通常情况下，caspase-3 以酶原（32 kD）的形式存在于细胞中，在细胞凋亡的早期被激活，活化的 caspase-3 由两个大亚基（17 kD）和两个小亚基（12 kD）组成，裂解相应的胞浆胞核底物，最终导致细胞凋亡[101]。但在细胞凋亡的晚期和死亡细胞，caspase-3 的活性明显下降。细胞凋亡的另一种执行分子是 caspase-7，它是分子量为 35 kD 的一种蛋白质，在 caspase 家族的所有成员中与 caspase-3 最相似，约有 52% 的氨基酸排列相同。Caspase-7 同样以酶原形式存在，经起始 caspase 切割后激活，执行细胞凋亡。因此，活化的 caspase-3/7 的检测是细胞凋亡检测中常用的一个重要指标。常采用 western blot、荧光分析法、流式细胞仪等方法检测其活性。目前，caspase 分析法已被广泛用于多种纳米材料暴露后的细胞凋亡的检测，如 SWCNT[102]、富勒烯[103]、纳米 SiO_2[104]、纳米 TiO_2[105] 和量子点[106] 等。

Lee 等[87] 利用 western blot 分析法研究了介孔 SiO_2 纳米颗粒（MPS）和胶体 SiO_2 纳米颗粒（Col）对细胞凋亡的影响。100 μg/mL 的 MPS 和 Col 分别暴露 BALB/c 巨噬细胞系（J774A.1）24 h 后，western blot 分析法测定 caspase-3 的活力。结果显示，SiO_2 暴露引起细胞内 caspase-3 的活化，然而 MPS 激活的 caspase-3 的水平低于 Col（图 5.14）。综上可知，介孔 SiO_2 纳米颗粒对巨噬细胞的细胞毒性低于胶体 SiO_2 纳米颗粒的细胞毒性。

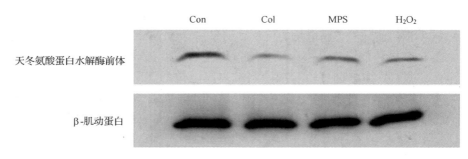

图 5.14　纳米材料对 caspase-3 活力的影响[87]

Col：胶体 SiO₂ 纳米颗粒；MPS：介孔 SiO₂ 纳米颗粒

　　Ramkumar 等[61]研究了 TiO₂ 纳米纤维（TiO₂ NFs）对人子宫颈腺癌细胞（HeLa）的细胞毒性和毒性机制。Western blot 分析法测定了 TiO₂ 纳米纤维暴露后细胞凋亡相关蛋白的表达水平。结果显示，促凋亡蛋白（如 Bax，活化的 caspase-3 和胞浆中的 Cyt-C）的表达水平上调，而凋亡抑制蛋白（Bcl-2）的表达水平显著性下调。这说明 TiO₂ NFs 对 HeLa 细胞具有显著的细胞毒性，氧化应激介导的细胞凋亡可能是 TiO₂ NFs 细胞毒性的主要机制。

　　Mahmood 等[25]使用荧光染色的方法研究了 Au NPs、Ag NPs 和 SWCNTs 对 HeLa 细胞 caspase-3 活力的影响。使用荧光染色试剂盒检测了 caspase-3 的活力，利用结合了罗丹明的 caspase-3 抑制剂 DEVD-FMK（Red-DEVD-FMK）作为荧光探针，Red-DEVD-FMK 能透过细胞膜，在凋亡细胞中不可逆地结合到活化了的 caspase-3 上，在荧光显微镜下为明亮的红色荧光。通过荧光显微镜下红光的强度来判断激活的 caspase-3 的水平。结果显示，SWCNTs、SWCNTs 和凋亡诱导剂共孵育（地塞米松和依托泊苷）后，同其他组相比大量的细胞呈现明亮的红色。而 SWCNTs 和依托泊苷共孵育可显著激活 caspase-3，视野内大部分的细胞呈现明亮的红色。结果表明，纳米材料及纳米材料与增殖抑制剂共孵育是通过激活 caspase-3 来诱导细胞凋亡的。Sohaebuddin 等[89]利用荧光探针 Ac-DEVD-AMC 标记细胞内激活的 caspase-3 和 caspase-7，在酶标仪上测定其荧光强度，Ex/Em：354 nm/442 nm。结果显示，纳米 TiO₂ 和 MWCNT 20～30 nm 暴露 3T3 细胞后，细胞内的 caspase-3/7 水平略有上升，MWCNT<8 nm 和 MWCNT>50 nm 可分别显著激活 hT 和 RAW 细胞内的 caspase-3/7。说明，不同组成、尺寸的纳米材料对不同种类的细胞具有不同的细胞毒性。

　　微量金属离子，尤其是 Zn²⁺，对 caspase-3 的活力具有抑制作用[107,108]。Caspase-3 对 pH 的变化相当不敏感[107]。由于凋亡的细胞很容易从培养基底上脱离下来，因此检测 caspase-3 活力时，应将漂浮的细胞和仍然黏附的细胞都考虑在内[91]。培养液中的纳米颗粒仍经多次漂洗后仍有一些会残留在细胞悬液中，所以在选择检测方法的时候应将材料的物理化学性质考虑在内,避免一些假阳性或假阴性实验结果的出现。

5.2.5　流式细胞术

流式细胞仪(flow cytometer,FCM)是一项集激光技术、光电测量技术、计算机技术、电子物理、流体力学、细胞免疫荧光化学技术以及单克隆抗体技术为一体的新型高科技仪器,是生命科学研究领域中先进的仪器之一。可用于细胞定量分析和细胞分类研究。用 FCM 检测细胞凋亡既可定性又可定量分析,同时可获得多项参数。因此 FCM 是目前检测细胞凋亡的有力工具。

与其他细胞分析技术相比,流式细胞仪具有以下优点:

(1)速度快,可以对细胞或细胞器进行快速测量,测量速度可达到每秒钟数千个至上万个细胞;

(2)高灵敏度,每个细胞上只需要带有 1000～3000 个荧光分子就能检测出来;

(3)高精度,在细胞悬液中测量细胞,比其他技术的变异系数更小,分辨率较高;

(4)多参数,可以同时测量多个参数;

(5)在适当的条件下,可以对细胞进行无害性的分析。

细胞凋亡的 FCM 定量分析主要有单参数、双参数、多参数分析等几种方法。FCM 的单参数分析是以荧光探针碘化丙啶(PI)、吖啶橙(AO)等特异性染料标记细胞的 DNA、RNA、蛋白质等,通过观察细胞内某种单个成分含量的变化,来区分凋亡细胞。应用两种荧光染料标记细胞的成分称为双参数分析,如 Hoechst 33342/PI 双染色 FCM 法,可对 DNA-RNA、RNA-单链 DNA、RNA-蛋白质等成分组合进行测定。此外,应用不同谱线的激光光源可以激发两种或多种荧光探针标记的细胞成分,从而可进行多参数分析和定量检测。因此 FCM 分析方法在纳米细胞毒理学研究中具有显著的优势。

1. FSC/SSC 检测法

在 FCM 的光散射图谱上,前向散射光的强度(forward scatter,FSC)反映细胞大小,侧向散射光的强度(side scatter,SSC)与细胞质膜和细胞内的折射率有关。细胞发生凋亡时,细胞固缩、体积变小、核碎裂、细胞内颗粒往往增多,故凋亡细胞的 FSC 降低而 SSC 增高,然而在凋亡晚期,FSC 和 SSC 都下降。坏死细胞胞体肿胀、细胞核亦碎裂分解,故 FSC 和 SSC 均增高,后期由于细胞膜破裂,细胞内容物泄露,所以 FSC 和 SSC 迅速下降。此法可快速、灵敏地检出凋亡细胞的百分率。缺点是凋亡继发死亡或发生于细胞 G_2/M 期时可造成结果不准。另外,细胞吞噬的纳米材料也会影响细胞的颗粒度,从而影响实验结果的可靠性。所以,此方法不适宜单独使用,应与其他凋亡检测方法联合应用。

Bratosin 等[109]应用流式细胞仪检测了不同纳米材料暴露细胞后的 FSC 和 SSC,以此来判断细胞形态学上的改变。0.008 g/mL 8 种不同修饰的卟啉类纳米材料分别暴露食用蛙血液中的有核红细胞 24 h 后,FCM 检测到细胞的 FSC 下降而 SSC 上升,这是细胞凋亡时细胞皱缩等形态学变化在流式细胞仪上的体现。使用光学显微镜观察也得到同样的结果。

2. 细胞 DNA 含量检测

DNA 含量分析是流式细胞仪检测细胞凋亡常用的方法。细胞凋亡时,核酸内切酶激活,导致 DNA 断裂,当细胞用乙醇、Triton X-100 处理后细胞膜上出现漏洞,小片段 DNA 从细胞内释放出来,使其 DNA 含量低于正常细胞的二倍体。用碘化丙啶染色后分析,可在二倍体 G_0/G_1 峰前出现"亚二倍体峰"即细胞凋亡峰 (APO),根据 APO 峰的高低可测出凋亡细胞百分率。本法快速、简单易行、所需样本少、可大批量定量检测细胞凋亡。但敏感性较差,其原因是在凋亡早期虽然有 DNA 裂点出现,但尚未出现 DNA 片段的大量丢失,因此该法不能检测出早期凋亡细胞。对于发生于 S 期或 G_2/M 期的凋亡细胞,即使有 DNA 含量降低,其实际含量也不低于二倍体细胞所含的 DNA,因此容易造成漏检。特异性也较差,亚 G_0/G_1 峰的细胞数目只代表了核碎片的数目,并不代表凋亡细胞的数目,坏死细胞、非整倍体细胞、机械损伤的细胞或一些纳米材料亦可呈现低荧光,出现亚 G_0/G_1 峰,导致误检。

Li 等[110]通过碘化丙啶染色,使用流式细胞仪检测细胞内 DNA 含量,研究了功能化的硒纳米颗粒(Se@MUN)对正常人肾脏细胞(HK-2)细胞凋亡的影响。结果显示,8 μg/mL 顺铂暴露 HK-2 细胞后,凋亡细胞的比例达到 48.28%,然而,Se @MUN 和顺铂共孵育后,处于 sub-G_1 期的细胞百分比随 Se@MUN 浓度的增加显著下降,Se@MUN 本身不会诱导细胞凋亡。结果说明,Se@MUN 可以保护 HK-2 细胞免遭顺铂诱导的凋亡。

前面提到的多种细胞凋亡检测方法如双重荧光素染色(Hoechst 33342/PI,膜联蛋白 V-FITC/PI[6,63]),caspase 分析法,TUNEL 法,Ac-DEVD-AMC 荧光染色法等均可通过流式细胞分析来实现。目前,以膜联蛋白 V-FITC 联合 PI 染色进行流式细胞分析应用更为广泛。

5.3　细胞氧化应激的测定

纳米材料进入细胞后,可能会破坏细胞内原来的氧化还原平衡状态,使细胞处于氧化应激状态,引起细胞内的高活性分子如活性氧自由基(reactive oxygen species,ROS)和活性氮自由基(reactive nitrogen species,RNS)的大量产生。细胞内的 ROS 主要包括超氧阴离子($\cdot O_2^-$)、羟基自由基($\cdot OH$)和过氧化氢(H_2O_2)等;RNS 主要包括一氧化氮($\cdot NO$)、二氧化氮($\cdot NO_2$)和过氧化亚硝酸盐($\cdot ONOO^-$)等。高浓度的 ROS 和 RNS 会与细胞内的蛋白质、脂类和核酸等生物大分子发生反应从而引起细胞功能失常。目前,已有大量关于纳米材料暴露引起细胞氧化应激的文献报道。

5.3.1　ROS 的测定

1. 电子顺磁共振光谱分析

生物体系中自由基的浓度很低,且半衰期非常短,所以需要极其灵敏的检测仪器才能对自由基含量进行定量测定。羟基自由基($\cdot OH$)和超氧阴离子是生物体系中浓度极低的两种常见自由基。在这些不同种类的自由基中, $\cdot OH$ 最不稳定,半衰期只有 10^{-9} s。电子顺磁共振(electron paramagnetic resonance,EPR)光谱仪的出现解决了这项难题。EPR 光谱仪已被广泛用来测定纳米颗粒自身或纳米颗粒诱导细胞产生的活性氧。自旋俘获剂 2,2,6,6-四甲基哌啶(2,2,6,6-tetram-ethylpiperidine,TEMP)和 5,5-二甲基-1-吡咯啉-N-氧化物(5,5-dimethyl-1-pyrro-line N-oxide,DMPO)加入到培养基或纳米颗粒悬液中孵育一段时间后,可以与其中的羟基自由基($\cdot OH$)或超氧阴离子($\cdot O_2^-$)形成稳定的加合物,离心收集全部上清,涡旋,EPR 光谱仪分析。EPR 分析法的主要优点是可以定量测定纳米颗粒诱导无细胞体系或细胞体系中产生的不同种类的自由基,缺点是 EPR 仪极其昂贵,普及率低。

Singh 等[111]研究了 TiO_2 对人肺上皮细胞的毒性。使用 DMPO 和 TEMPOL 两种自旋诱捕剂来俘获细胞体系中的自由基,EPR 光谱仪检测培养基中的 ROS。主要检测了四种 TiO_2 在细胞或无细胞培养系统中诱导产生的自由基水平。结果显示,使用 DMPO 俘获剂检测到超细-TiO_2(UF-TiO_2)和甲基化的超细-TiO_2(MUF-TiO_2)可以显著诱导 ROS 的产生,而细-TiO_2(F-TiO_2)和甲基化的细-TiO_2(MF-TiO_2)诱导产生的 ROS 与空白相比无显著差异。使用 TEMPOL 观察到类似的实验结果。而当系统中有 A549 细胞存在时,四种不同 TiO_2 处理后,使用两种俘获剂均没有观察到 ROS 信号的显著变化。但在细胞体系中检测到的 ROS 信号强度远低于在无细胞体系中检测到的信号强度。

2. 荧光分析法

目前已有多种方法可用于测定细胞的 ROS 产物,不同方法的敏感性和特异性

大不相同,且不同方法测定细胞内和/或细胞外 ROS 的能力大不相同。荧光探针
2′,7′-二氯荧光黄双乙酸盐(DCFH-DA)[112]和 2′,7′-二氢二氯荧光黄双乙酸盐
(H$_2$DCF-DA)[113,114]常用于检测细胞内 ROS 含量。这两种荧光探针本身都没有
荧光,可以自由穿过细胞膜,进入细胞后被酯酶水解生成无荧光的产物留在细胞
质中,细胞内的 ROS 可以氧化无荧光的产物生成有荧光的 DCF。通过荧光测定
法测定细胞内 DCF 的荧光强度以判定细胞内 ROS 的水平。

已有大量文献报道,使用 DCFH-DA/H$_2$DCF-DA 检测纳米材料暴露后细胞
内 ROS 水平,结果发现纳米 CuO[115]、纳米 TiO$_2$ 和纳米 ZnO[116]、纳米 SiO$_2$[117]、单
壁碳纳米管(SWCNT)[102]、多壁碳纳米管(MWCNT)[118]、氧化石墨烯[119]和富勒
烯[103]等纳米材料暴露细胞后均可引起细胞内 ROS 含量增加。但需要注意的是,
当细胞发生凋亡的时候,从细胞线粒体内释放出来的细胞色素 C 是一种强的
DCFH-DA 催化氧化剂[120],氧化生成的额外的 DCF,干扰实验测定。因此,当纳
米材料暴露细胞引起细胞凋亡时,这时候在选择 ROS 检测方法的时候一定要非常
慎重。

另外一种常用来检测细胞内 ROS 的荧光探针是二氢罗丹明 123(dihydrorho-
damine 123),细胞内 ROS 可以将二氢罗丹明 123 氧化为荧光产物罗丹明 123,罗
丹明 123 在 488 nm 波长激发下发绿色荧光,荧光强度同细胞 ROS 水平呈正比。
Isakovic 等[121]应用二氢罗丹明 123 研究了 C$_{60}$ 和 C$_{60}$(OH)$_n$ 暴露大鼠胶质瘤细胞
系 C6 后,细胞内 ROS 水平。结果显示,C$_{60}$ 可显著增加细胞内 ROS 水平,而
C$_{60}$(OH)$_n$ 暴露对细胞 ROS 水平影响不大。Lee 等[122]同样利用二氢罗丹明 123
测定了金纳米棒暴露后,鼠巨噬细胞 RAW264.7 细胞内过氧化氢的含量。

超氧阴离子自由基是细胞代谢过程中产生最早的一类自由基,可以说是自由
基级联反应的起始物,体内其他 ROS 的主要来源。因此,定量测定纳米材料暴露
后细胞内超氧阴离子自由基的含量具有重要的生物学意义。荧光分析法是测定细
胞内超氧阴离子自由基含量最常用的一种方法。荧光染料二氢乙啶(dihydro-
ethidium,DHE)是一种最常用的荧光染料,DHE 被活细胞摄入后,可以特异性地
被细胞内的超氧化物阴离子自由基氧化脱氢,产生乙啶(ethidium)。乙啶(如溴化
乙啶)可以和 RNA 或 DNA 结合产生红色荧光。荧光强度与细胞内的超氧化物阴
离子自由基的水平成正比。目前,DHE 已被广泛应用于检测多种纳米材料暴露后
细胞内超氧阴离子自由基的含量,如量子点[123]、纳米 ZnO[124]、纳米 Fe$_2$O$_3$[125]等。

AshaRani 等[6]使用 DHE 荧光探针检测了 Ag NPs 暴露人胶质母细胞瘤细胞
U251 后细胞内的超氧阴离子的水平。Zheng 等[126]研究了 PEG 包被的超细硒纳
米颗粒(PEG-Se NPs)对人肝癌细胞 HepG2 和人耐药的肝癌细胞 R-HepG2 的线
粒体功能的影响。由于大量产生的 ROS 会引起线粒体膜氧化损伤,使用 DHE 测
定细胞内最重要的一种 ROS——超氧阴离子可以反映线粒体的结构功能的完整

性。流式细胞仪检测荧光强度结果显示,不同浓度 PEG-Se NPs 暴露 R-HepG2 后,可显著诱导细胞内超氧阴离子的产生,且产生的量与时间、剂量相关。而不同浓度 PEG-Se NPs 暴露 HepG2 后,超氧阴离子的水平略有上升。结果说明,PEG-Se NPs 通过诱导细胞内超氧阴离子的大量产生来诱导耐药的肝癌细胞发生凋亡。

MitoSOX™ Red 线粒体超氧阴离子指示剂是一种活细胞可通透的染料,可快速并选择性地靶向线粒体。MitoSOX™ Red 试剂一旦进入线粒体即可特异性地被超氧阴离子氧化,氧化产物具有很高荧光强度,并结合到核酸上。通过测定其荧光强度来判断细胞线粒体内超氧阴离子自由基的水平。此方法简单、快速、可用于活细胞成像,但由于 MitoSOX™ Red 属于溴化乙啶的一种衍生物,同样具有强烈的致癌性,因此在实验操作过程中一定要做好相应的防护措施。Long 等[127]研究发现 TiO_2 纳米颗粒暴露 BV2 细胞后,MitoSOX™ Red 测定发现 $\geqslant 100$ ppm 时,细胞内超氧阴离子在暴露 30 min 后即出现显著上升,而 $\geqslant 60$ ppm 时,在暴露 70 min 后才检测到超氧阴离子的上升。目前,MitoSOX™ Red 已被用于纳米材料细胞毒理学的研究中,如纳米 ZnO[128]、纳米 SiO_2[129]、SWCNTs[130]等。

某些纳米材料自身就能诱导产生 ROS,因此在测定时必须将纳米材料自身的反应活性考虑在内。另外,进入细胞脱乙酰化的 DCFH 并不专一性地贮存在细胞质,有一部分也可能会存在于细胞外间隙,这部分 DCFH 可能会与细胞外具有催化活性的底物发生反应[131]从而影响测定结果。另外,由于 DCF 的荧光强度是高度 pH 依赖的,所以还应将环境 pH[132,133]、培养基中的添加物等其他影响因素考虑在内。

5.3.2　抗氧化生物标志物的检测

生理状态下,在细胞内的抗氧化酶和细胞内或细胞外抗氧化剂的作用下,细胞内 ROS 的生成与清除处于动态平衡,ROS 可维持在有利无害的极低水平。当细胞受到外源物质的刺激而处于氧化应激状态时,大量生成的 ROS 可诱导细胞产生相应的抗氧化物质来消除多余的 ROS。机体的抗氧化系统主要包括两大类:一是机体的酶抗氧化系统,主要包括超氧化物歧化酶(SOD)、过氧化氢酶(CAT)、谷胱甘肽过氧化物酶(GSH-Px)和过氧化物酶(POD)等;另外一种是非酶抗氧化系统,是可清除自由基的低分子量物质,主要包括维生素 C、维生素 E、谷胱甘肽(GSH)、类胡萝卜素等还原性物质。

1. 抗氧化物的检测

纳米细胞毒理学研究中最常用于检测的抗氧化物是 GSH,其次是维生素 E。谷胱甘肽在体内以两种形式存在:还原型谷胱甘肽(GSH)和氧化型谷胱甘肽(GSSG),在机体中大量存在并具有还原能力的是 GSH。GSH 是细胞内最主要的非蛋白质巯基(—SH)化合物,其主要作用是清除体内的自由基,保护细胞膜的完整性,抵抗脂质过氧化,因此是细胞内重要的抗氧化物。目前定量测定细胞内GSH 含量的方法有多种,如比色法、酶法、荧光光度法及高效液相色谱法(HPLC)[99,134]等。HPLC 可以区分 GSH 和 GSSG,但样本前处理过程费时,且灵敏度不高。因此常采用比色法测定总的谷胱甘肽(GSH 和 GSSG)。其检测原理为氧化还原反应,GSH 被 5,5′-二硫基-2-硝基苯甲酸(5,5′-dithiobis-2-nitrobenzoic acid,DTNB)氧化,生成 GSSG 和稳定的 5-巯基-2-硝基苯酸(5-thio-2-nitrobenzoic acid,TNB);GSSG 可与 GSSG 还原酶及 NADPH(还原型烟酰胺腺嘌呤二核苷酸磷酸)反应,还原生成 GSH。在 NADPH 与 GSSG 还原酶维持 GSH 总量不变的条件下,GSH 和 DTNB 反应生成 TNB 的速率与样本中总谷胱甘肽成正比。TNB 在 412 nm 波长处有最强光吸收,通过分光光度计测定总谷胱甘肽水平(GSH 和 GSSG)。该方法操作简单、快速、可重复性好、灵敏度高,是目前最常使用的一种测定方法。但测定时样本制备要迅速,因 GSH 在空气中很容易被氧化而使其浓度降低。此法不足之处在于其测定的是谷胱甘肽总量(GSH＋GSSG),不能区分 GSH 和 GSSG。目前这种方法已经被用于纳米材料体外细胞毒理学实验中,如纳米 SiO_2[135]、纳米 ZnO[7]、纳米 Fe_3O_4[136]、纳米炭黑、CNTs[62]等。

　　另外一种常用来检测的抗氧化物是维生素 E,又名生育酚,主要作用是抗氧化保护机体细胞免受自由基的损害。维生素 E 常用的测定方法有:分光光度法、荧光光度法、高效液相色谱法(HPLC)等。HPLC 是目前使用最普遍的测定维生素 E 的方法,应用范围广、灵敏度高。大多使用反相色谱柱进行分析,具有色谱柱稳定、保留时间短、重现性好等优点。目前,纳米细胞毒理学研究中也大多采用HPLC 分析法测定细胞内维生素 E 的含量。

　　Lin 等[137]应用高效液相色谱法研究发现,CeO_2 纳米颗粒暴露人肺腺癌细胞(A549)72 h,当 CeO_2 纳米颗粒暴露浓度为 3.5 μg/mL、10.5 μg/mL 和 23.3 μg/mL时,细胞内维生素 E 的含量分别下降 38.1％、75.6％和 87.5％。同时检测到细胞存活率下降、ROS 和 MDA 含量增加、GSH 含量减少、LDH 泄漏,表明脂质过氧化和细胞膜损伤。这些结果提示,CeO_2 纳米颗粒对人肺腺癌细胞 A549 的细胞毒作用与细胞氧化应激有关。

　　2. 抗氧化酶的检测

　　机体中最主要的抗氧化酶包括,超氧化物歧化酶(SOD)、过氧化氢酶(CAT)、谷胱甘肽过氧化物酶(GSH-Px)和过氧化物酶(POD)四种,也是纳米细胞毒理学研究中最常检测的四种抗氧化酶。超氧化物歧化酶(SOD)是机体最主要的抗氧化酶,是生物体内清除自由基的主要物质,主要有两种形式:Cu/Zn-SOD 和Mn-SOD。Cu/Zn-SOD 主要位于细胞质,也可见于溶酶体、细胞核和线粒体膜间隙,而 Mn-SOD 仅存在于线粒体。SOD 的主要作用是加速超氧阴离子自由基发生歧化作用转化为过氧化氢和分子氧,防止超氧阴离子自由基对细胞产生直接或间接的损伤。SOD 的定量测定主要是测定其酶活力和蛋白表达量。SOD 酶活力是评价纳米材料细胞毒性的常用指标之一,其测定方法包括直接分析法和间接分析法。直接分析法是通过直接测定超氧阴离子自由基的浓度变化来反映 SOD 酶的活力,但由于超氧阴离子自由基极其不稳定,要测定其浓度相当困难,且所用仪器价格昂贵,所以应用受限。目前 SOD 酶活力测定主要使用间接分析法。间接分析法包括黄嘌呤氧化酶-细胞色素 C 法、NBT 法、邻苯三酚自氧化法等实验方法。其中的黄嘌呤氧化酶-细胞色素 C 法是目前最常用的一种间接分析方法。其检测原理是:在有氧的条件下,黄嘌呤氧化酶催化次黄嘌呤生成 $\cdot O_2^-$,$\cdot O_2^-$ 将氧化型细胞色素 C 还原为还原型细胞色素 C,后者在 550 nm 波长处有最大吸收。SOD 存在时 $\cdot O_2^-$ 被催化而歧化,细胞色素 C 还原反应速率降低。根据细胞色素 C 在加入 SOD 前后被 $\cdot O_2^-$ 还原的速率变化测定 SOD 活力。这种方法具有快速、灵敏性高、干扰因素少等优点。

Ahamed 等[138]应用此方法研究了纳米 CuO 对人肺腺癌细胞 A549 的细胞毒性,发现纳米 CuO 在 $10\sim50$ μg/mL 的浓度范围内即可引起细胞的氧化剂/抗氧化剂失衡。暴露组细胞 SOD 活力同空白相比显著上升,而 MDA 含量显著上升、GSH 含量显著减少,说明纳米 CuO 对人肺腺癌细胞 A549 的细胞毒性主要来源于氧化应激。此外,多种纳米材料暴露细胞后均可引起细胞内 SOD 酶活力的改变,如 CNT、纳米炭黑、纳米 SiO_2 和纳米 $ZnO^{[62]}$、纳米 $CuO^{[138]}$、纳米 $Ag^{[139]}$ 和纳米 $Fe_2O_3^{[140]}$ 等。

过氧化氢酶(catalase,CAT)的主要功能是催化过氧化氢分解成氧气和水,从而使细胞免受过氧化氢的损害,CAT 是机体在长期的生物演化过程中建立起来的生物防御系统的关键酶之一。CAT 作为生物体内活性氧防御系统的重要组成,在清除过氧化氢及阻止羟基自由基的生成等方面具有重要作用。CAT 活力测定常用的方法有紫外分光法[141]和比色法[142]等。紫外分光法是根据 H_2O_2 在 240 nm 波长处有强吸收,过氧化氢酶能分解 H_2O_2,因此反应溶液吸光度(OD_{240})随反应时间延长而降低。根据吸光度的变化速度即可计算出 CAT 的活性。比色法是基于 H_2O_2 还原重铬酸钾/醋酸生成三价醋酸铬,在 570 nm 波长处测定三价醋酸铬的吸光度来间接反映 CAT 的活力。因此,CAT 也是纳米细胞毒理学研究中的重点之一。

Ahamed 等[138]采用重铬酸钾比色法研究发现,CuO 纳米颗粒暴露人肺腺癌细胞(A549) 24 h 后,细胞内 CAT 酶活力随暴露浓度增加显著上升,SOD 酶活力显著增加,GSH 含量减少,MDA 含量增加,LDH 泄露。这说明 CuO 纳米颗粒可以诱导 A549 发生氧化应激,最终导致细胞死亡。Arora 等[141]应用紫外分光法研究发现 Ag NPs 暴露人皮肤癌细胞 A431 不会引起细胞内 CAT 酶活力的显著改变。

此外,谷胱甘肽过氧化物酶(GSH-Px)[143]、谷胱甘肽还原酶(GR)[144]、谷胱甘肽-S 转移酶(GST)[145,146]和过氧化物酶(POD)等也是纳米细胞毒理学研究中常用的氧化应激检测指标。

细胞内抗氧化酶的蛋白表达量主要应用免疫印迹法(immunoblotting)进行测定。免疫印迹又称蛋白质印迹(Western blotting),是根据抗原抗体的特异性结合检测复杂样品中的某种蛋白的方法。利用聚丙烯酰胺凝胶电泳(SDS-PAGE)技术将生物样品中的蛋白质分子按分子量的大小在凝胶上分离开,然后用电转移的方法将分离的蛋白质几乎原位、定量转移到固相载体(NC、尼龙或 PVDF 膜)上。以固相载体上的蛋白质作为抗原,与对应第一抗体起免疫反应,再与辣根过氧化物酶(HRP)标记的第二抗体起反应,经过底物显色对待测蛋白进行定量分析。免疫印迹法具有分析容量大、敏感度高、特异性强等优点,是检测蛋白质特性、表达与分布的一种最常用的方法。

Sharma 等[147]发现 SWCNTs 暴露大鼠肺上皮细胞(LE)24 h 后,细胞 ROS 的水平显著上升而细胞存活率显著下降。Western blotting 测定发现在暴露的最初 12 h,SOD1 和 SOD2 的蛋白表达量无显著变化。随暴露时间的延长,SOD1 和 SOD2 的蛋白表达量显著下降,GSH 含量测定也发现同样的现象。说明 SWCNTs 可诱导细胞产生 ROS,细胞内抗氧化剂含量减少,从而引起 ROS 清除系统功能下降,诱导产生脂质过氧化、细胞膜结构损伤、功能障碍,最终走向死亡。

5.3.3　其他氧化应激生物标志物的检测

在正常生理状态下,细胞内 ROS 的产生和清除处于动态平衡之中,但如果机体处于氧化应激状态,产生的 ROS 超出清除系统的能力所及时,过量的自由基会给细胞造成不可逆转的氧化损伤。当细胞受到自由基的氧化胁迫时,使构成细胞的各种物质如脂肪、蛋白质和 DNA 等生物大分子发生各种氧化反应,引起变性、交联、断裂等氧化损伤,继而导致细胞结构和功能的破坏,并进一步引起细胞死亡。因此,通过测定脂质、蛋白质的过氧化产物以及 DNA 片段来间接反映细胞的氧化应激状态。

脂质过氧化已被广泛用于检测纳米材料的细胞毒性。纳米材料暴露后,细胞由于受到外源物质的刺激代谢失常,骤然产生大量的自由基。自由基攻击生物膜中多不饱和脂肪酸,引发脂质过氧化作用,并因此形成脂质过氧化产物(lipid peroxide,LPO)如丙二醛(malonaldehyde,MDA)和 4-羟基壬烯酸(4-hydroxynonenal,HNE),从而使细胞膜的流动性和通透性发生改变,最终导致细胞结构和功能的改变。MDA 作为脂质过氧化的重要终产物也是纳米材料暴露后细胞氧化损伤的一个重要检测指标。硫代巴比妥酸(thiobarbituric acid,TBA)分析法可用于定量测定细胞 MDA 含量。其检测原理是 MDA 可以与 TBA 缩合,形成红色产物,在 530 nm 波长处进行比色测定,细胞内的 MDA 含量与吸光度成正比,据此可检测 MDA 相对含量的变化,以了解生物膜脂质过氧化的情况。此外,也可以使用高效液相色谱测定生成的红色产物的含量。TBA 法是一非常简便的方法,一般实验室均可进行。此法与荧光法、化学发光法等有较好的相关性,但不足之处是灵敏度较差,某些因素应加以控制,如线粒体污染,样品中的铁离子等。此方法已被广泛用于研究纳米材料暴露细胞后,诱导细胞发生脂质过氧化的能力。

Lin 等[148]研究了不同粒径、不同浓度的 SiO_2 纳米颗粒暴露人肺腺癌细胞 A549 不同时间后,细胞发生氧化应激和脂质过氧化的程度。分别测定了细胞毒性、LDH 泄露、GSH 含量和 MDA 水平等作为细胞氧化应激和脂质过氧化程度的判断指标。TBA 显色后,用 HPLC 测定了细胞裂解液中的 MDA 含量。结果显示 15 nm SiO_2 暴露 A549 细胞 48 h 后,细胞的 MDA 水平显著上升,暴露浓度为 10 μg/mL、50 μg/mL、100 μg/mL,同空白相比细胞内 MDA 水平分别上升了 10.9%、12.8% 和 17.0%。Ye 等[135]应用 TBA 比色分析法测定了纳米 SiO_2 暴露大鼠胚胎心肌细胞后细胞 MDA 含量,进一步说明纳米 SiO_2 诱导细胞发生脂质过氧化的能力。大量文献中使用 TBA 法测定了纳米材料,如纳米 ZnO[7]、纳米炭黑和 SWCNTs[62],纳米 TiO_2[61]、纳米 CeO_2[137]等暴露细胞后细胞内 MDA 含量,以了解纳米材料诱导细胞发生脂质过氧化的能力。

另外一种检测脂质过氧化的方法是使用亲脂性的荧光染料 C11-BODI PY[581/591],这种荧光分析方法可以定位检测活细胞中的脂质过氧化,并定量分析活细胞脂质过氧化的程度[149]。C11-BODI PY[581/591] 极易氧化,可被细胞膜表面的氧化物所氧化,一旦被氧化,荧光即由红色转变为绿色。C11-BODI PY[581/591] 极易整合到细胞膜上,且它对氧化剂的敏感性是顺式-十八碳四烯酸等探针的两倍[150]。使用共聚焦显微镜可以观察 C11-BODI PY[581/591] 在细胞膜上被氧化的程度,从而反映细胞膜发生脂质过氧化的程度。Sayes 等[151]应用 C11-BODI PY[581/591] 荧光探针研究了 C_{60} 暴露人真皮成纤维细胞(HDF)、人肝癌细胞(HepG2)和人神经元星形角质细胞(NHA)后,细胞发生脂质过氧化的程度。使用荧光显微镜观察了氧化的荧光探针,并用光谱学的方法检测了细胞红色荧光的减少、绿色荧光的增加来定量测定细胞膜脂质过氧化的程度。研究发现,C_{60} 浓度≥50 ppb[①] 时,暴露 48 h,三种细胞的细胞膜均发生显著的脂质过氧化(图 5.15)。

此外,也有人以多巴胺作为氧化应激的生物标志物,使用 HPLC-EC 测定纳米材料暴露后细胞内 ROS 消耗的多巴胺的量或者是多巴胺的氧化产物来评价纳米材料的细胞毒性[9]。

---

① ppb,parts per billion,10^{-9} 量级

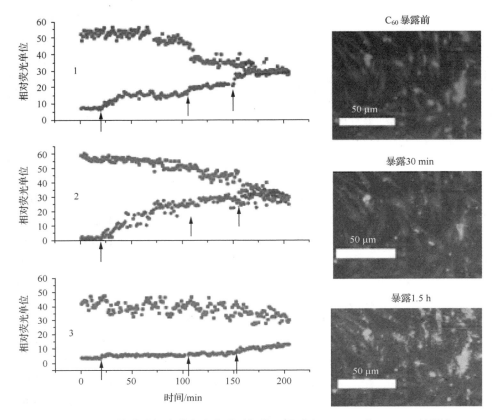

图 5.15 C_{60}暴露后细胞膜发生脂质过氧化。同时在 510 nm 和 610 nm 处测定
C11-BODI PY[581/591]荧光探针的氧化[151]
红色荧光:581/610 nm;绿色荧光:484/510 nm

5.4 炎症细胞因子的测定

炎症反应也是纳米材料暴露后引起的毒副作用之一。通过测定炎症反应释放的促炎细胞因子或蛋白信号分子如白细胞介素-1α(Interleukin- 1α,IL-1α)、白细胞介素-1β(Interleukin- 1β,IL-1β)、肿瘤坏死因子 α(TNF-α)、白细胞介素-6(Interleukin-6,IL-6)、MCP-1、MIP-2 和白细胞介素-8(Interleukin-8,IL-8)等的含量可以判断细胞是否发生炎症反应。这些细胞因子都可以通过酶联免疫吸附测定法进行定性和定量分析。酶联免疫吸附测定(enzyme-linked immunosorbent assay,ELISA)是以免疫学反应为基础,将抗原、抗体的特异性反应与酶对底物的高效催化作用相结合起来的一种高灵敏性的实验技术,可检测样本中微量的抗原或抗体。

1971 年[152]，Engvall 和 Perlmann 首次使用 ELISA 定量测定了 IgG 的含量。目前，ELISA 已发展成为一种可简单、快速、精确定量测定细胞培养上清液中炎性细胞因子的重要实验方法。

最常用于检测的炎症标志物是 IL-8，其次是 TNF-α 和 IL-6，在某些情况下，IL-1β 以及其他一些细胞因子的浓度也需要定量测定。目前，使用 ELISA 测定了不同组成和来源的纳米材料，如纳米 TiO_2[153]、纳米 Fe_2O_3[154]、纳米 ZnO、纳米炭黑[155]、CNTs[32]、富勒烯[156]、纳米 SiO_2[157] 及碳量子点[158] 等暴露后诱导释放的细胞因子的水平。

He 等[159]研究了 SWCNTs 对肺上皮细胞的细胞毒性及可能的毒作用机制。为了确定 SWCNTs 是否能诱导细胞因子的产生，使用小鼠单核巨噬细胞 RAW 264.7 体外暴露 2 μg/mL、20 μg/mL SWCNTs 16 h，1 μg/mL 脂多糖（LPS）暴露 5 h 作为阳性对照。流式细胞仪测定结果显示，SWCNTs 暴露后，培养基上清中 TNF-α、IL-1β、IL-6、MCP1 和 IL-10 的含量显著高于对照组。说明 SWCNTs 暴露后可直接诱导促炎细胞因子和趋化因子 TNF-α、IL-1β、IL-6、MCP1、IL-10 的产生，从而调停炎症反应。Hamilton 等[19]使用 ELISA 分析法测定了不同 TiO_2 纳米颗粒暴露肺泡巨噬细胞诱导细胞释放的细胞因子的含量的变化。使用小鼠 ELISA（R&D Systems）试剂盒测定了细胞培养基上清中的 IL-1β、IL-18、IL-33 含量。结果显示，在无效应的 LPS（20 ng/mL）存在的情况下，长带状的纳米 TiO_2（100 μg/mL）可显著诱导 AM 产生 IL-1β 和 IL-18，但没有检测到 IL-33。以上结果说明，这些纤维状的纳米材料可以诱导炎症小体的激活，并通过组织蛋白酶 B 介导的途径释放炎性细胞因子。

另外，一些改进的 ELISA 测定方法通过多重分析模式允许同时测定 8 种（LINCOplex）[160]或上百种细胞因子。新开发出的基于流式细胞仪的液相蛋白质定量技术——微量样本多指标流式蛋白定量技术（cytometric bead assays，CBA），它的基本原理近似于 ELISA 的检测，即利用微小、分散的颗粒捕获液体待测物，并利用流式细胞仪检测类似"三明治"的颗粒-待测物复合体所发射的荧光，从而测定待测物的数量。能从单个小样本中获得多个指标的数据，除了可以得到待测物的计数结果外，还能获得可视轮廓或信号图。蛋白质检测灵敏度可达到 2.8 pg/mL，重复性好，利用试剂盒可同时定量多达 36 种蛋白质，且可根据需要从提供的蛋白质数据库中选择需要的蛋白质组合成自己的独特的试剂盒。

微阵列免疫捕获多重分析法也是一种新的高通量蛋白质研究方法。例如 Bio-Plex 悬液芯片系统和 Quansys Biosciences 公司的主打产品 Q-Plex™芯片，这些芯片基于多重 ELISA 检测技术，通过含有 25 种捕获抗体的抗体芯片实现对抗原的高通量检测，可同时分析 25 种细胞因子，只需要 5～30 μL 样品[161]。微阵列免疫捕获多重分析法具有卓越的灵敏度、精确度和准确度，是目前应用最广的细胞因子多重检测平台。这些新型的高通量细胞因子检测方法在纳米细胞毒理学研究已推广应用。

Yue 等[162]研究了氧化石墨烯(graphene oxide,GO)的水平尺寸在调控其细胞生物效应中所起的作用。使用 CBA 小鼠炎症反应试剂盒测定了 GO 暴露小鼠腹膜巨噬细胞(PMØ)后诱导释放的细胞因子的水平。应用荧光激活细胞分选(fluorescence-activated cell sorting,FACS)技术测定了培养液中巨噬细胞分泌的 IL-6、IL-10、IL-12、TNF-α、MCP-1 和 IFN-γ 6 种关键细胞因子的水平。结果显示,2 μm GO 处理细胞 48 h 后,除了 IL-10,其他 5 种细胞因子的荧光信号强度均有显著性增加,300 nm GO 处理细胞 48 h 检测到相似的结果,但其各组的荧光信号强度均低于 2 μm 组。另外,还检测了时间和剂量对细胞因子释放的影响。结果显示,孵育时间对分泌的细胞因子的水平无显著性影响,但分泌的细胞因子的水平随暴露浓度的增加显著上升,尤其是微米尺寸的 GO(图 5.16)。

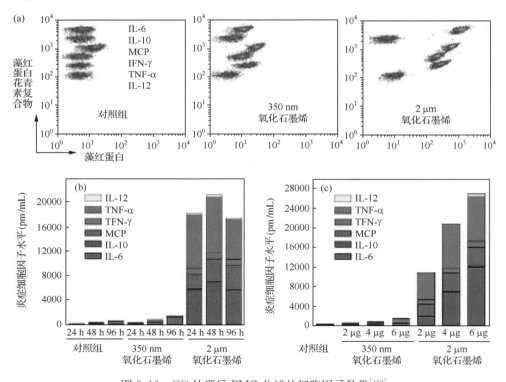

图 5.16　GO 处理后 PMØ 分泌的细胞因子种类[162]

(a)细胞因子表达水平的 FACS 二维点图;(b)GO 暴露不同时间诱导分泌的细胞因子含量;
(c)不同剂量 GO 暴露后诱导分泌的细胞因子含量

Ryman-Rasmussen 等[158]应用 Bio-Plex 悬液芯片系统检测了不同量子点

(QD)暴露细胞后,细胞分泌的 IL-1β,IL-6,IL-10 和 TNF-α。使用多重 ELISA 分析法检测了两种尺寸 QD565(4.6 nm)和 QD655(12 nm),三种修饰聚乙烯(PEG,电中性)、氨基化的聚乙烯(PEG-amine,带正电)和聚乙酸(带负电)。检测了这六种纳米材料暴露人表皮角化细胞(HEKs)24 h 后,细胞分泌的四种细胞因子的水平。结果显示,只有聚乙酸修饰的 QD 能显著增加 IL-1β 和 IL-6 的水平,说明 QD 的表面修饰决定了它对 HEKs 的免疫毒性。

众所周知,细胞因子的检测同其他生物检测方法一样,受多种因素的干扰,因此在测定过程中需十分谨慎。已有文献报道,纳米材料可能影响酶的免疫吸附。纳米金属氧化物和碳纳米材料等可能吸附培养基中的 IL-6[163] 和 IL-8[33] 等细胞因子,从而不同程度地改变了细胞因子的浓度。纳米材料由于其大的吸附表面积对细胞培养基中痕量的营养物质和生长因子的消耗等因素都不能忽视[33,164]。另外,已证实血清可以调节纳米材料对细胞因子的吸附,尤其是碳纳米材料。纳米材料在合成过程中可能被细菌、真菌、内毒素等外来物质污染,因此暴露细胞后这些外来物质也可能诱导细胞产生炎性反应。所以在纳米材料暴露细胞之前应尽可能去除其中存在的污染物[165]。由于多种干扰因素的存在,为了得到可靠的实验结果,需要同时对这些可溶性细胞因子相对应的基因的表达进行定量测定,如使用 RT-PCR 测定细胞因子特异的 mRNA 的表达量[165],或使用芯片技术分析炎症相关基因表达的上调/下调[166]。

5.5　纳米材料的细胞内摄分析

纳米材料的细胞摄取和定位研究能揭示细胞器与纳米材料间的相互作用,帮助阐明纳米材料的细胞毒性机制,是纳米材料细胞毒理研究不可或缺的组成部分。现有的实验技术难以同时实现定量测定细胞内摄的纳米材料的数量和描述纳米材料在细胞内的定位,因此需要通过多种实验技术来实现。在很多时候,定量测定细胞内摄的纳米材料是以牺牲空间分辨率为代价的,而获得细胞内摄纳米材料定位信息是以牺牲定量数据为代价的。因此,应采用多种实验技术联合使用以获得关于细胞内摄纳米材料方面更全面的信息。

5.5.1　电子显微镜检测

电子显微镜在揭示纳米材料在细胞内的定位及转运方面表现出独特的优势。TEM 除了能够可视化纳米颗粒在细胞内的定位,其超高的分辨率还能提供纳米材料与细胞结构相互作用的信息,如细胞膜内陷、囊泡形成等[167]。这使得纳米材料细胞内摄机制的研究成为可能[168,169]。TEM 仅能实现定性评价纳米材料细胞内摄,一张图片仅能拍摄少数几个细胞。TEM 仪器的发展为纳米材料的细胞内摄研究提供了很多便利条件。TEM 样品经重金属染色后,观察时很容易混淆细胞内的碳纳米材料和富含碳元素的细胞器,而能量过滤透射电子显微镜(energy-filtered transmission electron microscopy,EFTEM)和电子能量损失谱(electron energy loss spectroscopy,EELS)的联合使用解决了这个问题。

另外,使用背散射电子检测模式代替传统的 SEM 中的二次电子检测模式,使得 SEM 也可用来观察细胞内的纳米材料[4]。配合能量色散 X 射线谱(energy-dispersive X-ray spectroscopy,EDS)能够实现样品中元素的半定量分析[165]。需要注意的是,生物样品在电子染色过程中可能残留高电子密度的重金属染色剂,这些染色剂可能会被误认为是纳米材料[170],这时可采用 SEM-EDS 分析其元素组成。

5.5.2　元素含量分析

多数情况下,细胞内摄的纳米材料的量非常少,采用 TEM 分析非常困难。电感耦合等离子体质谱(inductively coupled plasma mass spectroscopy,ICP-MS)和电感耦合等离子体原子发射光谱法(inductively coupled plasma atomic emission spectroscopy,ICP-AES)作为常规的无机元素分析技术可通过分析细胞中纳米材料组成元素的含量来确定细胞对纳米材料的摄取情况。ICP-MS 主要用于痕量/超痕量分析,样品浓度太高会使分析出现偏差,其检出限可达到 ppt① 级,对于重元素的检测准确度非常高。ICP-AES 检测限在 $1 \sim 10$ ppb,在轻元素(如 S、Ca、K 等)的检测中占优势。在制样过程中要充分洗涤细胞,尽量除去吸附在细胞表面的纳米颗粒,以消除其对测量结果的干扰。ICP-MS 和 ICP-AES 的分析结果只是元素的总量[170,171],需要结合其他分析手段如基于同步辐射的 X 射线吸收谱(第 2 章已经介绍了方法的原理和应用)等获取纳米材料生物转化的信息。另外,这两种方法无法分析碳纳米材料。已有大量报道应用 ICP-MS 和 ICP-AES 评价了纳米 Au[165]、纳米 CeO_2[172]、纳米 Fe_2O_3[173,174]等纳米材料的细胞内摄量。

5.5.3　荧光谱学分析

荧光谱学分析是兼具定量检测纳米颗粒的细胞摄入量和定性描述纳米颗粒在细胞内定位的一种分析手段。借助荧光染料标记或细胞固有的荧光特性利用共聚焦激光扫描显微镜(confocal laser scanning microscopy,CLSM)可对纳米颗粒的摄取、内化进入细胞器等过程进行荧光成像。此外,通过组合多张轴向和侧向的 CLSM 细胞荧光图片,利用图像重组算法可得到细胞的 3D 模拟图。新研制出来的转盘式共聚焦显微镜可以在不到 1 s 的时间内检测到量子点在细胞内的转运轨迹[175]。应用流式细胞仪相关技术,如荧光激活的细胞分选技术(fluorescence-

---

① ppt,parts per trillion,10^{-12}量级

activated cell sorting,FACS)可以将纳米颗粒的数量与已摄取纳米颗粒的细胞数或细胞种类联系起来。荧光谱学分析方法直接受到纳米颗粒的荧光特性的干扰。然而,纳米材料的内在荧光特性(如量子点)为其细胞摄取的检测提供便利。

　　本身无荧光的纳米材料经荧光标记后仍然可以用荧光方法进行检测。聚合物纳米颗粒可以共价结合得克萨斯红(Texas red)[176]、异硫氰酸荧光素(fluorescein isothiocyanate,FITC)[35,177]和 6-香豆素(6-coumarin)[178,179]等荧光染料。FITC 共价标记的富勒烯[17]和碳纳米管[180]已被用来检测细胞摄取。尽管这些标记技术为荧光定量提供了便利,但存在于纳米颗粒表面或固化在颗粒的荧光染料可能会改变纳米材料的物理化学性质,从而改变其生物学行为。

5.5.4 纳米颗粒细胞内摄分析新技术

　　流式细胞仪是目前用来研究纳米材料细胞内摄的另一种常用技术手段[165]。流式细胞仪检测纳米颗粒的细胞内摄具有简单、快速、灵敏等优点。流式细胞仪是使用激光束照射液流中央的单个细胞,再使用多个检测器收集细胞与激光束的相互作用信息。一部分光子打到细胞的边缘而发生轻微的偏转,形成前向散射光(FSC),与细胞的大小有关。发生 90°散射的光子形成侧向散射光(SSC),与细胞内部结构的复杂性有关,也能反映细胞质内的较大颗粒。检测细胞的自发荧光和特征荧光也能提供一系列有用的信息。因此,流式细胞仪可以用来检测细胞内的荧光纳米颗粒和非荧光纳米颗粒(图 5.17)。尽管流式细胞仪在检测纳米颗粒的细胞内摄方面存在很多优势,但其主要的缺点是难以纳米颗粒在细胞内的定位信息。

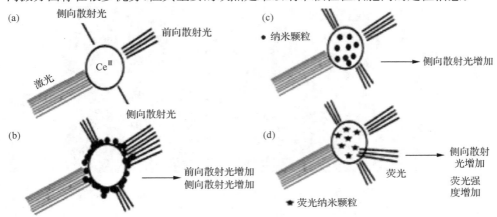

图 5.17　流式细胞仪分析纳米颗粒的细胞内摄[4]

(a)无纳米颗粒存在时的细胞散射图;(b)纳米颗粒吸附在细胞表面后,前向散射光(FSC)和侧向散射光(SSC)均增加;(c)纳米颗粒内化进入细胞后,仅增加侧向散射光(SSC);(d)荧光纳米颗粒内化进入细胞后,侧向散射光(SSC)和荧光强度(FL)均增加

Suzuki 等[181]利用流式细胞术研究发现中国仓鼠卵巢细胞(CHO)对 TiO₂纳米颗粒的摄取与 TiO₂的暴露时间、剂量和尺寸相关，且不同的表面修饰也影响细胞对 TiO₂纳米颗粒的摄取。Missirlis 等[182]使用流式细胞仪检测了两亲性水凝胶荧光纳米颗粒暴露小鼠单核巨噬细胞(J774A.1)后细胞荧光强度的变化来研究细胞对荧光纳米颗粒的内摄作用。

Ruan 等[175]应用图像增强的微分干涉显微镜(video-enhanced differential interference contrast，VEDIC)研究了多肽结合的 QDs 纳米颗粒在细胞内的转运轨迹及亚细胞定位(图 5.18)。此外，双光子荧光显微镜(two-photon luminescence microscopy)用来研究金纳米棒的摄取和在细胞内的转运轨迹，表现出很好的时间分辨率[183]。在研究细胞摄取纳米材料过程中遇到的种种挑战进一步推动了纳米细胞毒理学研究技术的发展。

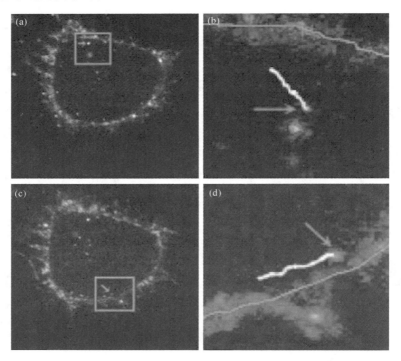

图 5.18　VEDIC 研究多肽结合的 QDs 在 HeLa 细胞内的转运轨迹[175]

(a)单个细胞；(b)为(a)中框内的部分放大，包含 QDs 的囊泡在 2 s 内的运行轨迹(白线)；(c)另一单细胞；

(d)为(c)中框内的部分放大，1.74 s 内纳米颗粒在细胞内的转运轨迹

5.6 纳米材料生物效应的高通量筛选方法

高通量筛选(high throughput screening,HTS)技术是指以分子水平和细胞水平的实验方法为基础,以微板形式作为实验工具载体,以自动化操作系统执行试验过程,以灵敏快速的检测仪器采集实验结果数据,以计算机分析处理实验数据,在同一时间检测数以千万的样品,并以得到的相应数据库支持运转的技术体系,它具有微量、快速、灵敏和准确等特点。简言之就是可以通过一次实验获得大量的数据,并从中找到有价值的信息。高内涵筛选(high content screening,HCS)最初是被用来筛选有治疗作用的先导化合物的药理活性及潜在毒性[184]。高内涵筛选系统属于高通量技术的一种,它是一种能够进行荧光显微成像和定量图像分析的自动化筛选系统。在保持细胞结构和功能完整性的前提下,不仅能检测细胞的形态及荧光特性,使用荧光探针还能同时检测包括凋亡、坏死、氧化应激等在内的多种毒性模式,从而实时快速地对样品进行多角度的分析[170]。高通量筛选结果是单一的,而高内涵筛选的筛选结果是多样化的。高内涵筛选与高通量筛选相比,其优点体现在它的检测体积并未因检测指标增加而增大,操作步骤同样简单可行、自动化。近年来,高内涵筛选因其快速、高特异性、高灵敏度等特点已被应用于纳米材料的毒性筛选。

Zhang 等[185]最先应用高内涵图像分析方法结合高通量筛选技术研究了碳量子点的细胞毒性。他们研究发现即使在最高剂量下 PEG-silane-QDs 对人肺上皮细胞和皮肤上皮细胞后的毒性仍然很小。Jan 等[186]使用高内涵检测方法检测了碲化镉量子点颗粒(CdTe QDs)和金纳米颗粒对大鼠 NG108-15 神经母细胞瘤细胞和人肝癌细胞 HepG2 的细胞毒性,发现 CdTe QDs 暴露会诱导时间、剂量、细胞类型及细胞状态相关的细胞凋亡反应和细胞毒性反应,指出神经细胞的形态学尤其适用于自动化高内涵筛选,由于 HepG2 细胞在药学研究中经常作为人正常肝细胞的替代品,因此也是一个高内涵筛选的理想模型。同时还发现纳米金能阻止 HepG2 的细胞增殖和细胞内钙离子的分泌。

5.7 纳米颗粒的物理化学特性对体外细胞实验的影响

5.7.1 吸附能力

纳米材料单位质量的表面积大大增加,因而表现出极强的吸附能力和反应活性。纳米颗粒是通过悬浮在培养基中暴露细胞的。培养基中的血清或血清替代物中的多种蛋白质可以吸附在纳米颗粒的表面[187]。纳米颗粒吸附蛋白质后会增加颗粒的尺寸、改变颗粒表面的 ζ 电位[188]，纳米材料吸附蛋白质的种类和数量取决于纳米材料的尺寸、聚集状态、表面电荷和颗粒浓度等[189]。富勒烯只吸附一类特定的蛋白质[190]，甚至影响蛋白质多肽的结构[191]。纳米材料表面的蛋白冠可能会影响细胞应答，有文献报道，炭黑纳米颗粒和二氧化钛纳米颗粒加入血清预孵育可以降低它们的细胞毒性[192]。此外，如果纳米颗粒吸附了培养基中的生长因子，会因培养基中营养缺乏而导致间接的细胞毒性[164]。测定体系中存在纳米颗粒可能会直接影响蛋白浓度和蛋白活力的测定[163]。纳米材料也可能吸附测定体系中的反应底物或荧光染料，影响测定结果的可靠性。纳米材料的疏水性决定了其在水相中的分散性同时也影响其对蛋白质及其他成分的吸附能力。带负电的纳米材料，如壳聚糖纳米颗粒等会与 Ca^{2+} 结合[193]，从而影响依赖 Ca^{2+} 的检测结果的可靠性。纳米材料的强吸附能力使其在生产或使用过程中污染外源物质的可能性大大增加。碳纳米管呈中空圆柱体结构，残留的金属污染物主要是 Fe、Ni、Co 等，这些残留的金属会增加 CNTs 暴露后细胞免疫反应和氧化应激的程度，所以在暴露细胞之前应尽量清除这些污染物。

5.7.2　光学特性

目前，纳米材料体外毒性试验常采用光吸收分析法、光衍射分析法或荧光分析法，纳米材料的光学特性对测定可能产生干扰。金属纳米材料的光吸收特性，如钛酸钠，会直接影响细胞存活率实验数据的可靠性[194]。金纳米颗粒和一些荧光染料如 Cy5 的荧光光谱接近，会降低染料的荧光信号强度[195]。用于医学成像的纳米材料，如碳量子点或纳米壳层等，能吸附不同波长的发射光，严重影响检测到的光信号强度的真实性。

5.7.3　催化活性

纳米材料单位质量的表面积大大增加，提供了额外的表面能使得纳米材料的催化活性显著增加。大量纳米材料，如纳米 TiO_2[196]、纳米 SiO_2[197]、富勒烯[121]等可以在无细胞体系中诱导 ROS 的产生。尺寸为 2～4 nm 的纳米材料诱导产生 ROS 的速度是尺寸为 100 nm 的纳米材料的 100～1000 倍，表明随纳米材料尺寸减小，催化活性显著增加[198]。研究发现，纳米 TiO_2 和纳米 ZnO 可降解四碘荧光素等阴离子染料[199]，单壁碳纳米管可以氧化 MTT 从而干扰 MTT 细胞活性测定[200]。

5.7.4　磁性

Fe_2O_3 等金属氧化物纳米颗粒具有磁性，能够在局部区域产生强磁场，强磁场能够诱导产生自由基，产生的自由基会对干扰氧化还原反应相关的细胞活性检测[201,202]。

5.7.5　溶解性

部分纳米材料,如水溶性的量子点[203]、纳米 ZnO[204]等能够在培养液中释放出金属离子。细胞对于金属离子具有高度的敏感性,金属离子的释放会影响实验结果[205,206]。Brunner 等[207]观察了多种纳米颗粒(SiO_2、$Ca_3(PO_4)_2$、Fe_2O_3、ZnO、CeO_2、TiO_2 和 ZrO_2)的细胞毒性,发现由纳米颗粒溶解释放的金属离子至少部分地对纳米颗粒细胞毒性产生贡献。许多学者研究了 ZnO 纳米颗粒对多种环境物种的生物学效应,发现由于不同的实验条件,如粒径、介质、pH 和分散所用的超声参数等,都会对 ZnO 纳米颗粒的溶解产生影响,但都认为溶解释放的 Zn(可能包括多种化学形态,总称 Zn_{dis})对生物学效应作出部分甚至全部贡献[165]。文献报道,铜纳米颗粒可在水介质中溶解释放出 Cu_{dis},但对于 Cu_{dis} 的具体化学形态则不清楚[208]。此外,对于碳纳米颗粒而言,其制备需要使用大量的金属催化剂,而残留的金属催化剂是否对碳纳米颗粒的生物学效应产生影响,也是一个值得关注的问题[209]。Donaldson 等[210]研究发现,高达 15% 的金属催化剂(如 Co,Fe,Ni,Mo)残留在合成的碳纳米管中,而这些残留的金属对碳纳米管所致的肺炎症反应和氧化应激反应有一定的贡献。

另外,纳米材料在暴露介质中溶解过程往往伴随着 pH 的变化,而大部分体外细胞实验都受体系 pH 影响,如中性红染料的发射光的颜色和强度,乳酸脱氢酶的活力等。因此需要将暴露介质中的酸碱度也考虑在内。

5.7.6　纳米颗粒的团聚

由于纳米颗粒比表面积大,比表面能高,属于热力学不稳定体系,在介质中(如水、细胞培养液)极易发生纳米颗粒团聚现象,形成大小不等的纳米颗粒团聚体。发生团聚后,纳米颗粒的物理化学性质可能会发生改变,从而可能影响其生物学效应。许多研究报道了纳米颗粒在介质中发生团聚的现象[165]。

Brown 等[211]发现硅纳米颗粒在细胞培养液中发生团聚,而这种团聚会减小对 MET-5A 间皮细胞的毒性。Wick 等[212]研究了团聚对 SWNT 的细胞毒性的影响,分别制备了四种不同的 SWNT 的溶液,即 SWNT 产品的原材料、合成产生的 SWNT 团聚体及由团聚体离心获得的 SWNT 束和 SWNT 球。结果表明除了分散得很好的 SWNT 束没有细胞毒性外,其他的都有毒性,说明了团聚作用是影响纳米颗粒细胞生物学效应的一个重要因素。

总之,纳米颗粒的多种特殊的物理化学性质会干扰细胞毒理学试验,在使用这些体外分析方法之前必须预先对纳米材料的物理化学性质进行详细的表征。由于纳米材料对实验底物的干扰无法预先估计,评价纳米材料的细胞毒性应多种毒性筛选方法联合使用，设计合理的对照组，以获得可靠的实验结果。

参 考 文 献

[1] 周宗灿. 毒理学基础 [M]. 北京：北京医科大学出版社，2000

[2] 刘国廉，刘秀林. 细胞毒理学 [M]. 北京：军事医学科学出版社，2001

[3] 刘鼎新，吕证宝. 细胞生物学研究方法与技术 [M]. 北京：北京医科大学，中国协和医科大学联合出版社，1990

[4] Dhawan A, Sharma V. Toxicity assessment of nanomaterials: Methods and challenges [J]. Analytical and Bioanalytical Chemistry, 2010, 398(2): 589-605

[5] Kong B, Seog J H, Graham L M, et al. Experimental considerations on the cytotoxicity of nanoparticles [J]. Nanomedicine, 2011, 6(5): 929-941

[6] AshaRani P, Low Kah Mun G, Hande M P et al. Cytotoxicity and genotoxicity of silver nanoparticles in human cells [J]. ACS Nano, 2008, 3(2): 279-290

[7] Sharma V, Shukla R K, Saxena N et al. DNA damaging potential of zinc oxide nanoparticles in human epidermal cells [J]. Toxicology Letters, 2009, 185(3): 211-218

[8] Skebo J E, Grabinski C M, Schrand A M, et al. Assessment of metal nanoparticle agglomeration, uptake, and interaction using high-illuminating system [J]. International Journal of Toxicology, 2007, 26(2): 135-141

[9] Hussain S M, Javorina A K, Schrand A M, et al. The interaction of manganese nanoparticles with PC-12 cells induces dopamine depletion [J]. Toxicological Sciences, 2006, 92(2): 456-463

[10] Vodyanoy V. High resolution light microscopy of live cells [J]. Microscopy Today, 2005, 13: 26-28

[11] Foster B. Focus on microscopy: A technique for imaging live cell interactions and mechanisms [J]. American laboratory, 2004, 36(22): 21-27

[12] Alshatwi A A, Periasamy V S, Subash-Babu P, et al. *CYP1A* and *POR* gene mediated mitochondrial membrane damage induced by carbon nanoparticle in human mesenchymal stem cells [J]. Environmental Toxicology and Pharmacology, 2013, 36(1): 215-222

[13] Schrand A M, Huang H, Carlson C, et al. Are diamond nanoparticles cytotoxic? [J]. The Journal of Physical Chemistry B, 2007, 111(1): 2-7

[14] Toduka Y, Toyooka T, Ibuki Y. Flow cytometric evaluation of nanoparticles using side-scattered light and reactive oxygen species-mediated fluorescence-correlation with genotoxicity [J]. Environmental Science & Technology, 2012, 46(14): 7629-7636

[15] Sheppard C. Confocal microscopy-principles, practice and options [J]. Fluorescent and Luminescent Probes for Biological Activity, 1993: 229-236

[16] Kasten F. Introduction to fluorescent probes: Properties, history and applications [J]. Fluorescent and Luminescent Probes for Biological Activity, 1993: 12-33

[17] Li W, Chen C, Ye C, et al. The translocation of fullerenic nanoparticles into lysosome via the pathway of clathrin-mediated endocytosis [J]. Nanotechnology, 2008, 19(14): 145102

[18] Liu R, Chen Z, Wang Y, et al. Nanoprobes: Quantitatively detecting the femtogram level of arsenite ions in live cells [J]. ACS Nano, 2011, 5(7): 5560-5565

[19] Hamilton R F, Wu N, Porter D, et al. Particle length-dependent titanium dioxide nanomaterials toxicity and bioactivity [J]. Particle and Fibre Toxicology, 2009, 6: 35

[20] Koh A L, Shachaf C M, Elchuri S, et al. Electron microscopy localization and characterization of functionalized composite organic-inorganic SERS nanoparticles on leukemia cells [J]. Ultramicroscopy, 2008, 109(1): 111-121

[21] 高万峰, 纪小龙. 原子力显微镜在细胞形态学中应用的现状和前景 [J]. 中华肿瘤防治杂志, 2008, 15(6): 471-475

[22] Horáková K N, Šovčáíková A, Seemannová Z, et al. Detection of drug-induced, superoxide-mediated cell damage and its prevention by antioxidants [J]. Free Radical Biology and Medicine, 2001, 30(6): 650-664

[23] Herzog E, Casey A, Lyng F M, et al. A new approach to the toxicity testing of carbon-based nanomaterials: The clonogenic assay [J]. Toxicology Letters, 2007, 174(1-3): 49-60

[24] Casey A, Herzog E, Lyng F, et al. Single walled carbon nanotubes induce indirect cytotoxicity by medium depletion in A549 lung cells [J]. Toxicology Letters, 2008, 179(2): 78-84

[25] Mahmood M, Casciano D A, Mocan T, et al. Cytotoxicity and biological effects of functional nanomaterials delivered to various cell lines [J]. Journal of Applied Toxicology, 2010, 30(1): 74-83

[26] Jin Y, Kannan S, Wu M, et al. Toxicity of luminescent silica nanoparticles to living cells [J]. Chemical Research in Toxicology, 2007, 20(8): 1126-1133

[27] Mullick Chowdhury S, Lalwani G, Zhang K, et al. Cell specific cytotoxicity and uptake of graphene nanoribbons [J]. Biomaterials, 2013, 34(1): 283-293

[28] Ehrlich P. Ueber Neutralroth [J]. Z. Wiss. Mikr, 1894, 11: 250

[29] Borenfreund E, Puerner J A. Toxicity determined in vitro by morphological alterations and neutral red absorption [J]. Toxicology Letters, 1985, 24(2): 119-124

[30] Flahaut E, Durrieu M-C, Remy-Zolghadri M, et al. Investigation of the cytotoxicity of CCVD carbon nanotubes towards human umbilical vein endothelial cells [J]. Carbon, 2006, 44(6): 1093-1099

[31] Kawata K, Osawa M, Okabe S. In vitro toxicity of silver nanoparticles at noncytotoxic doses to HepG2 human hepatoma cells [J]. Environmental Science & Technology, 2009, 43(15): 6046-6051

[32] Davoren M, Herzog E, Casey A, et al. In vitro toxicity evaluation of single walled carbon nanotubes on human A549 lung cells [J]. Toxicology in Vitro, 2007, 21(3): 438-448

[33] Monteiro-Riviere N A, Inman A O. Challenges for assessing carbon nanomaterial toxicity to the skin [J]. Carbon, 2006, 44(6): 1070-1078

[34] Ramires P, Romito A, Cosentino F, et al. The influence of titania/hydroxyapatite composite coatings on in vitro osteoblasts behaviour [J]. Biomaterials, 2001, 22(12): 1467-1474

[35] Huang M, Khor E, Lim L-Y. Uptake and cytotoxicity of chitosan molecules and nanoparticles: effects of molecular weight and degree of deacetylation [J]. Pharmaceutical Research, 2004, 21(2): 344-353

[36] Chen G, Hanson C, Ebner T. Optical responses evoked by cerebellar surface stimulation in vivo using neutral red [J]. Neuroscience, 1998, 84(3): 645-668

[37] Horobin R W, Kiernan J A. Conn's biological stains: A handbook of dyes, stains and fluorochromes for use in biology and medicine [M]. Oxford UK: Bios Scientific Publishers, 2002

[38] Shang L, Zou X, Jiang X, et al. Investigations on the adsorption behavior of Neutral Red on mercaptoethane sulfonate protected gold nanoparticles [J]. Journal of Photochemistry and Photobiology A: Chemistry, 2007, 187(2): 152-159

[39] 王彦广, 刘洋. 化学标记与探针技术在分子生物学中的应用 [M]. 北京: 化学工业出版社, 2007

[40] Moore P, MacCoubrey I, Haugland R. A rapid, pH insensitive, two color fluorescence viability (cyto-toxicity) assay [J]. The Journal of Cell Biology, 1990, 111(5 pt 2): 58a-304

[41] MacCoubrey I, Moore P, Haugland R. Quantitative fluorescence measurements of cell viability (cyto-toxicity) with a multi-well plate scanner [J]. The Journal of Cell Biology, 1990, 111(5 pt 2): 58a-303

[42] Lin A, Hirsch L, Lee M-H, et al. Nanoshell-enabled photonics-based imaging and therapy of cancer [J]. Technology in Cancer Research & Treatment, 2004, 3(1): 33-40

[43] Hirsch L R, Stafford R, Bankson J, et al. Nanoshell-mediated near-infrared thermal therapy of tumors under magnetic resonance guidance [J]. Proceedings of the National Academy of Sciences, 2003, 100 (23): 13549-13554

[44] Haslam G, Wyatt D, Kitos P A. Estimating the number of viable animal cells in multi-well cultures based on their lactate dehydrogenase activities [J]. Cytotechnology, 2000, 32(1): 63-75

[45] Lison D, Thomassen L C, Rabolli V, et al. Nominal and effective dosimetry of silica nanoparticles in cytotoxicity assays [J]. Toxicological Sciences, 2008, 104(1): 155-162

[46] Hussain S, Hess K, Gearhart J, et al. In vitro toxicity of nanoparticles in BRL 3A rat liver cells [J]. Toxicology In Vitro, 2005, 19(7): 975-984

[47] Yan L, Zhang S, Zeng C, et al. Cytotoxicity of single-walled carbon nanotubes with human ocular cells [J]. Advanced Materials Research, 2011, 287: 32-36

[48] Patra P, Mitra S, Debnath N, et al. Biochemical-, biophysical-, and microarray-based antifungal evaluation of the buffer-mediated synthesized nano zinc oxide: An in vivo and in vitro toxicity study [J]. Langmuir, 2012, 28(49): 16966-16978

[49] Li L, Sun J, Li X et al. Controllable synthesis of monodispersed silver nanoparticles as standards for quantitative assessment of their cytotoxicity [J]. Biomaterials, 2012, 33(6): 1714-1721

[50] Markovic Z, Todorovic-Markovic B, Kleut D, et al. The mechanism of cell-damaging reactive oxygen generation by colloidal fullerenes [J]. Biomaterials, 2007, 28(36): 5437-5448

[51] Kim T H, Kim M, Park H S, et al. Size-dependent cellular toxicity of silver nanoparticles [J]. Journal of Biomedical Materials Research Part A, 2012, 100A(4): 1033-1043

[52] Chen X X, Cheng B, Yang Y X, et al. Characterization and preliminary toxicity assay of nano-titanium dioxide additive in sugar-coated chewing gum [J]. Small, 2012, 9(9-10): 1765-1774

[53] Suska F, Gretzer C, Esposito M, et al. Monocyte viability on titanium and copper coated titanium [J]. Biomaterials, 2005, 26(30): 5942-5950

[54] Nachlas M M, Margulies S I, Goldberg J D, et al. The determination of lactic dehydrogenase with a tetrazolium salt [J]. Analytical biochemistry, 1960, 1(4): 317-326

[55] Babson A, Phillips G. A rapid colorimetric assay for serum lactic dehyurogenase [J]. Clinica Chimica Acta, 1965, 12(2): 210-215

[56] Wörle-Knirsch J, Pulskamp K, Krug H. Oops they did it again! Carbon nanotubes hoax scientists in viability assays [J]. Nano Letters, 2006, 6(6): 1261-1268

[57] Kapadia M R, Chow L W, Tsihlis N D, et al. Nitric oxide and nanotechnology: a novel approach to inhibit neointimal hyperplasia [J]. Journal of Vascular Surgery, 2008, 47(1): 173-182

[58] Nabeshi H, Yoshikawa T, Matsuyama K, et al. Size-dependent cytotoxic effects of amorphous silica nanoparticles on Langerhans cells [J]. Die Pharmazie—An International Journal of Pharmaceutical Sciences, 2010, 65(3): 199-201

[59] Nabeshi H, Yoshikawa T, Arimori A, et al. Effect of surface properties of silica nanoparticles on their cytotoxicity and cellular distribution in murine macrophages [J]. Nanoscale Research Letters, 2011, 6(1): 93

[60] Liu X, Qin D, Cui Y, et al. Research The effect of calcium phosphate nanoparticles on hormone production and apoptosis in human granulosa cells [J]. 2010, 8: 32

[61] Ramkumar K M, Manjula C, Kumar G, et al. Oxidative stress-mediated cytotoxicity and apoptosis induction by TiO_2 nanofibers in HeLa cells [J]. European Journal of Pharmaceutics and Biopharmaceutics, 2012, 81(2): 324-333

[62] Yang H, Liu C, Yang D, et al. Comparative study of cytotoxicity, oxidative stress and genotoxicity induced by four typical nanomaterials: the role of particle size, shape and composition [J]. Journal of Applied Toxicology, 2009, 29(1): 69-78

[63] Liu S, Xu L, Zhang T, et al. Oxidative stress and apoptosis induced by nanosized titanium dioxide in PC12 cells [J]. Toxicology, 2010, 267(1): 172-177

[64] Khan M I, Mohammad A, Patil G, et al. Induction of ROS, mitochondrial damage and autophagy in lung epithelial cancer cells by iron oxide nanoparticles [J]. Biomaterials, 2012, 33(5): 1477-1488

[65] Vijayakumar S, Ganesan S. Size dependent *in vitro* cytotoxicity assay of gold nanoparticles [J]. Toxicological & Environmental Chemistry, 2013, 95(2): 277-287

[66] Zogovic N S, Nikolic N S, Vranjes-Djuric S D, et al. Opposite effects of nanocrystalline fullerene (C_{60}) on tumour cell growth *in vitro* and *in vivo* and a possible role of immunosupression in the cancer-promoting activity of C_{60}[J]. Biomaterials, 2009, 30(36): 6940-6946

[67] Li N, Zhang X, Song Q, et al. The promotion of neurite sprouting and outgrowth of mouse hippocampal cells in culture by graphene substrates [J]. Biomaterials, 2011, 32(35): 9374-9382

[68] Dash B C, Réthoré G, Monaghan M, et al. The influence of size and charge of chitosan/polyglutamic acid hollow spheres on cellular internalization, viability and blood compatibility [J]. Biomaterials, 2010, 31(32): 8188-8197

[69] Di Bucchianico S, Fabbrizi M R, Misra S K, et al. Multiple cytotoxic and genotoxic effects induced in vitro by differently shaped copper oxide nanomaterials [J]. Mutagenesis, 2013, 28(3): 287-299

[70] De Marzi L, Monaco A, De Lapuente J, et al. Cytotoxicity and genotoxicity of ceria nanoparticles on different cell lines *in vitro* [J]. International Journal of Molecular Sciences, 2013, 14(2): 3065-3077

[71] Laaksonen T, Santos H, Vihola H, et al. Failure of MTT as a toxicity testing agent for mesoporous silicon microparticles [J]. Chemical Research in Toxicology, 2007, 20(12): 1913-1918

[72] Low S P, Williams K A, Canham L T, et al. Evaluation of mammalian cell adhesion on surface-modified porous silicon [J]. Biomaterials, 2006, 27(26): 4538-4546

[73] Granchi D, Ciapetti G, Savarino L, et al. Assessment of metal extract toxicity on human lymphocytes cultured *in vitro* [J]. Journal of Biomedical Materials Research, 1996, 31(2): 183-191

[74] Holder A L, Goth-Goldstein R, Lucas D, et al. Particle-induced artifacts in the MTT and LDH viability assays [J]. Chemical Research in Toxicology, 2012, 25(9): 1885-1892

[75] Shvedova A, Castranova V, Kisin E, et al. Exposure to carbon nanotube material: Assessment of nanotube cytotoxicity using human keratinocyte cells [J]. Journal of Toxicology and Environmental Health Part A, 2003, 66(20): 1909-1926

[76] Seleverstov O, Zabirnyk O, Zscharnack M, et al. Quantum dots for human mesenchymal stem cells

labeling. A size-dependent autophagy activation [J]. Nano Letters, 2006, 6(12): 2826-2832

[77] Selvan S T, Tan T T, Ying J Y. Robust, non-cytotoxic, silica-coated CdSe quantum dots with efficient photoluminescence [J]. Advanced Materials, 2005, 17(13): 1620-1625

[78] Zhu X, Hondroulis E, Liu W, et al. Biosensing approaches for rapid genotoxicity and cytotoxicity assays upon nanomaterial exposure [J]. Small, 2013, 9(9-10): 1821-1830

[79] Quignard S, Mosser G, Boissière M, et al. Long-term fate of silica nanoparticles interacting with human dermal fibroblasts [J]. Biomaterials, 2012, 33(17): 4431-4442

[80] Liu Z-S, Tang S-L, Ai Z-L. Effects of hydroxyapatite nanoparticles on proliferation and apoptosis of human hepatoma BEL-7402 cells [J]. World Journal of Gastroenterology, 2003, 9(9): 1968-1971

[81] Gopinath P, Gogoi S K, Chattopadhyay A, et al. Implications of silver nanoparticle induced cell apoptosis for *in vitro* gene therapy [J]. Nanotechnology, 2008, 19(7): 075104

[82] Op den Kamp J A. Lipid asymmetry in membranes [J]. Annual Review of Biochemistry, 1979, 48(1): 47-71

[83] Fadok V A, Voelker D R, Campbell P A, et al. Exposure of phosphatidylserine on the surface of apoptotic lymphocytes triggers specific recognition and removal by macrophages [J]. The Journal of Immunology, 1992, 148(7): 2207-2216

[84] Trotter P J, Orchard M A, Walker J H. Ca^{2+} concentration during binding determines the manner in which annexin V binds to membranes [J]. Biochemical Journal, 1995, 308(Pt 2): 591

[85] Van Engeland M, Nieland L J, Ramaekers F C, et al. Annexin V-affinity assay: A review on an apoptosis detection system based on phosphatidylserine exposure [J]. Cytometry, 1998, 31(1): 1-9

[86] Aubry J P, Blaecke A, Lecoanet-Henchoz S, et al. Annexin V used for measuring apoptosis in the early events of cellular cytotoxicity [J]. Cytometry, 1999, 37(3): 197-204

[87] Lee S, Yun H-S, Kim S-H. The comparative effects of mesoporous silica nanoparticles and colloidal silica on inflammation and apoptosis [J]. Biomaterials, 2011, 32(35): 9434-9443

[88] Liu X, Sun J. In: Nanoelectronics Conference (INEC), 2010 3rd International; IEEE, 2010: 824-825

[89] Sohaebuddin S K, Thevenot P T, Baker D, et al. Nanomaterial cytotoxicity is composition, size, and cell type dependent [J]. Particle and Fibre Toxicology, 2010, 7(1): 22

[90] Foldbjerg R, Olesen P, Hougaard M, et al. PVP-coated silver nanoparticles and silver ions induce reactive oxygen species, apoptosis and necrosis in THP-1 monocytes [J]. Toxicology Letters, 2009, 190(2): 156-162

[91] Darzynkiewicz Z, Bedner E, Traganos F. Difficulties and pitfalls in analysis of apoptosis [J]. Methods in Cell Biology, 2001, 63: 527-546

[92] Chen Z, Yin J-J, Zhou Y-T, et al. Dual enzyme-like activities of iron oxide nanoparticles and their implication for diminishing cytotoxicity [J]. ACS Nano, 2012, 6(5): 4001-4012

[93] Liu X, Tang M, Zhang T, et al. Determination of a Threshold Dose to Reduce or Eliminate CdTe-Induced Toxicity in L929 Cells by Controlling the Exposure Dose [J]. PlosOne, 2013, 8(4): e59359

[94] Herrmann M, Lorenz H, Voll R, et al. A rapid and simple method for the isolation of apoptotic DNA fragments [J]. Nucleic Acids Research, 1994, 22(24): 5506

[95] Patlolla A, Knighten B, Tchounwou P. Multi-walled carbon nanotubes induce cytotoxicity, genotoxicity and apoptosis in normal human dermal fibroblast cells [J]. Ethnicity & Disease, 2010, 20(1 Suppl 1): S1

[96] Ramesh V, Ravichandran P, Copeland C L, et al. Magnetite induces oxidative stress and apoptosis in lung epithelial cells [J]. Molecular and Cellular Biochemistry, 2012, 363(1-2): 225-234

[97] Brunetti V, Chibli H, Fiammengo R, et al. InP/ZnS as a safer alternative to CdSe/ZnS core/shell quantum dots: in vitro and in vivo toxicity assessment [J]. Nanoscale, 2013, 5(1): 307-317

[98] Söderstjerna E, Johansson F, Klefbohm B, et al. Gold-and silver nanoparticles affect the growth characteristics of human embryonic neural precursor cells [J]. PlosOne, 2013, 8(3): e58211

[99] Nakagawa Y, Suzuki T, Ishii H, et al. Cytotoxic effects of hydroxylated fullerenes on isolated rat hepatocytes via mitochondrial dysfunction [J]. Archives of Toxicology, 2011, 85(11): 1429-1440

[100] Zhivotovsky B. Caspases: the enzymes of death [J]. Essays Biochem, 2003, 39: 25-40

[101] Philchenkov A. Caspases as regulators of apoptosis and other cell functions [J]. Biochemistry (Moscow), 2003, 68(4): 365-376

[102] Zhang Y, Ali S F, Dervishi E, et al. Cytotoxicity effects of graphene and single-wall carbon nanotubes in neural phaeochromocytoma-derived PC12 cells [J]. ACS Nano, 2010, 4(6): 3181-3186

[103] Lao F, Chen L, Li W, et al. Fullerene nanoparticles selectively enter oxidation-damaged cerebral microvessel endothelial cells and inhibit JNK-related apoptosis [J]. ACS Nano, 2009, 3 (11): 3358-3368

[104] Thibodeau M, Giardina C, Hubbard A K. Silica-induced caspase activation in mouse alveolar macrophages is dependent upon mitochondrial integrity and aspartic proteolysis [J]. Toxicological Sciences, 2003, 76(1): 91-101

[105] Du H, Zhu X, Fan C, et al. Oxidative damage and OGG1 expression induced by a combined effect of titanium dioxide nanoparticles and lead acetate in human hepatocytes [J]. Environmental Toxicology, 2012, 27(10): 590-597

[106] Singh B R, Singh B N, Khan W, et al. ROS-mediated apoptotic cell death in prostate cancer LNCaP cells induced by biosurfactant stabilized CdS quantum dots [J]. Biomaterials, 2012, 33 (23): 5753-5767

[107] Stennicke H R, Salvesen G S. Biochemical characteristics of caspases-3, -6, -7, and-8 [J]. Journal of Biological Chemistry, 1997, 272(41): 25719-25723

[108] Segal M S, Beem E. Effect of pH, ionic charge, and osmolality on cytochromec-mediated caspase-3 activity [J]. American Journal of Physiology-Cell Physiology, 2001, 281(4): C1196-C1204

[109] Bratosin D, Fagada-Cosma E, Gheorghe A-M, et al. *In vitro* toxi and ecotoxicological assessment of porphyrine nanomaterials by flow cytometry using nucleated toxi-and erythrocytes[J]. Carparthian Journal of Earth and Environmental Sciences, 2011, 6(2): 225-234

[110] Li Y, Li X, Wong Y-S, et al. The reversal of cisplatin-induced nephrotoxicity by selenium nanoparticles functionalized with 11-mercapto-1-undecanol by inhibition of ROS-mediated apoptosis [J]. Biomaterials, 2011, 32(34): 9068-9076

[111] Singh S, Shi T, Duffin R, et al. Endocytosis, oxidative stress and IL-8 expression in human lung epithelial cells upon treatment with fine and ultrafine TiO_2: Role of the specific surface area and of surface methylation of the particles [J]. Toxicology and Applied Pharmacology, 2007, 222(2): 141-151

[112] Bass D, Parce J W, Dechatelet L R, et al. Flow cytometric studies of oxidative product formation by neutrophils: a graded response to membrane stimulation [J]. The Journal of Immunology, 1983, 130(4): 1910-1917

[113] Hempel S L, Buettner G R, O'Malley Y Q, et al. Dihydrofluorescein diacetate is superior for detecting intracellular oxidants: Comparison with 2′, 7′-dichlorodihydrofluorescein diacetate, 5 (and 6)-carboxy-2′, 7′-dichlorodihydrofluorescein diacetate, and dihydrorhodamine 123 [J]. Free Radical Biology and Medicine, 1999, 27(1): 146-159

[114] Jakubowski W, Bartosz G. 2, 7-Dichlorofluorescin oxidation and reactive oxygen species: What does it measure? [J]. Cell Biology International, 2000, 24(10): 757-760

[115] Gunawan C, Teoh W Y, Marquis C P, et al. Cytotoxic origin of copper (II) oxide nanoparticles: Comparative studies with micron-sized particles, leachate, and metal salts [J]. ACS Nano, 2011, 5(9): 7214-7225

[116] Kocbek P, Teskač K, Kreft M E, et al. Toxicological aspects of long-term treatment of keratinocytes with ZnO and TiO₂ nanoparticles [J]. Small, 2010, 6(17): 1908-1917

[117] Liu X, Sun J. Endothelial cells dysfunction induced by silica nanoparticles through oxidative stress via JNK/P53 and NF-κB pathways [J]. Biomaterials, 2010, 31(32): 8198-8209

[118] Xia T, Kovochich M, Brant J, et al. Comparison of the abilities of ambient and manufactured nanoparticles to induce cellular toxicity according to an oxidative stress paradigm [J]. Nano Letters, 2006, 6(8): 1794-1807

[119] Park M V, Neigh A M, Vermeulen J P, et al. The effect of particle size on the cytotoxicity, inflammation, developmental toxicity and genotoxicity of silver nanoparticles [J]. Biomaterials, 2011, 32(36): 9810-9817

[120] Lawrence A, Jones C M, Wardman P, et al. Evidence for the role of a peroxidase compound I-type intermediate in the oxidation of glutathione, NADH, ascorbate, and dichlorofluorescin by cytochrome c/H₂O₂ impications for oxidative stress during apotosis [J]. Journal of Biological Chemistry, 2003, 278(32): 29410-29419

[121] Isakovic A, Markovic Z, Todorovic-Markovic B, et al. Distinct cytotoxic mechanisms of pristine versus hydroxylated fullerene [J]. Toxicological Sciences, 2006, 91(1): 173-183

[122] Lee J Y, Park W, Yi D K. Immunostimulatory effects of gold nanorod and silica-coated gold nanorod on RAW 264. 7 mouse macrophages [J]. Toxicology Letters, 2012, 209(1): 51-57

[123] Chang S-Q, Dai Y-D, Kang B, et al. UV-enhanced cytotoxicity of thiol-capped CdTe quantum dots in human pancreatic carcinoma cells [J]. Toxicology Letters, 2009, 188(2): 104-111

[124] Buerki-Thurnherr T, Xiao L, Diener L, et al. In vitro mechanistic study towards a better understanding of ZnO nanoparticle toxicity [J]. Nanotoxicology, 2012, (0): 1-15

[125] Kenzaoui B H, Bernasconi C C, Hofmann H, et al. Evaluation of uptake and transport of ultrasmall superparamagnetic iron oxide nanoparticles by human brain-derived endothelial cells [J]. Nanomedicine, 2012, 7(1): 39-53

[126] Zheng S, Li X, Zhang Y, et al. PEG-nanolized ultrasmall selenium nanoparticles overcome drug resistance in hepatocellular carcinoma HepG2 cells through induction of mitochondria dysfunction [J]. International Journal of Nanomedicine, 2012, 7: 3939

[127] Long T C, Saleh N, Tilton R D, et al. Titanium dioxide (P25) produces reactive oxygen species in immortalized brain microglia (BV2): Implications for nanoparticle neurotoxicity [J]. Environmental Science &. Technology, 2006, 40(14): 4346-4352

[128] Sasidharan A, Chandran P, Menon D, et al. Rapid dissolution of ZnO nanocrystals in acidic cancer

microenvironment leading to preferential apoptosis [J]. Nanoscale, 2011, 3(9): 3657-3669

[129] Ainslie K M, Tao S L, Popat K C, et al. *In vitro* inflammatory response of nanostructured titania, silicon oxide, and polycaprolactone [J]. Journal of Biomedical Materials Research Part A, 2009, 91(3): 647-655

[130] Yehia H N, Draper R K, Mikoryak C, et al. Single-walled carbon nanotube interactions with HeLa cells [J]. Journal of Nanobiotechnology, 2007, 5(8): 1-8

[131] Royall J, Ischiropoulos H. Evaluation of 2′, 7′-Dichlorofluorescin and dihydrorhodamine 123 as fluorescent probes for intracellular H_2O_2 in cultured endothelial cells [J]. Archives of Biochemistry and Biophysics, 1993, 302(2): 348-355

[132] Margulies D, Melman G, Shanzer A. Fluorescein as a model molecular calculator with reset capability [J]. Nature Materials, 2005, 4(10): 768-771

[133] Wrona M, Wardman P. Properties of the radical intermediate obtained on oxidation of 2′, 7′-dichlorodihydrofluorescein, a probe for oxidative stress [J]. Free Radical Biology and Medicine, 2006, 41(4): 657-667

[134] Lakritz J, Plopper C G, Buckpitt A R. Validated high-performance liquid chromatography-electrochemical method for determination of glutathione and glutathione disulfide in small tissue samples [J]. Analytical Biochemistry, 1997, 247(1): 63-68

[135] Ye Y, Liu J, Chen M, et al. *In vitro* toxicity of silica nanoparticles in myocardial cells [J]. Environmental Toxicology and Pharmacology, 2010, 29(2): 131-137

[136] Yuan Y, Tang J, Wei C, et al. In: Bioinformatics and Biomedical Engineering, (iCBBE) 2011 5th International Conference on; IEEE, 2011: 1-4

[137] Lin W, Huang Y-w, Zhou X-D, et al. Toxicity of cerium oxide nanoparticles in human lung cancer cells [J]. International Journal of Toxicology, 2006, 25(6): 451-457

[138] Ahamed M, Siddiqui M A, Akhtar M J, et al. Genotoxic potential of copper oxide nanoparticles in human lung epithelial cells [J]. Biochemical and Biophysical Research Communications, 2010, 396(2): 578-583

[139] Liu P, Guan R, Ye X, et al. Toxicity of nano-and micro-sized silver particles in human hepatocyte cell line LO_2//Journal of Physics: Conference Series; IOP Publishing, 2011, 304: 012036.

[140] Yan H, Zhang B. *In vitro* cytotoxicity of monodispersed hematite nanoparticles on HEK 293 cells [J]. Materials Letters, 2011, 65(5): 815-817

[141] Arora S, Jain J, Rajwade J, et al. Cellular responses induced by silver nanoparticles: *In vitro* studies [J]. Toxicology Letters, 2008, 179(2): 93-100

[142] Sinha A K. Colorimetric assay of catalase [J]. Analytical Biochemistry, 1972, 47(2): 389-394

[143] Liu S, Chen J, Zhang K, et al. Cytotoxicity of carboxyl carbon nanotubes on human embryonic lung fibroblast cells and its mechanism [J]. Journal of Experimental Nanoscience, 2012, (ahead-of-print): 1-11

[144] Akhtar M J, Ahamed M, Kumar S, et al. Nanotoxicity of pure silica mediated through oxidant generation rather than glutathione depletion in human lung epithelial cells [J]. Toxicology, 2010, 276 (2): 95-102

[145] Radu M, Cristina Munteanu M, Petrache S, et al. Depletion of intracellular glutathione and increased lipid peroxidation mediate cytotoxicity of hematite nanoparticles in MRC-5 cells [J]. Acta Biochimica

Polonica, 2010, 57(3): 355

[146] Pichardo S, Gutiérrez-Praena D, Puerto M, et al. Oxidative stress responses to carboxylic acid functionalized single wall carbon nanotubes on the human intestinal cell line Caco-2 [J]. Toxicology in Vitro, 2012, 26(5): 672-677

[147] Sharma C S, Sarkar S, Periyakaruppan A, et al. Single-walled carbon nanotubes induces oxidative stress in rat lung epithelial cells [J]. Journal of nanoscience and nanotechnology, 2007, 7(7): 2466

[148] Lin W, Huang Y-W, Zhou X-D, et al. In vitro toxicity of silica nanoparticles in human lung cancer cells [J]. Toxicology and Applied Pharmacology, 2006, 217(3): 252-259

[149] Pap E, Drummen G, Winter V, et al. Ratio-fluorescence microscopy of lipid oxidation in living cells using C11-BODIPY 581/591 [J]. FEBS Letters, 1999, 453(3): 278-282

[150] Drummen G P, Op den Kamp J A, Post J A. Validation of the peroxidative indicators, cis-parinaric acid and parinaroyl-phospholipids, in a model system and cultured cardiac myocytes [J]. Biochimica et Biophysica Acta (BBA)-Molecular and Cell Biology of Lipids, 1999, 1436(3): 370-382

[151] Sayes C M, Gobin A M, Ausman K D, et al. Nano-C_{60} cytotoxicity is due to lipid peroxidation [J]. Biomaterials, 2005, 26(36): 7587-7595

[152] Lequin R M. Enzyme immunoassay (EIA)/enzyme-linked immunosorbent assay (ELISA) [J]. Clinical Chemistry, 2005, 51(12): 2415-2418

[153] Tao F, Kobzik L. Lung macrophage-epithelial cell interactions amplify particle-mediated cytokine release [J]. American journal of respiratory cell and molecular biology, 2002, 26(4): 499-505

[154] Wottrich R, Diabaté S, Krug H F. Biological effects of ultrafine model particles in human macrophages and epithelial cells in mono-and co-culture [J]. International Journal of Hygiene and Environmental Health, 2004, 207(4): 353-361

[155] Duffin R, Tran L, Brown D, et al. Proinflammogenic effects of low-toxicity and metal nanoparticles in vivo and in vitro: Highlighting the role of particle surface area and surface reactivity [J]. Inhalation Toxicology, 2007, 19(10): 849-856

[156] Sayes C M, Marchione A A, Reed K L, et al. Comparative pulmonary toxicity assessments of C_{60} water suspensions in rats: Few differences in fullerene toxicity in vivo in contrast to in vitro profiles [J]. Nano Letters, 2007, 7(8): 2399-2406

[157] Rao K M K, Porter D W, Meighan T, et al. The sources of inflammatory mediators in the lung after silica exposure [J]. Environmental Health Perspectives, 2004, 112(17): 1679-1685

[158] Ryman-Rasmussen J P, Riviere J E, Monteiro-Riviere N A. Surface coatings determine cytotoxicity and irritation potential of quantum dot nanoparticles in epidermal keratinocytes [J]. Journal of Investigative Dermatology, 2006, 127(1): 143-153

[159] He X, Young S, Fernback J, et al. Single-walled carbon nanotubes induce fibrogenic effect by disturbing mitochondrial oxidative stress and activating NF-κB signaling [J]. Journal of Clinical Toxicology S, 2012, 5: 2161-0495

[160] Kim D-H, Novak M T, Wilkins J, et al. Response of monocytes exposed to phagocytosable particles and discs of comparable surface roughness [J]. Biomaterials, 2007, 28(29): 4231-4239

[161] Han K-C, Ahn D-R, Yang E G. An approach to multiplexing an immunosorbent assay with antibody-oligonucleotide conjugates [J]. Bioconjugate Chemistry, 2010, 21(12): 2190-2196

[162] Yue H, Wei W, Yue Z, et al. The role of the lateral dimension of graphene oxide in the regulation of

cellular responses [J]. Biomaterials, 2012, 33(16): 4013-4021

[163] Veranth J M, Kaser E G, Veranth M M, et al. Cytokine responses of human lung cells (BEAS-2B) treated with micron-sized and nanoparticles of metal oxides compared to soil dusts [J]. Particle and Fibre Toxicology, 2007, 4(2): 1-18

[164] Guo L, Von Dem Bussche A, Buechner M, et al. Adsorption of essential micronutrients by carbon nanotubes and the implications for nanotoxicity testing [J]. Small, 2008, 4(6): 721-727

[165] Oberdörster G, Maynard A, Donaldson K, et al. Principles for characterizing the potential human health effects from exposure to nanomaterials: Elements of a screening strategy[J]. Particle and Fibre Toxicology, 2005, 2:8

[166] Long T C, Tajuba J, Sama P, et al. Nanosize titanium dioxide stimulates reactive oxygen species in brain microglia and damages neurons in vitro [J]. Environmental Health Perspectives, 2007, 115(11): 1631-1637

[167] Motskin M, Wright D, Muller K, et al. Hydroxyapatite nano and microparticles: correlation of particle properties with cytotoxicity and biostability [J]. Biomaterials, 2009, 30(19): 3307-3317

[168] Zhang L W, Yang J, Barron A R, et al. Endocytic mechanisms and toxicity of a functionalized fullerene in human cells [J]. Toxicology Letters, 2009, 191(2): 149-157

[169] Xia T, Kovochich M, Liong M, et al. Comparison of the mechanism of toxicity of zinc oxide and cerium oxide nanoparticles based on dissolution and oxidative stress properties [J]. ACS Nano, 2008, 2(10): 2121-2134

[170] Marquis B J, Love S A, Braun K L, et al. Analytical methods to assess nanoparticle toxicity [J]. Analyst, 2009, 134(3): 425-439

[171] Allabashi R, Stach W, de la Escosura-Muñiz A, et al. ICP-MS: A powerful technique for quantitative determination of gold nanoparticles without previous dissolving [J]. Journal of Nanoparticle Research, 2009, 11(8): 2003-2011

[172] Patil S, Sandberg A, Heckert E, et al. Protein adsorption and cellular uptake of cerium oxide nanoparticles as a function of zeta potential [J]. Biomaterials, 2007, 28(31): 4600-4607

[173] Pawelczyk E, Arbab A S, Chaudhry A, et al. In vitro model of bromodeoxyuridine or iron oxide nanoparticle uptake by activated macrophages from labeled stem cells: Implications for cellular therapy [J]. Stem Cells, 2008, 26(5): 1366-1375

[174] Wuang S C, Neoh K G, Kang E-T, et al. Synthesis and functionalization of polypyrrole-Fe$_3$O$_4$ nanoparticles for applications in biomedicine [J]. Journal of Materials Chemistry, 2007, 17(31): 3354-3362

[175] Ruan G, Agrawal A, Marcus A I, et al. Imaging and tracking of tat peptide-conjugated quantum dots in living cells: new insights into nanoparticle uptake, intracellular transport, and vesicle shedding [J]. Journal of the American Chemical Society, 2007, 129(47): 14759-14766

[176] Chnari E, Nikitczuk J S, Uhrich K E, et al. Nanoscale anionic macromolecules can inhibit cellular uptake of differentially oxidized LDL [J]. Biomacromolecules, 2006, 7(2): 597-603

[177] Hartig S M, Greene R R, Carlesso G, et al. Kinetic analysis of nanoparticulate polyelectrolyte complex interactions with endothelial cells [J]. Biomaterials, 2007, 28(26): 3843-3855

[178] Hu Y, Xie J, Tong Y W, et al. Effect of PEG conformation and particle size on the cellular uptake efficiency of nanoparticles with the HepG2 cells [J]. Journal of Controlled Release, 2007, 118(1): 7-17

[179] Panyam J, Sahoo S K, Prabha S, et al. Fluorescence and electron microscopy probes for cellular and tissue uptake of poly (D, L-lactide-co-glycolide) nanoparticles [J]. International Journal of Pharmaceutics, 2003, 262(1): 1-11

[180] Zhao F, Zhao Y, Liu Y, et al. Cellular uptake, intracellular trafficking, and cytotoxicity of nanomaterials [J]. Small, 2011, 7(10): 1322-1337

[181] Suzuki H, Toyooka T, Ibuki Y. Simple and easy method to evaluate uptake potential of nanoparticles in mammalian cells using a flow cytometric light scatter analysis [J]. Environmental Science & Technology, 2007, 41(8): 3018-3024

[182] Missirlis D, Hubbell J A. In vitro uptake of amphiphilic, hydrogel nanoparticles by J774A. 1 cells [J]. Journal of Biomedical Materials Research Part A, 2010, 93(4): 1557-1565

[183] Huff T B, Hansen M N, Zhao Y, et al. Controlling the cellular uptake of gold nanorods [J]. Langmuir, 2007, 23(4): 1596-1599

[184] Giuliano K A, Haskins J R, Taylor D L. Advances in high content screening for drug discovery [J]. Assay and Drug Development Technologies, 2003, 1(4): 565-577

[185] Zhang T, Stilwell J L, Gerion D, et al. Cellular effect of high doses of silica-coated quantum dot profiled with high throughput gene expression analysis and high content cellomics measurements [J]. Nano Letters, 2006, 6(4): 800-808

[186] Jan E, Byrne S J, Cuddihy M, et al. High-content screening as a universal tool for fingerprinting of cytotoxicity of nanoparticles [J]. ACS Nano, 2008, 2(5): 928-938

[187] Kane R S, Stroock A D. Nanobiotechnology: Protein-nanomaterial interactions [J]. Biotechnology Progress, 2007, 23(2): 316-319

[188] Kim D, El-Shall H, Dennis D, et al. Interaction of PLGA nanoparticles with human blood constituents [J]. Colloids and Surfaces B: Biointerfaces, 2005, 40(2): 83-91

[189] Cedervall T, Lynch I, Lindman S, et al. Understanding the nanoparticle-protein corona using methods to quantify exchange rates and affinities of proteins for nanoparticles [J]. Proceedings of the National Academy of Sciences, 2007, 104(7): 2050-2055

[190] Chen B-X, Wilson S, Das M, et al. Antigenicity of fullerenes: Antibodies specific for fullerenes and their characteristics [J]. Proceedings of the National Academy of Sciences, 1998, 95(18): 10809-10813

[191] Yang J, Alemany L B, Driver J, et al. Fullerene-derivatized amino acids: Synthesis, characterization, antioxidant properties, and solid-phase peptide synthesis [J]. Chemistry—A European Journal, 2007, 13(9): 2530-2545

[192] Val S, Hussain S, Boland S, et al. Carbon black and titanium dioxide nanoparticles induce pro-inflammatory responses in bronchial epithelial cells: need for multiparametric evaluation due to adsorption artifacts [J]. Inhalation Toxicology, 2009, 21(S1): 115-122

[193] Bravo-Osuna I, Millotti G, Vauthier C, et al. In vitro evaluation of calcium binding capacity of chitosan and thiolated chitosan poly (isobutyl cyanoacrylate) core-shell nanoparticles [J]. International Journal of Pharmaceutics, 2007, 338(1): 284-290

[194] Davis R, Lockwood P, Hobbs D, et al. In vitro biological effects of sodium titanate materials [J]. Journal of Biomedical Materials Research Part B: Applied Biomaterials, 2007, 83(2): 505-511

[195] Dulkeith E, Ringler M, Klar T, et al. Gold nanoparticles quench fluorescence by phase induced radiative rate suppression [J]. Nano Letters, 2005, 5(4): 585-589

[196] Cristina Yeber M, Rodríguez J, Freer J, et al. Photocatalytic degradation of cellulose bleaching effluent by supported TiO$_2$ and ZnO [J]. Chemosphere, 2000, 41(8): 1193-1197

[197] Fubini B, Hubbard A. Reactive oxygen species (ROS) and reactive nitrogen species (RNS) generation by silica in inflammation and fibrosis [J]. Free Radical Biology and Medicine, 2003, 34 (12): 1507-1516

[198] Hoffman A J, Carraway E R, Hoffmann M R. Photocatalytic production of H$_2$O$_2$ and organic peroxides on quantum-sized semiconductor colloids [J]. Environmental Science & Technology, 1994, 28 (5): 776-785

[199] Hasnat M, Uddin M, Samed A, et al. Adsorption and photocatalytic decolorization of a synthetic dye erythrosine on anatase TiO$_2$ and ZnO surfaces [J]. Journal of Hazardous Materials, 2007, 147(1): 471-477

[200] Belyanskaya L, Manser P, Spohn P, et al. The reliability and limits of the MTT reduction assay for carbon nanotubes-cell interaction [J]. Carbon, 2007, 45(13): 2643-2648

[201] Dobson J. Nanoscale biogenic iron oxides and neurodegenerative disease [J]. FEBS Letters, 2001, 496 (1): 1-5

[202] Schafer F Q, Qian S Y, Buettner G R. Iron and free radical oxidations in cell membranes [J]. Cellular and Molecular Biology, 2000, 46(3): 657-662

[203] Larson D R, Zipfel W R, Williams R M, et al. Water-soluble quantum dots for multiphoton fluorescence imaging *in vivo* [J]. Science, 2003, 300(5624): 1434-1436

[204] Meulenkamp E A. Size dependence of the dissolution of ZnO nanoparticles [J]. The Journal of Physical Chemistry B, 1998, 102(40): 7764-7769

[205] Colvin V L. The potential environmental impact of engineered nanomaterials [J]. Nature Biotechnology, 2003, 21(10): 1166-1170

[206] Zhao Y, Nalwa H S. Nanotoxicology: Interactions of nanomaterials with biological systems [M]. American Scientific Publishers, 2007

[207] Brunner T J, Wick P, Manser P, et al. *In vitro* cytotoxicity of oxide nanoparticles: comparison to asbestos, silica, and the effect of particle solubility [J]. Environmental Science & Technology, 2006, 40(14): 4374-81

[208] Griffitt R J, Hyndman K, Denslow N D, et al. Comparison of molecular and histological changes in zebrafish gills exposed to metallic nanoparticles [J]. Toxicological Sciences, 2009, 107(2): 404-415

[209] Hurt R H, Monthioux M, Kane A. Toxicology of carbon nanomaterials: status, trends, and perspectives on the special issue [J]. Carbon, 2006, 44(6): 1028-1033

[210] Donaldson K, Aitken R, Tran L, et al. Carbon nanotubes: a review of their properties in relation to pulmonary toxicology and workplace safety [J]. Toxicological Sciences, 2006, 92(1): 5-22

[211] Brown S C, Kamal M, Nasreen N, et al. Influence of shape, adhension and simulated lung mechanics on amorphous silica nanoparticle toxicity [J]. Advanced Powder Technology, 2007, 18(1): 69-79

[212] Wick P, Manser P, Limbach L K, et al. The degree and kind of agglomeration affect carbon nanotube cytotoxicity [J]. Toxicology Letters, 2007, 168(2): 121-131

第6章 秀丽线虫在纳米材料安全性评价中的应用

秀丽线虫(*Caenorhabditis elegans*)隶属于线虫动物门、线虫纲[1]。秀丽线虫是一种自由生活在土壤中的生物,以细菌为食,是重要的模式生物。只要是有潮湿的环境、适宜的温度和氧气并且有细菌食物,秀丽线虫就可以正常地生长、繁殖。成年秀丽线虫体长约 1 mm,基因组大小为 97 Mbp,基因数 19717 个,分布于 6 条染色体上,并且内含子少,基因密度高,是基因组最小的高等真核生物之一[1,2]。

秀丽线虫有两种性别(图 6.1):雌雄同体(hermaphrodite)和雄性(male),成年雄性秀丽线虫比成年雌雄同体体型上更加细小,在显微镜下很容易区别[3]。雌雄同体秀丽线虫可以同时产生精子和卵细胞,完成自体受精繁殖;雄性秀丽线虫只能产生精子,需要与雌雄同体交配后形成受精卵才能繁殖后代。成年秀丽线虫的体细胞数目是固定的,雌雄同体有 959 个体细胞,其中 302 个神经元细胞主要集中于咽部神经环、腹部神经索、头部和尾部[4]。雄性秀丽线虫成虫具有 1031 个体细胞[4]。除特殊研究需要外,实验室一般利用雌雄同体秀丽线虫进行实验研究。

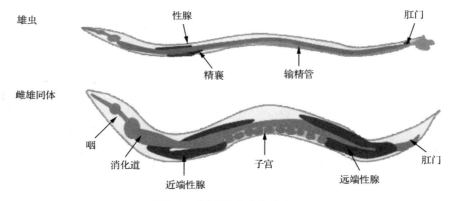

图 6.1 秀丽线虫成虫形态

秀丽线虫主要解剖结构包含表皮、咽道、消化道、生殖系统、神经系统及排泄系统。正常情况下,野生型秀丽线虫在室温 20 ℃时可以存活 20 天左右(18～22 天),而从卵发育到可产卵的成虫这一阶段只需要 3～5 天就可以。秀丽线虫的生长发育期又可以细分为四个时期(L1、L2、L3 和 L4 期)(图 6.2)[5]。当生长条件适宜时,L4 期的幼虫就会经过最后一次蜕皮发展成为成虫。休眠现象(dauer)是秀丽线虫抵御外界不利环境的一种自我保护的方式,当遇到缺少食物或温度过低等不利环境条件时,处于 L1 和 L2 时期的秀丽线虫就会停止生长并进入休眠期(dauer stage)[6],进入该期的秀丽线虫可以存活大约 6 个月左右。一旦环境条件适宜,dauer 期的秀丽线虫就可以蜕皮直接进入 L4 期继续生长。因此,可以利用休眠期的特征在实验室条件下短期保存线虫。

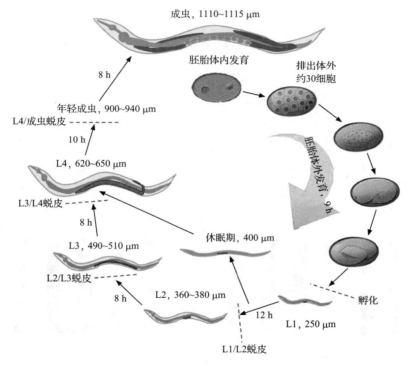

图 6.2　秀丽线虫的生命周期

引自:http://www.wormatlas.org/

　　秀丽线虫是第一个完成全基因组测序的多细胞生物,通过对秀丽线虫的基因组研究发现,秀丽线虫的基因组出乎意料地显示出与脊椎动物基因组高度的保守性(大约 45% 在人体中具有同源性,58% 是线虫特有的)[1]。秀丽线虫具有结构简单、繁殖周期短(2~3 天)、繁殖力高(一只秀丽线虫可产生约 200~300 条后代)、周身透明易于观察、易于获得突变体等众多优良特性。尤其是秀丽线虫易于在实验室培养且成本低廉、遗传背景以及遗传学背景清晰等优势,使得秀丽线虫在研究分子生物学、遗传学及发育生物学等方面成为理想的生物系统[7-10]。许多研究已经证实,在所有动物的生物学进程过程中都有着一些相似的控制机制。自 Sydney Brenner 在 20 世纪 60 年代将秀丽线虫作为模式生物以来,秀丽线虫被广泛用于诸如发育生物学、神经生物学、免疫学、分子生物学、人类遗传性疾病机制、信号传导、药物筛选与药理学、环境毒理学等研究领域。由于秀丽线虫可以在生物体水平提供适合体内研究的分析系统,还被作为一种重要有毒物质检测的替代系统,如学者们已成功利用秀丽线虫研究了重金属、农药、量子点(QDs)及碳纳米材料等的毒理学效应[5,11-17]。本章主要介绍秀丽隐杆线虫在纳米毒理学评价中常用的评价终点及相关技术。

6.1 生长与发育终点

6.1.1 致死率

在解剖镜下记录下不活动的秀丽线虫数目,并用挑针刺激以确定其中的死亡的秀丽线虫数目(死亡秀丽线虫无任何回应)。死亡率是死亡秀丽线虫在测试板上秀丽线虫中所占比例(图 6.3)[18]。每一个处理进行五次重复,每次分析不少于100 只秀丽线虫。

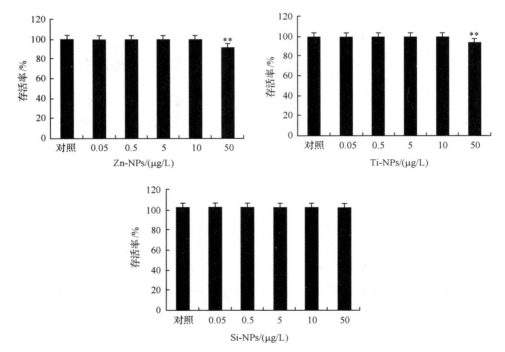

图 6.3 三种金属纳米材料暴露对秀丽线虫存活率的影响[18]

6.1.2　体长

发育通过秀丽线虫体长来进行评价。其长度主要是通过制片,利用显微镜照相后,运用软件统计其身体从头部到尾部中轴线长度[19]。每个处理进行 10 次重复实验。

（1）利用秀丽线虫拍照的方法在体式显微镜的低倍镜拍下待测线虫的图片。

（2）然后利用 Image J 分析软件对线虫的体长进行测量。如图 6.4 所示,红色实心圆点为鼠标点击部位,连接红色实心圆点的红色线便由软件处理自动生成,然后生成出红色线条的总长度,那么所测的线虫的体长就是线的长度。

图 6.4　秀丽线虫体长测量方法示意图

（3）每个品系或处理建议测量至少 20 只。

几种不同尺度纳米 TiO_2 暴露对秀丽线虫体长的影响如图 6.5 所示。

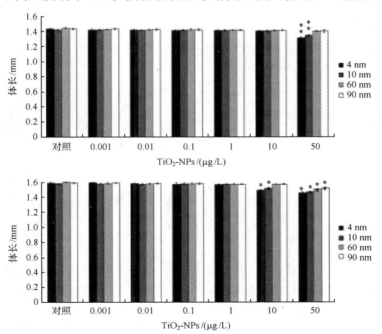

图 6.5　几种不同尺度纳米 TiO_2 暴露对秀丽线虫体长的影响[20]

6.1.3　秀丽线虫的拍照方法

试剂：

琼脂糖。

0.1% Na_2N_3（叠氮化钠）：1 g Na_2N_3 溶于 10 mL M9 缓冲液中，完全溶解后再用 M9 缓冲液稀释 100 倍，即为 0.1% 的叠氮化钠。

1. 琼脂糖胶垫的制备

琼脂糖胶垫必须现用现制备[21]，其制作过程如图 6.6 所示。

（1）称取 2 g 琼脂糖置于 100 mL 水中，微波融化，并保持在 65 ℃。

（2）把 3 片载玻片平放在桌面上，两边的两片上各放一张小纸片。

（3）取融化的琼脂糖滴一滴在载玻片上，迅速用另一片载玻片盖上，轻轻将琼脂滴压平成琼脂垫。

（4）待琼脂糖凝固后小心分开载玻片两边和去除上面的载玻片，留下有琼脂糖胶垫的载玻片。

（5）给铺有琼脂糖的载玻片上滴加 10 μL 0.1% 的叠氮化钠，再挑取数条线虫到叠氮化钠液体中。

（6）从一侧小心放下盖玻片，以防止气泡产生。

（7）指甲油封片。

注意事项：

（1）2% 的琼脂糖（水溶）4 ℃保存。

（2）叠氮化钠致毒，操作中注意安全。

图 6.6　琼脂糖胶垫制作过程

2. 拍照

（1）打开荧光显微镜开关，荧光光源以及 CCD 照相机，并打开图像采集软件。

（2）将制作好的玻片放置在载物台上，先用低倍镜找到动物，再转到高倍镜下观察，调整焦距、孔径光以及视野光阑，让照片具有最大的分辨率。

（3）首先在有微分干涉相差（DIC）镜片下，拍摄 DIC 图片，接着拉出微分干涉相差色卡，转换到绿色荧光的滤光片，调整曝光时间，拍摄荧光图片。

6.2　神经发育与功能终点

6.2.1　神经发育

1. 感觉神经元和中间神经元的发育

秀丽线虫的神经系统结构非常简单,仅存在 302 个神经元,分为感觉神经元(sensory neuron)、中间神经元(interneuron)以及运动神经元(motor neuron)[22]。但是,它含有高等动物脑中的大部分成分,并能够通过全基因组序列提供的信息和同源克隆等方法,从高等动物中分离与神经系统同源的功能基因。秀丽线虫具有多种敏感性(如嗅觉及温度敏感性等),使得它能够感受各种环境刺激(接触、温度、化学物质等),并对外界信号作出种种反应,以驱动它完成趋利或避害行为[22,23]。线虫的温度趋向性、化学趋向性和学习抉择等行为特性涉及定位于头部的感觉神经元以及部分中间神经元的功能。感觉神经元 AFD 和中间神经元 AIY 是秀丽线虫中控制温度趋向和化学趋向的重要神经基础,纳米材料暴露可能影响秀丽线虫AFD 和 AIY 神经元的发育(图 6.7)[24]。

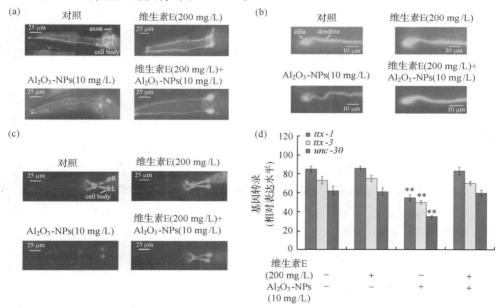

图 6.7　Al$_2$O$_3$-NPs 对秀丽线虫 AFD 和 AIY 神经元的影响[24]

(a,b) Al$_2$O$_3$-NPs 对秀丽线虫 AFD 神经元的影响;(c) Al$_2$O$_3$-NPs 对秀丽线虫 AIY 神经元的影响;

(d) Al$_2$O$_3$-NPs 对秀丽线虫 *ttx-1*、*ttx-3* 及 *unc-30* 表达水平的影响

2. GABA 运动神经元的发育

在秀丽线虫中,γ-氨基丁酸(GABA)是一种抑制性的神经递质。关于 GABA 能神经元的结构、发育以及神经元的功能都已经有深入的研究。D-型运动神经元控制秀丽线虫的"伸缩行为(shrinker)",而且受 UNC-30 蛋白的调控[25]。正常的野生型的秀丽线虫运动时波形优美,成正弦曲线,运动时振幅较大;D-型运动神经元功能丧失时,出现"伸缩行为",秀丽线虫的运动时曲线的振幅较小(图 6.8)[26]。

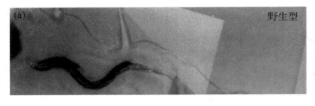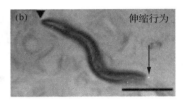

图 6.8　D-型运动神经元对秀丽线虫"伸缩行为"的影响[26]

秀丽线虫 D-型运动神经元由 6 个 DD 型以及 13 个 VD 型神经元构成,位于秀丽线虫的躯干部分,而且在发育过程中神经元的位置以及数量都是固定不变的[25]。*Punc-47::gfp* 是一种表型正常但是完全标记秀丽线虫 GABA 能神经元的绿色荧光株。在发育过程中秀丽线虫 GABA 能神经元的位置与数量均是固定不变的。以 *Punc-47::gfp* 为对象,可以通过测定秀丽线虫 D-型运动神经元胞体的大小、神经元缺失情况、背腹侧神经索缺口数、相对荧光强度以及相对荧光尺寸来评定对神经元的发育的影响(图 6.9)[27]。

方法:

(1) 同步化 *Punc-47::gfp* 秀丽线虫,并培养至所需时期。

(2) 毒物暴露。

(3) 暴露结束后 M9 缓冲液清洗秀丽线虫,按前述方法制片,荧光显微镜下观察,低倍或高倍镜下拍摄图像。

(4) 计算暴露秀丽线虫神经元缺失情况、背腹侧神经索缺口数。

(5) Image J 软件测定秀丽线虫 D-型运动神经元胞体的大小、相对荧光强度以及相对荧光尺寸。

3. RMEs 神经元的发育

在秀丽线虫的 GABA 能神经元中,控制觅食行为的 RMEs 神经元有四个,位于秀丽线虫的头部,四个 RMEs 神经元分别标记为 RMED、RMEV、RMEL、RMER[25]。由于秀丽线虫的 RMEs 神经元在发育过程中保持位置和数量不变。所以以 *Punc-47::gfp* 为对象,纳米材料暴露后,通过荧光成像和测定四个 RMEs 神经元的相对荧光强度以及相对荧光尺寸来研究对 RMEs 神经元的发育的影响

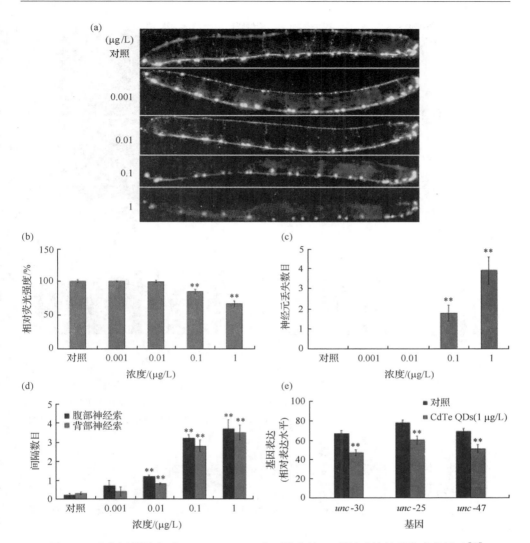

图 6.9　碲化镉量子点对 $Punc$-47::gfp 秀丽线虫的 D-型运动神经元发育的影响[27]
（a）碲化镉量子点对 $Punc$-47::gfp 秀丽线虫的 D-型运动神经元发育的影响；（b）碲化镉量子点对 $Punc$-47::gfp 秀丽线虫 D-型运动神经元胞体发育的影响；（c）碲化镉量子点对 D-型运动神经元胞体缺失数的影响；（d）碲化镉量子点对腹侧及背侧神经元缺口数的影响；（e）碲化镉量子点对 unc-30、unc-25 及 unc-47 表达水平的影响

（图 6.10）[28]。为了防止外界光源变化对荧光的影响，在同一天内给大于 30 只的动物用采集软件取得照片，然后运用 Image J（NIH Image）软件通过计算四个不同的 RMEs 神经元平均像素密度来衡量对荧光强度的影响，并分析毒物对四个 RMEs 神经元的荧光尺寸的影响。每个处理重复 30 次。

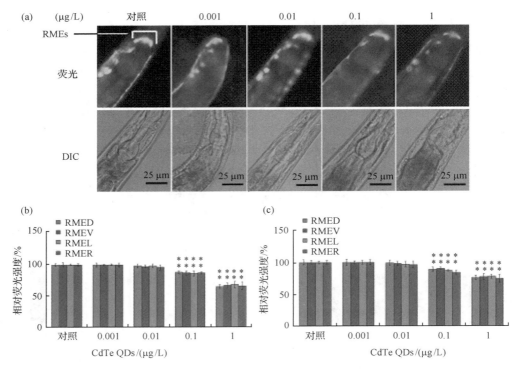

图 6.10 碲化镉量子点对秀丽线虫 RMEs 神经元发育的毒性影响[28]

(a)碲化镉量子点对秀丽线虫 RMEs 神经元发育的毒性影响;(b)碲化镉量子点对秀丽线虫 RMEs 神经元荧光强度影响;(c)碲化镉量子点对秀丽线虫 RMEs 神经元胞体大小的影响

方法:

(1)同步化 *Punc-47::gfp* 秀丽线虫,并培养至所需时期。

(2)毒物暴露。

(3)暴露结束后 M9 缓冲液清洗秀丽线虫,按前述方法制片,荧光显微镜下观察,高倍镜下拍摄秀丽线虫头部图像。

(4)Image J 软件测定秀丽线虫四个 RMEs 神经元胞体的大小、相对荧光强度以及相对荧光尺寸。

6.2.2 行为学终点

1. 伸缩行为

秀丽线虫的"伸缩行为"由 GABA 能神经元中的 D-型运动神经元控制。正常的野生型的秀丽线虫形态优美,波形类似正弦曲线,然而出现"伸缩行为"的秀丽线虫,运动时曲线的振幅较小,甚至表现出尾部拖动的情况(图 6.11)[26]。

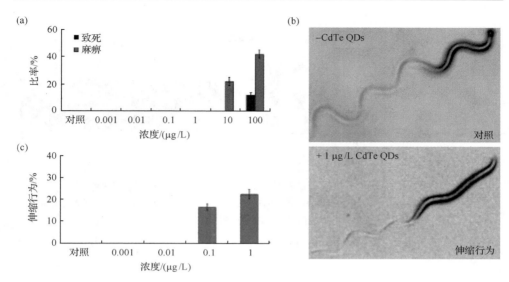

图 6.11　碲化镉量子点对秀丽线虫伸缩行为的影响[27]

(a)碲化镉量子点对秀丽线虫的致死及麻痹的影响;(b)对照及碲化镉量子点暴露野生型的秀丽线虫的
伸缩行为及轨迹;(c)碲化镉量子点暴露对野生型的秀丽线虫伸缩行为的影响

2. 觅食行为

秀丽线虫的觅食行为由 GABA 能神经元中的头部 RMEs 神经元控制,在正常
情况下,野生型的秀丽线虫鼻尖由一边运动到另一边时,所转动的夹角较小,当秀
丽线虫头部的 RMEs 神经元出现缺陷时,秀丽线虫鼻尖转动的夹角较大(图 6.12
和图 6.13)[25,26]。

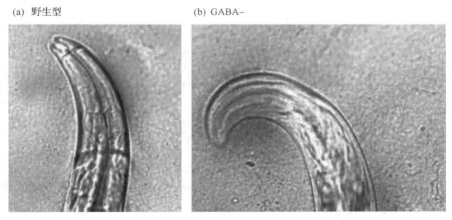

图 6.12　RMEs 神经元对秀丽线虫觅食行为的影响[25]

(a)野生型秀丽线虫正常的觅食行为;(b)RMEs 神经元功能丧失后秀丽线虫异常的觅食行为

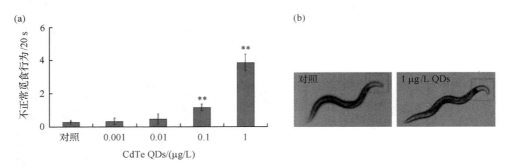

图 6.13　碲化镉量子点暴露对野生型秀丽线虫觅食行为的影响[28]

(a)碲化镉量子点暴露后野生型秀丽线虫不正常的觅食行为次数增多；(b)碲化镉量子点暴露对野生型
秀丽线虫觅食行为的影响

3. 运动行为

秀丽线虫运动能力测试的主要指标有头部摆动频率(thrashes)、身体运动频率(body bends)和身体基础运动速率(basic movement)。

1) 头部摆动频率

头部摆动能力(thrashes)的测定方法参照已发表文献[29]。

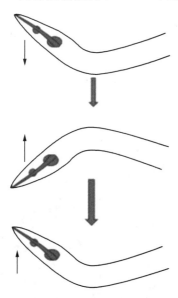

图 6.14　秀丽线虫头部摆动
频率测定示意图

（1）在一个新的无菌 NGM 培养基上滴加 60 μL 的 M9 缓冲液，将待测的秀丽线虫放入 M9 缓冲液中。

（2）经 1 min 的恢复，记录下秀丽线虫在 20 s 内头部摆动的数目。一次成功的头部摆动定义为其头部摆动方向改变，并改变必须转过其身体朝向方向(图 6.14)。每个处理秀丽线虫重复 30 次。

2) 身体运动频率

身体运动频率(body bends)的测定参照已发表文献[29]。

（1）将培养状态良好的秀丽线虫置于新鲜制作的无菌 NGM 培养基上，任其爬行 1 min 以除去身体黏附的杂质。

（2）记录下 1 min 内秀丽线虫身体弯曲的数目。

（3）假定沿着咽泵的方向是 y 轴，线虫爬行过程中,身体沿着相应 x 轴方向上的一次改变则定义为一个身体弯曲(图 6.15)。

（4）针对喂饲良好线虫的身体弯曲频率测试,将年轻成虫挑取至食物 NGM 培养基上,待线虫爬行约 1 min 使之脱离其身体黏附的 OP50 后,将其转移至另一无食物培养基上,测试线虫在 20 s 内的身体弯曲次数。

（5）针对饥饿条件下的线虫身体摆动频率测试,与上述方法类似。饥饿处理方式为挑取约 30 条线虫至不含有食物的 NGM 培养基上,30 min 后进行身体弯曲频率测试。

图 6.15　秀丽线虫身体弯曲频率测定示意图

3）基础运动速率

基础运动速率(basic movement)的测定参照已发表文献[23,29]。

（1）待秀丽线虫自由运动约 1 min 后,将其转移至另一空白培养基上,测定 1 min 内线虫前进、后退运动次数,以及身体形成 Ω 折角的次数。

（2）秀丽线虫向前(或向后)运动过程中,形成一次波形,计为一次向前(或向后)运动。

（3）秀丽线虫的头部靠近尾部,使虫体形成类似于字母 Ω 的形状,计为一次 Ω 折角。

（4）测试秀丽线虫为年轻成虫,设置多个平行测试组进行实验。

4. 温度趋向性测试

（1）温度趋向性测试体系的建立(图 6.16)[30]:将约 10 mL 线虫培养基溶液平铺于直径 9 cm 的玻璃培养皿中。培养基凝固后底部倒置,在培养皿中心位置放置一小瓶,小瓶中装有冰箱冷冻室预冷半融解状态的冰醋酸,整体置于 25 ℃ 培养箱内。30 min 后,培养基从外边缘至中心形成约 17～25 ℃ 的稳定的温度梯度(等温线系统),待用。

（2）将年轻成虫培养于 20 ℃ 培养箱 24 h(至少 18 h),保持线虫良好的饲喂状态和培养空间。

（3）之后,挑取至少 30 个年轻成虫于正常空白 NGM 培养基上爬行至少两个身体长度距离。然后,转移到测试培养皿的培养基表面(培养基上无食物)。

（4）期间,需及时更换已经完全溶化的冰醋酸小瓶,保持小瓶中醋酸处于半溶状态,以维持恒定的温度。

(5) 于 25℃培养箱内培养 45 min 后,依照线虫爬行轨迹确定其温度感知类型,绘制最终温度趋向系数曲线(5 个参数)。

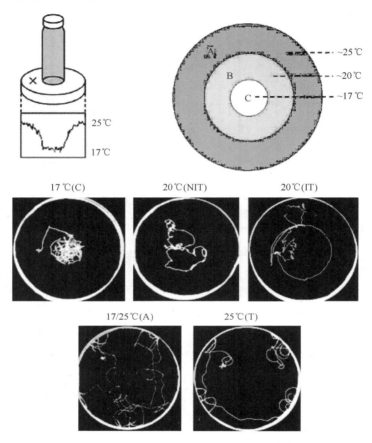

图 6.16　温度趋向性行为及分析模型[30]

5. 对丁二酮的趋向性测试

方法(图 6.17)[31]:

(1) 在含有 NGM 的 9 cm 培养皿中线两侧分别标记相距 2.5 cm 的两点。

(2) 测试时,挑取或吸取年轻成虫线虫(大约 250~500 只)于上述两点等距离 3 cm 位置处,用滤纸洗去多余液体。

(3) 在其中一个标记点加上 1 μL 1‰丁二酮(10^{-2}、10^{-3}、10^{-4}、10^{-5})和 1 μL 1 mol/L 叠氮钠,另一标记点仅加 1 μL 0.5mol/L 叠氮钠作为对照。

（4）30 min 后，记录距离两标记点直径 1 cm 范围内（在培养皿底部事先标记好）的线虫数目。

（5）对丁二酮的趋向系数 Index ＝（丁二酮侧线虫数－对照侧线虫数）/培养基上线虫总数。

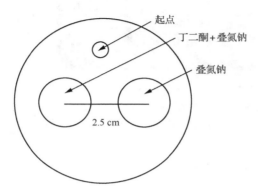

图 6.17　丁二酮敏感测试模型图[31]

6. 线虫对水溶性趋向物质（以 NaCl 为例）趋向性的测试

方法[31]：

（1）在 9 cm 培养皿测试盘（含有 5 mmol/L potassium phosphate，pH 6.0，1 mmol/L $CaCl_2$，1 mmol/L $MgSO_4$，20 g/L agar）中线两侧分别标记相距 2.5 cm 的两点。

（2）测试时，挑取或吸取年轻成虫线虫（大约 250～500）于上述两点等距离 3 cm 位置处，用滤纸洗去多余液体。

（3）在其中一个标记点加上 100 mmol/L NaCl（通过放置含有 NaCl 的琼脂块 14～24 h 来达到目的）和 1 μL 0.5 mmol/L 叠氮钠（在测试前，去掉琼脂块，施加1 μL 0.5 mmol/L 叠氮钠），另一标记点仅加 1 μL 0.5 mmol/L 叠氮钠作为对照。

（4）30min（20℃条件下）后，记录距离两标记点直径 1 cm 范围内（在培养皿底部事先标记好）的线虫数目。

（5）化学趋向性系数 Index ＝（NaCl 区域内线虫数－对照区域内线虫数）/培养基上线虫总数。

（6）其余水溶性物质的化学趋向性分析同上。区别在于浓度：cAMP-NH$_4$（200 mmol/L），pH 6.0；生物素-NH$_4$（100 mmol/L），pH 6.0；乙酰赖氨酸（500 mmol/L），pH 6.0；醋酸钠（200 mmol/L）；氯化铵（250 mmol/L）。

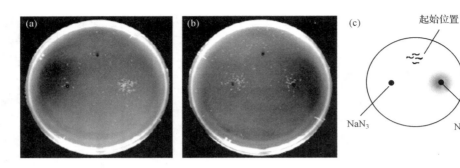

图 6.18　饥饿诱导的 NaCl 趋向性行为的改变[31]

(a)线虫在无 NaCl 的培养基上饥饿后的 NaCl 趋向性;(b)线虫在有 NaCl 的培养基上饥饿后的 NaCl
趋向性;(c)NaCl 趋向性测试盘的模型

7. 对 Cu^{2+} 的回避能力测试

方法(图 6.19)[32,33]:

(1) 将 9 cm 的培养皿从中心等分为四个区域,于培养皿背侧标记区域,在培养皿十字线位置设置隔断。

(2) 在其中一对侧置入正常的 NGM 培养基。去掉隔断,在另一对侧置入含有相应浓度 Cu^{2+} 的 NGM 培养基。预设 Cu^{2+} 浓度分别为 1 μmol/L、5 μmol/L、10 μmol/L、50 μmol/L、100 μmol/L。

(3) 当培养基凝固后,立刻挑取年轻成虫线虫或洗脱年轻成虫线虫(大约 250~500)于测试盘中不含 Cu^{2+} 的培养基表面,多余的溶液用滤纸吸去。

(4) 1 h 后,分别记录含有或不含 Cu^{2+} 培养基表面上的线虫数目,分析动物是否会进入含有 Cu^{2+} 的区域。

(5) 回避系数 Index=含 Cu^{2+} 培养基上线虫数目/培养基上线虫总数。

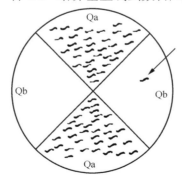

图 6.19　铜离子敏感性测试模式图[33]

Qa 为放有 NGM 对照;Qb 为含有铜离子的培养基

8. 温度感知模型记忆测试

方法[30,34]：

(1) 建立标准的温度趋向性测试体系。

(2) 将测试动物(年轻成虫发育时期)培养于 20℃培养箱 24 h(18～24 h,良好饲喂状态)。

(3) 用 M9 缓冲液洗脱或挑取线虫到饥饿盘,放 20℃恒温培养箱培养。

(4) 分别在 0 h、1 h、5 h、7 h、18 h 时间点挑取至少 30 个生理状态良好的动物,转移到温度趋向性测试培养皿的培养基表面(培养基上无食物)。

(5) 于 25℃培养箱内测试 45 min,依照线虫爬行轨迹,计数在 20℃范围内做 IT 运动的线虫比例,绘制 IT 曲线(期间及时更换已经完全溶化的冰醋酸小瓶,保持小瓶中醋酸处于半溶状态,以维持恒定的温度)。

9. 化学趋向性行为记忆测试方法

方法(图 6.20)[35]：

(1) 在实验前 19～23 h 准备化学记忆测试板:取 6 cm 培养皿,加入融化的测试琼脂基(10 mmol/L,MOPS-NH$_4$[pH 7.2]和 3%琼脂),待冷却后在盘子的一端(如图 6.20 中 A 点)放置一小块含有 50 mmol/L NaCl 的琼脂块,室温 19～23 h 待其形成盐梯度。另外,在 NaCl 胶块及其周围位置滴加一滴叠氮钠,用来麻醉到达该区域的线虫。

(2) 在 20℃恒温培养箱中将线虫在涂有大肠杆菌 OP50 的培养皿上培养到 L4 期。

(3) 用 10 mmol/L MOPS buffer 将虫子洗脱下来,重复洗几遍,将残余大肠杆菌洗净。

(4) 把洗下的虫子直接放到对照盘子(10 mmol/L MOPS-NH$_4$[pH 7.2],3%琼脂)或 NaCl 处理盘子(10 mmol/L MOPS-NH$_4$[pH 7.2],50 mmol/L NaCl,3%琼脂)中,20℃培养 4 h。

(5) 线虫再收集起来放到 6 cm 化学趋向性记忆行为测试板(10 mmol/L,MOPS-NH$_4$[pH 7.2],3%琼脂)上进行测试,测试开始时将线虫放到盘子中心位置,此位置记为起始点。

(6) 每隔 10 min 数一次 A、B 区虫子数目,总共持续 4 h。按公式(A−B)/(A+B)计算每次计数时虫子在 A、B 区的分布比例。

(7) 作图,把各点比例数值连接成线,分析线虫记忆行为变化。

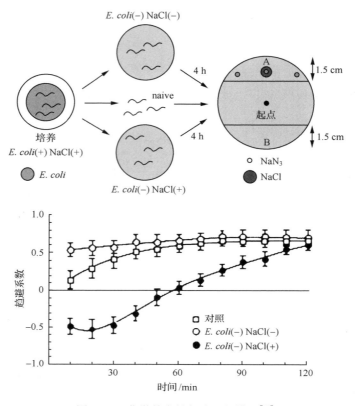

图 6.20　化学趋向性行为记忆模型[35]

10. 温度趋向性介导的联想性学习模型

温度趋向性模型主要是考察培养温度和食物间的配对联想性学习能力[30,34]。
方法：

（1）制备温度趋向性分析（等温线系统）如前，待用。

（2）将年轻成虫动物培养在 17 ℃或 25 ℃条件下，培养时间为 24 h（至少为 18 h）。期间保持良好的饲喂状态。

（3）之后转入 20 ℃条件下培养，期间须保持线虫处于良好饲喂状态下。

（4）设定六个测试时间点，分别于 0 h、0.5 h、1 h、4 h、12 h、18 h。于各测试点从 20 ℃条件下培养的动物中挑取相应数量（至少 30 条）线虫置于温度测试盘（无食物）边缘。

（5）将等温线测试系统放于 25 ℃培养箱内培养，45 min 后记录受试线虫在 20 ℃分布数量（IT），绘制不同时间点下温度趋向系数曲线。

（6）期间，需及时更换已经完全溶化的冰醋酸小瓶，保持小瓶中醋酸处于半溶状态，以维持恒定的温度。

11. 化学趋向性介导的联想性学习模型

化学趋向性模型主要是考察 NaCl 和食物间的配对联想性学习能力。饲喂良好的线虫对 NaCl 有固有的趋向性。

方法[31]：

（1）测试盘的制备：在 5 cm 的培养皿中倒入化学趋向性测试培养基（10 mmol/L MOPS-NH$_4$[pH 7.2]，2% agar）。盐浓度梯度通过在测试盘一端放置一块含有 50 mmol/L 的 NaCl 的琼脂块 19～23 h 来形成。制备好后，待用。

（2）选取 4～6 个成虫动物放到 6 cm 直径培养皿（含食物）上，于 20 ℃条件下培养 4 天，从而获得大量的年轻成虫。

（3）用洗脱缓冲液洗脱下年轻成虫，放置到无食物条件化测试盘上（含有 10 mmol/L MOPS-NH$_4$[pH 7.2]，50 mmol/L NaCl，3% agar）或无食物对照测试盘上（含有 10 mmol/L MOPS-NH$_4$[pH 7.2]，3% agar），在 20 ℃条件下培养 4 h。

（4）之后挑取至测试盘中，置于测试盘中央。15 min 后，学习系数记录为：(A−B)/(A+B)。A：处于 NaCl 的琼脂块一侧动物数目；B：处于 NaCl 的琼脂块对侧动物数目。为排除可能运动能力的影响，处于中央的动物数量不记录。

12. 两难抉择介导的感觉信号整合研究模型

试剂：

各浓度丁二酮溶液（对线虫有诱导作用的挥发性物质）：99.9% 丁二酮溶液用无菌水稀释。

各浓度 CuSO$_4$ 溶液（对线虫有驱避作用的水溶性物质）：无水硫酸铜用无菌水配制。

感觉信号整合分析用培养基：10 mmol/L HEPES[pH7.0]，1 mmol/L MgSO$_4$，1mmol/L CaCl$_2$，50 mmol/L NaCl，2% agar。

洗脱缓冲液：25 mmol/L potassium [pH 6.0]，50 mmol/L NaCl，0.02% gelatin。

方法[32]：

（1）在 9 cm 的培养皿中加入感觉信号整合分析用培养基（10 mmol/L HEPES[pH7.0]、1 mmol/L MgSO$_4$、1mmol/L CaCl$_2$、50 mmol/L NaCl、2% agar）。

（2）在培养基的中线上均匀涂布 25 μL 不同浓度（1 mmol/L、5 mmol/L、20 mmol/L、50 mmol/L、100 mmol/L）的 Cu^{2+} 溶液。

（3）将涂有 Cu^{2+} 离子溶液的培养基在室温放置 18～22 h,使金属溶液在测试前均匀渗透到培养基中。

（4）6～8 个成虫动物放到 3 cm 或 6 cm 含有 NGM 的培养皿上,产卵大约 5～6 h 后移走成虫。培养约 4 天后,年轻成虫利用洗脱缓冲液洗脱下来,并利用洗脱缓冲液清洗 4 次、无菌水清洗 1 次。

（5）挑取或吸取 30～100 个线虫放到 Cu^{2+} 墙的一侧。

（6）用滤纸吸走多余液体后,在 Cu^{2+} 墙的另一侧滴加 2 μL 相应浓度的丁二酮溶液（10^{-2}、$10^{-2.5}$、10^{-3}、$10^{-3.5}$、10^{-4}）。

（7）盖上培养皿并放置于 20℃的培养箱中,90 min 后对不同区域的动物进行计数。感觉信号整合系数定义为 Index ＝ 丁二酮侧线虫的数目（B）/培养皿上线虫总数（A＋B）（当分析的培养皿数目很多时,可以将到达时间培养皿放到 4 ℃备查）。

（8）作为特定的对照实验（blind assay）,可以将动物放到同一培养基上产卵 5 h,4 天后进行感觉信号整合分析,并通过表现型、PCR 等方式确定所有动物的基因型。

（9）考虑到该种测试可能受到多种因素影响,所有实验均需要至少重复 3 次。作为对照的动物最好是培养在同一培养基上的动物（图 6.21）。

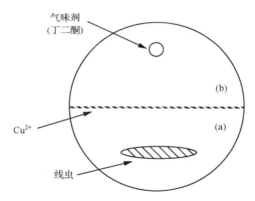

图 6.21　线虫两难抉择模型的模式图[36]
(a)线虫起始放置的区域同时也代表不能穿过铜离子墙的区域;(b)丁二酮区域同时也代表穿越铜离子墙的区域

13. 聚丛行为定量分析

方法[37,38]：

（1）在洁净的 3 cm 培养皿中加入含有 2.1％琼脂的 NGM 培养基。

（2）涂 200 μL LB 中培养的 OP50,在培养基中央形成一个直径为 2 cm 圆形菌苔,放置 2 天。

（3）从线虫密度不高的板子上挑选（以洗的方式）大约 100～150 条饲养状态良好的成虫到此菌苔上，在 20 ℃条件下培养 3 h。

（4）3 h 后测定聚丛行为，即测定其体长一半以上与其他两条或更多条线虫相接触的线虫的百分数（图 6.22）。

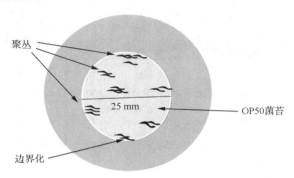

图 6.22　秀丽线虫社会性行为测试模型

14. 边界化行为定量分析

方法[38]：

（1）在洁净的 3 cm 培养皿中加入含有 2.1% 琼脂的 NGM 培养基。

（2）涂 200 μL 事先在 LB 中培养的 OP50，在培养基中央形成一个直径为 2 cm 的圆形菌苔，放置 2 天。

（3）2 天后，从线虫密度不高的板子上挑选（以洗的方式）大约 100～150 条饲养状态良好的成虫到此菌苔上，在 20 ℃条件下培养 3h。

（4）3 h 后，测定边界化行为，即测定存在于菌苔边界 2 mm 范围内的线虫的百分数（图 6.23）。

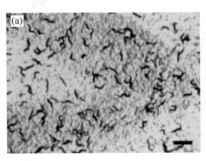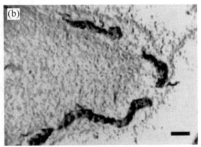

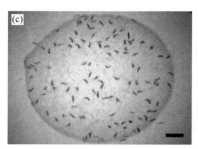

图 6.23　秀丽线虫的边界化行为[38]

(a),(c)野生型秀丽线虫在 OP50 食物上呈分散状态;(b),(d)秀丽线虫 *npr*-1 突变体在 OP50 食物上呈聚集和边界化分布

6.3　免　　疫

免疫反应可以避免致病菌对动物本身的伤害;神经系统会调节动物形成先天或习得的行为让动物避免受到掠食性动物或有害的食物的伤害。胰岛素信号通路、多巴胺信号通路及 TGF-β 信号通路等均参与秀丽线虫免疫反应(图 6.24)。

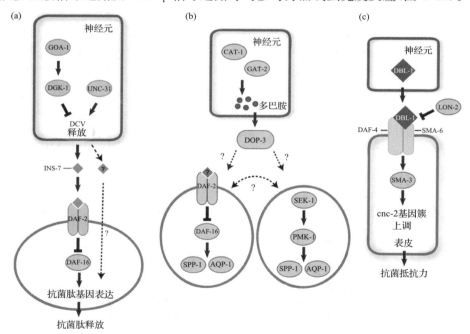

图 6.24　调控秀丽线虫固有免疫的神经信号通路[39]

(a)神经分泌物和胰岛素信号通路调控抗菌肽活性;(b)多巴胺信号通路、胰岛素信号通路和 PMK-1 信号通路参与调控条件性固有免疫反应;(c)TGF-β 通路调控抗菌肽活性

6.3.1 抗菌肽表达模式的改变

在遭到致病菌侵染后,秀丽线虫能够迅速调控抗菌肽基因的表达量来进行防御[40]。同样,在纳米材料暴露条件下,秀丽线虫也会通过抗菌肽的调节来进行机体防御。如纳米材料 GO 处理后,秀丽线虫体内的免疫相关基因的表达水平与未处理相比明显下降(表 6.1,表 6.2 和图 6.25)[41]。

表 6.1　秀丽线虫抗菌肽基因相关信息

基因名	基因 ID	基因产物信息
spp-1	T07C4.4	鞘脂激活蛋白
lys-7	C02A12.4	溶菌酶
lys-2	Y22F5A.5	溶菌酶
irg-1	C07G3.2	感染应答蛋白
irg-2	C49G7.5	感染应答蛋白
hsf-1	Y53C10A.12	热休克蛋白转录因子
nul-1	F49F1.6	黏蛋白,包含有 ShK 毒力域
	K08D8.5	CUB 样结构域蛋白
clec-60	ZK666.6	C 型凝集素
prx-11	C47B2.8	过氧化物酶体
	F08G5.6	CUB 样结构域蛋白
asp-3	H22K11.1	天冬氨酸蛋白酶
acdh-1	C55B7.4	酰基 CoA 脱氢酶
pqm-1	F40F8.7	应激反应因子
abf-2	C50F2.10	抗菌肽
swt-7	K11D12.5	SWEET 糖转运蛋白
clec-67	F56D6.2	C 型凝集素
	C29F3.7	CUB 样结构域蛋白
dod-6	T20G5.7	苦参碱 SK 域蛋白
thn-1	F28D1.3	甜蛋白
	F38A1.5	凝集素
lipl-5	ZK6.7	脂肪酶
lys-1	Y22F5A.4	溶菌酶
abf-1	C50F2.9	抗菌因子 ASABF
clec-87	C25A1.8	C 型凝集素
	F55G11.4	CUB 样结构域蛋白

续表

基因名	基因 ID	基因产物信息
lys-8	*C17G10.5*	溶菌酶
	C32H11.1	CUB 样结构域蛋白
	F35E12.5	—
clec-67	*F56D6.2*	C 型凝集素
	C14C6.5	含 ShK 毒力域蛋白
dod-22	*F55G11.5*	CUB 样结构域蛋白
	F55G11.7	CUB 样结构域蛋白
nlp-29	*B0213.4*	神经肽
clec-85	*Y54G2A.6*	C 型凝集素

表 6.2　秀丽线虫免疫相关基因引物信息

基因名	正向引物	反向引物
abf-2	CCATCGTGGCTGCCGACATCGACTTT	GAGCACCAAGTGGAATATCTCCTCCT
acdh-1	GGTCTTACTGTAGATAAG	CTGCATTTAGGCATTCAA
asp-3	CGAGACCGATCCGAACCACT	TCAGTTGGTCCAGTGAGAAGG
F08G5.6	ACTGCACTCAAATTCCGGCTGGTGG	GTTTCCATTCAATCCGTTTTCCAGAA
K11D12.5	CCCACGACTCTGCTTCAATC	ATGGAGATTGCGCGCTTA
lys-2	CCTTTCCAACAAATGTCCAAGTA	GGTATCCTTGCCAGCTTGAT
lys-7	CTGCCATTCGGCATCAGTCA	GCACAATAACCCGCTTGTTT
pqm-1	TCAAATGCAACGTTCCCAAC	CTCTGGAAGTGGAATTCCG
spp-1	GCATCACGGTGTTTTCTGTG	GCAACAGCATAGTCCAGCAA

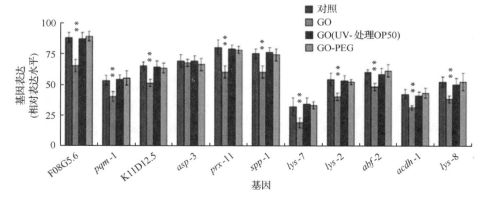

图 6.25　纳米材料对秀丽线虫抗菌肽表达模式的影响[41]

6.3.2　抗菌肽转基因标记线虫的应用

除了可以对抗菌肽的表达模式进行分析,带有抗菌肽启动子荧光标记的转基因秀丽线虫在毒理学分析中也发挥着重要的功能(图 6.26 和图 6.27)。常用的抗菌肽转基因线虫见表 6.3。

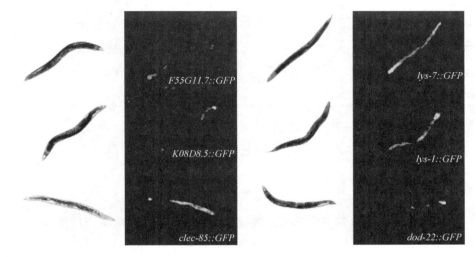

图 6.26　几种常用抗菌肽转基因线虫的表达图谱

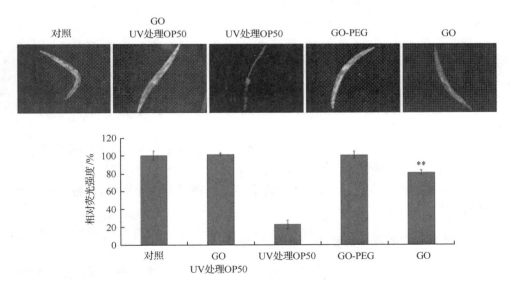

图 6.27　纳米材料对 *nlp*-29::*GFP* 表达的影响[41]

表 6.3　　几种抗菌肽荧光的转基因秀丽线虫

转基因品系	GFP 标记	基因型
SAL143	*F55G11.7::GFP*	*denEx21［F55G11.7::GFP＋pha-1(＋)］*
SAL144	*K08D8.5::GFP*	*denEx22［K08D8.5::GFP＋pha-1(＋)］*
SAL105	*lys-7::GFP*	*denEx2［lys-7::GFP＋pha-1(＋)］*
SAL129	*lys-1::GFP*	*denEx14［lys-1::GFP＋pha-1(＋)］*
SAL139	*dod-22::GFP*	*denEx17［dod-22::GFP＋pha-1(＋)］*
SAL146	*CLEC-85::GFP*	*denEx24［clec-85p::GFP＋pha-1(＋)］*
IG761	*nlp-29::GFP*	

6.4　生　　殖

6.4.1　生殖能力

生殖能力通过生殖腺中卵母细胞数、受精卵数目与孵化率、排卵速率等评价终点进行评价。卵母细胞以单侧性腺臂内卵母细胞数计。

方法：

（1）同步化的线虫在培养至 L4 期后，将其转入含 NGM 的 30 mm 培养皿中，每皿一条。

（2）为保证统计的准确性，每 24 h 将皿中的线虫转移至新皿，直到线虫停止产卵。

（3）转移过后的培养皿在 20℃ 下培养 24 h。

（4）在解剖镜下统计孵化的幼虫及未能孵化的卵的数目，两者之和即为产卵数，幼虫数与产卵数之比即为孵化率。

（5）一般来说，产卵的高峰期出现在第二或第三天；第五或第六天停止产卵。每个处理组中，检测的线虫数目应≥10 条。

（6）排卵速率测定时，将单根秀丽线虫挑入一新的 NGM 平板，计数 3 h 内排卵数目（图 6.28）。

6.4.2　生殖腺细胞凋亡的检测

按 Gumienny 等[42]的方法采用吖啶橙（AO）染色的方法检测秀丽线虫细胞凋亡的情况。

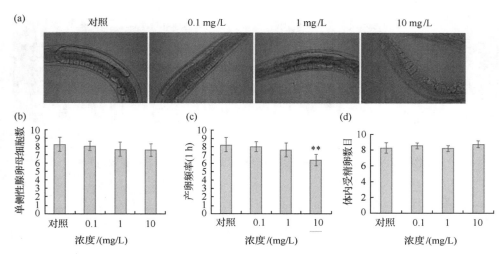

图 6.28　GO 对秀丽线虫生殖功能的影响(Zhao 等,未发表数据)

(a)GO 对秀丽线虫单侧性腺臂卵母细胞的影响;(b)GO 暴露秀丽线虫单侧性腺臂卵母细胞数目统计;
(c)产卵频率分析;(d)体内受精卵数目分析

(1) 同步化培养秀丽线虫,当生长至 L4 期时,把秀丽线虫分别转移至一次性塑料平皿中,用不同浓度的纳米材料溶液各 200 μL 对其液体给药,空白对照组为缓冲液,20 ℃给药 24 h。

(2) 将给药 24 h 后的受试秀丽线虫分别置于 96 孔板不同的孔内,加入 100 μL 含少量 OP50 的 M9 溶液;各加入 400 μL 0.1 mg/mL 吖啶橙(AO,用 M9 配制)使 AO 终浓度为 20 μg/mL,20 ℃染色 1 h;期间注意避光操作。

(3) 制作琼脂平面:配制 2% 的琼脂糖凝胶,加热至完全溶解后,吸取一滴滴于载玻片上,用盖玻片轻轻压下,注意不要产生气泡。待琼脂糖凝固以后,揭开盖玻片即可形成琼脂平面。

(4) 将染色 1 h 的受试秀丽线虫分别用移液器吸出接种有 OP50 的 3.5 cm NGM 平板上恢复 30 min。

(5) 各滴 1 滴 60 μg/mL 的咪唑溶液于琼脂平面中央,再挑取线虫于咪唑溶液中,盖上盖玻片,完成制片。每次检测的秀丽线虫数目≥20 条。

(6) 荧光倒置显微镜观察各受试秀丽线虫身体各个部位细胞凋亡情况。激发波长 488 nm,阻断波长 515 nm。凋亡的细胞呈亮黄色或橙黄色,而未凋亡的细胞呈现均匀的浅绿色(图 6.29)。

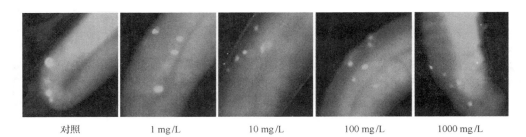

| 对照 | 1 mg/L | 10 mg/L | 100 mg/L | 1000 mg/L |

图 6.29　GO 促进秀丽线虫生殖细胞凋亡(Zhao 等,未发表数据)

6.4.3　有丝分裂细胞观察

参照文献[43]方法以 DAPI 染色方法对细胞核进行染色。

(1) 将处理后的秀丽线虫置于加有 30 μL NaN₃的载玻片中央。

(2) 使用 1 mL 注射器针头切开咽喉处,使生殖腺自动流出。

(3) 吸出 NaN₃,加卡诺氏液(无水乙醇∶氯仿∶冰醋酸=6∶3∶1)固定,空气干燥。

(4) 在水中润洗并擦干周围的水,油性记号笔在周围划一圈,加入 30 μL 含有 0.5%吐温 20 的 M9 溶液进行穿膜。

(5) 穿膜 15 min 后吸去穿膜剂,以 2 μg/mL 4′,6-二脒基-2-苯基吲哚(4′,6-diamidino-2-phenylindole,DAPI)染色 30 min。

(6) M9 润洗以除去多余 DAPI。

(7) 指甲油封片,紫外光激发下观察并计数有丝分裂细胞(图 6.30)。

(a)

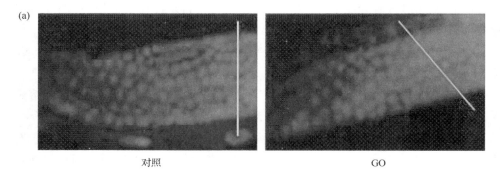

| 对照 | GO |

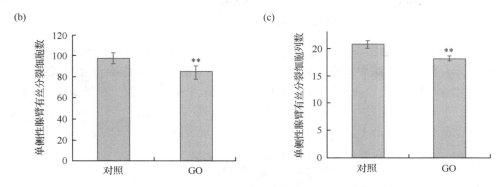

图 6.30　GO 暴露对有丝分裂细胞的影响(Zhao 等,未发表数据)

(a)秀丽线虫性腺 DAPI 染色结果,图中白线以左为有丝分裂区;(b)GO 暴露对秀丽线虫单侧性腺臂有丝
分裂细胞的影响;(c)GO 暴露可减少秀丽线虫单侧性腺臂有丝分裂细胞列数

6.4.4　CED-1∷GFP 观察胚胎与生殖细胞中的凋亡细胞

秀丽线虫 *ced*-1 编码一种类似于人 SREC 的跨膜蛋白,CED-1 是凋亡细胞吞噬过程中所必需的,可以用来记吞噬前和吞噬中的凋亡细胞,在凋亡前期的细胞中会出现界限分明的圆环[44]。因此,荧光标记蛋白 CED-1∷GFP 通常被用来标记活体秀丽线虫中胚胎与生殖细胞中的凋亡细胞(图 6.31)。

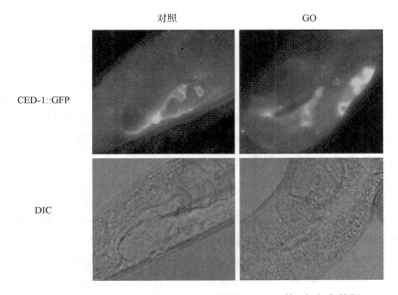

图 6.31　GO 促进秀丽线虫生殖细胞凋亡(Zhao 等,未发表数据)

6.4.5 HUS-1∷GFP 指示生殖细胞的 DNA 受损情况

HUS-1 蛋白分布于秀丽线虫有丝分裂与减数分裂细胞、成熟卵、胚胎及一些处于分裂期的体细胞中,而在 DNA 受损时 HUS-1 会与核染色质重叠形成独立的点状,因此 HUS-1∷GFP 可以用来作为秀丽线虫生殖细胞 DNA 受损的指示物[45]。正常秀丽线虫中,$hus\text{-}1∷gfp$ 表达细胞的比例为 10%,而 10 mg/L GO 暴露后生殖细胞中 $hus\text{-}1∷gfp$ 的表达细胞的比例可达 80% 以上(图 6.32)。

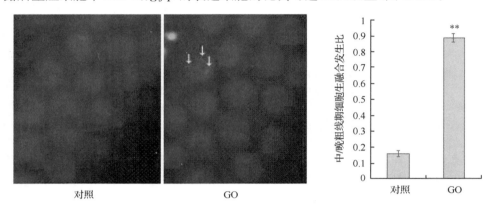

图 6.32　GO 暴露对 $hus\text{-}1∷gfp$ 融合的影响(Zhao 等,未发表数据)
箭头指示 DNA 受损时 HUS-1 与核染色质重叠形成的独立点状

6.5　寿命与衰老

秀丽线虫衰老相关行为主要由吞咽能力、脂褐质、寿命、衰老相关基因表达模式等指标作为纳米材料毒效应评价终点。同时随着秀丽线虫衰老进程的加剧,秀丽线虫的运动行为也逐步下降,因此除以上各指标外还可以通过检测衰老进程中的运动行为来评价纳米材料对秀丽线虫的毒效应。

6.5.1 吞咽能力

线虫吞咽动作是由复杂的神经和肌肉系统调控,异常的吞咽频率能够反映出神经或肌肉系统的缺陷。正常线虫吞咽食物的频率为 200 次/min[46]。由于某些酶是在神经元中和肌肉中表达,因此,酶活力的变化都会影响线虫的咽食和排便频率。在进行吞咽检测时将秀丽线虫每日于显微镜下测定其吞咽的频率。每个处理至少检测 20 只秀丽线虫(图 6.33)。

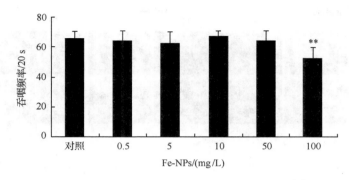

图 6.33　纳米材料对秀丽线虫吞咽频率的影响[47]

6.5.2　肠道自发荧光

肠道是 ENMs 作用于秀丽线虫的初级级靶器官[48]。秀丽线虫体内的肠道自发荧光是随着组织衰老诱发的脂褐质积累而产生的,在衰老秀丽线虫中,自发荧光可随时间积累。这种内生性的荧光可以波长为 525 nm 过滤器、无自动增益装置的荧光激发。每个秀丽线虫的肠道自发荧光照片通过荧光显微镜下观察,并用软件取得照片,然后运用 Image J（NIH Image）软件通过计算平均像素密度来反应秀丽线虫体内脂褐质积累水平。每个处理进行 20 次重复试验。

方法:

（1）同步化培养秀丽线虫。

（2）毒物溶液暴露,对照组和每个实验组的秀丽线虫数均为至少 50 条,20 ℃培养。

（3）暴露结束 M9 冲洗秀丽线虫,制片,荧光显微镜拍照。

（4）Image J（NIH Image）软件通过计算平均像素密度来反应秀丽线虫体内脂褐质积累水平。

（5）为了防止外界光源变化对荧光的影响,所有照相工作均在同一天完成（图 6.34）。

6.5.3　寿命

按 Swain 等提出的方法进行[50]。

（1）同步化培养秀丽线虫。

（2）毒物溶液暴露,空白对照组为缓冲液。对照组和每个实验组的秀丽线虫数均为 100±1 条,20 ℃暴露。

（3）将受试秀丽线虫分别移至涂有 OP50 的 NGM 培养基上,每天转移一次,准确记录当天秀丽线虫的死亡数目和丢失数目,直至所有受试的秀丽线虫全部死

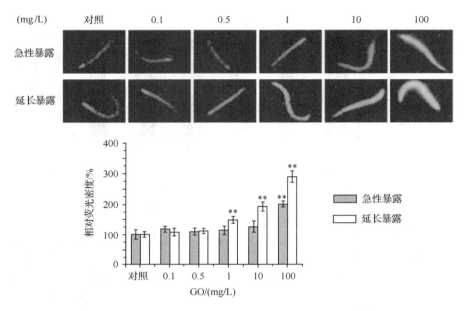

图 6.34　GO 暴露对秀丽线虫肠道自发荧光的影响[49]

亡。丢失的线虫、因爬到培养皿壁而死亡的线虫以及"虫袋"（worm bag）应从统计数据中排除；确认线虫死亡的标准是对外部机械刺激没有应答。

　　（4）受试线虫从卵开始生长的时间记为第 0 天，各个实验组最后一条秀丽线虫死亡的时间即为该实验组线虫的最长寿命。

　　（5）平行试验至少重复两次，线虫寿命数据由软件 Graphpad prism 5 和 Origin 6.0 软件进行生存统计分析（图 6.35）。

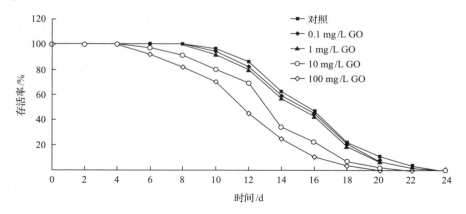

图 6.35　GO 对秀丽线虫寿命的影响[51]

6.5.4　衰老相关基因

秀丽线虫寿命受胰岛素信号通路、MAPK 信号通路等保守信号通路的控制。在受到环境胁迫或应激时,这些信号通路中的关键基因会通过转录与翻译调控秀丽线虫的寿命(表 6.4,表 6.5 和图 6.36)。

表 6.4　秀丽线虫衰老调控基因的相关信息

基因	基因产物信息
daf-16	FOXO 转录因子
daf-18	人 PTEN 抑癌蛋白的同源物
pdk-1	磷酸肌醇依赖性蛋白激酶
akt-2	丝氨酸/苏氨酸激酶 Akt/PKB
sgk-1	丝氨酸/苏氨酸激酶
smk-1	SMEK 蛋白
hcf-1	组蛋白修饰酶转录因子
aak-2	腺苷酸活化酶
unc-51	丝氨酸/苏氨酸激酶
daf-15	RAPTOR 同源物
raga-1	ras 相关 GTPase
rheb-1	哺乳动物 GTPases Rheb 和 Rheb1 同源物
pha-4	FoxA 转录因子
daf-9	细胞色素 P450 的 CYP2 亚族
daf-12	类固醇激素受体超家族
kri-1	锚蛋白重复序列和 FERM 结构域蛋白

表 6.5　秀丽线虫衰老调控基因的 RT-PCR 引物序列

基因	正向引物	反向引物
daf-16	CGTTTCCTTCGGATTTCA	ATTCCTTCCTGGCTTTGC
daf-18	ATCATCATCCGCCGAGTC	ACCGTTGAGTCCTCCATC
pdk-1	TTCAGAGCCGTCAACCAG	GCTCACTTGCTCGGCTTT
akt-2	ATCAGCCGTTACCAGAGC	AAGGTTCCTTGACCGAGA
sgk-1	AAGACTGTTGACTGGTGGTG	AGACGAAGTGGCTGGTTG
smk-1	AACGAGACGCAACCAACC	CTCACCCAGCCTCCCAAT
hcf-1	TTTGGAGGTGGAAACGAA	TTGAGAAACGACGAAGCT
aak-2	TCATCCGCCTCTACCAAG	CTCGCCTCCATACTCATC

续表

基因	正向引物	反向引物
unc-51	AAACCATCGCCGAACAAC	AGACTCATCGCCTCTTCC
daf-15	TGGATTGGGTCGTCTGTG	CCAACTGGTTTACGTGGC
raga-1	GGATGCCGATGAAGTTAT	ATCCCTGGCGATGTAGTT
rheb-1	ATGGGATGCGAAGTTTGT	GACGCTCCGTTGGTGATA
pha-4	ATGAACGCTCAGGACTATCT	GGTGGTGCCAGTGGTAAA
daf-9	TGCGTCAGAAGTGGAAGG	GGGTAGGAAGTTGCGAAG
kri-1	GTTCCTGGACTTTCACTT	ACATTGCTACGGACACTA
dash-1	GGAATCGAGCATTGTCGTGC	ACGACGGCGCATGTTACTAT
pash-1	TGAGGCAACTTGCGATGCTA	CCGACACTGCTTCCAGAACT
imb-4	TGGCTGTCTCAGCAATGGAA	GTTGGACTTGTGGCAACGAC
dcr-1	CAACTTGCTCACCCAACAGC	CGGATTGGTCGGAGTGTCAA
alg-1	TGCCGAACTGAACAACACCA	CAGGTAATTGTCCCGGTGCT
alg-2	TCCACCATGATCAAGGCCAC	CGCGTTTCACTTCGGCATAG

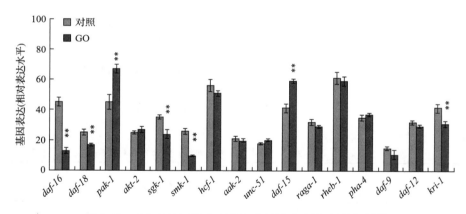

图 6.36　GO 对秀丽线虫衰老相关基因表达模式的影响[51]

6.6　DNA 损伤

秀丽线虫基因损伤可以通过线粒体 DNA 拷贝数检测和 DNA 完整性分析来进行评价。

6.6.1　线虫 DNA 提取

采用基因组 DNA 提取试剂盒提取线虫 DNA,步骤如下:

(1) 取 600 μL 核裂解液加至 1.5 mL 离心管,至冰上。

(2) 取 10～20 mg 成虫早期年轻成虫加入核裂解液,至匀浆器研磨 5 min。

(3) 匀浆液转移至 1.5 mL 离心管,65 ℃孵育 15～30 min。

(4) 加入 3 μL RNA 酶,混匀,37 ℃孵育 15～30 min。

(5) 加入 200 μL 蛋白沉淀液,涡旋 20 s,冰上冷却 5 min。

(6) 12000 r/min 离心 4 min,蛋白沉淀形成出现白色沉淀物。

(7) 小心转移上清至一新的 1.5 mL 离心管,加入 600 μL 异丙醇。

(8) 颠倒混匀,直至 DNA 出现白色丝状物。

(9) 12000 r/min 离心 1 min 沉淀 DNA。

(10) 弃上清,留含 DNA 白色沉淀。加入 600 μL 70%乙醇洗涤 DNA 沉淀。

(11) 小心倒出乙醇,干净吸附纸吸干乙醇,风干 15 min。

(12) 加入 100 μL 双蒸水溶解 DNA,65 ℃孵育 1 h。

(13) 2～8 ℃保存 DNA。

6.6.2　DNA 完整性分析(0.7%密度凝胶电泳)

(1) 电泳槽处理:去污剂彻底洗净,双蒸水彻底冲洗,加入新鲜配制的 0.5×TAE 缓冲液,使缓冲液高于凝胶平面 0.5 cm。

(2) 凝胶配置:称取琼脂糖 0.7 g,加入 0.5×TAE 缓冲液 100 mL,微波煮沸,冷却到 60 ℃,加入 2 μL 50 mg/mL 溴化乙锭,混匀后倒胶,冷却。

(3) 取适量 DNA 加入 6×点样缓冲液,点样,电压 2V/cm 条件下电泳约1.5 h。

(4) 紫外灯(UVP 凝胶密度扫描仪,CA)下观察 DNA 条带。

6.6.3　秀丽线虫 mtDNA 拷贝数检测

采用荧光定量 PCR 方法检测各组 CYTB(线粒体 DNA)及 GDP2(代表核DNA,内参)表达。

参 考 文 献

[1] Brenner S. The genetics of *Caenorhabditis elegans*. Genetics, 1974, 77: 71-94

[2] Riddle DL, Blumenthal T, Meyer BJ, et al., eds. 2nd ed. *C. elegans* II. Cold Spring Harbor (NY), 1997

[3] Zarkower D. Somatic sex determination. WormBook, 2006: 1-12

[4] Sulston J E. *C. elegans*: The cell lineage and beyond. Biosci Rep, 2003, 23: 49-66

[5] Klass M R. Aging in the nematode *Caenorhabditis elegans*: Major biology and environmental factors influencing life span. Mech Ageing Dev, 1977, 6: 413-429

[6] Hu P J. Dauer. WormBook, 2007: 1-19

[7] Colbert H A, Smith T L, Bargmann C I. OSM-9, a novel protein with structural similarity to channels, is required for olfaction, mechanosensation, and olfactory adaptation in *Caenorhabditis elegans*. J Neurosci, 1997, 17: 8259-8269

[8] Koga M, Zwaal R, Guan K L, et al. A *Caenorhabditis elegans* MAP kinase kinase, MEK-1, is involved in stress responses. EMBO J, 2000, 19: 5148-5156

[9] Garsin D A, Sifri C D, Mylonakis E, et al. A simple model host for identifying Gram-positive virulence factors. Proc Natl Acad Sci USA, 2001, 98: 10892-10897

[10] Raices M, Maruyama H, Dillin A, et al. Uncoupling of longevity and telomere length in C. *elegans*. PLoS Genet, 2005, 1: e30

[11] Hassan WM, Merin D A, Fonte V, et al. AIP-1 ameliorates beta-amyloid peptide toxicity in a *Caenorhabditis elegans* Alzheimer's disease model. Hum Mol Genet, 2009, 18: 2739-2747

[12] Hoss S, Jansch S, Moser T, et al. Assessing the toxicity of contaminated soils using the nematode *Caenorhabditis elegans* as test organism. Ecotoxicol Environ Saf, 2009, 72: 1811-1818

[13] Park S K, Tedesco P M, Johnson T E. Oxidative stress and longevity in *Caenorhabditis elegans* as mediated by SKN-1. Aging Cell, 2009, 8: 258-269

[14] Soukas A A, Kane E A, Carr C E, et al. Rictor/TORC2 regulates fat metabolism, feeding, growth, and life span in *Caenorhabditis elegans*. Genes Dev, 2009, 23: 496-511

[15] Kim J, Shirasawa T, Miyamoto Y. The effect of TAT conjugated platinum nanoparticles on lifespan in a nematode *Caenorhabditis elegans* model. Biomaterials, 2010, 31: 5849-5854

[16] Leung M C, Williams P L, Benedetto A, et al. *Caenorhabditis elegans*: an emerging model in biomedical and environmental toxicology. Toxicol Sci, 2008, 106: 5-28

[17] Zhao Y, Wu Q, Li Y, et al. Translocation, transfer, and in vivo safety evaluation of engineered nanomaterials in the non-mammalian alternative toxicity assay model of nematode Caenorhabditis elegans. RSC Adv, 2013, 3: 5741-5757

[18] Wu Q, Nouara A, Li Y, et al. Comparison of toxicities from three metal oxide nanoparticles at environmental relevant concentrations in nematode *Caenorhabditis elegans*. Chemosphere, 2013, 90: 1123-1131

[19] Morck C, Pilon M. C. *elegans* feeding defective mutants have shorter body lengths and increased autophagy. Bmc Dev Biol, 2006, 6: 39

[20] Wu Q, Wang W, Li Y, et al. Small sizes of TiO2-NPs exhibit adverse effects at predicted environmental relevant concentrations on nematodes in a modified chronic toxicity assay system. J Hazard Mater, 2012, 243: 161-168

[21] Dostal V, Link C D. Assaying beta-amyloid toxicity using a transgenic C. *elegans* model. J Vis Exp, 2010, http://www. jove. com/details. php? id=2252

[22] Lisman J, Spruston N. Postsynaptic depolarization requirements for LTP and LTD: a critique of spike timing-dependent plasticity. Nat Neurosci, 2005, 8: 839-841

[23] Voglis G, Tavernarakis N. The role of synaptic ion channels in synaptic plasticity. EMBO Rep, 2006, 7: 1104-1110

[24] Yu X, Guan X, Wu Q, et al. Vitamin E ameliorates neurodegeneration related phenotypes caused by

neurotoxicity of Al_2O_3-nanoparticles in *C. elegans*. Toxicol Res，2015，4：1269-1281

[25] Jorgensen E M. GABA. WormBook，2005：1-13

[26] Pluskota A，Horzowski E，Bossinger O，et al. In：*Caenorhabditis elegans* nanoparticle-bio-interactions become transparent：silica-nanoparticles induce reproductive senescence. PLoS One，2009，4：1-9

[27] Zhao Y，Wang X，Wu Q，et al. Quantum dots exposure alters both development and function of D-type GABAergic motor neurons in nematode *Caenorhabditis elegans*. Toxicol Res，2015，4：399-408

[28] Zhao Y，Wang X，Wu Q，et al. Translocation and neurotoxicity of CdTe quantum dots in RMEs motor neurons in nematode *Caenorhabditis elegans*. J Hazard Mater，2015，283：480-489

[29] Dhawan R，Dusenbery D B，Williams P L，Comparison of lethality，reproduction，and behavior as toxicological endpoints in the nematode *Caenorhabditis elegans*. J Toxicol Environ Health A，1999，58：451-462

[30] Mohri A，Kodama E，Kimura K D，et al. Genetic control of temperature preference in the nematode *Caenorhabditis elegans*. Genetics，2005，169：1437-1450

[31] Saeki S，Yamamoto M，Iino Y. Plasticity of chemotaxis revealed by paired presentation of a chemoattractant and starvation in the nematode *Caenorhabditis elegans*. J Exp Biol，2001，204：1757-1764

[32] Ye H Y，Ye B P，Wang D Y. Learning and learning choice in the nematode *Caenorhabditis elegans*. Neurosci Bull，2006，22：355-360

[33] Sambongi Y，Takeda K，Wakabayashi T，et al. *Caenorhabditis elegans* senses protons through amphid chemosensory neurons：proton signals elicit avoidance behavior. Neuroreport，2000，11：2229-2232

[34] Mori I，Ohshima Y. Neural regulation of thermotaxis in *Caenorhabditis elegans*. Nature，1995，376：344-348

[35] Kano T，Brockie P J，Sassa T，et al. Memory in *Caenorhabditis elegans* is mediated by NMDA-type ionotropic glutamate receptors. Curr Biol，2008，18：1010-1015

[36] Ishihara T，Iino Y，Mohri A，et al. HEN-1，a secretory protein with an LDL receptor motif，regulates sensory integration and learning in *Caenorhabditis elegans*. Cell，2002，109：639-649

[37] Aballay A. Neural regulation of immunity：Role of NPR-1 in pathogen avoidance and regulation of innate immunity. Novart Fdn Symp，2009，8：966-969

[38] De Bono M，Bargmann C I. Natural variation in a neuropeptide Y receptor homolog modifies social behavior and food response in *C. elegans*. Cell，1998，94：679-689

[39] Zhang X，Zhang Y. Neural-immune communication in *Caenorhabditis elegans*. Cell Host Microbe，2009，5：425-429

[40] Alper S，McBride S J，Lackford B，et al. Specificity and complexity of the *Caenorhabditis elegans* innate immune response. Mol Cell. Biol，2007，27：5544-5553

[41] Wu Q，Zhao Y，Fang J，et al. Immune response is required for the control of in vivo translocation and chronic toxicity of graphene oxide. Nanoscale，2014，6：5894-5906

[42] Gumienny T L，Lambie E，Hartwieg E，et al. Genetic control of programmed cell death in the *Caenorhabditis elegans* hermaphrodite germline. Development，1999，126：1011-1022

[43] Shaham S. Methods in cell biology. WormBook，2006

[44] Zhou Z，Hartwieg E，Horvitz H R. CED-1 is a transmembrane receptor that mediates cell corpse engulfment in *C. elegans*. Cell，2001，104：43-56

[45] Hofmann E R，Milstein S，Boulton S J，et al. *Caenorhabditis elegans* HUS-1 is a DNA damage checkpoint

protein required for genome stability and EGL-1-mediated apoptosis. Curr Biol, 2002, 12: 1908-1918

[46] Hart A C. Behavior. WormBook, 2006

[47] Wu Q, Li Y, Tang M, et al. Evaluation of environmental safety concentrations of DMSA coated Fe₂O₃-NPs using different assay systems in nematode *Caenorhabditis elegans*. PLoS One, 2012, 7: e43729

[48] Nouara A, Wu Q, Li Y, et al. Carboxylic acid functionalization prevents the translocation of multi-walled carbon nanotubes at predicted environmentally relevant concentrations into targeted organs of nematode *Caenorhabditis elegans*. Nanoscale, 2013, 5: 6088-6096

[49] Wu Q, Yin L, Li X, et al. Contributions of altered permeability of intestinal barrier and defecation behavior to toxicity formation from graphene oxide in nematode *Caenorhabditis elegans*. Nanoscale, 2013, 5: 9934-9943

[50] Menzel R, Swain S C, Hoess S, et al. Gene expression profiling to characterize sediment toxicity - a pilot study using *Caenorhabditis elegans* whole genome microarrays. BMC Genomics, 2009, 10: 160

[51] Wu Q, Zhao Y, Zhao G, et al. microRNAs control of in vivo toxicity from graphene oxide in *Caenorhabditis elegans*. Nanomedicine: Nanotechnol Biol Med, 2014, 10: 1401-1410

附录 1　纳米药物安全性评价程序及方法

一、目的

鉴于目前越来越多的纳米药物投放市场,由于纳米材料的特殊理化性质,其对人体的安全性与普通药物有所不同,需要特殊的安全性评价标准。因而为了向临床疾病和伤害的诊断和治疗提供安全有效的纳米药物产品,防止纳米药物对人体产生近期和远期危害,特制定此评价程序。

二、定义

（1）纳米药物的英文术语较多,包括 Nanopharmaceutical、Nanodrug、Nano-medicine。

（2）国际上目前对纳米药物尚无统一定义。就纳米药物粒径来说,FDA 认为 1～100 nm,Abbott 专家认为 5～200 nm,Pfizer 专家则认为 1000 nm 以下都有可能是纳米药物。

（3）现将满足以下两种条件之一的药物产品认为是纳米药物:①药物成分或成品在原子、分子或大分子水平上,有一维处于纳米尺寸(通常为 1～100 nm)范围内;②药物成分或成品的特性(包括理化性质和/或生物效应)改变是由于其尺寸效应造成的,那么即使其尺寸超过了纳米尺寸范围,甚至达到了微米级(1000 nm),也可称为纳米药物。

（4）在药剂学上,又可将纳米药物分为两类:①纳米分子药物:原料药直接加工成的纳米颗粒;②纳米载体药物:纳米级高分子纳米粒、纳米球、纳米囊等为载体,与药物以一定方式结合在一起后制成药物制剂,可以溶解或分散出药物成分。

三、纳米药物的安全性评价程序

1. 纳米分子药物和纳米载体的理化特性检测

所有纳米药物中所包含的纳米尺寸的物质都必须首先进行理化特性的描述,具体特性包括:化学组成、粒子尺寸、形貌、质量浓度、比表面积、表面化学成分、结晶度、多孔性、聚集性、表面电荷、溶解度、黏度。

纳米药物的理化参数至少使用两种方法进行表征。由于在各种不同的环境中,纳米材料的理化参数可能会改变,因此以下几种情况中纳米物质的特性均需要表征:制造阶段(原始状态),运输阶段,使用前的配制调剂阶段。如果各表征参数在不同情况下出现较大变化,则需要证明参数的变化对纳米产品的体内分布、生物利用度、毒性等没有影响。

2. 药物代谢动力学研究

对于纳米药物首先需要进行药代学研究,通过定量结果分析获得纳米药物的摄取、吸收、分布、进入细胞、透过生物屏障、生物利用度和半衰期、靶器官和靶细胞、停留时间,清除率、发生毒性效应的剂量等方面的数据,从而为后续选择合适的毒性试验并进行具体的安全性评价提供参考信息。

3. 体外靶器官毒性试验

(1) 体外细胞/组织培养;
(2) MTT 法检测细胞活性;
(3) 高通量快速检测纳米毒性指标;
(4) 蛋白组学研究。

4. 一般体内毒性试验

1) 全身性用药的毒性试验
A. 单次给药急性毒性试验(需两种以上给药途径,其中一种为临床给药途径)
(a) 急性经口或胃肠道给药毒性试验;
(b) 急性吸入毒性试验;
(c) 急性皮肤毒性试验;
(d) 急性经阴道或直肠毒性试验;
(e) 急性肠道外给药毒性试验;
(f) 急性联合用药毒性试验。
B. 长期毒性试验
反复给药毒性试验。
2) 局部用药的毒性试验
A. 皮肤用药
(a) 皮肤刺激性试验;
(b) 皮肤致敏试验;
(c) 皮肤光毒性试验。
B. 滴鼻剂和吸入剂
(a) 呼吸系统毒性试验;
(b) 呼吸系统致敏试验。

C. 滴眼剂

眼部刺激性试验。

D. 直肠、阴道局部作用制剂

（a）阴道刺激性试验；

（b）直肠刺激性试验。

E. 肠胃外给药

（a）急性肌肉刺激性试验；

（b）急性静脉刺激性试验；

（c）血液相容性/血管刺激性试验。

5. 特殊毒性试验

1）遗传毒性试验

A. 体外试验

（a）鼠伤寒沙门菌/组氨酸回复突变试验（Ames 试验）：对于在药代学实验和/或体外试验显示不能透过细胞膜的纳米颗粒需要谨慎选择是否使用该试验。因为该纳米颗粒可能也不能渗透过细菌的细胞膜，从而造成基因毒性的假阴性。

（b）哺乳动物细胞染色体畸变实验。

（c）体外中华仓鼠 CHO 细胞/$Hgprt$ 试验。

（d）体外小鼠淋巴瘤 L5178Y TK$^{+/-}$ 试验。

B. 体内试验

（a）小鼠特异位点试验；

（b）哺乳动物骨髓细胞微核试验；

（c）小鼠精子畸形检测试验；

（d）姐妹染色单体交换试验（SCE）；

（e）哺乳动物肝细胞期外 DNA 合成试验；

（f）果蝇伴性隐性致死试验。

2）生殖和发育毒性试验

A. 雄性和雌性生育力及早期胚胎发育到着床

B. 胚胎发育

C. 出生前和出生后发育

3）安全性药理试验（一般药理试验）

4）免疫毒性试验

5）致癌试验

致癌机制研究。

6. 药物依赖性试验

1）躯体依赖性试验
（a）自然戒断试验；
（b）催促戒断试验；
（c）替代试验。
2）精神依赖性试验
（a）自身给药试验；
（b）药物辨别试验；
（c）条件性位置偏爱试验。

四、注意事项

（1）纳米药物的安全性评价需要遵循"具体问题具体分析（case by case）"的原则，不可将相似的纳米药物化为一类进行安全性评价，因为其理化特性的一个微小差别都可能导致毒性结果的很大不同。

（2）染毒剂量设置的注意点：

（a）体内研究时，确定纳米药物的实际摄入量是难点。即使能够确定摄入量，由于纳米颗粒的聚集性，不推荐在动物试验中增加暴露剂量，剂量选择不能超过纳米颗粒产生聚集效应的最小浓度。体外试验时，也要注意剂量不可超过实际应用的量。

（b）纳米药物剂量单位的设置应与传统单位不同，通常可用"表面积"。但是，更准确的做法为根据纳米材料的类型、合成方法、表面涂层等确定。首先需要测试纳米材料的理化参数，包括颗粒尺寸、表面积、表面活性、粒子数量，以及可能的话，可以进行各种剂量单位的回顾性分析，从而确定剂量单位。

（c）体外试验时需要注意纳米颗粒对黏膜、细胞、生物膜的生物效应。一般而言，小于 100 nm 的纳米颗粒能刚进入细胞，小于 40 nm 能够进入细胞核，小于 35 nm 可以通过血脑屏障。体外试验可以提供更多的分子机制信息，从而预测纳米药物的潜在毒性效应。

（3）进行体内试验时，需要重点考虑纳米药物中纳米颗粒的颗粒表面特性、数量、体内蓄积性、团聚性；需要注意细胞分子、盐分、pH 等对纳米颗粒聚集性造成影响，以及纳米颗粒和一些蛋白分子的相互作用（例如蛋白质解折叠、蛋白聚集）。

（4）一个完整的特殊毒性评价程序需要包括一系列可以检测不同毒性机制的体外和体内试验，同时进行，保证评价结果的准确性。对于不同的特殊毒性，首先应选择标准的试验方法。体内试验要根据体外试验结果、纳米药物的类型和理化性质合理选择。

（5）纳米药物毒性研究的一个重点为确定结构-活性关系（structure-activity relationships），更准确的说法为性质-活性关系（property-activity relationships），即理化性质和生物效应的关系，这是与传统药物安全性评价的一个最大的不同点和重点关注方面。可以通过已有的世界上大量研究信息建立数据库，初步确定纳米材料的结构-活性关系，从而选择合适的试验方法进行安全性评价。

（6）由于纳米药物特殊的理化性质，在条件允许的情况下，选择体内试验进行安全性评价的结果较可靠。

（7）目前大多数的纳米产品都是原子或分子尺寸已知的化学物：碳（炭黑、碳纳米管、碳纤维），银，二氧化硅（无定形和结晶型），氧化铝，氧化锌，氧化铁，二氧化铈，二氧化钛。因而纳米药物载体的安全性评价重点应在这些物质纳米级的毒性效应上。

五、纳米药物的安全性评价的试验方法

1. 纳米材料分散方法

（1）对于非溶剂或不溶于常用医学佐剂的纳米药物，需要将其制备成悬浮溶液用于表征和各项毒性试验。

（a）分散介质的制备：不含 Ca^{2+} 和 Mg^{2+} 的 PBS 中添加 5.5 mmol/L 葡萄糖，0.6 mg/mL 牛血清白蛋白（BSA），0.01 mg/mL 3-碘苯甲酸甲酯（DPPC），持续 70 W 输出电压的浴式超声仪超声 10 min 用来混合悬液。分散机制在用于分散的前两天内合成，保存在 4 ℃。

（b）分散悬浮纳米药物：在 50 mL 聚丙烯锥形离心管中分散纳米颗粒悬液。含有半径为 13 mm 探针式超声仪的超声系统用来分散纳米颗粒。纳米颗粒加入到 20 mL 分散介质中，置于冰盐上进行超声分散。对于杯式超声仪，需要利用一个循环制冷系统来避免悬浮过程中的发热现象。当将有纳米颗粒的试管放入冷却水中，最多 8 mL 分散介质。输出电流由超声仪决定。

（c）为了检测的稳定性，分散好的悬浮纳米药物溶液需要在短时间内用于试验，通常不得超过 24 h。准备好的分散液可以储存在 4 ℃直到检测，在冰上涡旋几秒后进行检测和实验。

（2）对于纳米药物溶剂或可以溶于相应医学佐剂的纳米药物，在试验前也需要将其在超声机上超声至少 20 min，预防纳米颗粒聚集，影响实验结果。

2. 纳米药物理化指标检测

对于纳米分子药物和纳米载体药物中的纳米颗粒的每项理化指标，至少使用两种方法进行表征。

1）化学组成

（a）电子显微镜结合 X 射线能谱仪（EDS）：纳米药物测试样品先过滤并在真空中干燥后，应用 EDS 检测纳米药物的基本成分；

（b）场流分级分离法结合 ICPMS 或 sedimentation 或 floe 方法；

（c）电感耦合等离子体质谱仪。

2）表面化学成分（包被或修饰）

原子力显微镜。

3）尺寸

（a）动态光散射仪（DLS）：超声后纳米颗粒分散溶液或悬浮液经过 0.6 μm 的聚碳酸酯膜过滤入一次性 DLS 标准专用透明小容器。每个样本在 25 ℃保持 1 h 后进行 4 次动态光散射仪测量，强度加权的流体动力学半径分布的峰值（峰 1）记为分散状态，并且和反应尺寸分布的多分散指数（PdI）（数值为 0～1，0 表示均一分散，1 表示多分散）结合表示。

（b）纳米材料追踪和分析（nanoparticle tracking and analysis）。

（c）电子显微镜。

（d）原子力显微镜。

（e）毛细管电泳法。

4）表面积

（a）Brunauer-Emmett-Teller 技术：通过此方法利用表面积分析仪 Quadrusorb-SI 检测纳米药物的表面积（m^2/g）；

（b）原子力显微镜。

5）尺寸分布

（a）应用动态光散射仪（DLS）结合激光衍射/散射方法；

（b）纳米材料追踪和分析（nanoparticle tracking and analysis）；

（c）电子显微镜；

（d）原子力显微镜。

6）附聚/聚集性

（a）动态光散射仪（DLS）。

（b）纳米材料追踪和分析（nanoparticle tracking and analysis）：分析单个纳米颗粒，能比 DLS 更好地鉴定和检测聚集性。

（c）傅里叶变换红外光谱仪：固体纳米药物直接溶解于去离子水。若纳米药物为液体制剂，则将溶液在 12000 r/min 下离心 10 min 后溶解于去离子水中，风干获得较纯净的纳米药物颗粒，与溴化钾（KBr）以 1∶10 混合，在漫反射系数模式下检测，50 次在 4000～400 cm^{-1} 范围内的扫描的平均值为最终结果；DLS 或荧光关联光谱仪（FCS）检测溶液中纳米药物的流体动力学直径（d_h）。

（d）电子显微镜。

（e）原子力显微镜。

7）形貌特征

（a）透射电子显微镜（TEM）：每个纳米药物溶液或悬浮液样品滴一滴在有弹性的碳包被的铜格（一般用于 TiO_2）或高溶碳包被的铜格（一般用于碳纳米管）上，室温风干，通过扫描电子显微镜（TEM）进行检测。随机视野选择 100 个纳米颗粒利用 AMT（Advanced Microscopy Techniques）软件测量纳米药物尺寸大小。碳纳米管分散液也可通过 Olympus BXJ1 光学显微镜观察。

（b）原子力显微镜。

8）表面电荷

（a）Malvern Instruments Zetasizer Nano-ZS 激光多普勒粒度仪（LDV）：超声后纳米颗粒分散溶液或悬浮液经过 0.6 μm 的聚碳酸酯膜过滤入 LDV 检测的马尔文清晰电位势小皿，检测纳米药物电位电压和电泳淌度 μ，并应用专用软件分析；

（b）动态光散射仪（DLS）检测电动电位（zeta potential）。

9）纯度

感应耦合等离子质谱仪（ICP-MS）：检测纳米药物中的药物纯度。

3. 药代动力学试验

药物动力学定义为对化学物的时间过程和剂量依赖性吸收、分布、生物转化和排泄的定量和测定。药物动力学试验描述毒性研究中动物出现的全身暴露情况，及其与剂量水平、时间进程之间的关系；同时也为毒性试验中动物种属的选择和临床用药方式提供参考资料。

药代动力学试验包括两种：①单剂量药动学试验：纳米药物和非纳米药物间的对比试验；②多剂量药动学试验：初步治疗方案以纳米药物形式给药后的剂量比值试验。两种试验仅为剂量设置上有所区别，其他实验步骤基本相同。

1）药代动力学模型和模拟系统

（1）试验动物（十周龄雌性 SD 大鼠）饲养环境为：50％相对湿度，恒温，12 h 白天/黑夜循环，正常给予饮食和饮水。剂量组每组 5 只；对照组两只动物。

（2）弱 X 射线扫描光谱显微镜：用于给药后不同时间点的生物体或组织、细胞中的纳米药物成像。

（3）胆管插管研究：试验动物尾静脉注射药物，放在代谢笼中饲养。分别于给药后 15 min、30 min、60 min、120 min、240 min、360 min、480 min、1440 min 后收集 200 μL 血液样本；血液样本在 4 ℃，2000 r/min 离心 5 min，收集的血浆样本保存在 −80 ℃。给药后 8 h 内每隔 1 h 收集一次胆汁样本，同时收集给药后 24 h 内的尿液样本。给药后 24 h 处死动物,收集肝样本。

(4) LC-MS(液相色谱-质谱)检测血浆中药物:血浆样本浸入内标准药物中,用含有 0.1%甲酸的冷乙腈(ACN)以 1∶5 稀释。4 ℃,2000 r/min 离心 20 min,将上清液移入玻璃管中,并在 48 ℃的氮气中烘干。烘干的剩余物重新用 150 μL 含 30% CAN 和 0.1%甲酸的溶液重悬。用液相色谱法系统在质谱仪器中检测。根据药物配置相应的一系列校正标准溶液,同样方法检测,制作标准曲线,定量分析样本中药物含量。

(5) LC-UV(液相色谱-紫外)检测血浆、肝脏、胆汁和尿液中药物:样本浸入内标准药物中,用水以 1∶5 稀释。之后再用冷的 CAN 以 1∶5 稀释并在 -80 ℃冷冻 10 min。溶解后在 4 ℃,2000 r/min 离心 20 min,将上清液移入玻璃管中,并在 48 ℃的氮气中烘干。烘干的剩余物重新用 250 μL 含 50% CAN 的水重悬。之后再离心,上清液移入琥珀质地的高效液相色谱(HPLC)小管中检测。根据药物配置相应的一系列校正标准溶液,同样方法检测,制作标准曲线,定量分析样本中药物含量。

2) 药物动力学动物试验

(1) 动物选择:一个非啮齿类种属(推荐犬)和一个啮齿类种属的成年动物,雌雄各半。由于药物动力学试验通常包括在重复给药安全性评价中,各组数量与重复给药毒性试验相似。

(2) 剂量和分组:通常为一个对照组(未做处理和/或剂型处理)和至少三个剂量组,必要时可设立一个恢复组,测定任何被观察到的效应是否具有可逆性。高剂量水平预期在动物上产生某种毒性效应,其他两个剂量水平预期不引起毒性效应。但在某些特殊药物的评价中,低剂量组可高于预期用于治疗或暴露剂量的几倍(对于非啮齿类高 5 倍,而对啮齿类高 10 倍)。

(3) 给药方式:拟用临床给药途径,根据药代动力学实验目的分为单次给药和重复给药。当实验条件有限时,通常为单次给药,但当出现以下情况时,需要进行多次给药试验:①单次给药试验测得的半衰期明显超过血浆消除相的半衰期,并且超过两倍的给药间隔;②受试药物及其代谢物的平稳水平期远远长于单次给药试验的预期;③单次给药试验发现了病理组织学改变;④受试药物用于靶向治疗。重复给药试验最短 1 周,当血液中的受试药物和/或其代谢物无法达到稳定值时,可适当延长试验周期,但原则上不超过 3 周。

(4) 实验结果观察:

(a) 采集血液(根据实验设计,检测血清、血浆和/或全血指标)、尿液和粪便(推荐应用个体代谢笼采集)、胆汁样本,必要时,可处死动物,采集少数有代表性的器官和组织样品,如肝脏、肾脏、脂肪和受试药物针对的靶器官。

(b) 采样时间依赖于受试药物性质、给药途径、摄取率和清除率。通常,在浓度时间曲线的每一个时间点应该采集相等数量的血液样品。静脉给药研究通常要求采样比经口给药更短、更频繁。推荐的静脉或经口给药的采样按一个"指数为2"或"3 的幂指数"的采样序列进行,经口给药的结束时长通常要长于静脉给药,根据数据描述各组织中的剂量-时间/效应关系。

(c) 需要注意非线性的动力学数据往往更能说明剂量效应间的关系。应用合适的统计学方法比较各剂量组和对照组的数据是否存在统计学差异,但需要注意,某些情况下,个体实验动物的数据比同组合并的实验数据更具代表性。

(d) 检测母体药物及其代谢物在器官和组织中的分布,计算半衰期,然后应用以生理学为基础的药物动力学模型(PB-PK)分析数据,描述受试药物的分布。其主要应用是预测母体化学物和其反应代谢产物在靶组织中的剂量,具体包括:①从高剂量向低剂量外推;②从一个途径向另一个途径外推;③暴露设想方案的外推;④种属间外推。

(e) 整体自动放射自显影可应用于一个药物分布的测定,最常用的放射核素是 ^{14}C 和 ^3H。在给予标记化合物后,麻醉动物,在选定的不同时间浸入用干冰冷却的己烷或丙酮中冻结。在切片时期,将冻结的动物再冻结浸入一块羧甲基纤维素冰中。组织切片在紫外灯下能够看到产生荧光的化合物,它们的定位用彩色胶片记录。整体技术可以在一个组织或偶尔在一个细胞类型中确定同位素蓄积浓度的定位。融化冰冻切片后,用石蜡包埋组织,将切片浸入液体乳化剂中可证明扩散化合物的转移,在电子显微镜水平的放射自显影可用于扩散性化合物的定位。

(f) 此外,有条件的实验室可以应用核磁共振(NMR)技术检测受试药物在动物体内的吸收、分布、代谢和排泄(ADME)情况。有些纳米药物本身自带荧光(例如量子点),可以通过体内荧光成像技术直接观察受试药物在动物体内的分布和聚集情况。

4. 体外靶器官毒性

1) 常规体外细胞培养

由于原代培养细胞和体内细胞性状相似性大,是检测药物很好的实验对象,因而尽可能选择原代培养的细胞进行试验。

A. 原代细胞培养(一般操作)

(1) 胰酶消化法。

(a) 器材:将孕鼠或新生小鼠拉颈椎致死,置 75% 酒精中泡 2~3 s(时间不能过长、以免酒精从口和肛门浸入体内)再用碘酒消毒腹部,取胎鼠带入超净台内(或将新生小鼠在超净台内)解剖取组织,置平皿中。

(b) 用 Hank's 液洗涤三次,并剔除脂肪,结缔组织,血液等杂物。

(c) 用手术剪将组织剪成小块(1 mm³),再用 Hank's 液洗三次,转移至小青霉素瓶中。

　　(d) 视组织块量加入 5～6 倍体积的 0.25%胰酶液,37℃中消化 20～40 min,每隔 5 min 振荡一次,或用吸管吹打一次,使细胞分离。

　　(e) 加入 3～5 mL 含血清培养液以终止胰酶消化作用(或加入胰酶抑制剂)。

　　(f) 静置 5～10 min,使未分散的组织块下沉,取悬液加入到离心管中,1000 r/min,离心 10 min,弃上清液。

　　(g) 加入 Hank's 液 5 mL,冲散细胞,再离心一次,弃上清液。

　　(h) 加入培养液 1～2 mL(视细胞量),血球计数板计数。

　　(i) 将细胞调整到 $5×10^5$/mL 左右,转移至 25 mL 细胞培养瓶中,37℃下培养。

　　(2) 组织块直接培养法。

　　(a) 自上方法第(c)步后,将组织块转移到培养瓶,贴附于瓶底面。翻转瓶底朝上,将培养液加至瓶中,培养液勿接触组织块。于 37℃静置 3～5 h,轻轻翻转培养瓶,使组织浸入培养液中(勿使组织漂起),37℃继续培养。

　　B. 传代细胞培养(一般操作)

　　(1) 复苏。

　　(a) 取适量培养液加入离心管中。

　　(b) 将冻存的细胞在 37℃水浴中快速使其融化。

　　(c) 将细胞吸入离心管中,1000 r/min 离心 5 min,倒去上清液,按规定加入培养液,打匀,转移到培养瓶中,即可。

　　(2) 换液。

　　(a) 将培养瓶中已变色的培养液倒掉,余液用棉花蘸掉。

　　(b) 用 PBS 洗涤培养瓶(从没有细胞的一侧倒掉)。

　　(c) 加入新鲜培养液,即可。

　　(3) 传代(细胞生长得较满、较好,分瓶后至少培养两天后再铺板)。

　　(a) 将培养瓶中已变色的培养液倒掉。

　　(b) 用 PBS 洗涤培养瓶(细胞一侧)。

　　(c) 加入 2 mL 胰酶,静置,待细胞将脱落时,加含血清培养液终止消化,倒掉溶液,加入培养液,吹打混匀后,分至多个瓶中。

　　(4) 冻存

　　(a) 预先配制冻存液:10% DMSO+90%胎牛血清,4℃冰箱保存预冷。

　　(b) 用胰酶对细胞进行消化:倒去培养瓶中的培养基或用枪小心吸去培养板中的培养基,PBS 冲洗两次,用胰酶消化细胞(尽可能温和)。

　　(c) 再次用完全培养液悬浮细胞,将预冷的冻存液加入消化完全的细胞中,用滴管轻轻吹打混匀。

（d）在每支冻存管中加入 1 mL 细胞液,密封后标记冻存细胞名称和冻存日期。

（e）冻存步骤的细致直接关系到细胞复苏时的活力,如果有程序降温器(放在 −80 ℃ 冰箱过夜,放入液氮罐)最好;或者可以在 4 ℃,2 h;然后转到 −20 ℃,2 h; −80 ℃,2 h;放入液氮罐。

2）3D 体外细胞/组织培养技术

（1）水凝胶倒胶晶支架制备。

（a）制备碱石灰玻璃珠,多次筛选出直径 156.85 nm±8.4 nm 的用于实验。

（b）制备胶晶模板,D(直径)=6 mm,H(高度)=0.5∼0.8 mm。将胶晶转移到直径稍大一点的玻璃瓶(D=6.5 mm)中。

（c）制备前驱体溶液,组成为 30%(w/w①)丙烯酰胺、5%(w/w)N,N'-亚甲基双丙烯酰胺,和 0.1%(v/v)N,N,N,N-四甲基乙二胺,溶于去离子水中,通过离心法渗透入在玻璃瓶里的胶晶,以 1%(w/w)过氧化钾溶液聚合。

（d）水凝胶在玻璃小瓶中形成,将胶晶从水凝胶中分离,用一片剃须刀片将上面的部分全部刮除。随后,玻璃珠浸入 5%(v/v)氢氟化物溶液中 24 h 溶化。

（e）倒胶晶支架用 pH 为 3.0 的酸性溶液冲 1 天,磷酸缓冲生理盐水(PBS)冲洗 1 天和去离子水冲洗 2 天。最后,将倒胶晶支架冻干,保存在干燥环境中待用。

（f）将用 PBS 溶液水化的水凝胶倒胶晶支架,再浸泡入 75%乙醇中,紫外消毒 15 min。之后用 PBS 洗三次,转入 48 孔培养板。

（g）首先用以上常规体外细胞培养方法,在 T75 培养瓶中以相应的培养基培养细胞,直到细胞达到所需的数量。之后用 0.25%胰蛋白酶消化细胞,收集细胞悬液,将浓度调整为 $25×10^6$ 细胞/mL。

（h）将 20 μL 细胞悬液加入倒胶晶支架上,再轻轻加入 1 mL 培养基。每日半量换液,连续 5 天。第 6 天可以开始染毒,进行试验。可以用普通光学显微镜和扫描电镜显微镜进行细胞形态的观察。

3）MTT 法检测细胞活力

MTT 试验是最常用的检测细胞活力的试验方法之一,常用来计算受试物的 IC_{50} 和剂量反应关系。为纳米药物的后续研究提供参考和剂量依据。

（1）收集对数期细胞,调整细胞悬液浓度,分于 96 孔板,$1×10^4$/孔,细胞浓度可以调整。

（2）置 37 ℃、5% CO_2 温箱培养使细胞贴壁。

（3）加入不同浓度的药物(如 1 mg/mL、5 mg/mL、10 mg/mL、40 mg/mL、50 mg/mL、80 mg/mL、160 mg/mL、320 mg/mL 的药物),时间依据实验需要,一

---

① w/w 表示质量比,v/v 表示体积比,特此说明

般 3 天。

（4）小心吸去上清，PBS 轻轻洗涤，再次离心，弃上清。

（5）每孔加入 180 μL 新鲜培养液，再加入 20 μL 5 mg/mL MTT 溶液（即 0.5% MTT），继续培养 4 h。

（6）终止培养（可离心，1000 r/min，10 min），小心吸去孔内培养液。

（7）每孔加入 150 μL 二甲基亚砜（也可以用酸化异丙醇，10% SDS 代替），置摇床上低速振荡 10 min，使结晶物充分溶解。在酶联免疫检测仪 490 nm 处测量各孔的吸光值。

（8）同时设置调零孔（培养基、MTT、二甲基亚砜），对照孔（细胞、相同浓度的药物溶解介质、培养液、MTT、二甲基亚砜），每组设定 3 复孔。

（9）以时间为横轴，光吸收值为纵轴绘制细胞生长曲线，专门公式求 IC_{50}。或计算抑制率。

4）高通量方法

（1）根据受试药物的临床预剂量和前面得出的 IC_{50} 值，综合分析考虑设置 4 个浓度组和一个对照组。

（2）细胞在 384 孔培养板中培养过夜，之后每孔加受试纳米药物 30 μL 染毒 4~6 h，或根据试验需要。

（3）每孔吸出纳米药物，以预热的新鲜培养基轻轻洗涤两遍，加入检测相应指标的试剂/探针进行检测。

（4）需要进行检测的纳米药物的毒性指标和相应检测试剂/探针如下：

（a）活性氧族（ROS）：DCFH-DA；

（b）细胞凋亡：PI 和 Hoechst33342 双染，TURNEL；

（c）炎性细胞因子：包被有特异性抗体的荧光微球；

（d）内钙浓度：Fura-2，Indo-1，Fluo-1，Fluo-2Fluo-3，Fluo-4；

（e）线粒体膜电位（MMP）：JC-1，DioC6，mitocapture，罗丹明 123，TMRM；

（f）报告基因活性：荧光素酶。

（5）检测仪器包括：

（a）普通荧光显微镜；

（b）落射荧光显微镜；

（c）紫外-可见光显微镜；

（d）激光扫描共聚焦显微镜；

（e）明场显微镜。

（6）高通量系统扫描拍照，相应软件进行图谱分析。

5）蛋白组学分析

（1）样品处理：将暴露于纳米药物一定时间后的细胞收集离心，用含

250 mmol/L 蔗糖的 10 mmol/L Tris-HCl 溶液清洗 3 遍,溶解于细胞溶解液(成分为:7 mol/L 尿素,2 mol/L 硫脲,4% CHAPS,5% β-ME 和 0.5% IPG 缓冲液)中。应用迷你研磨棒将细胞在冰上研磨 1 min 并在水浴超声仪中在 10 ℃ 超声 10 min。之后,样品在 10 ℃ 下 21600 r/min 离心 15 min。上清液转移到 EP 小管在 -80 ℃保存待用。蛋白浓度用 Bio-Rad 方法检测。

(2) 2D 凝胶电泳:将 IPG 条带在室温下再水合过夜,每个条带中加入 200 μg的蛋白样品。保持 15 ℃ 通过进阶电压 30000 V-h 获得等电位聚焦。聚焦的 IPG条带使用平衡液(2% SDS,16.7 mmol/L Tris-HCl,10% 甘油和 5% β-ME)缓慢振荡 30 min 平衡。平衡的 IPG 条带平放在 2D 凝胶上,通 20 mA 电流 6 h。之后凝胶放入含 50% 甲醇和 10% 醋酸的溶液中固定,再用 Quick-CBB 染色 60 min。凝胶再用蒸馏水过夜脱色,夹入浸泡过 5% 甲醇和 5% 甘油的玻璃纸中间,通过透射式扫描器扫描。扫描的凝胶图像通过 PDQuest Advanced sofeware 定量分析蛋白质点。

(3) 蛋白鉴定:通过 50% 乙腈中的 100 mmol/L 铵将蛋白质点从 2-DE 凝胶中脱色。凝胶风干,用递进的胰蛋白酶消化。含多肽的溶液回收,通过冻干器浓缩。溶解在 0.2% TFA 中的胰蛋白酶多肽与基质溶液(50% 乙腈/0.1% TFA 中含有 α-氰基-4-羟基肉桂酸 10 mg/mL)混合于检测器皿中。MALDI-TOF MS 检测 MS光谱,以阳离子模式分析。

5. 全身性单次给药急性毒性试验

急性毒性试验是对新药进行毒理学评价的基础,其目的为测试受试药品的致死剂量以及其他急性毒性参数,通常以 LD$_{50}$ 为最主要的参数。急性毒性试验需选择两种以上给药途径,其中一种必须为临床给药途径。对于纳米药物,需要更注重吸入给药途径。

(1) 定义:急性毒性系指受试药物一次给予动物引起的不良反应和死亡情况。

(2) 动物选择:两种以上种属的成年动物,啮齿类一种和非啮齿一种,雌雄各半。常用啮齿类试验动物为大鼠、小鼠和豚鼠;非啮齿类实验动物为家兔和犬。建议试验起始动物体重范围为大鼠 180～200 g,小鼠 18～22 g,豚鼠 250～350 g,家兔 1.5～2.0 g。实验动物在动物笼内观察 3～5 天,使其适应环境。

(3) 分组:大动物设 3～4 个剂量组,小动物为 4～6 个剂量组(根据所选 LD$_{50}$计算方法而定)以及一个溶剂对照组,若溶剂对照组发生了毒性效应,则增加一个无处理对照组;实验动物按体重和性别随机分组。

(4) 剂量设置:各剂量组间间距大小相同,随受试药物的毒性作用带宽窄而异,一般为 0.65～0.85,以求得剂量-反应(效应)关系。通常以较大组距和少量动物进行预试,找出粗略的致死范围。其中大动物可用 50% 等量递升法(近似致死剂量法），求出近似致死量（ALD）和最大耐受量（MTD），不必达到致死量，然后再设计正式试验的剂量分组。高剂量组应出现明确的有害作用，低剂量组应不出现任何可观察到的有害作用，但低剂量组的剂量应当高于人体可能的接触剂量，至少应等于人体可能的接触剂量。中剂量组的剂量介于高剂量组和低剂量组之间，应出现轻微的毒性效应。高、中、低剂量组的剂量一般按等比级数设置。

（5）给药方法：两种以上给药途径，其中一种必须为临床给药途径。

（a）经口或胃肠道：以特质的灌胃针头将受试药物一次给予动物，动物在给药前约 18 h 和给药后约 4 h 应禁食，不限饮水。若受试药物毒性很低，一次给药容积太大，可在 24 h 内分 2～3 次给药，合并为一日剂量计算。

（b）经呼吸道：吸入接触方法很多，常用的为：①整体接触：采用机械通风装置，连续不断地将含有一定浓度的受试药物的空气均匀不断地送入染毒柜，空气交换量大约为 12～15 次/h，并排出等量的染毒气体，维持相对稳定的染毒浓度，根据受试药物使用说明选择气化或雾化药物和确定给药时间；②仅头部接触：固定动物后，使用特定装置在动物颈部密封，通入含一定浓度受试药物的空气；③仅肺部接触：将动物麻醉后，使用圆头针头深入动物气管给药；④滴鼻接触：使用特制仪器将受试药物滴入动物鼻内。由于此为药物安全性评价，通常采用后两种形式进行呼吸道染毒。

（c）经皮肤：正式给药前 24 h，将动物背部脊柱两侧毛发剪掉或剃掉，根据受试药物使用说明，分为完整皮肤给药和破损皮肤给药。完整皮肤给药时注意不要擦伤皮肤，因为损伤会改变皮肤的渗透性；破损皮肤给药则要将暴露的皮肤以手术刀划伤或磨砂纸磨破。然后将受试药物均匀地涂敷于动物背部，并用油脂和两层纱布覆盖，再用无刺激性胶布或绷带加以固定，以防脱落和动物舔食受试药物，共敷药 24 h。试验结束后，可用温水或适当的溶剂清除残留的受试药物。

（d）经阴道或直肠：将受试药物置于 37 ℃水浴锅加热，然后用润滑的 18 号橡胶导管连接在注射器上，用于定量投递受试药物，直接将受试药物推入实验动物阴道（雌）和直肠（雌/雄），为确保完全投递一剂药而不产生机械损伤，轻柔放置导管。对于家兔，插入的深度大约为 7.5 cm。为防止动物排尿排粪影响给药效果，给药前 4 h 给动物禁食和断水。

（e）肠胃外途径：将药物注入机体至少存在 13 种不同途径，包括：静脉内（IV）、皮下（SC）、肌内（IM）、动脉内、皮内、损伤内、硬膜外、鞘内、脑室内、心脏内、心室内、眼内、腹膜内。常用途径为前三种，可以将药物直接或间接放入全身循环中。而另外大部分则使药物产生局部作用，大多不进入全身循环，但依旧需要进行全身性单次给药急性毒性试验。静脉注射：经鼠尾静脉一次性注射受试药物，注射速度不超过 0.1 mL/s。肌内注射：经家兔后侧股肌注射。

（6）实验结果观察：

（a）给药当天，尤其是 4 h 内应认真观察并记录，然后连续观察7～14天，详细记录动物毒性反应情况、中毒症状、中毒发生时间、持续时间和恢复时间；以及动物死亡情况，发生死亡的过程、死亡时间和各组分别死亡情况，计算 LD_{50}。

（b）对中毒表现的观察记录内容包括动物皮肤、毛发、眼睛、黏膜、呼吸、循环、自主活动和中枢神经系统行为表现等的变化。尤其注意震颤、惊厥、流涎、腹泻、嗜睡、昏迷等现象。

（c）凡是试验过程中死亡的动物和/或有毒性反应的动物，均应进行尸检和肉眼观察。当肉眼可见病变时，还应进行病理组织学镜检。

6. 反复给药毒性试验

长期服用的药物需要确定其反复给药可能引起的潜在健康危害，虽然从动物试验结果外推到人的正确性是有限的，但能够提供无反应剂量和可允许的人类接触量的有用资料，为提供药物蓄积可能性和慢性/致癌性试验提供实验依据。

（1）定义：反复给药毒性系指动物多次反复接受受试药物所引起的不良反应和死亡情况。

（2）动物选择：两种种属以上成年试验动物，啮齿类一种和非啮齿一种，雌雄各半。

（3）分组：至少应有三个剂量组和一个对照组（可包括溶剂对照组和无处理对照组），有时也可设置两个对照组以防止由于对照组的一个或多个指标出现异常造成统计学显著性效应。还可以设置卫星组，用于在研究期间采样测量指标，减轻其他受试动物的压力。通常还会设置恢复组，用于评价研究结束时所观察到的一些效应的恢复。对照组动物数量与最多动物的试验组一样。动物在分组前，需经历一段时间的检疫期，通常啮齿类至少1周，非啮齿类至少2周，以确保试验动物是否健康以及有没有可识别的异常（表 A1.1）。

表 A1.1　慢性和亚慢性研究中每组动物数量

研究时期	每个性别大鼠数量/只	每个性别犬数量/只	每个性别猴数量/只
2～4周	5～10	3～4	3
3个月	20	6	5
6个月	30	8	5
1年	50	10	10

（4）剂量设置：原则上，对于啮齿类给药剂量为人拟用药剂量的10倍，非啮齿类为5倍。通常设计三个或更多的剂量组。最高剂量组可出现毒性反应，最低剂量组不能出现任何毒性反应。理想的中间剂量应产生最小的可观察到的毒性反

应。如果受试药物产生了较多的死亡现象和严重的毒性反应,应终止试验,重新设计试验方案,使新设计的最高剂量组由于浓度的降低致死毒性反应减弱。

(5)给药方法:原则上选择临床给药途径,具有同样途径、同样给药次数、同样给药间隔。

(6)给药周期:根据临床给药周期确定毒性试验周期,原则上 7 天为一周期(表 A1.2)。

表 A1.2　临床给药周期对应的试验给药周期

临床给药周期	毒性试验给药周期	
	啮齿类	非啮齿类
单次给药或给药周期短于 2 周	1 个月	1 个月
给药周期短于 1 个月(4 周)	3 个月	3 个月
给药周期短于 3 个月	6 个月	9 个月
给药周期超过 3 个月	6 个月	9 个月

注:①单次给药或给药周期短于 1 周的,要考虑其可能的蓄积性;②如果要执行 3 个月以上的反复给药毒性试验,可事先执行更短期的反复给药毒性试验,以此初步确定毒性剂量;③受试药物若有高度的体内蓄积性或不可逆毒性,试验周期中会发现毒性显著增强。此时非常有必要考虑以啮齿类进行 12 个月以上的反复给药毒性试验

(7)观察:整个试验过程中,注意观察并记录动物的一般表现、行为、中毒症状和死亡情况。

A. 一般健康状况:

(a)动物外观:毛发整齐,有否脱落,鼻子,眼睛有无红肿等。

(b)体重:给药前和给药后 3 个月内每周称重一次,其后每 4 周称重一次。

(c)摄食量和饮水量:给药前和给药后 3 个月内每周称量一次,其后每 4 周称量一次;若受试药物混于饲料中,则每周称量一次。

B. 临床体征:每天观察两次发病和死亡情况。给药开始一周后和以后每月一次进行更详细的临床体征观察。

C. 临床病理:试验动物于试验开始时检测血液和尿液,在试验期间,按预先规定的时间间隔采集血样和尿样。通常给药开始后的第一个月是第一次,在受试药物终止前的即刻是最后一次。

D. 血液学检查:原则上所有动物都需做血液学检查,实际中若有特殊情况,可以每组随机抽取一部分动物检查。检查项目包括:血色素含量、红细胞数、白细胞数及其分类计数、血小板数、网织红细胞数、血红蛋白、红细胞压积、凝血酶原时间、血清丙氨酸转氨酶(ALT)、天冬氨酸转氨酶(AST)等。

E. 血液生化学检查:一般认为适合于所有研究的测试范围是肝、肾功能、碳水

化合物代谢、电解质平衡。特殊测定项目由受试药物的作用方式来决定。

　　建议的项目有碱性磷酸酶、血液尿素氮、钙、氯、肌酸、肌酸磷酸激酶、直接胆红素、谷丙转氨酶、谷草转氨酶、非蛋白氮及肌酐含量、血清中白蛋白/球蛋白、葡萄糖、乳酸脱氢酶、磷、钾、钠、总胆红素、总胆固醇、总蛋白质和甘油三酯等。必要时，可根据所观察的毒性反应选择其他的临床生化学指标。

　　F. 尿液检查：建议项目包括尿量、pH、蛋白质、葡萄糖、胆红素、氯、磷、钾、钠、潜血、渗透压、电解质、相对密度等。

　　G. 药物动力学和代谢：测定受试药物的血浆水平和相关的主要代谢物。

　　H. 眼科学检查：试验动物一般于试验开始时、给药期间和结束时做眼科学检查，检查包括前眼部，中间透光体和眼底。

　　I. 心血管功能检查：试验动物一般于试验开始时、给药期间和结束时，测量血压、心率、心电图评价 QT 间期。

　　J. 神经毒理学检查：定量观察和操作性试验检测神经学、行为和生理学紊乱，包括：一般行为，身体姿势，发作的发生率和严重性，颤抖和麻痹的发生率和严重性以及其他紊乱，运动能力水平和唤醒水平，对刺激的反应水平，运动协调性，强度，步态，对主要感觉刺激的感觉运动反应，过多流泪或流涎，竖毛，腹泻，上睑下垂和被认为适当的其他神经毒性体征。

　　K. 免疫毒理学检查：Ⅰ型免疫毒性试验检查指标包括：

　　(a) 血液学：白细胞计数、白细胞分类计数、淋巴细胞增多或减少、嗜酸性粒细胞增多；

　　(b) 组织病理学：淋巴组织、脾、淋巴结、胸腺、肠道集合淋巴结、骨髓；

　　(c) 淋巴组织坏死或增值的改变；

　　(d) 临床化学：总血清产物、白蛋白、白蛋白/球蛋白比率、血清转氨酶；

　　(e) 细胞学(当先前评价存在潜在免疫毒性的证据时进行)：被活化的巨噬细胞占优势，淋巴细胞的定位、组织优势，B 淋巴细胞生发中心的证据，T 淋巴细胞生发中心的证据。

　　L. 组织病理学检查：

　　(a) 实验结束时，处死所有动物，采集大量组织，进行组织病理学检查，包括大体病理学观察、器官重量和显微镜病理学。

　　(b) 研究结束时记录器官重量和终末体重，用统计学评价绝对和相对(体重)值。检查组织包括：肾上腺、大脑、肾脏、肝脏、肺脏、脾脏、睾丸与附睾、胸腺与纵隔、甲状腺与甲状旁腺(以上器官需要称重)，躯体和颈部、颈淋巴结、颈脊髓、十二指肠、食管胃连接部、食管、眼与视神经、股骨与骨髓、心脏、回肠、肾脏、大肠、喉甲状腺和甲状旁腺、主干支气管、主要唾液腺、肠系膜淋巴结、卵巢和子宫、胰腺、脑垂体、前列腺、后肢近端骨骼肌、胸骨节及骨髓、胃、气管、膀胱、子宫包括子宫角。

（c）其后，将主要器官和组织固定保存、制片、染色（苏木精/伊红染色或普鲁士蓝/核固红染色）和镜检。在各剂量组动物大体检查无明显病变时，可以只进行高剂量组和对照组动物主要脏器（肝、肾、脾、胃、肠等）和皮肤的组织病理学检查，发现病变后再对降低剂量组相应脏器及组织进行镜检。许多化学物可引起肝、肾组织病变，故肝、肾的镜检已列入常规项目，其他器官或组织的镜检需根据情况而定。

（8）恢复性试验：试验中要考虑到毒性反应可能是可逆性的，要设计相应地恢复性试验。

（9）结果评价：要求可以清楚地证明非效应剂量水平和描述药物的毒性特征。

7. 皮肤刺激试验

（1）定义：皮肤刺激是指皮肤接触受试药物后产生的可逆性炎症症状。

（2）动物准备：至少两种种属的成年试验动物，一般选择家兔，大鼠或豚鼠，家兔体重为 2～2.5 kg，大鼠为 180～200 g，豚鼠为 200～300 g，啮齿类动物每组 10 只，非啮齿类每组 4 只。试验均采用自身对照。

（3）剂量：一般情况下，液态受试物采用原液或预计人应用的浓度。固态受试药物则用水或合适赋形剂（如花生油、凡士林、羊毛脂等），按上述纳米材料分散方法制备成纳米悬液。

（4）给药方法：将试验动物背部脊柱两侧皮肤的毛剪掉或剃掉。若为完整皮肤毒性试验，则注意不可损伤表皮；若为破损皮肤毒性试验，则用刀将皮肤刮破或以磨砂纸将皮肤擦伤。受试药物一次或多次涂敷在皮肤上，全封闭式试验用一层塑料薄膜覆盖；半封闭式试验用纱布覆盖，然后再用无刺激性胶布和绷带加以固定；非封闭式试验无须覆盖。单次给药敷用时间为 24 h；多次给药每天涂抹 1～2次，连续涂抹 14 天。

（5）实验结果观察：单次给药皮肤刺激试验去药后 30～60 min、24 h、48 h、72 h 用肉眼观察并进行评分。多次给药皮肤刺激试验，每次去药 1 h 以及再次贴敷前要观察并进行记录，对红斑和水肿进行评分（表 A1.3 和表 A1.4）。

表 A1.3　皮肤刺激反应评分标准

项目	刺激反应	分值
	无红斑	0
	轻度红斑（勉强可见）	1
红斑	中度红斑（明显可见）	2
	重度红斑	3
	紫红色红斑到轻度焦痂形成	4

续表

项目	刺激反应	分值
水肿	无水肿	0
	轻度水肿(勉强可见)	1
	中度水肿(明显可见)	2
	重度水肿(皮肤隆起 1 mm,轮廓清楚)	3
	严重水肿(皮肤隆起 1 mm 以上并有扩大)	4
最高总分值		8

表 A1.4　皮肤刺激强度评分标准

强度	分值
无刺激性	0~0.49
轻度刺激性	0.5~1.99
中度刺激性	2.0~5.99
强度刺激性	6.0~8.0

(6) 结果评价:按上述评定标准和指标的最高分值判断受试药物的皮肤刺激作用的有无或刺激的强弱。多次皮肤刺激试验指数超过 30、病理组织检查积分超过 4,应判断受试药物对皮肤有明显刺激性。很多情况下,家兔和豚鼠对刺激物较人敏感,从动物试验结果外推到人可提供较重要的依据。

8. 皮肤致敏试验

(1) 定义:皮肤过敏反应是指通过反复接触某种物质后机体产生免疫传递的皮肤反应。化学物质引起的变态型接触性皮炎,属 Ⅳ 型(延迟型)变态反应。在人类的反应可能是瘙痒、红斑、丘疹,水疱或大疱,动物仅见皮肤红斑和水肿。

(2) 动物选择:首选白色豚鼠,剂量组每组大于 20 只,对照组大于 10 只。

(3) 剂量选择:诱导剂量为皮内注射剂量达到轻度至中度刺激性,即最高耐受浓度。激发剂量一般低于诱导剂量,不产生原发性皮肤炎症反应为高剂量。为避免出现假阳性和假阴性结果,试验中除要求使用的试剂、绷带、胶布均无刺激外,并设立阳性或阴性对照组。

(4) 给药方式:豚鼠最大化试验(GPMT)和 Buehler(BT)实验中动物皮内注射或涂皮给药,经 10~14 天诱导后激发,再次给予激发接触,通过激发接触能否引起皮肤反应确定有无致敏作用(表 A1.5 和表 A1.6)。

(5) 结果评价:本试验适用于致敏物的筛选。致敏途径和实际接触方式接近,按皮肤反应程度评分标准评价。根据对照组与实验组豚鼠皮肤反应的差别测定变态反应的程度。一般情况下,在豚鼠身上致强过敏物质,可能在人身上引起大量的变态反应,但在豚鼠身上致弱过敏者有可能或不可能引起人体变态反应。

表 A1.5　皮肤过敏反应评分标准

项目	反应强度	分值
红斑	无红斑	0
	轻微可见红斑	1
	中度红斑	2
	严重红斑	3
	水肿型红斑	4
水肿	无水肿	0
	轻度水肿	1
	中度水肿	2
	严重水肿	3
总分值		7

表 A1.6　皮肤过敏性评价标准

过敏反应发生率/%	分级	过敏反应强度
0～8	Ⅰ	弱致敏
9～28	Ⅱ	轻度致敏
29～64	Ⅲ	中度致敏
65～80	Ⅳ	强致敏
81～100	Ⅴ	极强致敏

9. 皮肤光毒性试验

皮肤光毒性试验可分为光毒(光刺激)性试验和光过敏性试验。光毒反应指不通过机体免疫机制,而由光能直接加强化学物质所导致的原发皮肤反应。光过敏反应指某些化学物质在光能参与下所产生的抗原抗体皮肤反应。

(1)动物选择:首先动物为白色家兔和白色豚鼠,每组动物 8～10 只。

A. 皮肤光毒性试验:选择 UV 光源,UVA320～400 nm,UVB≤0.1 J/cm²。照射剂量为 10 J/cm²,照射时间(s)＝照射剂量(10000 mJ/cm²)/光强度[mJ/(cm² · s)],1 mW/cm²＝1 mJ/(cm² · s)]。照射剂量按引起最小红斑量(MED)的照射时间和最适距离来控制,一般需做预备试验确定 MED 值。

(a)分组:阴性对照、阳性对照和低、中、高剂量组,各组动物不少于 6 只。常用阳性光感物为四氯水杨酰替苯胺。

　　(b) 给药方式:给药前将动物背部两组(每组两个脱毛区)对称的区域脱毛,面积为 2 cm×2 cm/区。每组的两个脱毛区一个进行紫外照射,一个覆盖固定不进行紫外照射,且这两组脱毛区一组用受试药物或阳性对照,一组涂赋形剂或溶媒。

　　(c) 观察:照射后,分别于 1 h、24 h、48 h 和 72 h 时进行观察,按表 A1.3 皮肤刺激反应评分标准进行评价。

　　(d) 结果评价:凡试验动物第一次与受试药物接触,并在光能作用下引起类似晒斑的局部皮肤炎症反应,即可认为该受试药物具有光毒作用。如已证明受试药物具有光毒性,可以不做光敏性试验。

　　B. 皮肤光过敏性试验:分为诱导阶段和激发阶段。诱导阶段将实验动物颈部用脱毛剂脱毛 2 cm×4 cm,于脱毛区四角皮内注射福氏完全佐剂(FCA)各 0.1 mL。于脱毛区涂 20% 十二烷基硫酸钠(SLS)溶液,再将受试药物 0.1 mL(g)涂在该脱毛区。用波长在 280～400 nm 的中长波紫外线灯照射涂药部位,距离和时间以产生明显红斑为准。中波紫外线的照射剂量为 6.6 J/cm^2,长波紫外线为 10 J/cm^2。隔日重复,共 5 次。激发阶段于诱导操作后两周进行,将实验动物背部脊柱两侧脱毛 1.5 cm×1.5 cm/块,共四块。第一块涂受试药物 0.1 mL 后 30 min 用长波紫外线照射,第 2 块涂受试药物后用黑纸遮盖不照射,第 3 块不涂受试药物,仅用长波紫外线照射,第 4 块用黑纸遮盖,不涂受试药物,也不照射。

　　(a) 福氏完全佐剂(FCA)的制备:轻质石蜡油 50 mL,羊毛脂 25 mL,结核杆菌(灭活)62 mg 和生理盐水 25 mL,制成油包水乳化剂后,经高压消毒备用。

　　(b) 照射后 24 h、48 h 和 72 h 观察皮肤反应,按表 A1.7 进行皮肤反应强度评分。

表 A1.7　皮肤光敏性反应评分标准

红斑和焦痂形成	分值	水肿形成	分值
无红斑	0	无水肿	0
红斑非常轻,勉强可见	1	水肿非常轻,勉强可见	1
红斑明显	2	水肿轻度(边缘清晰)	2
红斑中度至重度	3	水肿中度(皮肤隆起约 1 mm)	3
重度红斑(鲜红色)致轻度焦痂形成(深层损伤)	4	水肿重度(皮肤隆起>1 mm,并超过涂受试物区域)	4

　　(2) 结果评价:凡化学物单独与皮肤接触无反应,经激发接触和特定波长光照射后,局部皮肤出现红斑、水肿,甚至全身反应,而未照射部位无此反应者,可认为该受试药物是光敏感物质。

10. 吸入药物毒性试验

（1）目的：评价吸入药物气体、蒸汽或气溶胶可能产生的上呼吸道刺激作用，以及其他主要脏器的不良反应。

（2）动物选择：首选啮齿类动物，如大鼠、小鼠和豚鼠等。每组 8~10 只。

（3）分组与剂量设置：至少设置三个剂量组和一个溶剂对照组。根据 LD_{50} 和拟临床用量设置剂量。

（4）给药方式：临床上吸入药物多采用滴鼻剂和吸入剂形式给药，试验选择与临床类似的给药方式，但鉴于试验动物与人体的不同，吸入接触技术包括：整体吸入、仅头部接触、仅口鼻接触、仅肺部接触和部分肺组织接触。

（5）观察：

（a）同步观察呼吸潮气量、呼吸速率或每分钟呼吸量、血流中吸入蒸汽的浓度和接触大气中蒸汽浓度。测定呼吸节律减少的程度，定量表示为 RD_{50}（定义为药物在空气中引起呼吸节律减少 50% 的对数浓度），暴露于药物气体的小鼠的呼吸节律减少和呼气模式的定性改变为上呼吸道刺激阳性的标准。

（b）评价药物对心血管系统的损伤情况，检测指标包括心率、节律、血压和心电图。

（c）必要时还可进行肾脏毒性和肝脏毒性的检查。

（d）实验结束后，处死动物，分离肺部，对肺系统细胞结构的形态学进行检查，主要观察局部呼吸道上皮细胞，包括无纤毛细胞和纤毛细胞两种类型的病理组织学改变。细胞损伤指标包括：细胞纤毛损伤、肿胀、坏死和细胞碎片脱落到呼吸道中。

（6）支气管肺泡灌洗（BALF）细胞学研究：一种常用的体外试验来评价吸入药物在呼吸道上皮内层的作用。

（a）试验方法：手术切下未经过交配动物的肺进行灌洗。

（b）观察指标：嗜中性粒细胞、抗体形成淋巴细胞和抗原特异性 IgG。

11. 吸入药物致敏试验

（1）动物选择：首选啮齿类动物，常用 BALB/c 小鼠（6 周大），试验期间体重保持在 17~22 g。每组 8~10 只。

（2）分组与剂量设计：将小鼠分为过敏组和对照组；对于评价的纳米药物，至少设置三个剂量组和一个溶剂对照组。根据 LD_{50} 和拟临床用量设置剂量。

（3）实验方法：试验选用无内毒素卵清蛋白作致敏剂，诱发系统敏感性。

（a）第 0 天，过敏组小鼠腹腔注射 50 μg 的卵清蛋白，以氢氧化铝为佐剂，而对照组注射同体积的佐剂。

(b) 第 8 天,过敏组小鼠再次腹腔注射 25 µg 的卵清蛋白,对照组同样注射同体积的佐剂。

(c) 第 15 天,检测两组小鼠的呼吸间歇基准,而第 15 天和第 23 天应用 ELISA 方法检测小鼠血浆中卵清蛋白特异性 IgE。

(d) 第 16 天,将过敏组和对照组小鼠按照纳米药物暴露剂量再分别进行亚分组,暴露方法选择与临床上吸入药物类似的给药方式,但鉴于试验动物与人体的不同,吸入接触技术包括:整体吸入、仅头部接触、仅口鼻接触、仅肺部接触和部分肺组织接触。

(e) 受试药物暴露后,在整个试验的第 23 天和 25 天之间,小鼠继续腹腔注射 100 µg 的卵清蛋白,在第 26 天检测呼吸间歇。

(f) 其中在第 16 天和 22 天间,用代谢笼每天收集 18 h 的尿液和粪便样本。之后在第 27 天将试验动物处死,收集支气管肺泡灌洗液(BALF)、血液和组织样本。

(4) 检测指标:

(a) 应用 ELISA 方法检验尿液白三烯 E4 含量,尿液 8-羟基-2′-脱氧鸟苷(反应氧化 DNA 损伤);

(b) 进行血液细胞计数、血浆卵清蛋白特异性 IgE、BALF 中促炎性因子检测;

(c) 电感耦合等离子体质谱技术检测尿液、粪便和组织中的纳米颗粒含量;

(d) 动物主要组织脑、肺脏、心脏、肝脏、脾脏和肾脏做组织切片,在光学显微镜下观察病理变化。

12. 眼刺激试验

(1) 定义:眼刺激性是指眼表面接触受试药物后产生的可逆性炎性反应。

(2) 动物选择:一般选用家兔,每组不少于 3 只,用生理盐水做对照,左右眼做自身对照。

(3) 给药方式:

(a) 单次给药:将受试药物滴入或涂入试验动物一侧结膜囊内,另一侧眼作为对照。滴药后使眼被动闭合 5~10 s,记录滴药后 1 h、2 h、4 h、6 h、24 h、48 h 和 72 h 眼的局部反应,若 72 h 未见任何刺激症状,试验结束。如存在持久性损伤,观察期延长不超过 21 天。观察时应用荧光素钠检查角膜损害,最好用裂隙灯检查角膜透明度、虹膜纹理改变。

(b) 多次给药:与临床用药频率相同,连续给药 2~4 周,每天给药前进行眼检,试验结束后,继续观察 7~14 天。用每组总积分除以动物数得最后分值,判断刺激性(表 A1.8 至表 A1.11)。

表 A1.8　角膜评分

观察结果	评分
无混浊	0
散在或弥漫性浑浊,虹膜清晰可见	1
半透明区易分辨,虹膜模糊不清	2
出现灰白色半透明区,虹膜细节不清,瞳孔大小勉强看清	3
角膜不透明,由于浑浊,虹膜无法辨认	4

表 A1.9　虹膜评分

观察结果	评分
正常	0
皱褶明显加深,充血,肿胀,角膜周围轻度充血,瞳孔对光仍有反应	1
出血,肉眼可见坏死,对光无反应	2

表 A1.10　结膜评分

项目	观察结果	评分
a. 充血(睑结膜、球结膜)	血管正常	0
	血管充血呈鲜红色	1
	血管充血呈深红色,血管不易分辨	2
	弥漫性充血呈紫红色	3
	无水肿	4
b. 水肿	轻微水肿(含眼睑)	1
	明显水肿,伴部分眼睑外翻	2
	水肿至眼睑近半闭合	3
	水肿至眼睑超半闭合	4
c. 分泌物	无分泌物	0
	少量分泌物	1
	分泌物使眼睑和睫毛潮湿或黏着	2
	分泌物使整个眼区潮湿或黏着	3

表 A1.11　眼刺激性评价标准

刺激程度	分值
无刺激性	0~3
轻度刺激性	4~8
中度刺激性	9~12
强度刺激性	13~16

（4）结果评价：按上述分级评价标准评定，如一次或多次接触受试药物，不引起角膜、虹膜和结膜的炎症变化，或虽引起轻度反应，但这种改变是可逆的，则认为该受试药物可以安全使用。

13. 阴道、直肠局部刺激性试验

（1）目的：观察受试药物一次或多次给药后对动物直肠或阴道所产生的刺激反应情况。

（2）动物选择：首选家兔和大鼠，每组 8～10 只。

（3）剂量：应是人拟用的剂量，但以剂型允许配置浓度和允许给药容量为宜。

（4）给药方式：单次给药周期为 1 天；多次给药一般每日给药一次，连续 1 周或 1 周以上。长期给药为保证给药的准确性宜用栓剂为好，不宜用液体或半固体及粉剂等剂型。直肠给药为保证药物与直肠接触 1～2 h，必要时肛门可封闭一段时间。

（5）试验结果观察：

（a）单次给药后在 1 h、24 h、48 h 和 72 h 后肉眼观察各组试验动物阴道组织有无充血、红肿等刺激症状，按阴道刺激性评分标准评分评价。

（b）多次给药每天观察一次临床体征，就阴道刺激性评分一次。

（c）在最后一次阴道刺激性评分后，将试验动物处死，用标准化解剖技术分离阴道，然后纵向切开并检查黏膜损害证据，如腐蚀、局部化出血等。不检查其他组织，采集阴道和子宫，用 10% 中性缓冲液福尔马林固定，标准化苏木精/伊红染色、石蜡包埋切片，用常规方法制备组织学切片，检查阴道的三个水平（低、中和上部），进行评分评价（表 A1.12 至表 A1.14）。

表 A1.12　阴道刺激性评分标准

项目	刺激反应	分值
红斑	无红斑	0
	非常轻度红斑（几乎不能察觉）	1
	轻度红斑（暗淡的红色）	2
	中度到严重红斑（明显的红色）	3
	严重红斑（甜菜红或紫红色）	4
水肿	无水肿	0
	非常轻度水肿（几乎不能察觉）	1
	轻度水肿（暴露区明显高出周边区域）	2
	中度水肿（凸出大约 1 mm）	3
	严重水肿（凸出大于 1 mm，并扩大超出暴露范围）	4

项目	刺激反应	分值
分泌物	无分泌物	0
	非常轻度的分泌物	1
	轻度分泌物	2
	中度分泌物	3
	大量分泌物(弄湿阴道周围相当大范围)	4

表 A1.13 阴道刺激性评分标准

刺激程度	分值
无刺激性	0
最小刺激性	1~4
轻度刺激性	5~8
中度刺激性	9~11
明显刺激性	12~16

表 A1.14 阴道切片显微镜评分

项目	严重程度	分值
上皮	完整,正常	0
	细胞变性或上皮变平	1
	转化	2
	灶性腐蚀	3
	腐蚀或溃疡,扩散	4
白细胞	最少:<25 高倍镜视野	1
	轻度:25~50 高倍镜视野	2
	中度:50~100	3
	明显:>100	4
充血	无充血	0
	最小	1
	轻度	2
	中度	3
	明显并有血管紊乱	4
水肿	无水肿	0
	最小	1
	轻度	2
	中度	3
	明显	4

（6）结果评价：根据每只实验动物评分计算每组的平均值，可接受的分级见表 A1.15。

表 A1.15　阴道刺激性评级

平均分数	可接受的分级
0～8	可接受
9～10	临界水平
>10	不能接受

14. 急性肌肉刺激性试验

（1）目的：用于评价肌肉注射的纳米药物对注射部位肌肉的刺激性。

（2）动物选择：首选家兔，每组 9 只。

（3）给药方式：注射部位为后侧股肌，左侧注射受试药物，右侧注射赋形剂。注射剂量为临床使用浓度。

（4）观察：给药后每天观察一次临床体征，将处理组家兔随机分为三组，分别为给药后 24 h、48 h 和 72 h 处死，切下左侧和右侧股后侧肌，观察评分（表 A1.16）。

表 A1.16　肌肉刺激评分标准

反应标准	分值
没有明显反应	0
轻度充血	1
中度充血和脱色	2
与周围区域的颜色相比明显脱色	3
具有小面积坏死的棕色变性	4
具有"煎肉"状表现的广泛坏死，偶见涉及肌肉主要部分的溃疡	5

（5）结果评价：计算每组家兔的平均分值，根据以下标准确定刺激性类别（表 A1.17）。

表 A1.17　肌肉刺激性评级

平均分值	级别
0.0～0.4	无
0.5～1.4	非常轻度
1.5～2.4	轻度
2.5～3.4	中度
3.5～4.4	明显
>4.4	严重

15. 急性静脉刺激试验

(1) 目的:用于评价注射用纳米药物对进入特殊肌肉块内的静脉的刺激性。

(2) 动物选择:首选家兔,一般处理组为 8 只,分为皮下注射组和静脉注射组。

(3) 给药方式:皮下为颈背部皮下组织;静脉为耳廓静脉。剂量参照临床用量,肌肉和皮下注射量为 1.0 mL;耳廓静脉为 0.5 mL。单次给药。

(4) 观察:给药后每天观察一次临床体征。

将皮下注射组家兔随机分为两组,分别为给药后 24 h 和 72 h 处死,切开暴露的皮下注射部位,对于刺激性的反应从 0～5 级别进行评分(表 A1.18)。

表 A1.18　皮下刺激评分标准

反应标准	分值
无明显反应	0
轻度充血和脱色	1
中度充血和脱色	2
与周围区域的颜色相比明显脱色	3
小范围坏死	4
广泛坏死,可能涉及下层肌肉	5

(5) 结果评价:计算每组家兔的平均分值,分值以以下标准确定刺激性类别(表 A1.19)。

表 A1.19　皮下刺激性评级

平均分值	级别
0.0～0.4	无
0.5～1.4	非常轻度
1.5～2.4	轻度
2.5～3.4	中度
3.5～4.4	明显
>4.4	严重

静脉注射组家兔分别在给药后 24 h 和 72 h 评价注射部位和周围组织,进行评分评价(表 A1.20)。

(6) 结果评价:计算每组家兔的平均分值,分值以以下标准确定刺激性类别(表 A1.21)。

表 A1. 20　静脉刺激评分标准

反应标准	分值
无明显反应	0
在注射部位轻度红斑	1
中度红斑及伴静脉和周围组织具有一些脱色的肿胀	2
严重脱色,血管肿胀,周围组织静脉部分或全部闭塞	3

表 A1. 21　静脉刺激性评级

平均分值	级别
0.0～0.4	无
0.5～1.4	轻度
1.5～2.4	中度
＞2.4	重度

16. 血液相容性试验

(1) 目的:胃肠外给药后最重要的是不干扰血液的细胞成分,不能触发以血清或血浆为基础的反应。需要评价受试药物对引起细胞膜破坏的细胞成分的效应和溶血,以及通过活化凝血机制导致血栓栓塞形成。

(2) 试验样本:志愿者血液,从 6 个供体人每一个人中采集 30 mL 肝素化全血和血浆(3 管)。30 mL 凝集血液用于分离血清(2 管)。

(3) 沉淀潜力测定:

(a) 对于每个供体,建立和标记试管 1 到 8。

(b) 加 1 mL 血清从管 1 到 4,加 1 mL 血浆从管 5 到 8,加 1 mL 制剂从管 1 到 5,加 1 mL 赋形剂从管 2 到 4,加 1 mL 生理盐水从管 3 到 7(阴性对照),加 1 mL 2％硝酸到管 4 和 8(阴性对照)。

(c) 在混合前后,观察管 1 到 8 的定性反应,如沉积或凝集。如果在制剂管(管 1 和 5)观察到反应,用等量生理盐水稀释该制剂(1/2 稀释),并用等量血浆和(或)血清稀释 1 mL 试液。如果仍有反应,将该制剂用生理盐水做系类稀释(如 1/4,1/8 等)。如果赋形剂管(管 2 和 6)发生反应,按上述方法重复试验。

(4) 溶血潜力测定:

(a) 对于每个供体,建立和标记试管 1 到 8。

(b) 加 1 mL 全血到每个管中,加 1 mL 制剂到管 1,加 1 mL 赋形剂到管 2,加 1 mL 用生理盐水 1/2 稀释的制剂到管 3,加 1 mL 用生理盐水 1/2 稀释的制剂到管 4,加 1 mL 用生理盐水 1/4 稀释的制剂到管 5,加 1 mL 用生理盐水 1/4 稀释的赋形剂到管 6,加 1 mL 生理盐水到管 7(阴性对照),加 1 mL 双蒸水到管 8(阴性对照)。

(c) 倒转每个试管三次轻柔混合,将试管在 37 ℃孵温 45 min,以 1000 r/min 离心 5 min,取上清液,测定上清液血红蛋白浓度最接近 0.1 g/dL 的上清液。如果上述稀释液的血红蛋白浓度是 0.2 g/dL(或更多),比生理盐水对照组高时,重复该程序,加进一步系列稀释的制剂或赋形剂到 1 mL 血液中,一直到血红蛋白水平达到生理盐水对照的 0.2 g/dL 之内。

17. 遗传毒性试验

(1) 目的:遗传毒性包括所有通过潜在方法引起的高等生物遗传物质的损伤,这种损伤可进而导致严重后果。遗传毒性大多表现为致突变性,即引起 DNA 损伤及其他遗传学改变,表现为一个或几个 DNA 碱基对发生改变(基因突变),引起整个染色体结构的改变(染色体畸变)或染色体数目的改变。遗传毒性试验用于检测受试药物通过各种机制导致的基因损害。

(2) 检测毒性的两个标准方案:通常选择方案 1。

方案 1:①细菌突变试验;②体外染色体损伤试验或体外 TK 位点小鼠淋巴瘤试验。

(3) 体内哺乳动物致突变试验。

方案 2:①细菌突变试验;②体内哺乳动物致突变试验(包括两个不同组织)。

(4) 实验设计:

A. 鼠伤寒沙门菌回复突变试验(Ames 试验,细菌突变)

①目的:将在易发现位点已发生突变的细菌给予一定剂量范围的受试物进行处理,以确定化合物是否可以诱导能够直接回复到原有突变或抑制原有突变的第二次突变。

②注意:该试验仅适用于药代动力学试验和体外实验确定能够通过细胞细胞膜的纳米药物。若受试药物不可透过细胞膜,则试验菌株细胞膜可能形成屏障阻碍纳米药物进入细胞,导致试验失败。

③试验菌株选择:以下为推荐使用的鼠伤寒沙门菌 LT2 菌株的基因型及其回复突变(表 A1.22)。

④分组和剂量:至少设置 5 个剂量组和一个未经处理的对照组。每个剂量至少 3 个平皿,通常为阴性对照组的两倍,阳性对照和无菌对照可只设立两个平行平皿,应选择结构上与受试药物有关的阳性对照,提高结果的可信性。空白对照省略了受试药物,由等体积的缓冲液组成;溶剂对照由等体积的用于溶解受试药物的溶剂组成。

表 A1.22　推荐的鼠伤寒沙门菌 LT2 菌株的基因型及其回复突变

菌株	基因型	回复突变
TA1535	hisG$_{46}$ rfa f gal chlD bio uvrB	碱基对置换
TA100	hisG$_{46}$ f rfa gal chlD bio uvrB(pKM101)	碱基对置换
TA1537	hisG$_{3076}$ f rfa gal chlD bio uvrB	移码突变
TA1538	hisG$_{3052}$ f rfa gal chlD bio uvrB	移码突变
TA98	hisG$_{3076}$ f rfa gal chlD bio uvrB(pKM101)	移码突变
TA97	hisG$_{6610}$ hisO$_{1242}$ rfa f gal chlD bio uvrB(pKM101)	移码突变
TA102	his f(G)$_{8476}$ rfa gale(pAQ1)(pKM101)	所有可能的转换和颠换；小的缺失

⑤预试验：在进行正式试验前，要先进行测定毒性剂量范围的预试验，方法与致突变试验方法相同，但最后仅对完全补充的基础培养基上的存活菌落数进行计数。最高剂量通常保证能检测到突变的发生，最低剂量则为最高剂量的 1/3 到 1/2，对于溶解性较差的受试物，应至少有一个剂量出现沉淀（表 A1.23）。

表 A1.23　平板渗入试验中使用的阳性对照

细菌	菌株	致突变物	浓度/(μg/平皿)
不含 S9 混合物的条件下			
	TA1535	叠氮钠	1～5
	TA100		
鼠伤寒沙门菌	TA1538	氢甲硫蒽酮甲烷硫酸盐	5～20
	TA98		
	TA1537	ICR191	1
大肠杆菌	WP2 uvrA	硝呋醛亏	5～15
含 S9 混合物的条件下			
大肠杆菌	WP2 uvrA(pKM101)		
	TA1538	2-氨基芴	1～10
	TA1535		
鼠伤寒沙门菌	TA100		
	TA90		
	TA1537	中性红	10～20

⑥大鼠肝微粒体酶（S9）的诱导和制备：

选健康雄性大鼠体重 200 g 左右，将多氯联苯溶于玉米油中，浓度为 200 mg/mL，一次腹腔注射 PCB 剂量为 500 mg/kg。在第五天断头处死动物，处死前 12 h 禁食不禁水。消毒动物皮毛，打开腹腔，取出肝脏后，用 0.15 mol/L KCl 溶液冲洗多次,每克肝脏加 0.15 mol/L KCl 3 mL 后,用剪刀剪碎肝脏,并在玻璃匀浆器中制成肝匀浆,然后在低温高速离心机上,以 9000 r/min 离心 10 min,然后分装保存于液氮或−80℃冰箱中。

制备 S9 的一切器皿均经消毒,全部操作在冰水浴中进行。S9 制备后,其活力必须以标准致癌物进行测定。

⑦平板渗入法试验步骤:

(a) 将选择的每种试验菌株置于营养肉汤或补充的基础培养基(Vogel-Bonner)中,在水平摇床上 37℃培养 10 h。

(b) 使用前将软琼脂顶层培养基进行融化并冷却至 50℃,取 0.2 mL 加入相应的补充成分:L-组氨酸,终浓度为 9.55 μg/mL,及 D-生物素,终浓度为 12 μg/mL。将含有培养基的试管放在一个热的铝制干盒子中,温度为 45℃,以保持培养基呈半融化状态。

(c) 在每个试管的顶层琼脂中加入以下成分:受试药物(或溶剂对照)溶液(10~200 L),试验菌株(100 L),以及需要时加入 S9 混合物(500 L)。试验在含有和不含 S9 混合物的条件下进行。按照以上描述,可以根据毒性或溶解性的情况确定受试药物或溶剂的确切体积。

(d) 将每个试管的顶层琼脂混合后迅速倾倒在已经干燥的预先进行过标记的 Vogel-Bonner 底层琼脂平板上。在室温下使软琼脂凝固后将平板翻过来,在暗处 37℃培养。培养持续 2~3 天。

(e) 在计数平皿的回变菌落数前,通过在低亮度的光学显微镜下对平板进行检查来确定每个浓度受试药物的背景菌苔的生长。在对试验菌株呈现毒性的浓度,这样的菌苔会被耗尽,菌落可能表现为不是真正的回变菌落而只是存活的原养型的细胞。如果需要,任何可疑菌落(假回变菌落)的表型都应通过在不含组氨酸或色氨酸的培养基上接种进行检查。

(f) 回变菌落可以手动计数,也可以用自动菌落计数仪进行计数。但是当对菌落数特别多的平板进行定量计数时,只有人工计数能够给出准确的结果。

⑧培养基和试剂的制备:

(a) 顶层培养基:琼脂 1.2 g,氯化钠 1.0 g,蒸馏水 200 mL。121℃(15 lb) 30 min 高压消毒后,加入 0.5 mmol/L 组氨酸-生物素溶液 20 mL。

(b) 底层培养基:琼脂 7.5 g,蒸馏水 465 mL。121℃(15 lb)30 min 高压消毒后,加入(V-B)培养基 E 10 mL 和 40%葡萄糖溶液 25 mL,混匀,按每皿 30 mL 倒平皿,冷凝固化后倒置于 37℃培养箱中 24~48 h。

(c) Vogel-Bonner(V-B)培养基 E:硫酸镁 10 g,枸橼酸 100 g,磷酸氢二钾 500 g,磷酸氢铵钠 175 g。先将后三种溶解后,再加入硫酸镁,待完全溶解后倒入容量瓶中,用蒸馏水稀释至 1000 mL,分装于锥形瓶中,121℃(15 lb)30 min 高压消毒。

（d）肉汤培养基：牛肉膏 2.5 g，胰胨 5.0 g，氯化钠 2.5 g，磷酸氢二钾 1.0 g，蒸馏水 500 mL。121 ℃（15 lb）30 min 高压消毒。

（e）S9 混合液（每毫升）：大鼠肝 S9 100 μL，$MgCl_2$-KCl 盐溶液 20 μL，6-磷酸葡萄糖 5 μmol，辅酶Ⅱ4 μmol，0.2 mol/L 磷酸盐缓冲液 500 μL，无菌蒸馏水 380 μL。

⑨结果评价：对于各种受试药物至少进行两项独立的试验。阳性反应判定的原则是在任何菌株任何浓度出现可重复性的具有统计学意义的结果（受试药物的回变菌落数超过自发回变菌落数的两倍以上，并有统计学意义）。当得到阳性结果时，应当应用开始出现阳性结果的菌株和浓度范围进行重复试验。通常将数据进行绘图，得出剂量-回复反应关系和各种变化的类型。常用的统计分析方法为：线性回归，多元分析和非参数分析。

B. 果蝇伴性隐性致死试验

（1）目的：该试验可以检测受试药物的基因突变，包括点突变和小的基因缺失。该试验利用眼色性状由 X 染色体上的基因决定，并与 X 染色体的遗传相关联的特征来作为观察在 X 染色体上基因突变的标记。可以检测 X 染色体上的 800 个左右的基因位点，即代表了 X 染色体上的 80％基因位点。

（2）动物选择：果蝇。雄蝇用 3～5 天龄的野生型黑腹果蝇（Drosophila melanogaster），雌蝇用 Base（Muller-5）品系 3～5 天龄的处女蝇。

（3）分组与剂量：设立至少三个剂量组和一个阳性对照组（2 mmol/L MMS）和一个阴性（或溶剂）对照组。每组至少应用 3000 个样本数。按常规方法求出 LC_{50} 或 LD_{50} 值，然后按 1/2 LC_{50} 或 LD_{50} 为高剂量，1/5～1/10 的 LC_{50} 或 LD_{50} 设置较低剂量。

（4）给药途径：选择与临床用药相近的给药方式，通常可以经口，注射或暴露于含有受试药物的空气或水蒸气中给药。一般将受试药物溶解于水中，如受试药物不溶于水，可用食用油，医用淀粉等配成乳化剂或悬浮液，再用生理盐水稀释，具体方法见上。

（5）方法步骤：

（a）开始羽化后，清除管内所有成蝇，然后在 6～12 h 内收集的雌蝇即为处女蝇。将处女蝇放入新试管中，一只管不超过 25 只。

（b）受试药物溶解后用 1％～5％的蔗糖水稀释成不同浓度，试管内放入一团纸，加入 1 mL 受试药物液使纸充分湿透，放入经饥饿 4 h 的雄蝇进行喂饲。

（c）将雄蝇在接触受试药物后按 2 天、3 天、3 天间隔（分别表示对精子、精细胞核、精母细胞的效应）与处女蝇交配。即每一试管以一只经处理过的雄蝇按上述程序顺次与 2 只处女蝇交配，再以所产 F1 代按雌与雄（1∶1 或 1∶2）进行 F1-F2

交配,12～14 天后观察 F2 代。

(d) 根据受试染色体数(即 F1 代交配的雌蝇数减去不育数和废管数)与致死阳性管数求出致死率。致死率(‰)=致死管数/受试染色体数×1000。

(6) 结果评价:对 F2 代结果的判断标准为:①每一试管在多于 20 个仔代(雌及雄)中没有红色圆眼的野生型雄蝇为阳性,属致死突变。如有 2 只以上的红色圆眼的野生型雄蝇者为阴性。②每管如确少于 20 个子代或只有一只野生型雄蝇的可疑管,需进行 F3 代观察。③不育为仅存雄、雌亲本而无仔蝇者。用 Kastenbaum and Bowman 方法比较剂量组与对照组的致死率,进行统计学分析。

C. 体外中华仓鼠 CHO 细胞/$Hgprt$ 试验

(1) 目的:中华仓鼠卵巢(CHO)细胞具有 21 条或 22 条染色体,包括一条完整的 X 染色体和一条大的近端着丝粒的标记性染色体,用于检测哺乳动物细胞的基因突变。

(2) 分组和剂量:通常为三个剂量组,每组均双份培养,还包括赋形剂对照组和阳性对照组。阳性对照物为硫酸己烷($^-$S9)和二甲基苯并蒽($^+$S9)。试验要在含有和不含 S9 混合物的条件下进行。

(3) 实验步骤:

(a) 实验前,将细胞接种于直径 6 cm 的培养皿中,细胞至少为 $1×10^4$ 个/皿,放培养箱待用。

(b) 制备含有不同浓度受试药物的处理培养液。

(c) 吸去培养皿中的培养液,用 PBS 冲洗两遍后,加入不同浓度的处理培养液,在培养液中培养 3 h。

(d) 结束后,吸去含受试药物的培养液,PBS 洗两遍,用 0.25% 的胰蛋白酶溶液消化细胞,当细胞变圆时,加入含 10% 小牛血清的完全培养基终止消化,通过吹打将细胞制成细胞悬液,计数后重新接种,每个处理组设 5 个平行平皿,每个平皿含 200 个细胞。

(e) 在培养箱中培养 8 天。

(f) 弃去培养液,将每个培养瓶中的细胞再次用胰酶消化、计数。一半用来评价克隆效率,一半用来对诱导 6TG 抗性细胞进行评价。

(g) 评价克隆效率:用溶于福尔马林缓冲液的 5% 的 Giemsa 染液固定并染色,细胞克隆着色后即弃去 Giemsa 染液,计数细胞克隆数。细胞存活百分率=(试验组培养基中的细胞数/对照组培养基中的细胞数)×(试验组平皿中的平均克隆数/对照组平皿中的平均克隆数)×100%。对照组的克隆效率(CE)=每个平皿的平均克隆数/每个平皿的细胞数(200)×100%。

(h) 评价突变率:将细胞悬液用完全培养液进行稀释,每个平皿加入 $2×10^5$ 个细胞,共 10 个平皿,在培养液中加入 6-硫鸟嘌呤,终浓度为 10 g/mL。将平皿培养 7～10 天,然后倒掉培养液。克隆的固定和染色同上,每份培养的突变率＝患有硫鸟嘌呤平皿中的平均克隆数/(1000×含有活细胞平皿中的平均克隆数)。

(4) 数据分析:阳性反应的判定原则是与同时进行的对照组数值(四个独立的对照培养的加权平均数)比较,突变率出现可重复性的具有统计学意义的增加(双份处理组培养的加权平均数)。用 Dunnett's 检验对突变率进行变量加权分析,将每个受试药物的剂量与对照组进行比较,还需对突变率进行检验以发现是否与剂量之间存在线性关系。

D. 体外小鼠淋巴瘤 L5178Y TK$^{+/-}$ 试验

(1) 目的:鉴于小鼠淋巴瘤 L5178Y 细胞比中华仓鼠细胞系更具敏感性,选择小鼠淋巴瘤 L5178Y TK$^{+/-}$ 试验可以更敏感地反映受试药物造成的细胞突变。同时,由于淋巴瘤 L5178Y 细胞可以在悬浮培养基中生长而不会产生细胞间桥,可以避免代谢协同的问题,从而通过对大量处理的细胞进行试验,对试验结果进行最佳的统计学分析。

(2) 分组与剂量:通常包括三个剂量组、一个阳性对照和一个阴性对照,所有给药处理组均设双份培养。除了在出现受试药物抑制细胞增殖的情况下应增加表达时间或选择其他可能的表达时间外,表达时间通常为 2 天。通过预实验进行剂量的选择,最高剂量的选择条件包括:①能够使存活率低至约为对照组 10%～20% 的浓度;②能够使相对悬浮生长率(RSG)降低至对照组值 10%～20% 的浓度;③出现可见沉淀的最低浓度;④与溶剂对照组相比,引起培养液的渗透压增加不超过 400 mmol/kg 或 100 mmol 的最高浓度;⑤引起给药组培养液 pH 改变不超过 6.8～7.5 范围的最高浓度;⑥如果上述条件任意一项都不符,则应用 5 mg/mL。而最低剂量组选择条件为引起超过 70% 细胞存活的一个剂量。中间剂量的选择则在引起 20%～70% 细胞存活的剂量浓度中选择。

(3) 细胞预处理:从已用胸腺嘧啶、次黄嘌呤、甲氨蝶呤和氨基乙酸处理 24 h 的冻存细胞建立储存培养,这样可以清楚预先存在 TK$^{-/-}$ 突变的细胞的生长。这种储存细胞最多在 2 个月内使用。给药培养通常在培养液上于 50 mL 离心管中进行。表达期间的细胞在培养瓶中培养。为了估计克隆效率和诱发突变的情况,可将细胞接种在 96 孔板上,在 37 ℃ 培养箱中培养。通过用 Isoton 对细胞悬液进行稀释,并用计数器对适当体积的细胞进行计数确定细胞的量,每份悬液进行两次计数。

(4) 方法步骤:

(a) 给药当天制备阳性对照和各种浓度的受试药物的储备液。

(b) 给药处理在 30% 的条件培养液中进行。血清浓度为 3%(3 h 处理)或 10%(处理超过 3 h)。

(c) 除了每个处理组所需的 6 mL 培养液中含有 10^7 个细胞(3 h 处理)或 3×

10^6 个细胞(处理超过 3 h)以外,按照细胞试验的方法制备成对数生长细胞的细胞悬液。如果出现明显的细胞毒性则每个处理组的细胞数可以增加,以便能够有足够的存活细胞。

(d) 对不含 S9 混合物的试验,将 6 mL 细胞悬液、0.2 mL 受试药物/溶剂及 13.8 mL 的不含血清培养液(3 h 处理)或 13.8 mL 的完全培养液(处理超过 7 h)混合。而在含有 S9 混合物的试验中,制备 0.2 mL 受试药物/溶剂。

(e) 给药处理结束后,将细胞在 1500 r/min 离心 5 min,弃去上清液,将细胞用 PBS 重悬。重复两次该洗涤过程,最后将细胞重悬于完全培养液中。

(f) 将每份培养进行计数以便能够评价细胞样本进行处理后的存活情况,以及对剩余的细胞突变率进行估计。

(g) 为了估计存活情况,可将细胞加入到 96 孔板中,细胞接种密度为每孔一个细胞。

(h) 为了对突变进行估计,可以在培养瓶中用完全培养液将细胞稀释成密度为 2×10^5 个细胞/mL,在 37 ℃ 培养箱中培养 1 天,对每份培养细胞进行计数并用新鲜的培养液将细胞稀释成密度为 2×10^5 个细胞/mL,培养液最多为 100 mL。

(i) 继续培养 2 天后,再次对每份培养进行计数,并取部分细胞以便进行如下实验:

i. 对细胞样本的克隆效率进行分析,可将培养瓶在 37 ℃ 培养箱中培养 7 天;

ii. 对细胞样本的 TFT 抗性细胞(突变株)诱发情况进行分析,进行该项评价时可在含有 4 μg/mL TFT 的 200 μL 完全培养液的每孔接种 2×10^3 个细胞。由于 TFT 属于光敏感性物质,因此 TFT 和含有 TFT 的培养液不能暴露于明亮的光线下。将培养瓶在 37 ℃ 培养箱中培养 10～12 天。

(j) 培养后期,在每孔中加入 20 μL MTT,在 37 ℃ 培养箱中放置 4 h,然后计数出现克隆的孔数。克隆的计数是用肉眼进行观察并按小克隆或大克隆进行分类。

(k) 克隆效率(CE)=未形成克隆的孔数/细胞总数。

(l) 相对总生长率(RTG)=(给药组的 SG/对照组的 SG)×(给药组的 CE/对照组的 CE)。悬浮生长率(SG)=(24 h 细胞计数/2×10^4)×(48 h 细胞计数/2×10^5)。

(m) 突变频率(MF)=突变平皿的 InCE 值/(每孔细胞数×CE/100)。

(5) 数据分析:应用统计学方法对以上波动试验的数据,处理组和平皿组的数据进行分析。

E. 体内哺乳动物致突变试验

研究发现,大多数生殖细胞致突变物而不是所有的生殖细胞致突变物也能引起体细胞的 DNA 损伤。某些致突变物和致断裂剂能够引起体细胞的损伤,但却不能引起生殖细胞的改变,这可能反映出机体对生殖细胞具有特殊保护作用,如血睾屏障所提供的保护。引发生殖细胞致突变物可能是体细胞致突变物的一个亚群。

（1）小鼠特异位点试验。

（a）目的:该试验由对亲代纯合小鼠进行处理形成野生型的遗传标记位点所组成。发生突变的靶细胞是给药处理的小鼠性腺的生殖细胞。将这些小鼠与在标记位点呈隐性的纯合子的受试储备小鼠进行配对,产生的 F1 代小鼠在标记位点通常为杂合性,因此表达为野生型表型。如果这些位点中任何位点的野生型等位基因发生突变,则 F1 代小鼠表达为隐性表型。

（b）选取的特异位点:试验标记物细胞株（T）使用了 7 个隐性位点:a（刺豚鼠毛皮上的深浅环纹）、b（棕色）、c^{ch}（南美栗鼠色）、d（淡色）、p（粉红眼状淡色）、s（花斑色）以及 se（短耳）。这些基因调控皮肤的着色、颜色的深浅或类型,对于 se 基因,则调控外耳的大小。

（c）动物选择:7～8 周龄小鼠使其交配,此周龄可以呈现生殖细胞的所有阶段。仔鼠数每组至少为 18000 只。

（d）分组和剂量:通常选择至少三个剂量组和一个对照组。高剂量通常选择刚刚低于毒性的水平。

（e）试验方法:受试药物腹腔注射给实验动物。对雄性小鼠,精子形成阶段的暴露是最危险的阶段,但希望在其后的阶段也存在暴露。因而,给药处理后立即与 2～4 只雌性动物进行交配。交配应每周进行,共持续 7 周。这时第一组动物已经完成其对第一窝子代动物的饲养,然后进行再次交配,这种周期可以在雄性动物的整个生活期持续进行。雌性动物给药处理共持续 3 周以覆盖卵子形成的所有阶段。对于子代动物,应在其出生后,立即进行检查以确定其畸形情况（明显可见的畸形）,然后对断乳时进行特异位点突变试验。对于假设已发生突变的小鼠可以通过进一步的交叉配对进行检查以确定其状况。

（2）微核试验（体内细胞遗传学试验）。

（a）目的:不管是体细胞还是性细胞,通过检查其中期相细胞或微核的形成,均可以在体内染色体试验中发现在整体动物中引起的染色体损伤。微核试验在没有致断裂活性的条件下也能发现纺锤体的部分损害而出现的整条染色体的丢失或非整倍体染色体或染色体的无着丝粒断片,认为该实验的敏感性与染色体分析具有可比性。

（b）动物选择:小鼠,体重一般为 25～30 g,雌雄皆可。每剂量组至少 5 只动物。

（c）分组与剂量:设置至少 3 个以上剂量组,一个阳性对照组和一个溶剂对照组。常用环磷酰胺作为阳性对照物。根据受试药物的理化性质（尤其是水溶性和脂溶性),确定受试药物所用的溶剂,常为水、植物油等溶剂。剂量选择通常取受试药物 LD_{50} 的 1/2、1/5、1/10、1/20 等剂量,以求获得微核的剂量-效应关系曲线。

(d) 给药途径:与临床给药方式相同,当有多重给药途径时,常用经口灌胃方式。

(e) 方法步骤:

ⅰ. 给药后 48 h 和 72 h 取外周血。

ⅱ. 第二次取完外周血后动物脱颈处死,打开腹腔,沿着胸骨与肋骨交界处剪断,剥掉附着胸骨上的肌肉,擦净血污,横向切开胸骨,暴露骨髓腔,然后用小止血钳挤出胸骨骨髓液。

ⅲ. 将血液/骨髓液滴在载物片一端的胎牛血清液滴中,仔细混匀,一般来讲,两节胸骨骨髓液涂一张片子为宜,然后按血常规涂片法涂片,约 2～3 cm 长度,将载物片在空气中晾干。若立即染色,需在酒精灯火焰上方稍微烘烤一下。

ⅳ. 已干的涂片放入甲醇中固定 5～10 min。

ⅴ. 将固定过的涂片放入 Giemsa 应用液中,染色 10～15 min,然后立即用 pH 7.4 磷酸盐缓冲液冲洗。

ⅵ. 用滤纸及时擦干染色背面的水分,再用双层滤纸轻轻按压,吸附染片上残留的水分,尽量吸尽,再在空气中摇动数次,以促尽快晾干,然后放入二甲苯中,透明 5 min,取出滴上适量光学树脂胶,盖上盖玻片,写好标签。

ⅶ. 先用低倍镜,后用高倍镜粗检,选择细胞分布均匀,细胞无损,着色适当的区域,再在油镜下计数。不计数有核细胞的微核,但需用"有核细胞形态完好"作为判断制片优劣的标准。

ⅷ. 本方法观察嗜多染细胞的微核,嗜多染细胞呈灰蓝色,而成熟的红细胞呈粉红色。微核大多数呈圆形、单个的、边缘光滑整齐、嗜色性与核质一致、呈紫红色或蓝紫色。

ⅸ. 每只动物计数 1000 个嗜多染红细胞。微核率指含有微核的嗜多染细胞数,以千分率表示。一个嗜多染细胞中出现两个或多个微核,仍按一个计数。

(f) 结果评价:微核试验结果进行统计学处理,应用 U 检验比较各剂量组与对照组。根据统计学处理结果来评价受试药物是否具有染色体畸变的作用。

(3) 小鼠精子畸形检测试验。

(a) 目的:一般认为异常精子数的增加可能是在精子发生中造成遗传损伤的结果。因而,小鼠精子形态试验可用于鉴别引起精子发生功能异常以及引起突变的化学物质。

(b) 动物:成年雄性小鼠。

(c) 分组和剂量:通常设置至少三个剂量组和一个阳性对照组和一个阴性对照组(溶剂对照组)。剂量选择为 1/2、1/5、1/10 和 1/20 LD_{50} 阳性对照组腹腔注射

40 mg/kg 体重的环磷酰胺。

　　(d) 给药方式:通常为经口灌入受试药物,每天一次,连续 5 天。

　　(e) 实验步骤:

　　ⅰ. 于给药 4 周后颈椎脱臼处死动物,剖腹取出附睾。

　　ⅱ. 将附睾放入盛有 2 mL 生理盐水的小平皿中,用虹膜剪剪碎。

　　ⅲ. 以三层擦镜纸过滤,滤液以 1000 r/min 的速度离心 5 min,去除上清液。

　　ⅳ. 加入少量生理盐水,以混悬液涂片,自然干燥。

　　ⅴ. 将玻片置于甲醇中固定 5 min,用 2.5% 伊红染色 1 h,封片。

　　ⅵ. 在高倍显微镜(40×40)下计数 2000 个精子中畸变的精子数,精子畸形的分类按 Wyrobeks 的方法进行。

　　(f) 结果评价:将各剂量组数据和对照组进行统计学分析。

　　F. 姐妹染色单体交换试验(SCE)

　　(1) 目的:SCE 是姐妹染色单体之间的相互交换,发生在同源染色体部位。由于没有证据表明 SCE 本身是致死性的,因而其与细胞毒性几乎无关。而由于 SCE 与细胞存活具有一致性,因此 SCE 与突变的关系更为密切。SCE 试验对于碱性物质和引起单链 DNA 断裂的患有碱基类似物的物质,以及通过 DNA 连接而发生作用的化合物尤其敏感。SCE 试验是常用的短期生物实验方法之一,方法较简单、快速。

　　(2) 实验材料:可以选择单层培养的细胞,也可以用悬浮培养的细胞,还可以用人淋巴细胞。

　　(3) 方法步骤:在试验前一天建立细胞培养,放在培养箱中待用。试验时,吸去培养液,加入一定浓度的受试药物和 S9 混合物的不含血清的培养液中。放回培养箱反应 2 h。结束后吸去含受试药物的培养液,用 PBS 洗涤细胞两次,加入含 20 μmol/L 5-溴脱氧尿苷(BrdU)的培养液,在黑暗环境中培养 27 h,加入秋水仙素 1～2 h 后收获细胞。以甲醇和冰醋酸液(容积比 3:1)进行固定,然后进行分化染色,将制备好的玻片通过 pH 6.8 的 PBS 1 min,移入 Hoechst33258 液(终浓度为 1 μg/mL)中 12 min,再通过 PBS 1 min,抑制特质的黑盒中,经紫外线照射(30 W,距离 12 cm)15 min,将玻片移至 2×SSC 液中,在 62℃水浴中 1.5 h,最后经 Gimesa 染液染色。

　　(4) 观察:对玻片在随机编号后进行阅片,选择 25 个细胞计数 SCE 频率。如果得到阴性结果,那么所有试验应用更高或更低浓度的 S9 混合物至少重复一次。即使出现明显肯定的阳性结果,即最高剂量组 SCE 的增加超过背景值的两倍,以及至少两个连续剂量出现 SCE 增加的反应,也需要进行重复试验来得到一个一致性的结果。

　　(5) 结果评价:用 t 检验进行统计学处理,比较各剂量组与对照组的数据,评价受试药物的致突变性。

　　G. 彗星试验

　　(1) 体外彗星试验(单细胞凝胶电泳)。

　　(a) 新鲜血液中分离淋巴细胞:应用中性粒细胞分离液分离淋巴细胞。分离的淋巴细胞用 PBS 洗涤两次并以 10^6 cell/mL 重悬于 RPMI-1640 培养液中。

　　(b) 分组与浓度设定:设置至少 3 个以上药物暴露组,通常将药物溶解于细胞培养液中。浓度设置根据药物动力学检测到的循环系统中的受试药物浓度的 4、2、1 和 1/2、1/5 等,或根据预实验的结果制定药物暴露浓度。

　　(c) 实验步骤和结果评价与体内试验动物采集外周血进行的彗星试验相同。

　　(2) 体内彗星试验。

　　(a) 动物选择:小鼠,体重一般为 25～30 g,雌雄皆可。每剂量组至少 5 只动物。

　　(b) 分组与剂量:设置至少 3 个以上剂量组,一个阳性对照组和一个溶剂对照组。常用环磷酰胺作为阳性对照物。根据受试药物的理化性质(尤其是水溶性和脂溶性),确定受试药物所用的溶剂,常为水、植物油等溶剂。剂量选择通常取受试药物 LD_{50} 的 1/2、1/5、1/10、1/20 等剂量,以求获得剂量-效应关系曲线。

　　(c) 给药途径:与临床给药方式相同,当有多重给药途径时,常用经口灌胃方式。

　　(d) 方法步骤:

　　i . 动物给药 6 h,24 h,48 h 和 72 h 后采集外周血样本。

　　ii . 取 20 μL 外周血混合 110 μL 含 0.5% 低熔点琼脂糖(LMPA)的 PBS 滴在含 0.75% 正常熔点琼脂糖的 PBS 包被的显微载玻片上,盖上盖玻片,冷藏 5 min 使胶体凝固。

　　iii . 取下盖玻片,载玻片放入冰冷的碱性裂解液中浸泡至少 1 h。

　　iv . 之后将载玻片放入冰冷的电泳液中孵育 20 min,然后在 25 V:300 mA (1.25 V/cm)电泳 25 min。

　　v . 电泳后的载玻片用综合缓冲液 0.4 mol/L Tris 中和 20 μg/mL 溴化乙锭染色。

　　vi . 利用荧光显微镜在激发光 488 nm 和发射光 515 nm 处观察 150 个细胞(通常每个载玻片检测 50 个)。Comet Image Analysis System 检测 DNA 损伤,以尾 DNA 损伤的百分数表示 DNA 损伤情况。

　　(e) 试剂制备

　　i . 碱性裂解液:2.5 mol/L NaCl,10 mmol/L Tris,100 mmol/L EDTA,10% 二甲基亚砜,1% Triton X-100,调 pH 到 10。

　　ii . 电解液:0.3 mol/L NaOH,1 mmol/L EDTA,调 pH>13。

（f）结果评价：试验结果进行统计学处理，应用单因素方差检验比较各剂量组与对照组。根据统计学处理结果来评价受试药物是否具有基因毒性。

18. 生殖发育毒性试验

（1）目的：对试验动物进行生殖和发育实验是为了预测受试药物对人类获得和维持怀孕的潜在危害，以及对子代正常发育能力的影响。研究阶段包括：①雄性和雌性生育力及早期胚胎发育到着床（授精的当天或发现交配证据的当天被认为是怀孕的第 0 天）；②胚胎发育；③出生前和出生后发育，包括了母体功能（出生的当天被认为是产后和出生后第 0 天）。

（2）动物选择：通常选择健康的、年轻成熟的啮齿类动物，推荐大鼠，雌性大鼠通常为处女鼠。胚胎发育试验中常常需要第二个种属的动物，推荐家兔。

（3）分组与剂量：设置至少三个剂量组和一个溶剂对照组，若溶剂对照组发生了毒性反应，则需要设置一个无任何处理的对照组。剂量的设置要根据已有的药物动力学、急性和慢性毒性试验中获得依据。高剂量是母体动物预期引起某些最低的毒性。较低剂量的选择以能够获得无可见不良作用的剂量水平（NOAEL）为宜。但是由于怀孕雌性和非怀孕雌性相比有时对毒素的反应不同，生殖毒性的给药时期与一般毒性研究也不同，通常需要进行预实验。在怀孕动物剂量选择研究中，需要更多组，但各组动物数较少（每组 6～10 只授精动物或被交配的雌性），评价窝的吸收胎、胎儿重量、外部异常，但不需要检查胎儿的内脏和骨骼异常。在剂量选择研究期间，一旦确定在特殊剂量水平引起的毒性超过胚胎发育研究被希望的最低毒性时，可终止给药组，避免资源浪费。

（4）给药方式：通常与临床给药方式一致，若其他给药方式可以在机体中达到同样的药物分布，也可以作为试验中的给药方式。给药的频率通常为一天一次，可根据不同受试药物的药物动力学信息增加或降低给药频率。

（5）结果评价：选择合适的统计学方法分析评价受试药物对许多生殖和发育毒性参数的效应的影响，检测各剂量组和对照组的数据是否存在统计学差异。当进行推断性统计学分析时，以交配的一对或一窝作为单位进行比较。

A. 雄性和雌性生育力及早期胚胎发育到着床的研究

（1）目的：在配子成熟期、交配期以及雌性胚体着床整个怀孕时期进行给药处理（经典的是最后一次给药在怀孕的第 6 天），以评价所产生的效应。

（2）动物选择：至少选择一种种属的动物，推荐大鼠。每组试验动物获得 16～20 窝一般认为是较合适的。如果某组动物被分为几份进行不同的结果评价，则动物数要进行相应倍数的增加。

（3）给药周期：雄性在雌雄交配前 4 周开始给药处理，雌性在交配前 2 周开始给药处理。雄性给药要持续到交配结束，雌性给药要持续到胚胎着床。交配比例以 1∶1 较合适,这样可以判断每窝子代动物的父母。雌性动物在怀孕期间的中部之后处理,而在交配期结束后的任何时候都可以处理雄性。但是,建议一般保留动物到确定第一次的交配结果后。为了判断对交配行为观察到的效应是否为雄性效应,确保不再需要与未处理雌性的重复交配,雄性一直到试验结束才被处理。

（4）观察:

（a）试验期间的观察指标包括:①每天的临床体征和死亡率;②每周至少称重两次;③至少每周称饲料消耗;④交配期间每天进行阴道细胞学检查;⑤观察在以前的毒性研究中发现的有价值的靶效应。

（b）给药结束后终末检查包括:①所有动物尸检;②具有大体改变的器官和相对应的对照组器官;③保存睾丸、附睾、卵巢和子宫;④精子计数和精子活力;⑤黄体计数和着床数计数;⑥活胎和死胎计数。

B. 胚胎发育

（1）目的:从着床到第二腭闭合的器官形成期间给药处理,检测对发育孕体的效应。

（2）动物选择:通常选择两种种属的动物,一种啮齿类,推荐大鼠,一种非啮齿类,推荐家兔。每组试验动物获得 16～20 窝一般认为是较合适的。推荐如表 A1.24。

表 A1.24　不同试验动物的处理天数和组大小

项目	大鼠	家兔	小鼠
处理时期(怀孕天数)/天	6～17	6～18	6～15
组大小(被交配或授精)/只	25	20	25

（3）给药周期:给药处理从雌性着床到第二腭闭合整个期间。在怀孕期结束,大约在分娩前一天(大鼠在第 20 天或 21 天,家兔在第 28 天或 29 天,小鼠在第 17 天或 18 天)处死雌性,进行检查。最少对 50％胎儿进行内脏改变和骨骼异常的检查。当应用新鲜组织显微解剖技术对家兔胎儿进行检查时,应检查所有胎儿的内脏和骨骼异常。

（4）观察:

（a）试验期间观察指标包括:①每天的临床体征和死亡率;②每周至少称重两次;③至少每周称饲料消耗;④观察在以前的毒性研究中发现的有价值的靶效应。

（b）给药结束后终末检查包括:①尸检;②具有大体改变的器官和相对应的对照组器官;③黄体计数、活的和死的着床计数;④胎儿体重;⑤胎儿的外部、内脏和骨骼检查;⑥胎盘大体评价。

C. 出生前和出生后发育

（1）目的:从着床到哺乳期,检测给药处理对怀孕和哺乳雌性、对孕体和子代、对子代一直到性成熟发育的影响。

（2）动物选择：至少选择一种种属的动物，推荐大鼠。每组试验动物获得 16～20 窝一般认为是较合适的，推荐 25 只被交配的雌性。

（3）给药周期：给药处理从雌性着床到哺乳期结束的整个时期。试验期间允许雌性动物分娩并喂养子代直到断乳。在 F1 代断奶后处死母体雌性。而为了减小窝的大小，通常选择在出生后的当天、第 3 天、第 4 天和第 21 天、在断奶时、雌雄交配产生 F2 代时终末处死及 F2 代生产后，间断处死它们，进行检查。

（4）观察：

（a）试验期间观察指标包括：①每天的临床体征和死亡率；②每周至少称重两次；③至少每周称饲料消耗；④观察在以前的毒性研究中发现的有价值的靶效应；⑤怀孕时间长短；⑥分娩。

（b）给药结束后对母体动物和子代的终末检查包括：①对所有母体动物和 F1 代成年动物尸检；②具有大体改变的器官和相对应的对照组器官；③着床计数。对 F1 代的附加检查包括：①异常；②出生时活的和死的子代；③出生时的体重；④出生前和出生后存活、生长、成熟和生育力；⑤身体发育包括阴道张开和包皮分离；⑥感觉功能、反射、运动状况、学习和记忆力。

D. 啮齿类的单一研究和双研究设计

在单一研究设计中，可以将上述研究阶段结合为一个研究。给药周期可以从交配前延长到贯穿整个哺乳期，将生育力研究和出生前后的发育研究结合在一起。

而双研究设计具有各种可能：

（1）进行上述描述的单一研究外，用具有的动物亚组进行胎儿检查，在啮齿类中进行单独的胚胎发育研究；

（2）将胚胎发育研究和出生前后发育研究相结合；

（3）将生育力研究和胚胎发育研究相结合。

对于这些双设计可能，通过仅给药处理一个性别进行单独的研究，能够单独评价对雄性和雌性生育力的效应。给药时期相同，但被给药的动物与相反性别的未给药动物交配。在雄性生育力研究中，在交配的雌性怀孕中期终末观察包括胚体存活和胎儿可能的外部检查。

19. 安全性药理试验

（1）目的：评价与研究受试药物和预期治疗作用无关的药理学效应，并由此可能产生危害，特别是对于涉及一个或多个器官系统功能损害或局限于器官系统功能损害的个体，确定不良效应的剂量反应（或效应浓度）曲线。

（2）动物选择：可选成年的啮齿类、犬和灵长类动物。

（3）剂量选择：选择的剂量接近拟临床剂量，应包括超过主要药效学或治疗范围的剂量。在缺乏安全性药理学参数时，最高剂量等于或超过同样不良效应的剂量。通常为单次给药，试验过程严格按照 GLP 实施。

（4）观察：给药后 12 h、24 h、48 h 和 72 h 观察试验动物主要器官系统功能的变化。必须观察的器官系统包括心血管系统、中枢神经系统和呼吸系统；必要时也可对其他附属器官系统的毒性效应进行检测，例如肾脏系统、胃肠道系统等。

（a）心血管系统安全性药理评价：①核心项目：血液动力学（血压、心率），自律功能（心血管要求），电生理（心电图、犬的 EKG）；②非核心项目：QT 延长测量。

（b）呼吸系统安全性药理评价：①呼吸功能：在清醒动物中测量呼吸频率和相对潮气量；②肺功能：在麻醉动物中测量呼吸频率、潮气量、支气管阻力、肺阻力、顺应性、肺动脉压和血气分析。

（c）中枢神经系统安全性药理评价：①Irwin 测试：对大体行为与生理学状态的效应进行综合评价；②运动能力：化合物镇静与兴奋作用的特殊检查；③神经肌肉功能：握力测定；④旋转运动：运动协调性的测定；⑤麻醉剂交互作用：测定与巴比妥酸盐的中枢交互作用；⑥抗/前惊厥药活性：戊四氮作用的加强或抑制；⑦轻击鼠尾：检测对痛觉的调节（热板、Randall Selitto、夹尾）；⑧体温测定：测定体温调节效应；⑨自律功能：在体内和体外与自律神经递质的相互作用；⑩药物依赖性：测定机体依赖性、耐受性与替代的可能性；⑪学习与记忆：测定动物学习能力与认知功能；⑫视觉检查：瞳孔大小、瞳孔反射和流泪及分泌物；⑬电生理学：脑电图（EEG）反映中枢神经系统瞬间突触活性整合的一种动态检测，关注 EEG 频率、振幅、变异性与模式的改变；⑭神经化学：能量代谢，大分子生物合成，神经递质的合成、贮存、释放、摄取与降解。

（d）二级器官系统安全性药理评价

ⅰ．肾脏系统：①肾功能：测定盐负荷的动物尿排泄功能；②肾动力：肾血流量、肾小球滤过率与清除测定。

ⅱ．胃肠道系统：①胃肠道功能：胃排空与肠运输测定；②泌酸：胃酸分泌测定（Shay 大鼠）；③胃肠道刺激：对胃黏膜潜在刺激性的评价；④呕吐：恶心、呕吐。

ⅲ．免疫系统：对具有潜在抗原性的受试药物进行被动皮肤过敏测试。

ⅳ．其他：血凝试验；体外血小板聚集试验；体外溶血试验。

20. 免疫毒性试验

（1）目的：该试验用于检测受试药物的免疫毒性，仅检测受试药物对机体造成的无意识的免疫抑制和免疫增强，不包括免疫原性检测和药物特异的自身免疫。同时该试验还提供了细胞类型影响的可逆性和作用机制信息。

（2）毒性试验数据中的潜在免疫毒性指标：①血液学异常，例如白细胞减少/增多、粒细胞减少/增多或淋巴细胞增多/减少；②免疫系统器官重量或形态学改变,包括胸腺、脾脏、淋巴结和骨髓;③无合理原因的血清球蛋白异常,例如肝肾的毒性效应会导致血清免疫球蛋白异常;④增加的感染发病率;⑤增加的肿瘤发生率。当毒性试验中出现这些指标的异常反映了机体免疫抑制或免疫系统活动的增强,提示需要进行免疫毒性试验。

(3)动物选择:评价非种属特异性化合物免疫毒性最适宜的动物为啮齿类,通常选择小鼠进行对免疫功能效应的评价,雌雄各半。

(4)分组与剂量:设置至少三个剂量组和一个对照组。最高剂量的选择要高于无观察到不良反应作用剂量(NOAEL)并低于引起压力反应的剂量。通常剂量水平的范围可以选择从建议的临床剂量或接近于无作用剂量到低于 LD_{10} 但能产生一般毒性表现(如体重降低)的最大耐受(或最大限定)剂量。为了发现呈现非线性剂量反应的免疫改变,可能需要一个较宽的剂量间隔。需要注意的是重度紧张和营养不良可能产生间接的免疫毒性效应。

(5)给药方式:尽可能按照最适宜于表现其特殊反应及/或最适宜于反应临床拟给药途径的方式选择给药方式。根据临床上受试药物使用时间来决定给药周期,通常为每天一次,持续 28 天。

(6)观察:检测受试药物对免疫系统的一般毒性和组织病理学评价(表A1.25)。

表 A1.25　潜在免疫毒性的死亡前后观察到的情况

指标	观察所见	可能的免疫状态
	死亡前	
死亡	增加(感染)	抑制
体重	降低(感染)	抑制
临床体征	肺部啰音,流鼻涕(呼吸道感染)	抑制
	宫颈部位肿胀(sislodacryoadenitis 病毒)	抑制
内科检查	悬雍垂增大(感染)	抑制
血液学	白细胞减少/淋巴细胞减少	抑制
	白细胞增多(感染/癌症)	增强/抑制
	血小板减少	变态反应
	中性粒细胞减少	变态反应
蛋白质电泳	低 γ-球蛋白血症	抑制
	低 γ-球蛋白血症(进行性)	增强/激活
	死亡后	
脏器重量		
胸腺	减少	抑制

指标	观察所见	可能的免疫状态
组织病理学		
肾上腺	皮质肥大(紧张)	抑制(继发性)
骨髓	发育不全	抑制
肾脏	淀粉样变	自身免疫
	肾小球肾炎(免疫复合物)	
肺脏	肺炎(感染)	抑制
淋巴结	萎缩	抑制
脾脏	肥大/增生	增强/激活
	滤泡损耗	B细胞抑制
	动脉周围覆盖的细胞减少	T细胞抑制
	活性生发中心	增强/激活
胸腺	萎缩	抑制
甲状腺	炎症	自身免疫

（a）血液学：剂量组与对照组相比，任一种细胞的百分比的增加或减少以及 B 细胞/T 细胞或 $CD4^+$/$CD8^+$ 细胞比值的增高或降低均可以作为免疫毒性的指标。

（b）临床化学：潜在免疫功能不全的非特异性临床化学指标包括血清蛋白水平以及与之相关的白蛋白与球蛋白比值（A/G）的改变，然后可以进行血清蛋白的免疫电泳分析以确定白蛋白与 α-球蛋白、β-球蛋白和 γ-球蛋白各自的相对百分比。

（c）组织病理学：在对脾脏、淋巴结、胸腺及内脏中的淋巴样组织如 Peyer's 斑和肠系膜淋巴结进行大体及常规显微镜检查时可以发现这些淋巴组织中的组织病理学异常。显微镜检查包括描述性定性改变如细胞的类型、细胞的密度、已知 T 细胞及 B 细胞区（如生发中心）的增值情况、滤泡及生发中心（免疫激活）的相对数目以及萎缩或坏死的表现等。此外还可以通过直接计数各种淋巴细胞中的每种细胞类型而对其细胞构成的改变进行定量评价。此外，由于许多生理和环境因素如年龄、紧张、营养缺陷和感染均可影响免疫反应，因而动物试验中的副反应可能反映了受试药物间接的免疫毒性效应。可以通过对内分泌器官如肾上腺及垂体的组织病理学评价进行判断。

21. 致癌试验

（1）目的：将较高剂量或高暴露水平的受试药物给予动物，通过对其结果的观察来评价受试药物致癌效应，从而预测人类低水平接触受试药物时肿瘤的发生与否和发生水平。

(2) 动物选择:大鼠和小鼠是致癌性研究常规使用的两种啮齿类动物。应用最广泛的大鼠品系为 SD,其次为 Wistar 和 Fischer344。对于小鼠,CD-1 是应用最广泛的品系。若大鼠和小鼠不适合时,仓鼠通常作为第二选择。而对于皮肤肿瘤,家兔也是一种常用的试验动物。通常雌雄各半,常使用刚断乳或已断乳的动物。

(3) 动物饲养:由于致癌研究的时间跨度大、费用高,所以试验中动物的饲养至关重要,各种物理、生物的因素都会影响到试验的结果。

(a) 需要注意的物理因素主要包括光照、温度、相对湿度、通风、环境条件、噪声、饲料、笼具、垫料等;生物因素包括引起感染和疾病的各种细菌和病毒。

(b) 具体措施包括:各组保持均衡适度的光照、室温和相对湿度;给予的饲料应能够为动物提供充足的营养,但是又应该避免营养过剩;选择无病毒抗体的动物减少病毒感染的概率。

(4) 分组:通常至少设置 3 个剂量组,选择剂量水平的多少除了要满足规范要求外,还要考虑科学和实用的需要。对于对照组,则通常设置动物数相等的两个平行对照组,这样比较容易提供未出现药物效应时两个对照组间肿瘤发生率的差异。如果两个对照组间无显著性差异,实验数据可以合并,结果分析则与用一个两倍数量动物的对照组一样。如果两个对照组间存在显著性差异,则必须用每个对照组与剂量组数据进行比较。通常各剂量组的动物数每种性别至少 50 只,通常可达到80 只。

(5) 剂量选择:对于实验周期长的致癌性研究剂量选择尤其重要。致癌试验的剂量选择通常以亚慢性毒性试验(3 个月)资料为依据,有时也要考虑药效、药代和药物动力学等的资料。

(a) 最高剂量的选择方法包括:最大耐受剂量(MTD),1/25 的人类暴露曲线下面积(AUC)(啮齿类动物实验所有剂量),出现药效的最低剂量,最大可行剂量和限制剂量(推荐人类使用剂量不得超过 500 mg/d)。

(b) 大多数研究机构推荐和制药企业遵循的方法为 MTD 的估计值为最高剂量,最大建议人用剂量(MRHD)的 1～5 倍为最低剂量,以约为这两个剂量几何均数的剂量为中剂量。

(c) 最大耐受剂量指的是整个给药期间不出现除致癌性以外的动物死亡的最大给药剂量,而且雌性动物和雄性动物的最大耐受剂量要分别确定。ICH 对最大耐受剂量给出的定义是:通常通过 90 天毒性试验的结果进行预测,预计在致癌性试验期间产生最小毒性效应的剂量。

(d) 确定最小毒性的指标包括与对照组比较体重增加量的降低不超过 10%,靶器官毒性和出现临床病理学指标的明显改变。

（6）给药途径：根据临床拟给药途径而定。常用的给药途径有经饲料和灌胃给药，经饮水、表面（皮肤）或注射给药。当某种药物的临床途径不止一个时，为易于操作常采用喂饲给药。

（7）给药周期：通常大小鼠致癌实验的周期为两年，偶尔大鼠的试验可延长到30个月，小鼠的试验有时在18个月也可终止。

（8）观察：

（a）试验期间需要每天或至少每周两次检查：①体重：目的是保证毒性不至于过高影响致癌性评价，而应正好满足使试验有效；②摄食量：保证混入饲料给药的剂量能够准确。

（b）试验进行到6个月和12个月时，可以杀死部分动物以评价药物潜在的毒性效应。其余动物在试验结束后进行检查：①病理学：仅限于癌组织和癌前组织；②存活率：是决定何时停止试验的关键；③临床病理学：仅限于白细胞的形态学评价，通常这项指标在资料表明需要时才进行测定。

（c）其中病理学检查中可选择两段式方法纠正可能的偏差：①第一步对动物的历史资料包括给药资料做一全面的评价；②第二步对特殊病变进行评价。在全盲情况下进行，最好由同一个及另外一个病理人员进行。

（9）结果评价：

（a）由于对照组的大多数类型肿瘤发病率几乎不可能为零，因而要对剂量组与对照组的肿瘤发生率进行统计学比较。当受试药物使剂量组动物发生的肿瘤不会发生在同时进行的对照组或历史对照动物身上时，可以不通过统计分析直接得出受试药物致癌的结论。通常也可以用调整死亡率法来分析肿瘤数据，或用寿命表法分析致死性肿瘤。常用的统计学方法有趋势检验、Fisher's精确检验、寿命表法和Peto分析法。

（b）阳性结果的判断标准为：①常见肿瘤的发病率出现有统计学意义的显著增加；②发生肿瘤的时间出现有统计学意义的显著减少；③出现非常罕见的肿瘤，即通常情况下对照组动物中不能见到的肿瘤，此时，即使发病率没有统计学意义，也应判断为阳性。

（c）致癌资料的评价并不是纯粹的统计学计算，还要考虑许多其他因素，包括：①量效关系；②对肿瘤易发脏器的恶性肿瘤的侧重；③肿瘤发生的早期表现；④癌前病变的出现。

（d）注意应用合适的语言和名词描述致癌性反应，重要概念包括肿瘤进展、增生、良性肿瘤和恶性肿瘤，合理区分，准确使用。

（e）对于出现肿瘤的动物要根据肿瘤类型分群分析，这是由于大多数的对照组中肿瘤发生率也是很高的。

（10）对任何实验结果进行解释时，必须考虑三个不同方面以便对其器官的反应进行解释。

（a）高动物肿瘤发生率和低人类发生率的器官：从动物的肝脏、肾脏、前胃和甲状腺所得到的癌症数据看来属于超反应性，即过于敏感。因而从此处获得的动物肿瘤数据的应用价值及使用均有限。在对致癌性数据进行解释时，肝脏是一个非常敏感和重要的器官，因而对肝脏的讨论分为人、大鼠和小鼠三个部分。肝脏过氧化物酶的增加，尤其对于小鼠，是一个尚有过多争议的领域，在许多情况下其发生机制和所涉及的机制与人类无关。

（b）动物与人均未高肿瘤发生率的器官：此组器官包括乳腺、造血器官、膀胱、口腔和皮肤，致癌性治疗的争论较少，四种主要致癌机制——亲电子物质生成、DNA 氧化、受体蛋白互相作用和细胞增生是非常重要的。虽然癌症的高发生率会使得人们认为试验动物的模型很有效，但是三个物种间的主要差别依然很多，尤其对于基于受体和基于细胞增生的致癌机制。

（c）低动物发生率和高人类发生率的器官：包括前列腺、胰腺、结肠和直肠、宫颈和子宫。需要努力改善癌症预测系统和短期致癌实验。

22. 致癌机制研究

致癌机制研究在解释肿瘤的发生中占有主要地位，可以提供可用于受试药物的人群危险度评价的有价值的信息。剂量依赖性是该研究需要注意的部分。主要实验包括：

（1）细胞试验：应用肿瘤发生的相关组织活细胞暴露于受试药物进行试验，在细胞水平上观察细胞形态和功能的改变，包括剂量依赖性的细胞凋亡，繁殖率下降，细胞间连接的改变等。

（2）生化检测：取决于假定肿瘤发生的方式，测量指标有：①血浆激素水平，例如 T3/T4、TSH、催乳素等；②生长因子；③结合蛋白；④组织酶活性等。某些情况下，可以检验"激素失衡与肿瘤发生的关系"的假设。

（3）基因毒性试验：根据肿瘤发生方式进行额外的基因毒性试验。

（4）调整后的动物试验：调整动物试验可以用来明确受试药物导致的肿瘤发生方式。例如中断给药导致的暴露动物的变化，或中断给药后受试细胞变化的可逆性。

23. 药物依赖性试验

药物依赖性是指药物长期与机体相互作用，使机体在生理机能、生化过程和/或形态学发生特异性、代偿性和适应性改变的特性，停止用药可导致机体的不适和/或心理上的渴求。依赖性可分为躯体依赖性和精神依赖性。躯体依赖性主要是机体对长期使用依赖性药物所产生的一种适应状态，包括耐受性和停药后的戒断症状。精神依赖性是药物对中枢神经系统作用所产生的一种特殊的精神效应，表现为对药物的强烈渴求和强迫性觅药行为。

（1）目的：药物依赖性试验是对药物可能对机体造成的潜在依赖性的研究，可为临床提供药物依赖性倾向的信息，有利于指导临床研究和合理用药，警示滥用倾向。

（2）动物选择：常用实验动物包括小鼠、大鼠、猴等，一般情况下选用雄性动物，必要时增加雌性动物。通常选用大、小鼠，对于高度怀疑具有致依赖性潜能的药物，而啮齿类动物试验结果为阴性，则应选择灵长类物。

（3）剂量与分组：依赖性研究应在一个较宽的剂量范围内进行，可根据不同的试验方法和目的选择不同的给药剂量。一般采用主要药效 ED_{50} 的倍数递增或最小有效剂量的倍数递增，同时结合药物的溶解性、毒性及对运动功能、学习能力和记忆能力的影响来设计剂量。每个试验至少应设三个剂量组和一个阳性对照组和一个阴性对照组（溶剂对照组）。如果受试药物为较纯的单一化合物，与其母核结构类似的化合物具有明显的依赖性，则还应选择此化合物为阳性对照药。

（4）给药方式：原则上给药途径应和临床一致，尽可能增加静脉给药途径。由于模型的选择或者考虑到以后可能的非临床滥用的不同给药途径，也可考虑增加其他给药途径。

24. 躯体依赖性试验

（1）目的：研究各种有依赖潜力的药物产生的不同的躯体依赖症状。由于没有理想的反映躯体依赖性的单一指标，所以需要多种指标来综合评价。

（2）自然戒断试验。

A. 大鼠体重减轻试验

（a）原理：阿片类药物的戒断症状出现后，大鼠体重减轻，但非阿片类镇痛药和镇静催眠药则无明显作用。阿片类戒断后大鼠体重急剧下降，以戒断后 24~48 h 最明显，是考察阿片类身体依赖性的较好指标。

（b）动物：健康大鼠。

（c）实验步骤：自然戒断试验每天早、晚相同时间测定大鼠体重，每次测重后按体重给药，每天 2 次，连续给药数周。剂量根据 LD_{50} 和 ED_{50} 及给药途径制定。末次给药后每隔一定时间测量体重 1 次，比较停药后不同时间的体重变化。按体重给药，每天 2~3 次，连续给药 4 周。剂量根据 LD_{50} 和 ED_{50} 及给药途径制定。原则低剂量应高于药效学有效剂量，高剂量应尽可能高，但不能出现毒性反应。末次药后每天测量体重 2~3 次（与给药次数相同），计算平均值，比较停药前后不同时间的体重变化。催促戒断试验以剂量递增法给药，连续给药 1 周，末次药后 2 h 注射拮抗剂，在 2 h 内每隔 30 min 测量体重 1 次，比较体重下降百分率。也可同时观察大鼠给药后行为变化和体温及自发活动的变化情况,并以第 1 次给药至反复给药 1 周内为重要。

(d) 结果评价:如戒断后大鼠体重急剧下降,则反应受试药具有身体依赖性。

B. 戒断症状的记分评定

(a) 原理:动物长期获得阿片类药物后,其中枢神经系统能产生一种适应状态,停药或注射拮抗剂后机体出现一系列生理干扰现象即戒断症状。对这些戒断症状的轻重程度进行综合评分即可判断药物的身体依赖性潜力。

(b) 动物:常用大鼠和猴。其中阿片类药物在猴上的依赖性表现与人较接近,戒断症状比较明显且易于观察。

(c) 实验步骤:按剂量递增法并配合恒量法给药,也可用拮抗剂纳洛酮催促戒断。自然戒断或催促戒断后观察一系列戒断症状,根据戒断症状的严重程度和持续时间进行综合评分。

(d) 结果评价:戒断症状的综合评分目前尚无统一标准,可对戒断症状进行全面综合评分,也可对其中主要戒断症状进行综合评分。猴戒断症状可分为轻、中、重、极重 4 个等级,每一等级的评分可根据症状种类的多少和出现的频率定分,但不能大于级差分值。依赖性潜力的大小可依据等效依赖性剂量来判断,即产生近似依赖状态的剂量来判定,也可按相同的等效镇痛 ED_{50} 的倍数剂量来比较。

(3) 催促戒断试验(小鼠跳跃试验)。

(a) 原理:短期内重复大剂量给药,然后注射阿片受体拮抗剂,如受试物属于阿片类药物,则动物发生跳跃反应,跳跃次数可反应依赖性程度。

(b) 动物:健康小鼠。

(c) 实验步骤:药物剂量常按递增法,有时也配合采用恒量法,给药总量可按镇痛 ED_{50} 的倍数计算。连续给药数天(根据药物镇痛作用的强弱确定给药时间),末次药后 2 h(以吗啡为例)腹腔注射纳洛酮,观察 30 min 内的跳跃动物数及跳跃次数,还可观察 1 h 内的小鼠体重减轻程度。

(4) 戒断反应观察主要注意事项:

(a) 给药剂量、频率和周期应该使动物产生神经适应性反应。

(b) 戒断反应的观察应该有足够时间和频度,并且注意给药前后的自身比较。

(c) 自然戒断和催促戒断两种方式都需进行,但可在不同动物模型上进行。

(d) 尽可能采用仪器检测的客观指标。

(e) 有依赖性的药物在戒断后往往表现出反跳现象(急性药理学作用相反的症状),在选择观察指标时加以注意。

(5) 替代试验。

(a) 原理:阿片类药物都有基本相同的药理作用,给动物阿片类药物并使之产生身体依赖性后停药,代之以受试药,观察动物是否发生戒断症状。

（b）动物：健康大鼠。

（c）实验步骤：掺食法连续给予吗啡使动物产生身体依赖性，5 天后以生理盐水、吗啡或不同剂量受试药代替，每 8 h 给药 1 次，连续 6 次。替代前（基础值）及替代后每隔 4 h 测定体重 1 次，计算各组大鼠的体重变化，比较替代药物组和吗啡依赖组之间的差异。

（d）结果评价：按等效镇痛 ED_{50} 的倍数计，比较达到同样替代程度的受试药的剂量和吗啡的剂量，可以确定受试药物的身体依赖性潜力的强弱程度。对体内代谢迅速、皮下给药不易形成依赖性的药物，用掺食法诱发依赖性可以获得较明确的结果。

25. 精神依赖性试验

（1）目的：对具有精神依赖性的药物能促使用药者周期性或连续性地出现感受欣快效应的用药渴求的现象进行研究。但这是一种主观体验，只能间接用药物所导致的动物行为改变来反映。

（2）自身给药试验。

（a）原理：药物的精神依赖性可产生对该药的渴求，对觅药行为和用药行为具有强化效应。本试验模拟人的行为，通过压杆方式来获得药物，反映药物的强化效应，可信度较高且可进行定量比较。

（b）动物：常用大鼠和猴。

（c）实验步骤：动物麻醉后无菌条件下行静脉插管并用马甲背心固定，连接弹簧保护套及转轴。弹簧套内硅胶管与插管相连，转轴使动物在笼内能自由活动，转轴另一端与恒速注射泵及储药系统相连。术后常规抗感染，恢复 4～7 天后进行踏板训练，使动物形成稳定的自身给药行为。试验过程中注意保持套管畅通。如药物具有强化效应，动物经过短期训练后产生稳定的自身给药行为，能自动踩压踏板接通注药装置将药物注入体内。若为口服给药，则不需进行手术，而仅将每次踏板的反应变为给一次口服制剂即可。

（d）结果评价：通过观察是否形成自身给药行为来判断药物是否具有强化效应；由于动物个体差异较大，建议将每只动物自身给药前后踏板次数变化的百分率进行组间统计。

（3）大鼠药物辨别试验。

（a）原理：依赖性药物使人产生的情绪效应如欣快、满足感等，属于主观性效应。具有主观性效应的药物可以控制动物的行为反应，使之产生辨别行为效应。本试验可准确判断受试药是否属于阿片类药物，以及产生精神依赖性潜力大小。

（b）动物：常用大鼠。

（c）实验步骤：利用辨别试验箱和训练程序训练动物正确压杆，然后通过辨别训练动物产生稳定准确地辨别吗啡和生理盐水的能力。最后进行替代试验。以不同剂量吗啡和受试药进行替代,观察压杆正确率与剂量之间的关系,做出剂量效应曲线,求得药物辨别刺激的半数有效剂量(ED_{50})。

(d) 结果评价:药物辨别刺激 ED_{50} 值越小反映精神依赖性潜力越大;如替代药物不产生训练药物反应,则说明该药不属于吗啡类药物。本试验不适用于阿片类拮抗剂。由于药物辨别刺激并非完全基于药物滥用产生,因此在评价药物精神依赖性潜力方面不如自身给药试验可信,但在药物主观效应强度的定量比较方面有其优越性。由于动物训练周期较长(一般 3~4 个月),试验中要注意耐受性的产生。

(4) 条件位置偏爱试验。

(a) 原理:根据巴甫洛夫的条件反射学说,如果把奖赏刺激与某个特定的非奖赏性条件刺激如某特定环境反复练习之后,后者便可获得奖赏特性。反复几次将动物给药后放在一个特定的环境中,如药物具有奖赏效应,则特定环境就会具有了奖赏效应的特性,动物在不给药的情况下依然有对此特定环境的偏爱。

(b) 动物:常用雄性大鼠或小鼠。

(c) 实验步骤:试验装置为黑、白两个互通的盒子,中间有可活动的隔板隔开,动物每天上午、下午(或隔天)分别给受试药和生理盐水各一次,给生理盐水后将动物放入一侧盒子,给药后动物放入另一侧盒子,每次在盒中停留 30~40 min,连续训练 5 天。第 6 天在固定时间不给药的情况下将动物放在黑、白盒之间的活动台上,同时用隔板将黑、白盒半隔开。以动物爬到盒底的瞬间开始计时,记录 15 min内动物分别在两盒内停留的时间。

(d) 结果评价:如果动物在一侧盒子内停留时间显著延长,则表明其对此半盒产生位置偏爱,该受试药具有偏爱效应。以吗啡为阳性对照药,比较它们在等效 ED_{50} 倍数剂量条件下的偏爱效应,或比较产生相似位置偏爱效应的药物剂量,即可反映该受试药的精神依赖性潜力的强度。本试验的准确性取决于训练次数和每天训练的时间。训练次数越多,条件联系越牢固;时间过短则条件联系不牢固,时间过长则离散度增大。

(5) 精神依赖性研究主要注意事项:

(a) 在自身给药试验中需要注意药物毒副作用相关的无应答期(动物表现出觅药行为之前的一段时间)、增加剂量的时间点和替代的程序。

(b) 自身给药试验中,尽可能结合躯体依赖性试验结果,设计合适的剂量,并至少变换三次剂量。

(c) 在条件性位置偏爱实验中应使用平衡的实验设计,避免动物天然倾向性影响。

参 考 文 献

[1] Boverhof D R, David R M. 2010. Nanomaterial characterization: Considerations and needs for hazard assessment and safety evaluation. Analytical and Bioanalytical Chemistry, 396(3): 953-961

[2] Chuang H C, Hsiao T C, Wu C K, et al. 2013. Allergenicity and toxicology of inhaled silver nanoparticles in allergen-provocation mice models. International Journal of Nanomedicine, 8:4495-4506

[3] Coccini T, Manzo L, Roda E. 2013. Safety evaluation of engineered nanomaterials for health risk assessment: an experimental tiered testing approach using pristine and functionalized carbon nanotubes. ISRN Toxicology, 825427

[4] Dhawan A, Sharma V. 2010. Toxicity assessment of nanomaterials: Methods and challenges. Analytical and Bioanalytical Chemistry, 398(2): 589-605

[5] Desctes J. 2011. Immunology and Immuntoxicity of Nanomedicines. EMA

[6] EMA. 2010. 1st International Workshop on Nanomedicines 2010 Summary Report

[7] FDA. 2014. Guidance for Industry: Safety of Nanomaterials in Cosmetic Products

[8] FDA. 2014. Safety of Nanomaterials in Cosmetic Products FINAL

[9] FDA. 2012. S6 Addendum to Preclinical Safety Evaluation of Biotechnology-Derived Pharmaceuticals

[10] GB 15193.11—2003. 果蝇伴性隐性致死试验标准

[11] GB7919—87. 化学品安全性评价程序和方法

[12] GB/T21605—2008. 化学品急性吸入毒性试验方法

[13] Gad C S. 2002. Drug safety evaluation. the USA: A John Wiley & Sons, Inc., Publication

[14] Haniu H, Matsuda Y, Takeuchi K, et al. 2010. Proteomics-based safety evaluation of multi-walled carbon nanotubes. Toxicology and Applied Pharmacology, 242(3): 256-262

[15] Haniu H, Matsuda Y, Takeuchi K. 2009. Potential of a novel safety evaluation of nanomaterials using a proteomic approach. Journal of Health Science, 55(3): 428-434

[16] He Wu. 2014. Technical requirements and realted guidelines of the nanodrugs in FDA and EMA. Chinese Journal of New Drugs, 23(8): 925-931

[17] ICH. 2005. Detection of toxicity to reproduction for medicinal product & toxicity to male fertility S5 (R2)

[18] ICH. 2008. Dose selection for carcinogenicity studies of pharmaceuticals S1C (R2)

[19] ICH. 2011. Guidance on genotoxicity testing and data interpretation for pharmaceuticals intend for human use

[20] ICH. 2005. Immunotoxicity studies for human pahrmaceuticals S8

[21] ICH. 1994. Note for guidance on toxicokinetics: The assessment of systemic exposure in toxicity studies

[22] ICH. 1994. Pharmacokinetics: guidance for repeated dose tissue distribution studies

[23] ICH. 2013. Photosafety evaluation of pharmaceuticals

[24] ICH. 2000. Safety pharmacology studies for human pharmaceuticals

[25] ICH. 1997. Testing for carcinogenicity of pharmaceuticals

[26] Jan E, Byrne S J, Cuddihy M, et al. 2008. High-content screening as a universal tool for fingerprinting of cytotoxicity of nanoparticles. ACS Nano, 2(5): 928-938

[27] Lawrence J R, Swerhone G D, Dynes J J, et al. 2014. Soft X-ray spectromicroscopy for speciation,

quantitation and nano-eco-toxicology of nanomaterials. Journal of Microscopy, doi: 10. 1111/jmi. 12156

[28] Matsuoka A, Onfelt A, Matsuda Y, et al. 2009. Development of an in vitro screening method for safety evaluation of nanomaterials. Bio-Medical Materials and Engineering, 19(1): 19-27

[29] Nel A, Xia T, Meng H, et al. 2013. Nanomaterial toxicity testing in the 21st Century: Use of a predictive toxicological approach and high-throughput screening. Accounts of Chemical Research, 46(3): 607-621

[30] Nel A E, Nasser E, Godwin H, et al. 2013. A multi-stakeholder perspective on the use of alternative test strategies for nanomaterial safety assessment. ACS Nano, 7(8): 6422-6433

[31] Nel A E. 2013. Implementation of alternative test strategies for the safety assessment of engineered nanomaterials. Journal of Internal Medicine, 274(6): 561-577

[32] Oberdorster G. 2010. Safety assessment for nanotechnology and nanomedicine: concepts of nanotoxicology. Journal of Internal Medicine, 267(1): 89-105

[33] OECD. 1984. Test No. 477: Genetic Toxicology: Sex-Linked Recessive Lethal Test in Drosophila Melanogaster

[34] Oesch F, Landsiedel R. 2012. Genotoxicity investigations on nanomaterials. Archives of Toxicology, 86(7): 985-994

[35] Ong C, Yung LY, Cai Y, et al. 2014. Drosophila melanogaster as a model organism to study nanotoxicity. Nanotoxicology: 1-8

[36] PMDA. 1993. 単回及ひ反復投与毒性試験カイトラインの改正について

[37] PMDA. 1999. 反復投与毒性試験に係るカイトラインの一部改正について

[38] Sarkar J, Ghosh M, Mukherjee A, et al. 2014. Biosynthesis and safety evaluation of ZnO nanoparticles. Bioprocess and Biosystems Engineering, 37(2): 165-171

[39] Shaw S Y, Westly E C, Pittet M J, et al. 2008. Perturbational profiling of nanomaterial biologic activity. Proceedings of the National Academy of Sciences of the United States of America, 105(21): 7387-7392

[40] Singh S P, Rahman M F, Murty U S, et al. 2013. Comparative study of genotoxicity and tissue distribution of nano and micron sized iron oxide in rats after acute oral treatment. Toxicology and Applied Pharmacology, 266(1): 56-66

[41] Stern S T, Zou P, Skoczen S, et al. 2013. Prediction of nanoparticle prodrug metabolism by pharmacokinetic modeling of biliary excretion. Journal of Controlled Release: Official Journal of the Controlled Release Society, 172(2): 558-567

[42] Trisolino A. 2014. Nanomedicine: Building a bridge between science and law. Nanoethics, 8: 141-163

[43] Veiseh O, Kievit F M, Liu V, et al. 2013. *In vivo* safety evaluation of polyarginine coated magnetic nanovectors. Molecular Pharmaceutics, 10(11): 4099-4106

[44] Warheit D B, Donner E M. 2010. Rationale of genotoxicity testing of nanomaterials: regulatory requirements and appropriateness of available OECD test guidelines. Nanotoxicology, 4: 409-413

[45] Wolfram J, Zhu M, Yang Y, et al. 2014. Safety of Nanoparticles in Medicine. Current Drug Targets

[46] Wu W, Ichihara G, Suzuki Y, et al. 2014. Dispersion method for safety research on manufactured nanomaterials. Industrial Health, 52(1): 54-65

[47] YYT 0127. 2—1993. 口腔材料生物试验方法:静脉注射急性全身毒性试验

[48] 陈玉祥. 2012. 纳米药物评价技术与方法. 北京:化学工业出版社

[49] 孙凡中，卢笑丛. 2005. 某中药栓剂对家兔阴道和直肠给药长期毒性实验研究. 第五届中南地区实验动物科技交流会

[50] 中华人民共和国卫生部药政局. 1993. 新药(西药)临床前研究指导原则

[51] 国家食品药品监督管理局. 2007. 药物非临床依赖性研究技术指导原则

附录 2　纳米材料毒理学研究部分代表性论文
（2011～2015）

一、早期毒性标志物检测

Rui Chen，Lingling Huo，Xiaofei Shi，Ru Bai，Zhenjiang Zhang，Yuliang Zhao，
Yanzhong Chang*，Chunying Chen*. Endoplasmic reticulum stress induced by
zinc oxide nanoparticles is an earlier biomarker for nanotoxicological evaluation.
ACS Nano，2014，8(3)：2562-2574.

Lingling Huo，Rui Chen，Lin Zhao，Xiaofei Shi，Ru Bai，Dingxin Long，Feng
Chen，Yuliang Zhao，Yan-Zhong Chang*，Chunying Chen*. Silver nanoparti-
cles activate endoplasmic reticulum stress signaling pathway in cell and mouse
models：The role in toxicity evaluation. Biomaterials. 2015，61，307-315.

二、纳米材料的一般毒性（急性、亚慢性、慢性）作用

Feng Zhao，Huan Meng，Liang Yan，Bing Wang，Yuliang Zhao*. Nanosurface
chemistry and dose govern the bioaccumulation and toxicity of carbon nanotubes，
metal nanomaterials and quantum dots *in vivo*. Science Bulletin，2015，60(1)：3-
20.

T. Zhang，M. Tang，L. Kong，H. Li，T. Zhang，S. S. Zhang，Y. Y. Xue &
Y. P. Pu. Comparison of cytotoxic and inflammatory responses of pristine and
functionalized multi-walled carbon nanotubes in RAW 264. 7 mouse macropha-
ges. J. Hazard. Mater. ，2012，219：203-212.

T. Zhang，M. Tang，L. Kong，H. Li，T. Zhang，Y. Y. Xue & Y. P. Pu.
Surface modification of multiwall carbon nanotubes determines the pro-inflamma-
tory outcome in macrophage. J. Hazard. Mater. ，2015，284：73-82.

Y. L. Zhao，Q. L. Wu，M. Tang & D. Y. Wang. The *in vivo* underlying
mechanism for recovery response formation in nano-titanium dioxide exposed

Caenorhabditis elegans after transfer to the normal condition. Nanomedicine-Nanotechnology Biology and Medicine，2014，10(1)：89-98.

Q. L. Wu，L. Yin，X. Li，M. Tang，T. Zhang & D. Y. Wang. Contributions of altered permeability of intestinal barrier and defecation behavior to toxicity formation from graphene oxide in nematode Caenorhabditis elegans. Nanoscale，2013，5(20)：9934-9943.

S. X. Gui，X. Z. Sang，L. Zheng，Y. G. Ze，X. Y. Zhao，L. Sheng，Q. Q. Sun，Z. Cheng，J. Cheng，R. P. Hu，L. Wang，F. S. Hong & M. Tang. Intragastric exposure to titanium dioxide nanoparticles induced nephrotoxicity in mice，assessed by physiological and gene expression modifications（Retracted article. See vol. 12，pg. 22，2015）. Part. Fibre Toxicol.，2013，10：16.

三、纳米材料对呼吸系统的毒性

徐莺莺，林晓影，陈春英. 影响纳米材料毒性的关键因素. 科学通报，2013，24：2466-2478.

王越，王鹏，陈春英，赵宇亮. 碳纳米管呼吸系统毒性作用机制及其影响因素的研究进展. 科学通报，2013，21：2007-2020.

Tian Chen，Jieqiong Hu，Chunying Chen，Ji Pu，Xiaoxing Cui，Guang Jia*. Cardiovascular effects of pulmonary exposure to titanium dioxide nanoparticles in ApoE knockout mice. Journal of Nanoscience and Nanotechnology，2013，13(5)：3214-3222(9).

臧嘉捷，王翔，甄森，何康敏，贾光*. 多壁碳纳米管对小鼠肺脏的损伤. 环境与职业医学，2010，02：74-77.

王煜倩，贾光，沈臻霖，张杰，唐仕川，张斌. 纳米二氧化钛对肺部损伤研究进展. 中国安全生产科学技术，2012，04：56-59.

Wu T，Tang M*. Toxicity of quantum dots on respiratory system. Inhalation Toxicology，2014，26 (2)：128-139.

吴添舒,唐萌.人造纳米颗粒呼吸系统毒性及生物效应的研究进展.科学通报,2015,60(8):727-740.

熊丽林,吴添舒,唐萌.大气纳米颗粒物对人体健康效应的研究进展.中华预防医学杂志,2015,49(9):88-91.

四、纳米材料对心血管系统的毒性

Rui Chen, Lili Zhang, Cuicui Ge, Michael Tseng, Ru Bai, Ying Qu, Christiane Beer, Herman Autrup, Chunying Chen*. Sub-chronic toxicity and cardiovascular responses in spontaneously hypertensive rats after exposure to multiwall carbon nanotubes by intratracheal instillation. Chemical Research in Toxicology, 2015, 28(3): 440-450.

五、纳米材料对消化系统的毒性

Hanqing Chen, Bing Wang, Di Gao, Ming Guan, Lingna Zheng, Hong Ouyang, Zhifang Chai, Yuliang Zhao, Weiyue Feng*. Broad-spectrum antibacterial activity of carbon nanotubes to human gut bacteria. Small, 2013, 9(16): 2735-2746.

Zhangjian Chen, Yun Wang, Te Ba, Yang Li, Ji Pu, Tian Chen, Yanshuang Song, Yongen Gu, Qin Qian, Jinglin Yang, Guang Jia*. Genotoxic evaluation of titanium dioxide nanoparticles *in vivo* and in vitro. Toxicology Letters, 2014, 226(3): 314-319.

Yun Wang, Zhangjian Chen, Te Ba, Ji Pu, Tian Chen, Yanshuang Song, Yongen Gu, Qin Qian, Yingying Xu, Kun Xiang, Haifang Wang, and Guang Jia*. Susceptibility of young and adult rats to the oral toxicity of titanium dioxide nanoparticles. Small, 2013, 9(9-10): 1742-1752.

王云,陈章健,巴特,濮吉,崔枭醒,贾光*.纳米二氧化钛对幼年和成年大鼠肝、肾组织抗氧化功能及元素含量的影响.北京大学学报(医学版),2014,03:395-399.

六、纳米材料对神经系统的毒性

Y. X. Li, S. H. Yu, Q. L. Wu, M. Tang, Y. P. Pu & D. Y. Wang. Chronic Al$_2$O$_3$-nanoparticle exposure causes neurotoxic effects on locomotion behaviors by inducing severe ROS production and disruption of ROS defense mechanisms in nematode Caenorhabditis elegans. J. Hazard. Mater. , 2012,219:221-230.

Y. X. Li, S. H. Yu, Q. L. Wu, M. Tang & D. Y. Wang. Transmissions of serotonin, dopamine, and glutamate are required for the formation of neurotoxicity from Al₂O₃-NPs in nematode Caenorhabditis elegans. Nanotoxicology, 2013,7(5):1004-1013.

Y. L. Zhao, Q. L. Wu, M. Tang & D. Y. Wang. The *in vivo* underlying mechanism for recovery response formation in nano-titanium dioxide exposed Caenorhabditis elegans after transfer to the normal condition. Nanomedicine-Nanotechnology Biology and Medicine, 2014,10(1):89-98.

Y. L. Zhao, Q. L. Wu, Y. P. Li & D. Y. Wang. Translocation, transfer, and *in vivo* safety evaluation of engineered nanomaterials in the non-mammalian alternative toxicity assay model of nematode Caenorhabditis elegans. Rsc Advances, 2013,3(17):5741-5757.

Tianshu Wu & Meng Tang. Research advance in neurotoxicity of quantum dots. Chinese Journal of Pharmacology and Toxicology, 2014,28(5):794-800.

七、同步辐射方法在纳米材料毒性研究中的应用

Ying Qu, Wei Li, Yunlong Zhou, Xuefeng Liu, Lili Zhang, Liming Wang, Yu-Feng Li, Atsuo Iida, Zhiyong Tang*, Yuliang Zhao, Zhifang Chai, Chunying Chen*. Full Assessment of Fate and Physiological Behavior of Quantum Dots Utilizing Caenorhabditis elegans as a Model Organism. Nano Letters, 2011, 11(8): 3174-3183.

Liming Wang, Tianlu Zhang, Panyun Li, Wanxia Huang, Jinglong Tang, Pengyang Wang, Jing Liu, Qingxi Yuan, Ru Bai, Bai Li, Kai Zhang, Yuliang Zhao, Chunying Chen*. Use of Synchrotron Radiation-Analytical Techniques to Reveal Chemical Origin of Silver-Nanoparticle Cytotoxicity. ACS Nano, 2015, 9(6): 6532-6547.

Liming Wang, Jingyuan Li, Jun Pan, Xiumei Jiang, Yinglu Ji, Yufeng Li, Ying Qu, Yuliang Zhao, Xiaochun Wu*, Chunying Chen*. Revealing the Binding

Structure of the Protein Corona on Gold Nanorods Using Synchrotron Radiation-Based Techniques: Understanding the Reduced Damage in Cell Membranes. JACS, 2013, 135: 17359-17368.

Chunying Chen, Yu-Feng Li, Ying Qu, Zhifang Chai, Yuliang Zhao*. Advanced nuclear analytical and related techniques for the growing challenges in nanotoxicology. Chemical Society Reviews, 2013, 42(21):8266-8303.

Haifang Wang, Shengtao Yang, Aoneng Cao, Yuanfang Liu*. Quantification of carbon nanomaterials *in vivo*. Accounts of Chemical Research, 2011, 46(3): 750-760.

P. Zhang, Y. H. Ma, Z. Y. Zhang, X. He, J. Zhang, Z. Guo, R. Z. Tai, Y. L. Zhao & Z. F. Chai. Biotransformation of Ceria Nanoparticles in Cucumber Plants. ACS Nano, 2012,6(11):9943-9950.

Y. H. Ma, L. L. Kuang, X. He, W. Bai, Y. Y. Ding, Z. Y. Zhang, Y. L. Zhao & Z. F. Chai. Effects of rare earth oxide nanoparticles on root elongation of plants. Chemosphere, 2010,78(3):273-279.

Z. Y. Zhang, X. He, H. F. Zhang, Y. H. Ma, P. Zhang, Y. Y. Ding & Y. L. Zhao. Uptake and distribution of ceria nanoparticles in cucumber plants. Metallomics, 2011,3(8):816-822.

Y. H. Ma, X. He, P. Zhang, Z. Y. Zhang, Z. Guo, R. Z. Tai, Z. J. Xu, L. J. Zhang, Y. Y. Ding, Y. L. Zhao & Z. F. Chai. Phytotoxicity and biotransformation of La_2O_3 nanoparticles in a terrestrial plant cucumber (Cucumis sativus). Nanotoxicology, 2011,5(4):743-753.

八、组学方法在纳米材料毒性研究中的应用

Limin Zhang, Liming Wang, Yili Hu, Zhigang Liu, Yuan Tian, Xiaochun Wu, Yuliang Zhao, Huiru Tang*, Chunying Chen*, Yulan Wang*. Selective metabolic effects of gold nanorods on normal and cancer cells and their application in anticancer drug screening. Biomaterials, 2013, 34: 7117-7126.

Liming Wang, Xiaoying Lin, Jing Wang, Zhijian Hu, Yinglu Ji, Shuai Hou,

Yuliang Zhao, Xiaochun Wu*, Chunying Chen*. Novel insights into combating cancer chemotherapy resistance using a plasmonic nanocarrier: Enhancing drug sensitiveness and accumulation simultaneously with localized mild photothermal stimulus of femtosecond pulsed laser. Advanced Functional Materials, 2014, 24: 4229-4239. (front cover)

九、纳米材料的替代毒理学研究(线虫)

Y. L. Zhao, Q. L. Wu, M. Tang & D. Y. Wang. The *in vivo* underlying mechanism for recovery response formation in nano-titanium dioxide exposed *Caenorhabditis elegans* after transfer to the normal condition. Nanomedicine—Nanotechnology Biology and Medicine, 2014, 10(1): 89-98.

A. Nouara, Q. L. Wu, Y. X. Li, M. Tang, H. F. Wang, Y. L. Zhao & D. Y. Wang. Carboxylic acid functionalization prevents the translocation of multi-walled carbon nanotubes at predicted environmentally relevant concentrations into targeted organs of nematode Caenorhabditis elegans. Nanoscale, 2013, 5(13): 6088-6096.

Q. L. Wu, Y. X. Li, Y. P. Li, Y. L. Zhao, L. Ge, H. F. Wang & D. Y. Wang. Crucial role of the biological barrier at the primary targeted organs in controlling the translocation and toxicity of multi-walled carbon nanotubes in the nematode Caenorhabditis elegans. Nanoscale, 2013, 5(22): 11166-11178.

索　引